“粮食工程”专业系列教材

粮食储藏学

张　敏　周凤英　主编

科学出版社
北　京

内 容 简 介

本书分4篇共11章：第一篇介绍粮食储藏的基本理论，包括粮食及油料的籽粒结构、物理性质、生理特性及粮食储藏的生态系统等内容；第二篇阐述目前粮食储藏管理方面的基本理论和现代化仓储管理技术；第三篇详述当前国内外应用的主要粮食储藏技术，包括常规储粮、低温储粮和气调储粮方法等；第四篇介绍主要原粮及油脂品种的储藏方法。

本书可作为农业、轻工业、商业等高等院校相关专业的本科生、研究生教材，也可供农业、食品、粮食、外贸等领域科研及生产部门技术人员参考。

图书在版编目(CIP)数据

粮食储藏学/张敏，周凤英主编．—北京：科学出版社，2010.5
“粮食工程”专业系列教材
ISBN 978-7-03-027318-5

Ⅰ.①粮…　Ⅱ.①张…②周…　Ⅲ.①粮食-储藏-高等学校-教材
Ⅳ.①S379

中国版本图书馆CIP数据核字（2010）第072917号

责任编辑：席　慧／责任校对：朱光光
责任印制：赵　博／封面设计：耕者设计工作室

科学出版社出版
北京东黄城根北街16号
邮政编码：100717
http://www.sciencep.com
北京科印技术咨询服务有限公司数码印刷分部印刷
科学出版社发行　各地新华书店经销
*
2010年5月第　一　版　开本：787×1092　1/16
2024年8月第十五次印刷　印张：19 1/2
字数：462 000

定价：79.80元

（如有印装质量问题，我社负责调换）

《粮食储藏学》编写人员

主　编　张　敏　（北京工商大学）

　　　　　周凤英　（黑龙江交通职业技术学院）

副主编　王　鹏　（绥化学院）

　　　　　王玉军　（黑龙江交通职业技术学院）

　　　　　刘　荣　（东北林业大学）

前　　言

“粮食储藏学”是粮食储藏与检验专业的主要专业课，是建立在生物化学、微生物学、谷物概论、昆虫学、食品工程原理以及粮仓机械等多种学科基础上的应用科学。本书主要介绍粮堆的物理、生理和生态方面的基本知识，讲解粮油储藏品质的变化及其规律，并介绍在掌握各种粮油储藏技术规范与措施和各种粮油储藏特性与储藏方法的前提下，如何正确运用干控、温控、气控等综合技术措施，以增强粮油储藏的稳定性，减少储藏损耗，控制品质的变化。

本书的内容基本反映了目前行业现状和发展水平，编者在编写过程中力求根据粮油储藏的变化、发展情况，突出实践环节，使现阶段新技术、新变化在书中有所体现。

本书是粮食工程专业的一门必修专业课教材，采用章节式体例编写。全书分4篇共11章：第一篇（第一章至第三章）介绍粮食储藏的基本理论，包括粮食及油料的籽粒结构、物理性质、生理特性及粮食储藏的生态系统等内容；第二篇（第四章和第五章）阐述了目前粮食储藏管理方面的基本理论和现代化仓储管理技术；第三篇（第六章至第九章）详述了当前国内外应用的主要粮食储藏技术，包括常规储粮、低温储粮和气调储粮方法等；第四篇（第十章和第十一章）介绍了主要原粮及油脂品种的储藏方法。

本书的编写分工如下：绪论部分、第十一章由张敏执笔；第一章和第十章由刘荣执笔；第二章和第八章由王鹏执笔；第三章和第四章由王玉军执笔；第五章由张敏和王玉军共同执笔；第六章、第七章和第九章由周凤英执笔。感谢所有为本书出版提供大力支持和帮助的同志，并向所有参考文献的作者表示感谢！

本书语句流畅，深入浅出，通俗易懂，引入当代先进的储粮理念和技术，不仅可作为农业、轻工业、商业等高等院校有关粮食储运、食品科学、粮食物流等专业本科生、研究生教材，也可供农业、食品、粮食、外贸等领域科研人员及生产部门技术人员参考使用。

由于编者的水平和时间的局限，书中可能存在某些错误或不妥之处，恳请广大读者批评指正，以便改正！

张　敏

东北农业大学

2010年1月

目　　录

第三篇 粮食储藏技术

第四篇 粮食储藏各论

绪 论

一、粮食储藏的概念和范畴

粮食属于生产不均匀而消费均衡的关系国计民生的重要物资，这就需要在生产丰盛的时候对其进行合理储存保管，有需要的时候将之逐渐投放市场从而维持粮食供求的均衡性，这就是通常意义上的粮食储藏。粮食储藏学就是研究粮油储藏原理及储藏技术与设施的一门应用科学。

粮食从一个收获年度到下一个收获年度，必须有一定的储备量，以保障市场供应；同时，要考虑灾荒和战争的发生，还应增加储备。但一个国家的总储备量，是由许多复杂的政治因素及经济因素所决定的，由此看来粮油储藏对任何一个国家，无论是发达国家还是发展中国家，无论是过去、现在，还是将来，都是必然的。

粮食储藏是整个粮食流通领域中一个重要环节，粮食仓储技术则对粮食的数量和质量影响极大。粮食仓储技术是指在粮食储藏全过程对储藏主体及所处环境进行治理、优化的方法与手段。仓储技术效果的优劣，不仅取决于现有粮食仓储技术水平的高低，而且取决于粮食仓储技术水平发挥的好坏。粮食仓储技术管理则是通过群体作用、社会人力资源作用等，对仓储技术实施计划、控制、协调、监督等行为，使其达到合理、准确、有效、经济。因此粮食仓储技术是集农业、生物、建筑、环境保护、化工、机械、仪器仪表及计算机技术等多学科为一体的系统工程，其主要包括粮食仓储设施与方式、储粮技术及其支撑平台、仓储设备等。

二、粮食储藏在国民经济中的地位和作用

近年来，我国粮食年均产量在5000亿kg左右。其中，35%由国家收购，分别储存在国家储备粮库、地方粮库和粮食加工企业粮库；农户储粮约占粮食年总产量的65%。全国每年由于霉变、虫害和鼠害造成的粮食损失约为总产量的3%，折合为150亿kg。其中，霉烂粮食达75亿kg，按人均每年250kg口粮计算，相当于6000万人一年的口粮。因此，发展粮食仓储技术具有重要的现实意义。

我国自古以农立国，是崇尚农业的民族，“国家大本，食足为先”，粮食被视为天下之大命的重要物资，在安定人心、抵御灾荒、平抑粮价、调节丰歉、恢复生产和繁荣经济等方面起着举足轻重的作用，是封建财政后备的重要内容和封建国家赖以生存的物质基础，历朝历代无不把它摆在治国安邦的重要位置。但是，在这样一个以自给自足经济为基础的、农业生产技术长期处于比较落后状态的国度里，如何在粮食供给有限的情况下，保证人们吃饭问题始终是国家统治者和普通老百姓关心的主要问题，由此，也形成了古代社会重视粮食储藏的优良传统。《礼记·王制》说：“国无九年之蓄，曰不足；无六年之蓄，曰急；无三年之蓄，曰国非其国也”。由于自然和技术条件的限制，封建国家要保持九年、六年之蓄是一种奢望，保持三年之蓄也不可能，但强调国家必须保持足

够的粮食储备，以保证国家安全的观点则值得重视。汉代晁错在《论贵粟疏》中又明确提出了粮食储备的指导思想："备水旱"，"民可得而有也"，就是说，一是备荒备灾，二是稳固统治阶级的统治地位，使其能够保其民众，社会安定，粮食储备已由纯粹的生命需要转变为浓厚的政治色彩。从中不难窥见古代的重储思想。

三、国内外粮食储藏的发展现状和趋势

1. 我国粮食储藏的历史

我国粮食储备的历史十分悠远。早在甲骨文中就有关于粮食储藏的记载，当时奴隶主已高度重视粮食储存，修筑了大量的仓储设施，制定了详细而完善的管理制度。夏朝，仓储制度就正式成为国家的一项重要财政制度。自周代开始的历代王朝不仅重视中央仓储的建设，也注重在地方兴仓储粮，仓储制度渐趋成熟，仓储规模不断扩大。秦汉时期由于铁器的普遍使用，农业生产有了很大发展，粮食储备也达到了一个新水平，明确提出了粮食储备的指导思想，汉代是粮食仓储制度趋于成熟的时代。汉高祖七年（公元前 200 年）开始营建新都长安，首批重点建设工程就包括太仓。除太仓外，中央直接管理的粮仓还有位于甘泉的甘泉仓、华县的华仓、左缴附近的细柳仓和嘉仓等。此外，郡、县两级另有常设之仓，各诸侯国、军队特别是边防兵系统也建立了粮仓。而汉宣帝时耿寿昌倡立的常平仓制度，更成为后世封建王朝沿用的主要仓储制度。至隋代时粮食仓储更具宏大规模，当时广置仓储，普遍兴建义仓，并劝令百姓人等输粟储仓，史称"资储遍于天下"。到唐朝，粮食仓储管理制度在总结历朝历代仓储管理经验教训的基础上，把仓储管理之制推上了一个比较完善的水平。宋代以后，历代王朝更为重视粮食储备，公私储粮蔚然成风，并通过垦荒屯田、调整税粮征收政策扩大粮食积累，加大粮仓监察力度，强化粮库管理等方面都有很大进步。

自新中国成立以来，党和政府对粮食工作非常重视，粮食产量不断增加。20 世纪 50 年代初国家投资兴建了一批苏式平房粮仓，粮食储藏标准化工作逐步深入开展，原粮食部从 1955 年开始开展的"四无"粮仓活动，在"无虫、无霉、无鼠雀和无事故"安全储粮技术的基础上，制定了"四无粮仓"的标准及相关规定，之后进行了三次修订，使粮食的安全储藏保管得到了保证，全国出现了大批的"四无粮仓"，减少了粮食储藏的损失。还先后发布了《国家粮油仓库机械管理办法》等一系列粮油仓储方面的管理办法。

改革开放前，我国的国家粮库和地方粮库的粮仓类型主要为混凝土筒仓、混凝土房仓、砖房仓、土圆仓及粮袋垛等，民间粮仓仍以土圆仓、房仓、柜、箱及粮袋垛等为主。改革开放后，政府非常注重对国有粮食仓储设施的建设、维护和改造，粮食仓储条件逐步改善。我国粮油储藏标准化也上了一个新的台阶，原粮食部、商业部组织国家级粮食科研院所科技人员，一方面根据粮油储藏设施和技术的发展，原有粮油仓储管理办法等进行了完善、修订；另一方面制定出台了配套的粮油仓储技术和管理办法。先后制定发布了《储粮虫霉鼠雀防治办法》、《粮油储藏技术规范（试行）》、《"四无粮仓"和"四无油罐"的若干规定》、《"四无粮仓"和"四无油罐"评定办法》、《〈"四无粮仓"和"四无油罐"评定办法〉的补充规定》、《国家粮油仓库管理办法》、《国家粮油仓库仓储

设施管理办法》等多个粮食储藏管理办法和技术标准规范。这些管理办法和技术规范的实施，使粮油安全储藏得到了保证。

20世纪80年代初，黑龙江迎春机械厂、庆安钢铁厂等相继开发了波纹板装配式金属筒仓；1984年，安阳利浦筒仓工程公司从德国引进利浦筒仓技术并开始生产与组装。从此，国际上普遍采用的两种金属储存仓型在我国有了较大的发展，且具备了数百个规格，累计建造仓容超过700万m^3。

1998年、2000年与2001年，我国政府利用国债资金先后三次大规模投资建设了一批设备先进与技术含量高的粮食仓储设施，使国家储备粮库总库容达500亿kg，并拥有了一批5亿kg以上仓容能力的大型库点。长期以来因仓容不足影响粮食流通的局面得到有效缓解，为粮食的安全储存创造了良好的条件。与此同时，还兴建了一批与粮库相配套的铁路专用线和铁路罩棚仓，发展了相当数量的火车散装车厢等。在采用了低温储粮、环流熏蒸、粮情测控、机械通风等四项新技术，配备了相应的储粮设备，国家粮食局组织有关专家在经过反复研究、试验、使用验证的基础上，对几项粮食储藏技术规范修改完善成为粮食行业标准，主要有《磷化氢环流熏蒸技术规程》、《储粮机械通风技术规程》、《粮情测控系统》、《谷物冷却机低温储粮技术规程》，在广泛推广实施后，对保证储备粮质量发挥了很大的作用。还有一些原国家粮食储备局等部门发布实施的有关粮食储藏技术规程等正在逐步由试行、修改完善转化为行业标准之中，主要有《粮油储存判定规则》、《高大平房仓储粮技术规程》、《浅圆仓储粮技术规程》等。

新中国成立60年来，伴随仓储设施发生根本变化的同时，我国不断加强同国外的技术合作交流，通过引进、消化，自主开发了一批先进、实用的储粮技术及配套设备，并进行推广和产业化应用。除了环流熏蒸、机械通风、粮情监测和谷物冷却等常规储藏技术进一步提升外，“十五”后期，低温储粮和气调储粮等绿色环保型技术在国家大型粮库得到试验示范和推广应用。其中，玉米真空干燥技术、太阳能低温储粮技术、霉菌监测技术及微生物活性快速检测技术等也都有较大的突破，储粮整体技术水平接近国际先进水平。另外，以计算机为核心的高新技术在粮食仓储上的成功应用为实现粮食仓储现代化提供了重要的技术手段和支撑。

2. 国外粮食储藏情况

相较我国的国家储备、地方储备和农户自储的储粮系统，各国都有各自不同的粮食储备管理体系。

美国的粮食储备是通过商品信贷公司（Commodity Credit Corporation，CCC）的企业进行的，该公司受政府的委托，负责全国范围内的两级储备粮的管理，一级是国家储备，由政府委托商业信贷公司来完成，二级是农场主拥有的储备，即由政府向农场主支付一部分储存费，使农场主暂时把收获的粮食储备起来，等待有利的销售机会。近年来一级储备逐渐减少，而二级储备粮量则不断增加。农场主参加储粮必须与商品信贷公司在各地分支机构签订合同，商品信贷公司按合同规定的数量向农场主支付储藏费用和低息，只有当市场粮价高于政府规定的销售价并报政府，得到批准后农场主方可出售储备粮。

加拿大联邦政府以及各省政府对谷物业不是直接管理，而是通过农业部门对谷物业进行扶持，主要做法是提供技术、信息和财力的支持，同时引导生产者根据国际需要的变化调整结构，积极扶持出口来发挥作用。加拿大对谷物公司经营谷物的粮库有严格的审批条件，《加拿大谷物法》规定，申请经营粮食的条件是：首先必须有公司注册条件，申请人打算使用的仓房要适合谷物储藏和装卸，粮食的类型、状况、配套设施必须符合条件，申请者能够提供基本的技术服务；其次申请人应提供经审计的财务证明，即申请人必须有一定的财力，并要以保证书、保险或其他方式提供足够的担保，粮仓储存的谷物都必须全额保险。加拿大粮食管理具体操作者系农村收购站、粮食中转站、粮食终端站。这三级粮食作业单位全部归私人所有，并实行自由经营，自负盈亏。

欧盟的粮食储备体系由三级（即收纳库、中转库、加工厂原料库）所组成。欧盟一些粮食主产国以及加拿大、澳大利亚、阿根廷、巴西这些产粮大国，粮食储备量都很低，他们生产的粮食主要靠世界市场来吸收大部分余粮。例如，阿根廷粮食储备量仅占世界储备量的1%，加拿大粮食储备量也仅占世界粮食储备量的5%，澳大利亚粮食储备量也仅占世界粮食储备量的3%。

巴西政府避免国家粮食库存过多，把粮食库存量确定在全国一个月的粮食消费量，巴西每年粮食储备量也仅占本国产量的2.6%。

法国的粮食购销、出口、粮价均由农业部所属国家粮食局（Office National Interprofessionnel des Grandes Culture，ONIGC）负责。法国政府规定，经营粮食者必须有储存设施（如仓库、搬运、烘干、杀虫、通风设施）和安全检测设备，经营者必须保证粮食储藏质量。

德国的粮食管理主要由德国农业市场管理局负责，其主要任务是保障供应，储备和调拨粮食、饲料等货物，并为改善市场流通、探索和试验新方法进行系统管理。

英国、瑞典都设有负责粮食管理的政府机构，主要职能：一是负责本国粮食政策的协调、制定和实施，对粮食流通进行行政管理；二是负责欧盟共同农业政策的贯彻和农业补贴的落实。

日本政府对国家储备粮的管理高度重视，称储备粮为政府米。储备粮数量的确定，按照日本近15年中最大欠收减产量的2倍作为储备量，如最多的1年欠收0.75Mt，储备总量为1.5Mt。目前，日本的国家储备粮为1.5～2Mt，2000年库存1.72Mt，其中政府库存1.62Mt，民间库存0.1Mt，每年购销0.5Mt，4年全部轮换1次。

日本国家储备粮由各地粮食事务所管理。仓库由财政出钱修建，储备粮全部储存糙米，实行15℃低温或20℃准低温储存，仓库空调用电实行国家最低价格，约为市价的1/4，国家粮库可对外储存，收取费用。日本大米的价格由其营养成分确定，国家储备粮最长储藏4年，为了减少粮食品质下降，大米全部采用低温储藏，糙米采用准低温或低温储藏，并定时检测大米的营养成分。储备粮售价与市场价之差由财政弥补。

印度管理粮食的政府机构是共和国居民用品供应部，该部下设粮食、油脂两个平行的公司分管粮、油。粮食公司有5人组成的协调委员会，类似董事会，是管理和经营的决策机构，公司分设计划、购销、储藏、联络等部。全国有6800个粮食收购中心。

国外农业发达国家粮食大部分在生产的当年就进入了消费市场，粮食在农户或粮食仓储企业最多储存一年的时间。例如，美国20世纪90年代，生产的小麦、大米总量的

50%用于出口，当年生产的粮食基本在本年度消费或出口，农场或商业性储备的最长周期仅仅为一年。其他农业发达国家如法国、英国、德国、加拿大等国也基本相似。所以，粮食收获后储藏保管相对于我国的粮食储备工作就比较简单，即使这样，这些国家还是重视粮食储藏。各国的粮食储备量及粮库仓房类型也存在较大差别。

欧盟粮食储藏量约为19.3Mt，其中8.5Mt在德国，7.3Mt在法国，还有一部分在其他成员国。欧盟的收纳库多属私营或农业合作社。法国、德国的收纳库以平房仓为主，每座收纳库仓容为0.03～0.06Mt，单仓仓容一般在7kt以下，收纳库一般都有自动接收、发放的现代化装置，形式多为平房仓，但内部分割成方形单仓，故也称格子仓，这类仓型便于谷物按品种、质量分别入仓，也有钢板仓，单仓仓容500～1000t。中转库常以立筒库群为主，也有平房仓，具有自动化装卸、计量、粮温检测、除尘等设备。中转库规模较大，尤其是法国4大港口库、荷兰鹿特丹港口库、德国汉堡的NHG港口库，仓容都在0.1～0.2Mt，仓型以钢筋混凝土立筒库为主，近年来钢板仓在中转库中采用也增多。

在欧洲，由于粮食储藏时间一般较短，不进行长期储藏，储粮周期不超过半年，最长的不超过2年。法国粮食储藏期一般为1.5～2年，在480d内粮食保管费用政府每天16.2美元/t补贴，超过480d按每天13.3美元/t补贴。

美国的粮库基本上分为4类，即产地粮库、储备库、中转库和粮油加工厂原料库及成品粮库。产地粮库分布在粮食产区的各地，规模以中、小型为主，粮库功能较齐，可按照粮食的种类接收，具有清理、品质检测、干燥和包装等功能，储粮技术以机械通风法为主，仓型以钢筋混凝土立筒库和钢板仓为主。储备库单仓较大，设备齐全，不仅有清理去杂、精选、干燥、分类、品质检测等功能，还有自动熏蒸杀虫的设备。仓型以钢筋混凝土立筒仓和平房仓为主。中转库（港口库）一般都建在港口和内河码头，这些库都配有散装、散卸及大型作业设备，仓型以立筒仓和钢板仓为主；原料库及成品粮库，原料库以钢筋混凝土筒仓和钢板仓为主，成品粮库以低温仓为主。美国储粮周期在1年以内，但最长的也有3年。

澳大利亚的粮仓，除了农场主自备库外，90%掌握在小麦局手中，而主要承担粮食进出口任务的港口库，则全部掌握在小麦局手中，以前小麦局的粮库，多半是由联邦政府或各州政府投资兴建，而现在则主要靠小麦局的自由资金进行维护和建新库。小麦局粮库的收购半径是25～30km，农场主要用卡车将小麦送到粮库，并检验品质定级等。农场主自备库仓容一般在500～1000t，大型库也不超过3000t，而小麦局所属的中转库和港口库，仓容为0.03～0.2Mt。

澳大利亚中央散粮流通系统约有900个收纳库，服务于17个港口库，中央散粮流通系统仓容约有34Mt，港口库仓容8Mt，总仓容与每年平均的粮食产量之比约为1.4∶1,粮食收获后，在6～8周内送往中央散粮系统。澳大利亚的粮食在农场收纳库中储存不超过半年，而转到中转库后，储存期也不超过半年，总储存期不会超过1年。

澳大利亚粮库的仓型主要有4种：平房仓，通常是长方形或方形，钢板或钢筋混凝土结构，墙高6m，屋顶为波纹钢板，单仓仓容1.0～4.0kt；立筒仓，钢板或钢筋混凝土结构，安装有配套机械化进出口设备，单仓容量1.5～4.0kt；浅圆仓，H/D约为

1/2,钢板或钢筋混凝土结构，单仓仓容为5.0～15kt，带有出仓输送设备；土堤仓，单仓仓容为10～100kt。澳大利亚规定小麦水分降到12%方能入库，由于水分低，储藏期短，澳麦在库内很少长虫发霉。

印度有2200个粮食储藏点，国家储粮25Mt，其中10Mt储藏在仓内，另15Mt露天储藏，7个地区有立筒库17座，储粮0.45Mt，立筒库粮食进出系机械化作业。印度的仓型以房式仓为主，粮食的进出仓仍以人工为主，有铁路专用线。

3. 我国粮食储藏的现状及发展趋势

经过多年的努力，我国粮食仓储技术有了很大发展，取得了很大成就，有些方面已达到世界先进水平。但是就整体而言，我国粮食仓储技术与发达国家相比，在仓储设施、储粮技术、流通方式、管理理念、管理成本以及综合经济效益等方面仍然有一定的差距。

（1）目前国内粮库仓型仍以平房仓为主。平房仓虽适于长期储存，却不利于粮食中转调运，制约着粮食流通的效率。另外，国内粮库库点分布结构不合理，形成主要依托粮食产区而建的基本格局。由于受铁路等交通设施的限制，大量粮食不能及时运到销区，使主销区的粮食需求不能及时得到满足。

（2）粮食储运技术发展不平衡、相对滞后，影响着粮食仓储产业的发展。例如，散粮装卸运输技术还依赖跟踪模仿，原始创新能力差，技术水平比较落后；散粮装卸机械配备不足，仅有不到5%的粮库配置该设施，且具备散粮机械化作业的立筒库及浅圆仓仓容比例偏小。

（3）国内在气调储粮、高水分粮食处理和虫霉防治等储粮方面虽有新技术、新方法不断涌现，但对这些新兴技术仍需继续探索试验，逐渐完善与之相配套的工艺方案与技术装备。

粮油在整个储藏过程中的污染问题，是影响储粮品质的主要因素。从传统的常规熏蒸到新型的环流熏蒸，都不可避免地造成储粮与各种有毒化学制剂的接触；而在储藏粮油中，微生物代谢产物和分泌的毒素等以及防霉、防腐剂的应用也会给粮油带来卫生污染和品质的下降。在粮油储藏中运用生态学知识，综合考虑粮堆生态系统中各成分间的关系，通过控制粮堆中的非生物环境因素进行安全储粮，是目前国内外的常用储粮技术。机械通风储藏、谷物冷却机低温储藏及气调储藏等新型科学的储粮技术都是通过控制粮堆中的温度、湿度或气体等环境因素实现安全储粮的。这些储粮技术在解决储存粮油的保质、保鲜、绿色无污染等方面，有其独到的优越性。但毕竟也有局限性：通风储藏受到自然气候环境条件的制约；谷物冷却机低温储藏费用较高，投资较大；气调储藏由于对仓房或粮堆的气密性等技术要求较高。就我国目前的经济条件，低温和气调储藏仅在一些中央直属储备库中应用，在一般的地方粮库推广和普及还受到一定限制。

通过充分利用粮堆生态系统中各生物之间的关系，控制粮堆中的有害生物，增进储粮稳定，防止储粮污染，降低储粮费用，对未来储粮将有良好的预期。在粮堆生态系统中，粮堆各生物之间的关系建立在种内和种间的营养联系和信息联系的基础之上。根据这种关系，采用生物防治的方法控制储粮害虫、增进储粮稳定、防止污染应作为储粮技术发展的新思路。

第一篇　粮食储藏基础

第一章　粮食采后生理

➢**本章内容要点**

1. 了解粮食的籽粒结构和化学组成。

2. 掌握粮食采后的主要生理作用过程，包括呼吸作用、休眠与萌发作用、后熟作用及老化等。

3. 了解粮食储藏过程中的品质变化。

粮食收获后，与母体植株脱离，其生命活动发生改变，由以同化或合成为主的新陈代谢活动变为以异化或分解为主的新陈代谢活动，但无论如何改变，粮粒生命活动从未停止，仍为活的有机体。活的有机体即使处于休眠或干燥状态下，其生命活动仍不停止，进行着生理生化变化。这些变化是维持活细胞生命最基本的新陈代谢，对粮食的储藏稳定性有着直接影响。因此掌握籽粒在一定条件下的新陈代谢规律，对设立适宜贮存条件，制定正确的储藏技术具有重要的指导意义。

第一节　粮食的籽粒结构和化学组成

一、粮食籽粒的结构

粮食储藏与加工主要研究的对象是谷物的籽粒，为了准确地掌握储藏技术和合理的加工方法，首先必须对谷物籽粒的构造有充分的了解。农作物籽粒的结构因作物种类、品种不同而有很大的差异，但从植物形态角度进行观察和研究，则绝大多数籽粒的结构，基本上具有共同之处，即每颗籽粒都由皮层、胚和胚乳三个主要部分组成。

1. *皮层*

皮层是包围在胚乳外部的保护构造，其组织的层次与厚薄、结构的致密程度、胞壁的厚度状况以及细胞所含的各种化学物质（如单宁、色素等）都会在不同程度上影响到籽粒与外界环境的关系，因而对籽粒的休眠、寿命、发芽、籽粒预措及干燥过程等均可发生直接或间接的作用。皮层的表面状况（光滑程度、茸毛有无等）可以作为籽粒清选和加工时选择操作方法和使用工具的依据，而皮层上的花纹（斑纹及网纹）、茸毛颜色等特点，可用来鉴别作物的不同种类和不同品种。

2. 胚

胚是籽粒最主要的部分，通常是由受精卵发育而成的幼小植物体，各类籽粒的胚因各部分的构造与发育程度不同，其形状各异，但所具备的基本器官完全相同，一般可分为胚芽、胚轴、胚根和子叶 4 部分。

总体来说，胚是籽粒最主要的部分，其中胚、胚轴和胚芽是构成胚的基本器官，以后发芽成长为新植株——幼苗；胚根、胚轴和胚芽合称为胚中轴或胚本部。子叶一般是过渡性构造，仅在发芽期间起了提供养料和传递养料的生理机能，待幼苗成长，就逐渐解体消失，但有少数作物的子叶也能保持到植株成长以后，如棉花、大豆。

3. 胚乳

胚乳按来源不同分为外胚乳和内胚乳两种。由珠心层细胞直接发育而成的，称为外胚乳；由胚囊中受精极核细胞发育而成的，称为内胚乳。有的胚乳在籽粒发育过程中被胚吸收而消耗殆尽，仅留下一层薄膜，因而成为无胚乳种子。在无胚乳种子中，营养物质主要储藏在子叶内，如豆科、葫芦科、蔷薇科及菊科植物籽粒。在有胚乳种子中，一般内胚乳比较发达，如禾本科、茄科、伞形科等植物种子，仅有少数植物籽粒的外胚乳比较发达，如藜科、石竹科等植物籽粒。胚乳的营养对幼苗健壮程度有着重要的影响。

4. 主要作物籽粒的形态与结构

1）小麦和大麦

普通小麦的籽粒不带稃壳（裸粒），由皮层、胚乳和胚三部分组成。籽粒的腹面有一纵沟，称腹沟。胚在籽粒背面的基部，在籽粒的另一端有茸毛。小麦腹沟的宽狭、深浅以及茸毛的疏密状况，都可以作为鉴别品种的依据。

小麦的果皮由表皮、中层、横细胞、内表皮等组成。表皮细胞长形，具角质，顺着纵轴排列，这层细胞在籽粒的顶端形成茸毛，其长短因品种而不同。中层具 2 或 3 列细胞，细胞壁的厚度增加不均匀，细胞间有明显的空隙，分布气孔遗迹，此层细胞在籽粒成熟的前期，对气体交换起很大作用。中层以下有一列长形细胞顺着种子横轴排列，称横细胞层，胞壁薄厚不均匀，在籽粒发育初期时细胞内含有淀粉粒和叶绿体，随着成熟度提高，叶绿体消失，此层即失去光合作用能力，淀粉粒则向内部转移，细胞中充满空气。内层的果皮与水稻一样，也是管状细胞层，顺着籽粒纵轴排列。小麦的种皮分内外两层，外层透明，内层存在色素，色素层的厚薄决定种子颜色的深浅。这两层均系长形的薄壁细胞组成，形状整齐，与籽粒的中心轴略成角度。种皮以下为不透明细胞组成的膨胀层，属外胚乳，其内部为内胚乳。内胚乳的外层是由近方形的较大的细胞组成的糊粉层，细胞内充满了混有油滴的蛋白质。此层在小麦中仅 1 列细胞，而在靠近胚处，则完全消失，在腹沟处可有数列细胞。

糊粉层内部为内胚乳的淀粉层，由大型薄壁细胞组成，细胞具各种不同的形态，内部充满了各种大小不同的淀粉粒，淀粉粒的间隙中含有蛋白质。淀粉粒与蛋白质结合的牢固程度，在普通小麦与硬粒小麦之间区别明显，硬粒小麦的淀粉粒与蛋白质结合得特别牢固。

小麦的胚部形态与水稻相似，但胚芽与胚根在一直线上，胚部占整个籽粒的比例比水稻的大，如图 1-1 所示。

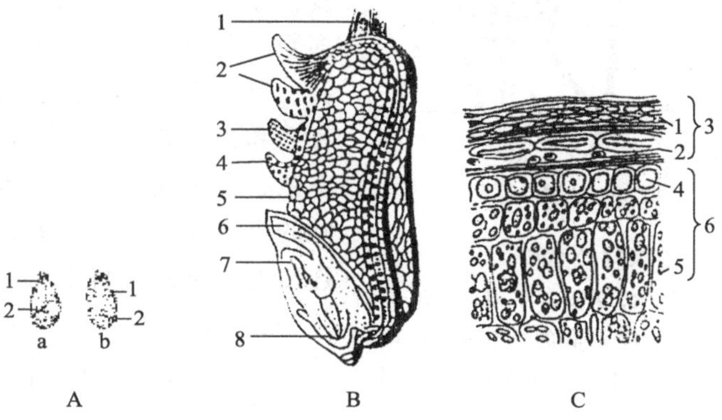

图 1-1　小麦籽粒结构

A. 籽粒外形：a. 腹面：1. 茸毛；2. 果毛；b. 背面：1. 果种皮；2. 胚部。B. 籽粒纵剖面：1. 茸毛；2. 果毛；3. 种皮；4. 胚乳糊粉层；5. 胚乳淀粉层；6. 盾片；7. 胚芽；8. 胚根。C. 籽粒横剖面：1、2、4 皮层；3. 色素层；5. 胚乳糊粉层；6. 胚乳淀粉层

大麦籽粒的性状和小麦很相近，但因品种类型不同，在形状、大小等方面区别较大，一般二棱大麦的粒形大于四棱和六棱大麦，而且籽粒较为饱满，籽粒大小均匀；四棱大麦的大小很不整齐；六棱大麦的籽粒大小虽较整齐，但明显较小，千粒重远低于二棱和四棱大麦。

大麦籽粒的解剖学结构与小麦基本相同，但小麦的糊粉层仅 1 层细胞，而大麦有 2～4 层。大麦糊粉层的色泽因品种而不同，某些品种为蓝色，而另一些品种呈白色。

2）玉米

玉米籽粒的基本构造与上述两类作物相同，但籽粒大小却相差悬殊。栽培玉米的籽粒是个完整的颖果，果种皮紧贴在一起不易分离，在籽粒上端的果皮上可观察到花柱遗迹（一般在邻近胚部的胚乳部位的果皮上）。玉米的胚特别大，约占籽粒总体积的 30%，占总重量的 10%～14%；透过果种皮，可清楚地看到胚和胚乳的分界线。

玉米籽粒的基部有果柄，但有时脱落，不连在籽粒上，在籽粒基部的果柄脱落处呈褐色，这是由于该部位存在基部褐色层（或称基部黑色层）。充分成熟籽粒的基部褐色层色素累积，颜色明显，因此可以作为籽粒成熟的重要标志。

玉米籽粒的形态在类型和品种之间存在很大差异，而且同一果穗上的籽粒，由于着生部位不同，其籽粒大小及粒形的差异也很显著。玉米籽粒的颜色有多种，总的可分为白色系统、黄色系统及紫色系统三类。

玉米的角质胚乳和粉质胚乳中淀粉粒具不同的形态，角质胚乳中的淀粉粒为多角形，而粉质胚乳中的淀粉粒呈球形，如图1-2所示。

3）大豆

成熟的大豆种子只有种皮和胚两部分，是典型的双子叶无胚乳种子。

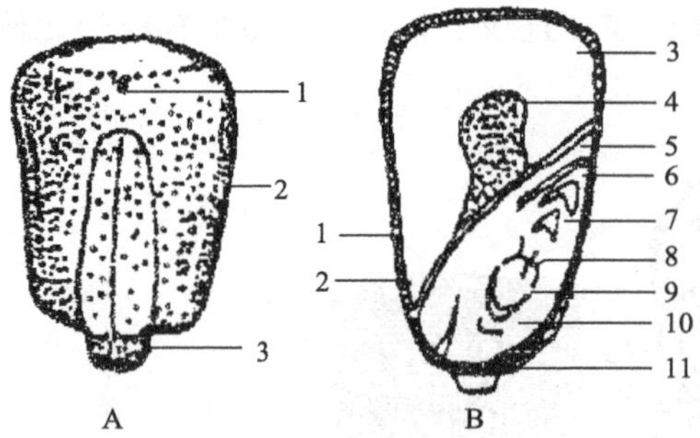

图 1-2　玉米籽粒结构

A. 籽粒外形：1. 花柱遗迹；2. 果皮；3. 果柄。B. 籽粒纵剖面：1. 果皮；2. 种皮；3. 胚乳的角质部分；4. 胚乳的粉质部分；5. 盾片；6. 芽鞘；7. 胚芽；8. 维管束；9. 胚根；10. 根鞘；11. 基部褐色层

(1) 种皮。大豆种皮是由胚珠被发育而成的，约占整个大豆粒重量的 8%。种皮位于种子的表面对种子具有保护作用。多数品种种皮表面光滑，有的有蜡粉或泥膜。种皮呈不同颜色，其上还附有种脐、种孔和合点等结构。不同品种种脐的形态、颜色、大小略有差别。在种脐下部有一凹陷的小点称为合点，是珠柄维管束与种胚连接处的痕迹。脐上端可明显地透视出胚芽和胚根的部位，二者之间有一个小孔眼，种子发芽时，幼小的胚根由此小孔伸出，称为种孔、珠孔、发芽孔。

大豆种子的种皮从外向内由 4 层形状不同的细胞组织构成。最外层为栅状细胞组织，由一层似栅栏状并排列整齐的长条形细胞组成，细胞长 40～60μm，外壁很厚为外皮层。其最外层为角质层，其中有一条明线贯穿，决定种皮颜色的各种色素就在栅状细胞内。栅状细胞较坚硬并互相排列紧密，一般情况下水较易透过，但若排列过分紧密时，水便无法透过，使大豆籽粒成为“石豆”或“死豆”，这种豆几乎不能加工利用。靠近栅状细胞的是圆柱状细胞组织，由两头较宽而中间较窄的细胞组成，长 30～50μm，细胞间有空隙。在泡豆时，此细胞膨胀极大。再里一层是海绵组织，是由 6～8 层薄细胞壁的细胞组成，间隙较大，泡豆时吸水剧烈膨胀。最里层是糊粉层，是由类似长方形的细胞组成，壁厚。对于没有完全成熟的大豆籽粒，其种皮的最里层是一层压缩胚乳细胞。

(2) 胚。大豆种子的胚由胚根、胚轴（茎）、胚芽和两枚子叶 4 部分组成，胚根、胚轴和胚芽三部分约占整个大豆籽粒重量的 2%。大豆子叶是主要的可食部分，约占整个大豆籽粒重量的 90%。子叶的表面由小型的正方形细胞组成表皮，其下面有 2 或 3 层稍呈长形的栅状细胞，栅状细胞的下面为柔软细胞，是大豆子叶的主体。

大豆籽粒的各个组成部分由于细胞组织形态不同，其构成物质也有很大差异。除糊粉层含有一定量的蛋白质和脂肪外，其他部分几乎都是由纤维素、半纤维素、果胶质等所组成。而胚——胚根、胚轴、胚芽、子叶则主要以蛋白质、脂肪、碳水化合物为主。

二、籽粒的化学组成

籽粒因类型、作物和品种不同，化学成分存在明显的差异。籽粒中的储藏物质是最主要的化学成分，在籽粒的总干重中占了很大的比率，它不仅是幼苗初期生长所必需的养料及能源，而且不同储藏物质的含量、性质及其在籽粒中的分布状况，又会影响籽粒的生理特性、耐藏性、加工品质和营养价值。因此了解籽粒的化学成分不仅可以使我们确定籽粒各方面的利用价值，还能促使我们深入了解籽粒的生理机能，妥善、合理地进行储藏加工和利用，尽量避免在这些过程中受到损失。

1. 水分

1）籽粒中水分状态

水分是一切生命活动的溶媒，并参与生物体的组成。籽粒作为一个有生命的个体，它在发育、成熟、发芽以及收获以后的不同时期所发生的一系列生理生化过程都和水分的状态及含量有密切关系。

籽粒中的水分有两种状态——游离水（自由水）和结合水（束缚水）。游离水具有一般水的性质，可作为溶剂，能结冰，容易从籽粒中蒸发出去；而结合水却牢固地和籽粒中的亲水胶体（主要是蛋白质、糖类及磷脂等）结合在一起，不容易蒸发，不具有溶剂的性能，低温下不会结冰，并具有另一种折光率。

籽粒的生命活动必须在游离水存在的状况下才能旺盛进行。当籽粒水分减少至不存在游离水时，籽粒中的酶（首先是水解酶）就成为钝化状态，籽粒的新陈代谢降至很微弱的程度。当游离水出现以后，酶就由钝化状态转变为活化状态，这个转折点的籽粒水分（即籽粒的结合水达到饱和程度并将出现游离水时的水分）称为临界水分，其含量因作物种类而不同。在一定温度条件下，籽粒中出现游离水以后，籽粒就不耐储藏，籽粒的活力和生活力很快降低和丧失，而在临界水分以下，则一般认为可以安全储藏。禾谷类籽粒的安全水分一般为12%～14%，油料作物籽粒为8%～10%，甚至更低，它主要取决于其含油量。安全水分受温度的影响不同，各地区应规定不同标准。南方温度高，谷类种子的安全水分应在13%以下，北方的安全水分可略高于南方。

种子水分不同，其生命活动的强度和特点有明显差异，同时还通过对仓虫、微生物的作用影响到安全储藏。当籽粒水分超过14%时，使用熏蒸剂杀虫，会损害籽粒发芽力，且籽粒表面和内部的真菌开始生长；籽粒水分超过20%时，储藏籽粒将会“发热”；而籽粒水分超过60%时（在储藏过程中，常因漏雨、渗水或结露等原因引起局部水分的增高），籽粒会发生发芽现象。

2）籽粒平衡水分的概念

籽粒水分随着吸附与解吸过程而变化。当吸附过程占优势时，籽粒水分增高。当解吸过程占优势时，籽粒水分降低。如果将籽粒放在固定不变的温湿度条件下，经过相当时间后，籽粒水分就基本上稳定不变，即达到平衡状态，籽粒对水汽的吸附和解吸以同等的速率进行，这时的籽粒水分，就称为该条件下的平衡水分。由于籽粒具有吸湿性，所以能将籽粒水分调节到与任意相对湿度达到平衡时的含水量。

3）平衡水分的影响因素

籽粒的平衡水分因作物、品种及环境条件不同而有显著差异，其影响因素包括大气湿度、温度以及籽粒的化学组成。

（1）湿度。籽粒水分随大气相对湿度改变而变化，空气湿度超过粮食的水汽分压时，粮食就开始吸湿，平衡水分增加。当温度不变时，湿度越大，籽粒的平衡水分也就越大。反之，当空气湿度低于粮食的水汽分压时，粮食就开始解吸，平衡水分减少。例如，在25℃时，水稻籽粒在相对湿度60%、75%和90%时，平衡水分分别为12.6%、14.4%和18.1%。总的来说，在相对湿度较低时，平衡水分随湿度提高而缓慢地增长，而在相对湿度较高时，平衡水分随湿度提高而急剧增长，因此在相对湿度较高的情况下，要特别注意籽粒的吸湿返潮问题。

(2) 温度。由于温度升高时空气的保湿能力增加，在一定范围内，温度每上升10℃，每千克空气中达到饱和的水汽量约可以增加一倍，因此使得相对湿度变小，从而使种子的平衡水分减小。当湿度不变时，籽粒的平衡水分随温度升高而减小。温度对平衡水分有一定程度的影响，因此大多数平衡水分确定在25℃条件下测定，但温度对种子平衡水分的影响远比湿度小。

(3) 籽粒的化学组成。籽粒的化学组成中含有大量亲水基团，如蛋白质、糖类等分子中均含有这类极性基团，因此各种籽粒均具有亲水性。蛋白质分子中含有两种极性基团，故亲水性最强；脂肪分子中不含极性基团，所以表现疏水性。由于上述原因，蛋白质和淀粉含量高的种子比油分含量高的种子容易吸湿，在相同的温湿度条件下具有较高的平衡水分，如禾谷类和蚕豆籽粒与大豆、向日葵等籽粒相比，具有较高的水分含量。

(4) 籽粒的部位与结构特性。与胚乳比较，胚含有较多的亲水基，更容易吸收水分和保持水分。因此，从籽粒本身来看，胚中水分较高。例如，小麦籽粒整粒计算水分是18.49%，而胚部水分达到20.04%；玉米籽粒水分为24.2%，胚部含水量为27.8%，而当籽粒水分达29.5%时，胚部含水量高达39.4%，这是胚部较其他部位容易变质的一个重要原因。籽粒的胚所占整个籽粒的比例较大者平衡水分也高。凡表面粗糙、破损、内部结构致密、毛细管多而细的籽粒，因为籽粒增加了与水汽分子接触的表面积，所以平衡水分高。

2. 碳水化合物

碳水化合物是籽粒中三大储藏物质之一，在籽粒发芽时，提供生长发育所必需的养料和能量。籽粒中所含的碳水化合物总量，其相差幅度较大，占干物质的25%～70%。碳水化合物的含量因作物种类而不同，其存在形式包括不溶性糖和可溶性糖两大类，前者是主要的储藏形式。

1) 可溶性糖

大多数禾谷类成熟籽粒中可溶性糖含量不高，一般占干物质的2%～2.5%，其中主要是蔗糖，大量分布于胚部及籽粒的外围部分（包括果皮、种皮、糊粉层及胚乳外层），在胚乳中的含量很低。胚部的蔗糖含量因作物种类而不同，可在10%～23%，这些可溶性养料在籽粒发芽时对幼胚的初期生长具有重要的作用。

籽粒的可溶性糖的种类和含量在成熟过程变动很大。未熟籽粒的可溶性糖含量很高，其中单糖比例较高，并随着成熟度的增高而相应下降。充分成熟的籽粒几乎不含还原糖，主要以蔗糖的形态存在。当籽粒在不良条件下储藏时，亦会引起可溶性糖含量的增高，因此籽粒的可溶性糖含量的动向，可在一定程度上反映籽粒的生理状况。

2) 不溶性糖

籽粒中的不溶性糖种类很多，主要包括淀粉、纤维素、半纤维素和果胶等，它们都是以单糖为基本组成单位的高分子化合物，一般不溶于水和中性溶液，只在某些特殊条件下才溶解成黏性胶溶液。

(1) 淀粉。淀粉在植物籽粒中分布广泛，又是禾谷类籽粒中最主要的储藏物质。它以淀粉粒的形式贮存于胚乳细胞中，籽粒的其他部位极少，甚至完全不存在。淀粉粒的主要成分是多糖，一般在95%以上，此外还含有少量的矿物质、磷酸及脂肪酸。

籽粒中淀粉呈颗粒状存在，淀粉颗粒是由许多淀粉分子组成，呈环形，其组成密度是不同的。这可能是由于植物在白天进行光合作用时，转到胚里面的葡萄糖原料多，合成淀粉的密度就大。相反夜间光合作用弱，淀粉积累少，密度也小，如此昼夜循环的结果是淀粉颗粒在每层开始时密度最大，以后逐渐减少，到另一层时又突然增大，一层一层周而复始，显出环纹。环纹所围绕的一点称为粒心。根据这些环纹的形态可进行淀粉粒来源及种类的鉴定。

淀粉粒分单粒和复粒两种，单粒只有一个粒心，复粒是许多单粒的聚合体，所以有几个粒心。水稻和燕麦的淀粉粒是复粒的，小麦和马铃薯一般是单粒淀粉。淀粉粒形态和大小的差异，是鉴定淀粉或粮食粉及粉制品的依据。一般淀粉粒的直径为12～150μm，不同作物籽粒的淀粉粒大小相差颇为明显，如马铃薯为45μm，蚕豌豆32～37μm，大小麦、甘薯、水稻的淀粉粒分别为25μm、15μm和7.5μm。

淀粉由两种理化性质不同的多糖——直链淀粉和支链淀粉所组成，通常淀粉含有20%～25%的直链淀粉和75%～80%的支链淀粉，在糯质籽粒中，几乎完全不存在直链淀粉而仅有支链淀粉，淀粉粒中直链淀粉和支链淀粉的比例是决定淀粉特性和粮食食味的重要因素。水稻籽粒类型和品种不同，其直链淀粉与支链淀粉的含量有别。粳稻米一般直链淀粉含量低（20%以下），少数中等（20%～25%）；籼稻米一般直链淀粉含量较高（25%以上），部分中等，少数较低。由于直链淀粉和支链淀粉的含量不同，影响煮饭特性及食味：籼米饭较干，松而易碎，质地较硬；粳米饭较湿，有黏性、光泽，但再浸泡时则易碎裂。

直链淀粉和支链淀粉的分子构造对于碘液、淀粉酶以及其他条件所引起的反应都不同。例如，直链和支链淀粉遇碘液产生不同的颜色反应，直链淀粉呈蓝色，支链淀粉呈红棕色，据此可以把糯性籽粒和非糯性籽粒区分开来，糯性籽粒中几乎全部都是支链淀粉，遇碘产生红棕色反应，而非糯性籽粒中有一部分直链淀粉，因此遇碘后产生深蓝紫色反应。

(2) 纤维素和半纤维素。籽粒中除淀粉外，主要的不溶性糖是纤维素和半纤维素，它们与木质素、果胶、矿物质及其他物质结合在一起，组成果皮和种皮细胞。由于成熟籽粒的果种皮细胞中原生质消失，果种皮仅留下空细胞壁，因此纤维素和半纤维素是果种皮的基本成分。这两类物质的存在部位与功能很类似，但也有不同之处，纤维素性质稳定，可被水解，但比淀粉困难得多，需要浓硫酸或浓盐酸，在人体内通常不被消化和吸收利用。半纤维素能溶于稀碱，可以作为籽粒的储藏物质（储藏于细胞壁中而不是细胞腔内）或作为幼苗的后备食物，在籽粒发芽时能被半纤维素酶水解而吸收利用。

3. 脂类

脂类物质包括脂肪和磷脂两大类，脂肪是以储藏物质的状态存在于细胞中，磷脂是构成原生质的必要成分。

1）脂肪

脂肪普遍存在于各种作物的籽粒中，禾谷类籽粒中含量较低，一般为1.5%～2%，燕麦和玉米可达5%～6%，油料作物籽粒中脂肪含量相当高，如大豆含17%～22%的脂肪。脂肪属高能量储藏物，其中储藏的能量比相同重量的糖或蛋白质几乎高1倍，因此，自然界中大部分的籽粒均以脂肪作为主要的储藏物质。

籽粒中脂肪的性质可用两种重要的指标——酸价和碘价表示，酸价是中和1g脂肪中全部游离脂肪酸所需的氢氧化钾毫克数；碘价是指与100g脂肪结合所需的碘的克数。不同籽粒或不同情况下的籽粒脂肪在酸价和碘价方面常有差异，谷物加工品或油籽籽粒在储藏过程中都很容易发生这两方面的变化。前者是在储藏湿度较高的情况下，籽粒中或微生物中的脂肪酶发生作用，促使脂肪物质分解而脱出游离脂肪酸，于是籽粒酸价增高，品质恶化，脂溶性维生素破坏，籽粒生活力下降。后者是在储藏、干燥等过程中，籽粒中不饱和脂肪酸的双键部分与氧结合。脂肪的碘价越高，表明脂肪中的脂肪酸不饱和程度越大，即双键越多，不饱和脂肪酸的含量越高，脂肪越容易氧化。随着氧化作用的进行，双键逐渐破坏，碘价亦随之降低，种子品质发生变化。可见酸价和碘价是指示脂肪和种子品质的两项极为重要的指标。

籽粒中脂肪的品质与脂肪酸的种类有关，一般籽粒中的脂肪以油酸、亚油酸和亚麻酸等不饱和脂肪酸的含量为高，但不同作物籽粒中这三种脂肪酸的比例差异很大。亚油酸和亚麻酸具有疏通血管的作用，但亚麻酸极易氧化变质，因此优良的食用油要求亚油酸含量较高而亚麻酸的含量很低。大豆和玉米胚油中的亚油酸均在50%以上。

籽粒中脂肪的含量尤其是胚部脂肪的含量，与籽粒及粮食加工品的劣变和种子寿命存在密切的关系。禾谷类籽粒中的脂肪含量一般很低，胚乳中的含量不超过1%，绝大部分脂肪存在于胚和糊粉层的细胞里，在精度低的劣质粉中，由于胚和糊粉层没有去尽，储藏期间因脂肪分解而大大降低面粉品质。精度低、留有部分米糠的米粒也明显地比精度高的白米不耐储藏。禾谷类作物籽粒中，以玉米的脂肪含量及胚部含油率为最高，达33%，远远超过大麦和小麦（分别为22%及14%），这是玉米籽粒耐藏性差的另一个重要原因。

2）磷脂

籽粒中的脂类物质除脂肪外，还有化学结构与脂肪相似的磷脂，磷脂在限制种皮透水性方面有重要意义，且磷脂包含在细胞原生质中，成为构成原生质的重要成分。

籽粒中磷脂的含量比植物根、茎、叶中高，一般达1.6%～1.7%。磷脂的代表性物质是卵磷脂和脑磷脂。某些禾谷类的籽粒中磷脂与葡萄糖、半乳糖或戊糖等结合得非常紧密。禾谷类、花生、羽扇豆、棉、亚麻、向日葵等籽粒中均含有少量磷脂；大豆籽粒的磷脂含量较高，胚芽较子叶含量更为丰富，因此大豆籽粒常用于提取磷脂制成药物，用以促进和提高大脑的功能。

3）脂质的酸败

籽粒在储藏过程中，由于脂肪变质产生醛、酮、酸等物质而发生苦味和不良的哈喇气，称为酸败。脂肪酸败现象在一些含油量高的籽粒中容易发生，如向日葵、花生、大豆、玉米等，种皮破裂的籽粒常加速酸败，高温、高湿、强光、多氧的条件也促进这一过程，以致籽粒迅速劣变，产生明显的酸败臭和苦味。

油脂的酸败可包括水解和氧化两个过程。在水分较高的籽粒中，酯酶发生作用，将脂肪水解为游离脂肪酸和甘油，水解过程所需的酯酶，既存在于籽粒中，又大量存在于微生物中，因此微生物对脂肪的分解作用可能比籽粒本身的酯酶作用更为重要。氧化过程有两种情况，一种是饱和脂肪酸的氧化，另一种是不饱和脂肪酸的氧化。饱和脂肪酸的氧化是在微生物的作用下，脂肪酸被氧化生成酮酸，然后酮酸失去一分子二氧化碳分解为酮。

不饱和脂肪酸的过氧化有化学氧化及酶促氧化，籽粒中脂质的氧化一般是酶促作用的氧化，但也存在自动氧化过程。在脂肪氧化酶或其他物理因素的催化下，游离态或结合态的脂肪酸氧化为极不稳定的氢过氧化物，然后继续分解形成低级的醛和酸等物质，其中危害最严重的是丙二醛，对细胞有强烈的毒害作用。

不同作物籽粒的脂肪酸败情况不完全一致，如向日葵等籽粒很容易发生氧化性酸败，有活力的水稻籽粒一般不会发生氧化性酸败，高水分的或碾伤的水稻籽粒会发生水解性酸败。

从氧化速率看，籽粒中脂肪的不饱和程度越高，氧化速率越快，变质越迅速。例如，在一定条件下，亚油酸（两个双键）比油酸（一个双键）的氧化快 12 倍，而亚麻酸（三个双键）比亚油酸快 2 倍。籽粒中含有的抗氧化物质，如维生素 E、维生素 C、胡萝卜素及酚类物质等，均有利于延缓和降低脂肪的氧化作用。

脂肪酸败会对籽粒品质造成严重影响，由于脂肪的分解，脂溶性维生素无法存在，并导致细胞膜结构的破坏，而且脂肪的很多分解产物都对籽粒有毒害作用，食用后还能造成某些疾病的恶化及细胞突变、致畸、致癌和加速生物体的衰老，因此酸败的籽粒可以说完全失去种用、食用或饲用价值。

4. 蛋白质

1）籽粒蛋白质的种类

籽粒中含氮物质的状态与籽粒的生理状态有密切关系。籽粒中的含氮物质主要是蛋白质，非蛋白氮主要以氨基酸的形式集中于胚及糊粉层，含量很低，但在生理状态不正常的籽粒中，如未成熟的、受过冻害的和发过芽的籽粒，则含量较高。

籽粒中的大部分蛋白质是储藏蛋白——属于简单蛋白质，主要以糊粉粒或蛋白体的状态存在于细胞内，只有极少量的蛋白质才是复合蛋白质，主要是脂蛋白和核蛋白。简单蛋白质可根据其在各种溶剂中溶解度的不同，分为能溶于水的清蛋白；不溶于水可溶于盐溶液的球蛋白；不溶于水和盐类溶液，但溶于 70%的乙醇溶液醇溶谷蛋白；只能溶于稀碱溶液的谷蛋白 4 种，它们具有不同的特性和营养价值。清蛋白主要是酶蛋白，在一般籽粒中含量很少。球蛋白不是双子叶植物籽粒所含有的主要蛋白质，在禾谷类籽粒中虽普遍存在，但含量很少。醇溶性谷蛋白是禾谷类特有的一种蛋白质，不仅在各种禾谷类种子中普遍存在，而且在大部分禾谷类籽粒中含量很高，是禾谷类的主要蛋白质，其中赖氨酸含量较低，影响了它的营养价值。谷蛋白在禾谷类尤其是在水稻籽粒中的含量较高。

用水揉洗一块和好的面团，洗掉淀粉与麸皮及其他可溶性物质，剩下一块像海绵一样具有弹性的东西即是面筋。面筋的主要成分是醇溶性谷蛋白和谷蛋白，占面筋总量的74.2%。面粉中面筋含量越高，面团越具有弹性，发酵作用越好。在面包和馒头的制作过程中，面筋具有保持面团中气体的性能，使麦粉有较好的面包烤制品质，因此面筋是小麦品质的指标。面筋蛋白存在于禾谷类种子的胚乳中，而胚和糊粉层中则仅含有清蛋白和球蛋白，不能形成面筋。

评价面粉质量的好坏，不仅根据面筋含量的多少，同时要测定面筋的质量，面筋质量通常以延展性、弹性、抵抗力等指标为依据。因面筋具有延展性和弹性，在面团发酵时可控制 CO_2 外逸。CO_2 向外扩散力和面团的控制力相互作用，使馒头和面包呈现疏松多孔的状态。

2）籽粒蛋白质氨基酸组成

禾谷类籽粒蛋白质中的赖氨酸含量很低，一般只有动物蛋白质含量的1/3～1/2，因此赖氨酸是这类籽粒的第一限制氨基酸，禾谷类籽粒的食用部分实际上是胚乳，其主要蛋白质是赖氨酸含量较低的醇溶性谷蛋白，胚部和糊粉层含有的却是营养价值较高的清蛋白和球蛋白，它们作为麸皮（胚与糊粉层不易与果种皮分离，这些成分在习惯上常统称麸皮）的重要成分而被利用作为饲料。稻米的蛋白质相对较好，其赖氨酸含量高于麦类，因为稻米中醇溶性谷蛋白含量很低，80%是赖氨酸含量较高的米谷蛋白。玉米籽粒严重缺乏赖氨酸和色氨酸，若单纯以玉米作为主食或饲料会引起不良的后果，高粱的情况也雷同。

豆类籽粒的情况与禾谷类不同，籽粒中普遍缺少蛋氨酸，其中花生蛋白质的赖氨酸、苏氨酸和蛋氨酸均较低；蚕豆蛋白质的蛋氨酸和色氨酸的含量很低；大豆种子赖氨酸含量丰富，营养价值最高。

籽粒中蛋白质含量较高和氨基酸组成比例合理，还不能完全保证籽粒具有较高的营养价值，蛋白质的分解利用还和下列因素有关：组织中有较多纤维素时，蛋白质就难以被分解利用，因为蛋白质的螺旋形构造，往往和纤维素骨架紧紧缠绕在一起，在动物的肠胃中分解蛋白质或用化学方法提取蛋白质时，都需先破坏纤维素的骨架；在籽粒中存在某些物质时，蛋白质的分解利用也会被削弱，如单宁等酚类物质和蛋白酶抑制剂等。

5. 矿物质

籽粒中的矿物质有30多种，根据其在籽粒中的含量可分为大量元素及微量元素两类。一般禾谷类籽粒的灰分率为1.5%～3.0%，豆类籽粒含量较高，尤其是大豆，高达5%。籽粒所含的矿质元素有磷、钠、钾、钙、铁、硫、锰、钙等多种，许多元素是维持动植物正常生理功能所必需的。各种矿质元素的含量差异很大，一般磷的含量最高，它是细胞膜的组分，且与核酸及能量代谢有密切关系，因而是籽粒发芽及幼苗初期生长所必不可少的成分。矿物质在籽粒中的分布很不均匀，各种矿物质在种子中的分布部位也不相同，胚与种皮的灰分率高于胚乳数倍。一般矿物质元素含量的高低与纤维素、半纤维素的含量是相应的。

种子中的矿质元素大多与有机物质结合存在，随着发芽变成无机态，在生长部位的合成过程中转化为新组织的成分。例如，储藏态磷化合物菲丁（植酸钙镁），发芽时转化为无机磷，参与各种生理活动和生化反应。

6. 生理活性物质

籽粒中存在某些化学物质，其含量虽然很低，但具有调节籽粒生理状态和生化变化的作用，促使籽粒生命活动的强度增高或降低，这类物质称之为生理活性物质，包括酶、维生素和激素。

1）酶

粮食籽粒内的生物化学反应可由本身所含的酶所催化、调节和控制。从化学结构看，酶的成分是蛋白质，有些酶还含有非蛋白质组分。非蛋白质部分是金属离子（如铜、铁、镁）或是由维生素衍生的有机化合物。酶具有底物专一性和作用专一性，因此籽粒各种生理生化变化是由多种多样的酶类共同作用所调控。根据酶催化的反应类型，可以分为氧化还原酶类、转移酶类、水解酶类、裂解酶类、异构酶类、合成（连接）酶类等，每一类酶又可细分为许多亚类。

籽粒在发育成熟过程中，各种酶的活性很强，籽粒内的生理生化作用旺盛进行。随着成熟度的提高和籽粒脱水，活性一般降低甚至因破坏而消失，有些酶（如淀粉酶等）则与蛋白质结合以酶原状态贮存于籽粒中，因此成熟籽粒的代谢强度很低，处于相对静止的状态。当籽粒获得了适宜的萌发条件，促使酶的活化和合成，代谢强度又急剧增高。

收获后的籽粒在正常、稳定的储藏条件下，酶的活性一般是很低的，但酚氧化酶、过氧化酶、脂肪氧化酶等氧化还原酶类尚有相当的活性。前两种酶在种皮中存在较多，其耗氧作用可影响种皮的透气性甚至透水性，脂肪氧化酶则能导致脂质的氧化而成为籽粒衰老和劣变的重要原因。在不良的储藏条件下，籽粒的水解酶、脂肪氧化酶和参与呼吸作用的酶类活性增强，在安全水分以上时，由于微生物的侵害而增加了外源酶——微生物所产生酶的不良作用，于是籽粒内的水解作用、脂质氧化和呼吸作用均受到促进。在衰老和劣变的籽粒中，由于某种原因使核酸水解酶激活，造成 DNA 和 RNA 的分解和断裂。

成熟不充分和发过芽的籽粒中存在多种具活性的酶，这类籽粒不仅耐藏性差，而且还严重地影响食品的加工品质。例如，未成熟籽粒或发过芽的籽粒中，α-淀粉酶在麦粉制作面团发酵过程中产生许多糊精，使制成的面包或馒头很黏，缺乏弹性，即烤不熟的面包；而活性的蛋白水解酶则使加工过程中的面筋蛋白分解，于是面团保持气体的能力显著降低，制成的面包或馒头体积小而坚实。

2）维生素

籽粒中含有多种水溶性维生素脂溶性维生素。籽粒中并不存在维生素 A，但却含有维生素 A 的前体胡萝卜素，胡萝卜素经食用后，在酶的作用下能分解为维生素 A，因此称为维生素 A 原。许多禾谷类籽粒（如小麦、大麦、黑麦、燕麦和玉米）中都含有胡萝卜素，但含量不高。

维生素 E（生育酚）大量存在于油料籽粒中及禾谷类籽粒的胚中，它与动物的健康有密切关系，而且是一种重要的抗氧化剂，对防止油脂的氧化有显著作用，因此对籽粒生活力的保持是有利的。

维生素 B 的种类很多，有 B_1（硫胺素）、B_2（核黄素）、B_6（吡醇素）、PP（烟酸）、泛酸和生物素等，其功能各异而存在部位相同。禾谷类和大豆籽粒中维生素 B 的含量均很丰富，在禾谷类籽粒中的存在部位主要是麸皮、胚部和糊粉层，因此碾米及制粉的精度越高，维生素 B 的损失也就越严重。

维生素 C（抗坏血酸）在一般成熟的作物籽粒中并不存在，但在籽粒萌发过程中却能大量形成，使发芽籽粒的营养价值显著提高。

维生素的含量取决于遗传性及环境因素，在籽粒成熟及萌发过程中的变化亦很显著，如在甜玉米籽粒中，大部分 B 族维生素在发育前逐渐增加，以后随成熟度提高而下降；在萌发早期，维生素 C、大部分 B 族维生素、维生素 A 原、维生素 D 和维生素 E 均有增加或明显增加。在光照条件下维生素 A 原及维生素 C 生成更多，可见许多维生素与籽粒发芽有密切关系，如维生素 B_1 对胚根生长有强烈的刺激作用，当维生素 B_6 等同时存在时，效果更为显著。

3）激素

激素具有促进籽粒及果实的生长、发育、成熟、储藏物质累积的作用，并可以促进或抑制籽粒萌发和幼苗生长。按激素的生理效应或化学结构，可把它分为生长素、赤霉素、细胞分裂素、乙烯、脱落酸等几类，它们具有不同的特性及作用。

各种激素在成熟过程中均存在先增高而后降低的趋势，呈单峰或双峰曲线，一般在发育过程中增高，至籽粒成熟后期迅速降低，在籽粒发芽过程中，萌发促进物质在一定时期内又迅速显著增加，但在衰老的籽粒中，赤霉素、细胞分裂素和乙烯等萌发促进物质产生的能力降低甚至完全丧失。与此相反，萌发抑制物质脱落酸在籽粒中的含量则可能因籽粒衰老而增多。

第二节　籽粒的呼吸作用

粮食籽粒是活的有机体，每时每刻都进行着呼吸作用，是维持其生命活动最基本的新陈代谢。在粮食储藏过程中，呼吸作用不仅消耗了干物质，同时它的各种产物对粮食的储藏有非常密切的关系。

一、呼吸作用的概念

1. 呼吸作用

呼吸作用是指有机体组织在多酶体系的参与下，有机物被氧化分解，最终生成 CO_2 和水，并同时释放能量的过程。籽粒的任何生命活动都与呼吸密切相关，呼吸的过程是将籽粒内储藏物质不断分解的过程，它为籽粒提供生命活动所需的能量，促使有机体内生化反应和生理活动正常进行。籽粒呼吸过程中释放的能量一部分以热能的形式散发到种子外面。籽粒的呼吸作用是储藏期间籽粒生命活动的集中表现，因为储藏期间不存在同化过程，而主要进行分解作用和劣变过程。

呼吸作用主要发生在胚部，以有机物消耗为基础。呼吸作用强则有机物质的损耗大，造成粮食品质下降，甚至丧失利用价值。

2. 呼吸部位

呼吸作用是活组织特有的生命活动，禾谷类籽粒中只有胚部和糊粉层细胞是活组织，所以种子呼吸作用是在胚和糊粉层细胞中进行。种胚虽只占整粒种子的3%～13%，但它是生命活动最活跃的部分，呼吸作用以胚部为主，其次是糊粉层。果种皮和胚乳经干燥后，细胞已经死亡，不存在呼吸作用，但果种皮和通气性有关，也会影响呼吸的性质和强度。经过加工后的成品粮（如面粉）的呼吸作用，是由微生物和害虫引起的。

二、呼 吸 类 型

粮食籽粒的呼吸作用，根据是否有外界氧的参与，将呼吸作用分为有氧呼吸和无氧呼吸两类。

1. 有氧呼吸

有氧呼吸指细胞把一些有机物彻底氧化分解形成CO_2，同时将O_2还原为H_2O，并释放能量的过程。以葡萄糖为呼吸底物，有氧呼吸反应式为

$$C_6H_{12}O_6 + 6O_2 \longrightarrow 6CO_2 + 6H_2O + 2.822 \times 10^6(J) \qquad (1-1)$$

有氧呼吸是粮食籽粒进行呼吸的主要形式。实际上，通常所说的呼吸作用就是指有氧呼吸，呼吸产生的能量大约有45%储藏在ATP中，其余的能量则以热量的形式散发出来。这就是为什么呼吸作用是粮食籽粒发热的重要原因之一。

有氧呼吸的特点是有机物氧化比较彻底，同时释放的能量也较多，从维持生理活动来看是重要的、必需的，但对粮食的储藏是不利的。因此，在粮食储藏期间要将有氧呼吸控制到最低水平。

2. 无氧呼吸

无氧呼吸指细胞把某些有机物分解为不彻底的氧化产物，同时释放能量的过程。这一过程，粮食籽粒是在无氧或缺氧的条件下进行的，籽粒生命活动取得的能量不是靠空气中的氧直接氧化有机物获得的，而是靠有机物自身的氧化与还原作用来取得能量的。

无氧呼吸也叫缺氧呼吸，在微生物中又称为发酵作用。由于无氧呼吸基质的氧化不完全，产生乙醇或乳酸。无氧呼吸反应式为

$$C_6H_{12}O_6 \longrightarrow 2CH_3CH_2OH + 2CO_2 + 1.005 \times 10^5(J) \qquad (1-2)$$

无氧呼吸产生的乙醇，会影响粮食籽粒的品质，在储藏过程中，应控制无氧呼吸的速度。

粮食在储藏过程中，籽粒呼吸的类型随环境条件、作物种类和种子品质而不同。干燥的、果种皮紧密的、完整饱满的籽粒处在干燥低温、密闭缺氧的条件下，以无氧呼吸为主；反之则以有氧呼吸为主。籽粒在储藏过程中，两种呼吸形式并存，通风透气的籽粒堆以有氧呼吸为主，但在大堆籽粒底部仍可能发生无氧呼吸。若通气不良、氧气供应不足时，则无氧呼吸占优势。含水量较高的籽粒堆，由于呼吸旺盛，堆内种温升高，如果通风不良便会产生乙醇，此类物质在籽粒堆内积累过多，就会抑制呼吸作用。

3. 有氧呼吸与无氧呼吸的关系

有氧呼吸与无氧呼吸之间既有区别又有密切的联系。

1）区别

比较两类呼吸间的呼吸历程和呼吸效应，有明显的差别。

（1）释放的能量不同。有氧呼吸中有机物质的氧化彻底，释放的能量大，呼吸产生的能量45%贮存在ATP中，55%的能量以热的形式散发出来；无氧呼吸不会引起有机物质的完全氧化，释放能量小。

（2）产物不同。有氧呼吸生成的产物为CO_2和H_2O；而无氧呼吸除了产生CO_2和H_2O以外，还产生乙醇，乙醇的积累会引起组织毒害，除厌氧生物外，无氧呼吸只能维持一段有限时期的生存。

（3）氧的来源不同。有氧呼吸的氧来自于空气中的分子氧；而无氧呼吸的氧来自于分子内的氧，因此无氧呼吸也称为分子内呼吸。

（4）呼吸部位不同。有氧呼吸在细胞基质中的细胞器——线粒体中进行，线粒体因此被称为细胞的能量站；无氧呼吸的部位是细胞基质中的嵴，且多酶体系不完整。

2）联系

有氧呼吸被看做是无氧分解过程的继续，按照考斯德契夫的共同途径学说，呼吸基质分子的无氧分解是有氧呼吸与无氧呼吸的共同途径。下图可表示这种关系：

$$葡萄糖 \longrightarrow 丙酮酸 \begin{cases} \xrightarrow{无氧} C_2H_5OH + CO_2 + 1.005\times10^5(J) \\ \xrightarrow{有氧} CO_2 + H_2O + 2.822\times10^6(J) \end{cases}$$

葡萄糖经过糖酵解，形成中间产物丙酮酸。丙酮酸在有O_2情况下，经三羧酸循环，把丙酮酸氧化为CO_2和H_2O；丙酮酸在无O_2情况下，丙酮酸脱羧为乙醛和CO_2，乙醛再被还原为乙醇。

三、呼吸作用的指标

呼吸作用的性质与强弱可用呼吸强度和呼吸系数来衡量。

1. 呼吸强度

呼吸强度是指在一定温度下，单位时间内单位质量（干物质）的粮食在呼吸过程中所放出的CO_2量（Q_{CO_2}）或吸收的O_2量（Q_{O_2}），常用单位为mg CO_2/(kg·h)或mg O_2/(kg·h)。以CO_2或O_2体积计［ml/(kg·h)］时，可称为呼吸速率。呼吸强度表示呼吸能力与强度的大小，是衡量呼吸强弱的标准。

对水分较高的籽粒来说，在储藏期间若通风不良，籽粒呼吸放出的一部分水汽就被籽粒吸收，而释放出来的热能则积聚在籽粒堆内不易散发出来，因而加剧籽粒的代谢作用。在密闭缺氧条件下呼吸强度越大，越易缺氧而产生有毒物质。因此，对水分含量高的籽粒，入仓前应充分通风换气和晒干，然后密闭储藏，由有氧呼吸转变为缺氧呼吸。

籽粒的呼吸强度受很多因素影响，正常储藏的干燥粮食，呼吸作用极微弱。例如，玉米籽粒成熟时，其呼吸强度为1.67～2.08mg CO_2/(kg·h)，当干燥后仅为0.034～0.062mg CO_2/(kg·h)。呼吸强度越大，营养物质消耗得越快，加速储藏粮食的衰老，缩短储藏粮食的寿命。因此，储藏粮食应保持较低的呼吸强度。

2. 呼吸系数

呼吸系数也称为呼吸商，是指粮食在单位时间内放出的 CO_2 与吸入的 O_2 体积的比值，用 RQ 表示

$$RQ = V_{CO_2}/V_{O_2}$$

呼吸系数是表示呼吸底物的性质和氧气供应状态的一种指标。各种呼吸底物有着不同的 RQ 值。以糖为呼吸底物，完全氧化呼吸系数为 1；以有机酸为呼吸底物，完全氧化时呼吸系数为 1.33；以脂肪为呼吸底物，完全氧化呼吸系数为 0.69；以植物蛋白为呼吸底物，完全氧化时，其 RQ 接近于 1，但在细胞中蛋白质普遍是不完全氧化，RQ 为 0.75～0.80。然而，呼吸是一个很复杂的过程，它可以同时有几种氧化程度不同的底物参与，并且可以同时进行几种不同方式的氧化代谢，因而简单地根据 RQ 的大小判别呼吸底物的种类是不正确的。

呼吸系数还与氧的供应是否充足有关。测定呼吸系数的变化，可以了解储藏籽粒的生理作用是在什么条件下进行的。当籽粒进行缺氧呼吸时，其呼吸系数大于 1；在有氧呼吸时，呼吸系数等于 1 或小于 1。如果呼吸系数比 1 小得多，表示种子进行强烈的有氧呼吸。

四、影响呼吸作用的因素

籽粒呼吸强度的大小，因作物、品种、收获期、成熟度、种子大小、完整度和生理状态而不同，同时还受环境条件的影响，其中水分、温度和通气状况的影响最大。

1. 水分

在影响粮食呼吸作用的因素中，水分是最主要的因素。因为水是粮食呼吸过程中以及一切生化变化的介质。当粮食水分超过某一值时，也就是出现大量的自由水（游离水）时，粮食中的水解酶和呼吸酶的活动便旺盛起来，促使呼吸加强，储藏物分解，使干物质遭到损耗。当充分干燥的低水分粮食，水分与亲水基团牢固结合，水解酶类及呼吸酶类处于吸附状态，极不活化，故呼吸作用极弱。在这种情况下，即使存在其他一些不利储藏的因素，粮食也能够储藏多年而不变质。

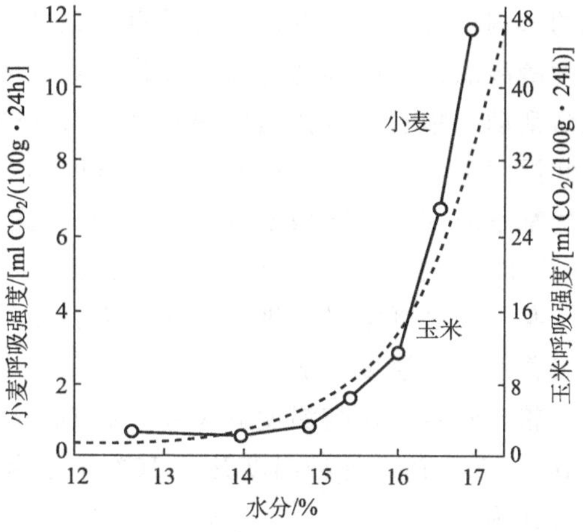

图 1-3　不同水分对小麦和玉米种子呼吸强度的影响

通常随着水分的增加，呼吸强度增高，当水分增高到一定数量时，呼吸强度就急剧加强，如图 1-3 所示，形成一个明显的转折点，这个转折点的粮食含水量称为粮食的临界水分。

当水分含量增加时，呼吸系数小于 1，

呈现激烈的呼吸作用，以有氧呼吸为主；而水分含量低时，呼吸系数大于 1，呼吸微弱，以无氧呼吸为主。主要原因是水分低的粮食，酶处于吸附状态，水解作用微弱，以无氧呼吸为主。在这种情况下进行的无氧呼吸，不但不影响粮食品质，而且对粮食安全储藏有利。这就是干燥粮食能够长期密闭保管的理论基础。而高水分粮，酶处于溶解状态，水解作用强烈，呼吸系数小于 1，以有氧呼吸为主，对安全储粮不利。在储粮实践中，粮食水分越高，呼吸耗氧量越多。自然密闭缺氧储粮就是利用粮食的呼吸耗氧达到缺氧目的，但高水分粮不能长期密闭保管，否则会造成缺氧发酵，损失更大。

籽粒内出现游离水时，水解酶和呼吸酶的活动便旺盛起来，增强籽粒呼吸强度和物质的消耗。将游离水出现时的籽粒含水量称为临界水分。水稻的临界水分为 13.5%，小麦 14.6%，玉米 11%。临界水分与籽粒储藏的安全水分密切相关。而安全水分随各地区的温度不同而不同。禾谷类作物籽粒的安全水分，在温度 0～30℃范围内，温度一般以 0℃为起点，水分以 18%为基点，以后温度每增高 5℃，种子的安全水分就相应降低 1%。在我国多数地区，水分不超过 14%～15%的禾谷类作物籽粒，可以安全度过冬、春季，水分不超过 12%～13%可以安全度过夏、秋季。

2. 温度

温度是影响粮食呼吸强度的另一个重要因素。温度对呼吸作用的影响主要是控制酶的活性。呼吸作用的正常进行完全是靠酶的催化作用来完成的，整个反应下来需要几十种酶的催化，因此呼吸作用对温度变化很敏感。

在一定温度范围内种子的呼吸作用随着温度的升高而加强。一般种子处在低温条件下，呼吸作用极其微弱，随着温度升高，呼吸强度不断增强，尤其在籽粒水分增高的情况下，呼吸强度随着温度升高而发生显著变化。但这种增长受一定温度范围的限制。在适宜的温度下，原生质黏滞性较低，酶的活性强，所以呼吸旺盛；而温度过高，则酶和原生质遭受损害，使生理作用减慢或停止。

在一定温度范围内，随温度升高，酶活性增强，呼吸强度增加。温度对粮食呼吸作用的影响可分为三基点，即最低点、最适点和最高点。一个过程能够进行的最高和最低限度的温度，分别称为最高点和最低点。呼吸作用最低点的温度只能维持粮食极微弱的生命活动。粮食呼吸作用的最高点，禾谷类粮食一般为 45～55℃，大豆为 40℃左右。在此温度下，开始比最适温度下的呼吸速率为高，很快急剧下降，这可能是由于原生质及酶都不耐高温，造成酶失活的缘故，温度与呼吸作用的关系图为“钟”形曲线。图 1-4 为水分和温度对小麦呼吸能力的影响。

某一温度呼吸过程进行最快，而且是持续的，该温度称为最适温度。粮食类籽粒的呼吸作用最适温度一般为 25～35℃。

粮食呼吸作用与温度的关系，根据凡·霍夫定律，当温度升高 10℃，反应速率增大到 2～2.5 倍，这种温度升高 10℃而引起的反应速率增加，常用温度系数 Q_{10} 来表示。其公式为

$$Q_{10}=\frac{(t+10)℃\text{ 时的 }Q_{CO_2}}{t℃\text{ 时的 }Q_{CO_2}}$$

水分与温度都是影响粮食呼吸作用的主要因素，但二者并不是孤立的，而是相互制约的。在粮食水分含量低时，温度对呼吸的影响很小；当粮食水分增高，温度所引起的呼吸强度变化非常激烈。根据实验，水分为18%～23%的粮食在50～55℃温度下，呼吸急剧上升后骤然减弱。但水分为14%～16%的粮食在同样温度下经过几昼夜，呼吸能力几乎没有什么变化。同样，在温度较低时，水分对呼吸的影响较小，在低温时，水分较高的粮食也能安全储藏。例如，在我国北方地区，冬季气温很低，含水20%的小麦也可以作短期储藏；而夏季粮温升高，安全水分应保持为13%～14.5%；北京大米度夏的安全水分为13.5%，而在气温较高的上海就必须控制安全水分在12.0%以下。显然粮食的储藏稳定性受到温度和水分的综合影响，只要粮食水分和温度控制好后，完全可以抑制霉菌、螨类和昆虫的生长，避免对储粮造成危害。

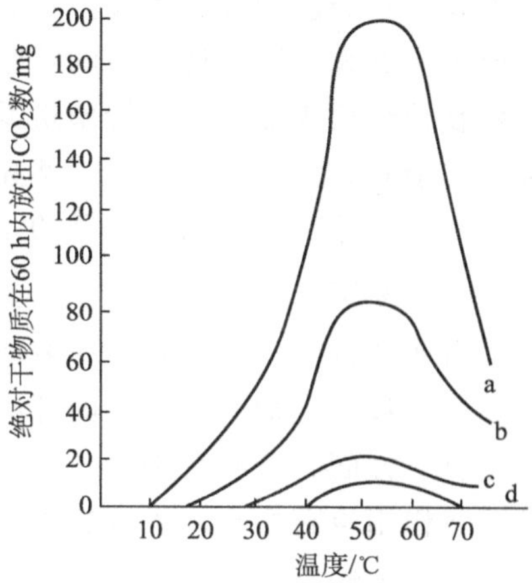

图 1-4　水分和温度对小麦呼吸能力的影响

a. 水分为22%；b. 水分为18%；c. 水分为16%；d. 水分为14%

3. 通气

空气流通的程度可以影响呼吸强度与呼吸方式。通常，随着氧气浓度的降低，有氧呼吸强度降低，无氧呼吸加强。不论籽粒水分和温度高低，在通气条件下的籽粒呼吸强度均大于密闭储藏。籽粒水分和温度越高，则通气对呼吸强度的影响越大。高水分种子若处于密闭条件下储藏，由于旺盛的呼吸，很快会把籽粒堆内部间隙中的氧气耗尽，而被迫转向无氧呼吸。无氧呼吸对粮食品质造成不利的原因有两方面。一方面是有机物质消耗极大，种子在无氧呼吸状态下，为了获得足够的能量来满足生理代谢的需要，必然耗取大量的有机物质，造成核酸和ATP的合成受阻，引起代谢紊乱。另一方面是有毒物质积累。无氧呼吸过程中，产生大量有毒的中间代谢产物，如乙醛、乙醇等。这些物质对细胞结构、原生质是非常有害的，它可以直接对种子的生命部位——胚，造成危害，引起生活力下降，甚至完全丧失。

二氧化碳对于粮食的呼吸作用也有影响。通常，随着CO_2浓度增加，呼吸作用降低，籽粒放出CO_2的强度下降。人为地调节粮食籽粒储藏环境中气体成分，增加CO_2浓度，可以抑制粮食的呼吸作用，达到保鲜储藏的目的。综上所述，粮食的温度与水分越高，需要通气的次数越多。密闭储藏，除了粮食干燥外，还须保持低温，储粮才能稳定。

4. 籽粒自身状态

粮食籽粒本身对储藏过程中呼吸作用有十分显著的影响。受潮粮、发热粮、生过芽的粮、受过冻伤的粮食，因酶已经活化起来，所以它比完好的粮食呼吸能力强；粮食籽粒状态不同，如未成熟粮粒、破碎粒、虫蚀粒，均易吸湿返潮，因为它们有较大的呼吸表面积，呼吸能力较完善粒强；胚大的粮食因为胚的表面大于胚小的粮食，且胚部活细胞所占比例大，因而比胚小的呼吸能力强；粮粒表面粗糙，内部组织外露并且带菌量高的粮食较粮粒表面光滑、带菌量低的粮食呼吸能力强。所以粮食入库前，要进行清选分级，把杂质、虫蚀粒、破碎、不完善的粮粒和瘪粒除掉，使储粮达到一干、二净、三饱满的标准，才能利于粮食储藏的稳定。

5. 化学物质

有些粮食部门采用脱氧充氮或提高二氧化碳浓度等方法保管粮食，既可杀虫灭菌，又在一定程度上抑制了粮食的呼吸作用。这种方法在粮食保管方面已有成效，但在保存农业种子方面，还有待进一步研究。据报道，磺胺类杀菌剂、氮气和氨气等熏蒸剂对籽粒呼吸作用也有影响，浓度加大时，往往会影响籽粒发芽率。

6. 害虫和微生物

如果储藏籽粒发生虫害或被微生物污染，一旦条件适宜时便大量繁殖。由于害虫、微生物生命活动的结果放出大量的热能和水汽，间接地促进了籽粒呼吸强度的增高。同时，籽粒、仓库害虫、微生物的呼吸构成粮堆的总呼吸，会消耗大量的氧气，放出大量的二氧化碳，也间接地影响籽粒呼吸方式。

五、呼吸作用对储粮的影响

呼吸作用是粮食在储藏过程中一种正常的生理现象，是维持其生理活动的基础。呼吸微弱时对储粮影响不大。但是强烈的呼吸作用，不论是有氧还是无氧呼吸都会引起严重的后果。因此，呼吸作用对储粮的影响既有利又有害。

1. 有利影响

呼吸作用能促进小麦等粮食品种后熟作用的进行，改善其加工和工艺品质。利用粮食和油料自身的呼吸作用进行自然缺氧储藏（气调储藏），是保护粮食和油料品质的重要技术措施之一。呼吸作用的进行是粮食和油料保鲜必不可少的生理活动，可使粮食和油料提高抗病、虫、霉的能力，减少劣变的发生。

2. 有害影响

首先呼吸作用消耗了粮食籽粒内部淀粉（糖）、脂肪等储藏物质，因此使粮食在储藏过程中干物质减少。呼吸作用越强烈，干物质损失越大。呼吸作用产生的水分，增加了粮食的含水量，造成粮食的储藏稳定性下降。如果粮堆不翻动、通风，使粮堆中的空气湿度增加，甚至造成“出汗”现象。呼吸作用产生的能量，一部分是以热量的形式散发到粮堆中，由于粮堆的导热能力差，所以热量集中，很容易使粮温上升，严重时会导致粮堆发热。呼吸作用中产生的 CO_2 积累，将导致粮堆无氧呼吸加强，产生的乙醇等中间代谢产物，将导致籽粒生活力下降，甚至丧失，最终使粮食品质下降，这种情况在高水分粮中最常见。

第三节 粮食的休眠与萌发作用

休眠是植物在长期系统发育过程中形成的抵抗不良环境条件的适应性，是调节籽粒萌发的最佳时间和空间分布的有效方法，具有普遍的生态意义。由于休眠深度或籽粒所处的条件不同，使不同个体的籽粒能在不同的时间发芽，增加了物种生存和分布的可能性。具有短暂的休眠期，可以避免籽粒在穗上萌发，不但保证种的延存，而且对人类生产也有益处。

一、休 眠

1. 休眠的原因

籽粒休眠的原因是多种多样的，有时彼此间存在密切联系。生理休眠是内在原因引起的，即使粮粒在适宜的萌发条件下也不会萌发，这种休眠也称为“自发”休眠。当籽粒成熟后，由于外界环境不适宜而使生长发育处于暂时停顿状态，只要给予适宜的萌发条件，如足够的湿度和适宜的温度，就可以迅速萌发，这属于强迫休眠。粮食储藏就是人为地控制水分、温度、氧气来抑制萌发，保持粮粒储藏稳定性。一般，引起生理休眠的原因主要有以下几点。

1）胚休眠

由于胚本身特性引起的休眠，称为胚休眠。有的种子脱离母株时胚尚未成熟，经过几周或几月后，胚才达到成熟而可萌发的状态。

2）种皮的障碍

由于种胚覆被物存在而引起的种子休眠。在胚周围有胚乳、种皮和果皮等结构，它们的存在往往使胚得不到水分和必需的气体成分，阻止萌发抑制剂的逸出，减少光线到达胚部，并形成机械约束作用使胚根无法萌出。

3）抑制物的存在

籽粒中存在抑制物质的情况在自然界相当普遍，抑制物质可以存在于籽粒的种被、胚部或者胚乳中。只有发芽抑制剂被解除籽粒才能够发芽。

4）光

大部分农作物种子发芽时对光并不存在严格的要求，无论在光下或暗处都能萌发。但也有一些植物的新收获籽粒需要光或暗的发芽条件，否则就停留在休眠状态。

5）后熟作用

有些籽粒尽管胚在形态上、组织上已经成熟，但籽粒内部的储藏物质没有完全形成，要萌发还必须经过生理的后熟作用。

2. 粮食籽粒休眠的机制

目前，控制休眠的机制有两种学说值得注意，一种是内源激素理论，另一种是代谢途径均衡理论。

1）内源激素理论

内源激素理论是由 Khan 提出的“三因子控制学说”发展起来的。“三因子控制学说”阐述了萌发促进物质赤霉素（GA）、细胞分裂素（CK）和脱落酸（ABA）三者的相互作用决定籽粒的休眠与萌发。其中 ABA 是促进休眠和抑制萌发的，而 GA、CK 是促进休眠破除的。GA 与 ABA 之间的关系是独立的，即相互之间不是拮抗关系，而是各自作用的叠加；而 CK 与 ABA 是在相同作用点起竞争作用的拮抗关系。因此，在休眠解除中 GA 的作用是主要的，CK 的作用只是克服 ABA 引起的抑制作用。它们三者之间的关系可用下式表示：

$$\mathrm{CK}\xrightarrow[\text{抑制}]{}\mathrm{ABA}\xrightarrow[\text{抵消}]{}\mathrm{GA}\xrightarrow[\text{解除}]{}\text{休眠}$$

近年来，对于“三因子控制学说”有一重要补充，即乙烯被视为第四种因素与控制籽粒休眠、萌发过程有关。

2）新陈代谢途径均衡论

1973 年 Roberts 在研究稻谷籽粒休眠的基础上正式提出休眠籽粒与非休眠籽粒相比较，前者的三羧酸循环过于强烈，消耗了可被利用的有效氧而排斥了其他的需氧过程，只要增加氧气就能使萌发必需的需氧过程得以进行；此外，如果采用三羧酸循环和末端氧化过程的抑制物质降低其需氧量，同样可以导致休眠破除。这种萌发必需的需氧过程就是磷酸戊糖途径。因此磷酸戊糖途径的顺利进行是休眠破除和得以萌发的关键。

3. 休眠与储粮的关系

粮食籽粒在休眠期间的新陈代谢及各种生理生化变化处于相对的静止状态，因此，干物质损耗较低，产生的水分和热量较少。休眠对保持粮食品质及进行安全储藏是有利的。实际上，粮食储藏就是控制外界条件，使粮食籽粒处于强迫休眠状态。

二、萌发作用

在生产上常根据形态学上的变化定义萌发，也是常说的发芽，即胚根穿过种皮就是萌发，但对生理学家来说，这个过程仅仅是萌发过程的最终阶段。从植物生理学角度看，萌发是指无休眠或已解除休眠的种子从吸水吸胀开始，继而胚根伸长，最终突破种皮这个全过程中所包含的一系列生理生化变化。本质是种子在水的活化下，启动基因组中新基因的表达或原有基因的活化，使胚恢复由于静止期或休眠期而暂时停顿的代谢和生长。

种子萌发过程主要包括吸胀、萌动和发芽三个阶段。

第一阶段为吸水吸胀期，是物理过程。因为种子形成后是极度脱水的，正常情况下含水量仅占总干重的 5%～20%。因此，种子只有首先吸水后才能活化其他萌发过程，水分透过种皮，到达胚，并使种子中的蛋白质和其他胶体物质发生水合作用，使种子体积迅速增大。粮食萌发时需要的吸水量如表 1-1 所示。

表 1-1　粮食萌发时所需要的吸水量

粮种	吸水量（占干重/%）	粮种	吸水量（占干重/%）
稻谷	22～25	黍	25
小麦	45～69	大豆	100～140
大麦	48～49	蚕豆	150～157
燕麦	60～73	豌豆	96～186
玉米	40～50	菜籽	48～49
粟	25	荞麦	47

第二阶段为萌动。种子鲜重增加趋于稳定，主要与此阶段停止或缓慢吸水有关。在这一阶段酶重新生成或酶开始活化，代谢活性增加，为萌发的形态做准备。因此，种子在萌发期间是有机体再现生命活动最强烈的一个迅速发展的时期。这一过程中，细胞内部进行着一系列错综复杂的生物化学变化，这些变化都必须有酶直接参加。其变化主要是以水解作用为主，但同时呼吸作用也强烈进行着。

第三阶段为发芽阶段。是在第二阶段代谢活动活化的基础上，使胚根细胞伸长，胚根在形态上突破种皮而伸出，俗称露白。发芽在粮食籽粒储藏过程中是极少发生的。但入仓前常发生于稻谷和油菜籽。如果对储粮管理不善，造成粮堆顶层结露，粮堆底部大量吸潮，或是仓房漏雨，高水分粮处理不及时，就可能出现局部粮食发芽。

三、影响萌发作用的条件

这里所指的萌发条件是指经过了休眠的种子在何种外界条件下，可以从静止状态进入萌发状态。外界环境中主要有水分、温度、气体成分和光等。

1. 水分

水分是种子萌发的主要因素。种子成熟后极度脱水，只有在水分满足后，经过吸胀，才可启动萌发过程。当粮堆发芽时，可以肯定其中有水分问题。粮食发芽随之带来的是营养物质的消耗，淀粉、脂肪及蛋白质在各种酶的作用下，分解成简单物质供胚的生长所利用。干物质受到大量损失，品质显著降低。强烈的呼吸作用放出大量的热和水，连同物质分解所放出的热和水，使粮堆的温度和水分增加，造成粮食发热霉变，严重的发生霉烂，完全失去使用价值。在粮食储藏过程中，严格控制水分是防止粮食生芽的决定性条件。

2. 温度

温度条件对种子萌发也是重要的，因为粮食种类不同，所需要的温度条件也不同，且在萌发过程中进行着活跃的代谢反应，因此在一定温度范围内，随着温度升高萌发过程加快。但过高的温度会使一些活性物质（如酶）变性而影响萌发。粮食籽粒萌发所需的温度如表 1-2 所示。

温度同时还影响水分的吸收，温度高时吸水快，吸水量就大；反之，温度低时，吸水慢，吸水量就少。

表 1-2 粮食籽粒萌发时所需要的温度 单位：℃

粮种	最低萌发温度	最适萌发温度	最高萌发温度	粮种	最低萌发温度	最适萌发温度	最高萌发温度
稻谷	10～12	25～35	36～40	燕麦	1～5	25	30
小麦	1.4	10～25	30～35	荞麦	0～8	25～30	37～44
大麦	1～5	20	28～30	黍	8～10	32～35	40
玉米	8～10	30～35	40～44	大豆	6～12	24～30	40
高粱	8～10	30～35	40～44	蚕豆	3～4	25	30
黑麦	1～2	25	30～35	豌豆	2～4	30	35

3. 气体成分

大多数种子能在通常的20%的 O_2 和0.03%的 CO_2 环境中萌发，但也有些种子对其周围气体成分有特殊要求。水稻种子能在淹水缺氧条件下萌发，但在嫌气状态下，往往产生不正常的幼苗。

种子发芽时，呼吸十分旺盛，需氧量大。例如，在密闭粮堆中，氧气含量少，二氧化碳积累过多，就会阻碍种子发芽，达到一定程度后甚至使种子中毒，丧失发芽能力。

除了上述三个因子外，光对种子的萌发也是重要的。

粮食籽粒发芽后，对储粮影响较大。首先是干物质含量降低，食用品质下降，加工成品率低；其次是酶活性增强，同时放出大量的热量和水汽，使粮堆温度增高，水分增加，给虫、霉繁殖创造了条件，严重时会产生结块霉烂，给储藏工作带来不良影响。因此，必须防止粮食在储藏过程中发芽。控制发芽，必须控制发芽的三要素。一是降低水分，干燥储粮；二是同时控制温度，进行低温保管；三是严格限制氧气的通入，进行密闭储藏。

4. 光

一般种子萌发和光线关系不大，无论在黑暗或光照条件下都能正常进行，但有少数植物的种子，需要在有光的条件下，才能萌发良好，这类种子称为需光种子。还有一些种子的萌发则为光所抑制，这类种子称为嫌光种子。一般不需阳光的种子萌发，在它尚未长成完整的、具有光合作用能力的植株前，它萌发的营养物质主要来源于自身（胚乳或子叶）。虽然光照对种子的正常萌发无太大影响，但对种子的颜色、幼根的粗细等方面有一定影响。

第四节 粮食的后熟与陈化作用

一、后熟作用

粮食籽粒的成熟应该包括籽粒形态上的成熟和生理上的成熟两个方面，粮食形态成熟后被收获，与母株脱离，但籽粒内部的生理生化过程仍然继续进行，直到生理成熟。这段时期的变化实质上是成熟过程的延续，又是在收获后进行的称为后熟。后熟作用实际上是一种生理休眠。

1. 后熟作用的概念

尚未达到生理上完全成熟的粮油籽粒，经过一段时间储藏后，粮油籽粒继续完成生理变化，逐步达到生理上的完全成熟，使发芽率提高（80%以上），加工出品率增加。粮油籽粒从收获成熟到生理成熟的一系列生理生化变化过程，称为后熟作用。从形态成熟到生理成熟变化的过程称为籽粒后熟作用，完成后熟作用所需的时间称为后熟期。

粮食后熟期的长短，随粮种、品种以及储藏条件的不同而有很大的差异。有的后熟期长的可达 2～3 个月，如小麦、大麦及花生；短的只有 10～20d，如玉米；有的则基本没有后熟期，如籼稻。

谷物中的小麦不仅有明显的后熟期，而且有生理后熟和工艺后熟之分。一般情况下，新收获小麦品质较差，经过一定时间的储藏，烘焙品质及其他品质都逐步提高，而且食用品质也得以改善。

2. 后熟期间的变化

后熟期间的变化包括物理的和生理生化方面的变化。

通过后熟，粮食籽粒的胚进一步成熟，完成后熟作用的种子，胚发育完成。发芽力由弱转强，即发芽势和发芽率开始提高，适于生产上作播种材料。种胚细胞的呼吸强度降低。后熟期间消耗 O_2，释放 CO_2 和 H_2O，导致粮食含水量升高，粮温上升。利用后熟期间粮粒强大的呼吸作用，进行密闭自然缺氧储藏。

后熟期间的生化变化，是以合成作用为主的生化反应。籽粒内部的低分子和可同化的物质的相对含量下降，而高分子的储藏物质达最大值，如单糖脱水缩合成为复杂的糖类，可溶性的含氮物质结合成为蛋白质。水分含量下降，自由水大大减少。由于脂肪酸及氨基酸等有机酸转化为高分子的中性物质，细胞内部的总酸度降低。随着后熟作用的进行，催化呼吸作用的酶类（如过氧化氢酶、脱氢酶）的活性逐渐减弱。而水解酶类由游离状态转化为吸附状态，活性逐渐增加。

随后熟的完成，种子的高分子物质已充分合成，干物质含量达最高水平。因此，种子的物理性质也因后熟作用的完成而发生变化，这些变化表现为体积缩减、绝对质量增加、硬度增大、种皮的通透性得到完善。

经过后熟作用的种子，内在发芽条件已具备，只要外界环境条件适宜，种子就能够发芽。因此，通过后熟的粮食应控制好外界条件，避免种子发芽，造成损失。

3. 影响后熟作用的因素

1）温度

各种粮食籽粒完成后熟作用所需要的温度并不一致。通常较高的温度（不超过45℃），有利于细胞内生理生化变化的进行，一般禾谷类粮食以 25～30℃的范围最有利于后熟的完成。高温有利于种皮透性的改善，使空气容易进入，使细胞内部酶的作用加强，促进细胞呼吸产生的 CO_2 和发芽抑制物质的排除。籽粒长期储藏在低温条件下，使生理生化进行得非常缓慢，甚至处于停滞状态，这样就会阻碍种子的后熟作用。生产上采用日光曝晒、热风干燥、趁热入仓等方法，均可促进粮食后熟作用的完成。

2）湿度

湿度高，不利于粮食水分向外扩散，延缓后熟的完成；湿度低，有利于粮食中水分向外扩散，促进后熟。

3）通气

粮堆中气体成分对后熟作用具有一定的影响。含水量为15%的小麦籽粒在20℃条件下分别在空气、氧气、氮气及二氧化碳中储藏，二氧化碳中储藏的籽粒最迟完成后熟作用。大多数粮食籽粒在CO_2浓度为24%时，就能抑制发芽。所以储藏期间，加强通风对促进后熟有利，密闭则能延缓后熟。

4）籽粒的成熟度

收获后粮食的成熟度与后熟期的长短有关。越成熟的籽粒，后熟期越短，后熟作用可以在收获前的田间开始。据测定，水稻籽粒的成熟度与后熟期长短之间存在着显著的负相关（$r=-0.672$）。

4. 后熟作用与储粮的关系

具有后熟作用的粮食籽粒，收获后在进行储藏过程中要进行后熟作用。由于后熟期间生理生化的变化，使得储藏稳定性变差。即使粮食水分不高，也会出现粮堆表面潮湿"出汗"及"乱温"现象。

导致"出汗"的原因是：进入后熟期的粮食，具有较强的合成作用。由简单物质合成为高分子物质产生一定量的水分；旺盛的呼吸作用也释放大量水分；在成熟过程中，籽粒内部由溶胶变成凝胶的胶体变化也能释放出水分。

导致"乱温"的原因：旺盛的呼吸作用除产生水分外，还释放大量热量，使微生物得以滋生，从而使粮堆温度升高或出现粮堆各部分温度不均，产生后熟期间的"乱温"现象。

后熟期间的"出汗"及"乱温"现象，使储粮的稳定性变差。因此，在后熟期间应加强管理，否则就会造成粮堆发热霉变，虫、霉滋生。在后熟期间要经常翻动粮面，降温散湿，防止虫、霉滋生；勤检查粮面，防止结露，及时消除"出汗"和"乱温"现象。安全度过后熟期的粮食，在储藏过程中，控制好温度、水分，其安全性是相当高的。利用后熟期间强大的呼吸作用，可进行密闭脱氧储藏。

二、陈化作用

粮食种子与所有的生物体一样都有一个生长、成熟、衰老和死亡的过程。成熟的粮食籽粒有较强的生命力，随着自身的代谢，消耗所储存的营养物质，其自身的生命力逐渐减弱，也就是发生陈化和劣变，最终死亡。

1. 基本概念

1）种子活力

种子活力就是种子的健壮程度，包括迅速整齐的萌发潜力及生长潜能。高活力的种子发芽率高，出苗整齐迅速，对不良外界环境抵抗能力强；低活力的种子在适宜条件下虽然能发芽，但发芽缓慢，在不良环境条件下出苗不整齐，甚至不出苗。

种子活力是粮食种子质量的重要指标，也是粮食籽粒种用价值的主要组成部分。一般用常规指标来表示种子活力。常规指标是以发芽率和生长势的乘积来表示的。种子到了生理成熟期，活力达到最高水平。

2）种子生活力

种子生活力是指种子的发芽潜在能力和种胚所具有的生命力，通常是指一批种子中具有生命力（即活的）种子数占种子总数的百分率。

生活力高的种子，发芽力高，对外界不良环境抵抗力强，适应能力亦强。在储藏过程中，能保持较好的品质，即耐储性好。活力和生活力是不好区分的两个概念，活力的丧失发生在生活力之前，是生命丧失的先期征兆。但在生产实践中以及实验室条件下，通常用生活力来衡量籽粒是否存活。

3）发芽力、发芽率及发芽势

发芽力，是指种子在适宜条件下（实验控制条件），能够发出芽来并能长成正常幼苗的能力，也是具有生活力的种子在发芽方面所表现出来的能力。发芽力的高低通常用发芽率和发芽势表示。

发芽率，是指种子在适宜的发芽条件下，在一定时间内发芽的种子占全部试验所用种子的百分比。

发芽势，是指种子在规定的发芽期的前期某一天种子的发芽率。

4）种子寿命

种子与其他生物体一样都经历一个生长→发育→成熟→衰老→死亡的过程。因此种子也是有寿命的。种子寿命是指种子活力在一定环境条件下能够保持的期限，也指整个种子群体的生活力已显著衰退，其中半数已完全丧失生命力的时间，也称该批种子的平均寿命或半活期。

种子寿命的长短，受多方面因素的影响，且在不同地区和不同条件下的观察结果差异很大，因而对种子寿命长短的划分也难有一个统一标准。到目前为止，有代表性的种子寿命划分方法有如下两种。

第一种是把种子分为短命、中命、长命三大类。寿命一般在 3 年以内的种子短命种子为，如花生种子；寿命在 3～15 年的为中命种子（或称常命种子），大多数种类的粮食种子属于中命种子；寿命在 15～100 年或更长的为长命种子，绿豆、虹豆、芝麻等属于长命种子。

第二种方法是把种子分为易藏、中等、难藏三类。易藏的种子有稻谷，难藏的有大豆、花生，其他为中等。

粮食和油料籽粒在储藏过程中由于受外界环境条件的影响，所以其寿命表现有很大差异。目前对种子寿命的预测，普遍采用数理统计的方法，即通过对籽粒寿命变化规律的了解和总结，推导出一个合理的方程式，然后再利用该方程来测算保存在稳定储藏条件下的籽粒寿命。

（1）对数直线回归方程式表示为

$$\log P_{50} = K_{\mathrm{V}} - C_1 W - C_2 t \tag{1-3}$$

式中：P_{50}——籽粒半活期即平均寿命，d；

W——储藏期间的籽粒含水量，%；

t——储藏温度，℃；

K_V、C_1、C_2——均为常数，是经验数字，如表 1-3 所示。

表 1-3　几种粮食籽粒的 K_V、C_1 和 C_2 常数值

种类	K_V	C_1	C_2	种类	K_V	C_1	C_2
稻谷	6.531	0.159	0.069	豌豆	6.432	0.158	0.068
小麦	5.067	0.108	0.050	蚕豆	5.766	0.139	0.056
大麦	6.745	0.172	0.075				

应用上述方程式，可从任何一种储藏温度和水分组合中求出已知 K_V、C_1、C_2 常数的粮食籽粒保持 50%生活力的期限；或者根据预先要求保持的寿命，求出所需的储藏温度和籽粒含水量，以便选择适宜的储藏方法或场所。

(2) 新的种子寿命预测方程。上述方程的最大缺陷是以假定入库时的籽粒发芽率为 100%为前提，而实际上一批粮食入库时的原始发芽率很可能已经下降。原始发芽率不同，对储藏期间的活力影响很大，因而是寿命预测中不可忽视的因素。为了解决这个问题，后来又提出了新的种子寿命预测方程。

$$V = K_i - \frac{P}{10K_E - C_W \log W - C_H t - C_Q t^2} \tag{1-4}$$

式中：V——储藏一段时间后的发芽率，%；

K_i——原始发芽率，%；

P——储藏天数，d；

W——种子含水量（湿基），%；

t——储藏温度，℃；

K_E、C_W、C_H、C_Q——均为常数，如表 1-4 所示。

表 1-4　几种粮食种子活力的常数值

种类	K_E	C_W	C_H	C_Q
大麦	9.983	5.896	0.040	0.000 428
豇豆	8.690	4.715	0.026	0.000 498
大豆	7.748	3.979	0.053	0.000 228

该方程的突出优点是把种子储藏过程看作是原始发芽率下降的过程，而下降的幅度大小与种子含水量及储藏温度密切相关。

2. 影响粮食陈化的因素及延缓陈化的措施

粮食的陈化是指粮食随着储藏时间的延长，酶活性逐渐减弱，呼吸强度逐渐下降，种用和食用品质逐渐降低的现象。

粮食的陈化虽然是生理上的、不可逆变化综合表现的一种自然规律，但储藏环境条件及储藏技术措施对促进和延缓陈化有重要意义。

高温高湿的环境可促进陈化发展，低温干燥的环境可延缓陈化。例如，哈里林顿认为种子含水量每降低1%，寿命可延长1倍。粮堆温度每降低5℃，也能使寿命延长1倍。这说明低温干燥有利于延缓陈化。但也不是种子越干燥越好。哈里林顿认为种子水分为4%～6%时，为临界水分线；低于这个临界线时，种子内脂质自动氧化，所产生的自由基往往引起酶的钝化、膜的损伤、蛋白质变性、染色体突变等。当粮食水分继续上升至13%与75%的相对湿度相平衡时，就会加速陈化。尤其是在温度高的条件下，种子会在短时间内严重劣变。

另外，杂质多，虫、霉滋生易加速粮食的陈化。尤其是大米，含水量较高，温度高，精度低，糠粉含量多，虫、霉危害，陈化进展很快。反之，则慢。

根据储粮实践经验，在储藏中创造条件，改造仓房，减少杂质含量，提高净度，防止虫、霉危害；低温、干燥储藏，都可以延缓陈化过程。现在多用的“双低”、“三低”综合储粮技术，也是延缓陈化、保持品质的可行措施。

第五节　粮食储藏中的品质变化

粮食储藏的目的就是为了保持其品质不变，这些品质包括营养价值和嗜好性价值。影响粮食嗜好性价值的主要因素有粮食的化学成分、物理状态及质构三方面。粮食在储藏过程中，籽粒内部化学物质的变化是品质变化的主要原因，反映到宏观上来，就是物理性质发生变化。

一、粮食感官特性的变化

1. 形态的变化

粮食在储藏过程中，籽粒的形态会发生变化。例如，小麦和玉米的胚部会发生萎缩、胚乳变得不充实、外皮发皱、体积变小、小麦的腹沟变浅等。

2. 色泽的变化

在正常的条件下，粮食的色泽是比较稳定的，但在不良的环境下储藏，常会发生褐变、黄变和点翠等。例如，色泽纯白色、透明且富有光泽的大米，变为灰暗浑浊；小麦发生褐胚现象，甚至发生黑胚现象；玉米的点翠等。另外，在正常的储藏条件下，小麦粉会自行由微黄色变为白色。大豆在储藏时间比较长或经过高温季节，会出现“红眼”，之后子叶红色加深俗称“赤变”。

3. 气味的变化

与色泽的变化相比较，粮食更易变味。谷物气味的主要成分为乙醛、戊醛、己醛、丙酮及丁酮等，其中戊醛和己醛是表征大米陈化与劣变，并影响米饭风味的主要成分。另外，陈米中挥发性硫化物的含量比新米低，其中以 H_2S 和 $(CH_3)_2S$ 的变化最明显。所以，大米挥发性硫化物的减少，被认为是其陈化的现象之一。

二、粮食物理特性的变化

在储藏过程中，粮食虽然有相似的物理特性变化，但由于粮食种类很多，它们还有各自特殊的物理特性变化。

1. 千粒重的变化

所谓千粒重就是每1000颗粮粒的质量，称为粮食的千粒重，用克数来表示，大粒粮常用百粒重表示。粮食的千粒重是衡量粮食质量的重要指标之一，通过测定这一指标，可判断粮食籽粒的成熟度和饱满度。

如前所述，粮食是生命活体，不断进行着新陈代谢，在进行呼吸作用时，需要消耗体内的储藏物质，如糖分、淀粉和脂肪等，产生能量和放出气体。所以，随着储藏时间的延长，粮食籽粒的绝对质量逐渐减少，千粒重也会减少。

如果入库时粮食很干燥，水分含量低，同时仓内空气的湿度很大，粮食籽粒就会吸收水分，且单位时间内吸收的量暂时大于体内营养物质消耗的量，会造成千粒重值不但不下降，反而有所上升。这一反常现象更值得高度注意，因为这时候易引起粮食发热、生霉，以至于发生劣变。

2. 容重的变化

容重是指一定容积内籽粒的质量，通常用g/L来表示，也有用kg/m^3来表示。粮食容重是加工、储藏的重要依据之一。许多研究表明，容重高低受籽粒大小、籽粒之间孔隙大小、籽粒形状和整齐度的影响很大。容重高的粮食品种，胚乳组织比较致密，籽粒也较饱满，单位体积内含有的物质也较多。

实验证实，小麦的容重与水分、杂质含量等因素也有一定的关系。在粒度、水分、含杂等相似的情况下，小麦的容重与出粉率呈线性关系，它们之间的相关系数为0.76。由此可见，随着储藏的进行，营养物质（特别是胚乳部分）的消耗，导致其容重降低，使小麦的出粉率降低。

3. 散落性的变化

水分一般能增大粮堆的静止角，主要是因为附在粮粒表面的水膜能增大摩擦力。另外，粮食籽粒的形态也影响散落性，一般情况下，表面光滑、籽粒饱满的粮粒散落性最大，静止角最小。所以，在含水量较稳定的条件下，随储藏期的延长，粮堆的静止角逐渐增大，散落性降低。

三、粮食中主要成分的变化

1. 碳水化合物的变化

禾谷类粮食以胚乳为主要的储存器官，储存物质以淀粉为主，占粮食籽粒总重的80%左右。粮食及其加工产品在储藏过程中，α-淀粉酶和β-淀粉酶作用于其中的淀粉，使其转化成糊精和麦芽糖。在储藏早期小麦中的淀粉酶活性增加。

在良好的储藏条件下，除了蔗糖有微量降低外，其他糖基本没有变化，高温、高湿储藏的小麦，其蔗糖、葡萄糖、果葡二糖（果糖、葡萄糖）、棉籽糖含量都下降，只有水分为35.4%的小麦样品中麦芽糖才有显著的增加。

淀粉在粮食储藏过程中由于受淀粉酶作用，水解成麦芽糖，又经酶分解成葡萄糖，总的含量降低，但在禾谷类粮食中，由于基数大（占总重的80%左右），总的变化百分比并不明显，在正常情况下淀粉的量变一般认为不是主要方面。淀粉在储藏过程中的主要变化是“质”的方面。具体表现为淀粉组成中直链淀粉含最增加（如大米、绿豆等），米饭的黏性随储藏时间的延长而下降，涨性（亲水性）增加，米汤或淀粉糊的固形物减少，碘蓝值明显下降，而糊化温度增高。这些变化都是陈化（自然的质变）的结果，不适宜的储藏条件会使之加快，这些变化都显著地影响淀粉的加工与食用品质。质变的机制，普遍认为是由于淀粉分子与脂肪酸之间相互作用而改变了淀粉的性质，特别是黏度。另一种可能性是淀粉（特别是直链淀粉）间的分子聚合，从而降低了糊化与分散的性能。

在常规储藏条件下，高水分粮食由于酶的作用，非还原糖含量下降。但有人曾报道，在较高温度下，小麦还原糖含量先是增加，但到一定时期又逐渐下降，下降的主要原因是呼吸作用消耗了还原糖，使其转化成 CO_2 和 H_2O，还原糖的上升再度下降，说明粮食品质开始劣变。

2. 脂类的变化

粮食中脂类的变化主要有两个方面。一方面是脂肪自动氧化，主要产物是醛、酮类物质，这种变化在成品粮中较为明显，如陈大米的米臭味及玉米粉的哈喇味。由于籽粒中天然抗氧化剂的保护作用，这种氧化变质的现象在正常条件下并不明显。另一方面是受脂肪酶水解而产生甘油与脂肪酸。

粮食（特别是油料作物的种子）中含有软脂酸、硬脂酸、油酸、亚油酸、亚麻酸等脂肪酸。不饱和脂肪酸中油酸、亚油酸所占的比例最大，如米糠油中此类脂肪酸占脂肪酸总量的80%，它们均易氧化变质。如果粮食因水分含量高而发生霉变，而霉菌分泌的脂肪酶有很强的催化作用，会加快这一变质过程。新收获的粮食脂肪酸值一般在15mg KOH/100g以内，很少超过20mg KOH/100g。在储藏过程中，粮食的脂肪酸值会不断升高。

谷物酸败发生在粮食收获、储藏、加工直到形成产品，最终导致品质的丧失，酸败的发生是由于各种降解反应所引起的。酸败起因于直接或间接的内源性脂质反应，产生令人不快的味道和气味。

如果粮食中的脂类物质不能和其他反应物（如空气）或催化剂（如酶）相互作用，酸败就很难发生，这是因为植物细胞内天然的有一些小的区域或由于低水分活度，限制脂质扩散作用的进行。酸败通常是由于少量的脂肪降解产物所引起的，因此在谷物及其产品中脂肪的量与脂肪的性质及其对降解的敏感性相比较是微不足道的。

在含有麦麸和麦胚的谷物产品或全麦粉中，酸败是一个较大的问题，因为麦麸、麦胚或全麦粉中含有与脂肪酶促降解有关的酶，特别要指出的是胚中含有大量的不饱和脂肪酸，更易酸败。近年来，由于全麦粉/高纤维食品的流行，使得以谷物为原料的食品的酸败及其控制变得十分重要。

3. 蛋白质的变化

粮食籽粒中储存的蛋白质以清蛋白、球蛋白、醇溶蛋白和谷蛋白为主，它们在储藏期间也发生量与质的变化，蛋白质的总量基本保持不变。但蛋白质经酶催化水解而产生的氨基酸，是粮食总酸度的一部分，所以蛋白质的量变也会导致粮食劣变。

小麦在40℃和室温条件下储藏三年，蛋白质总量并没有发生变化，但盐溶蛋白和醇溶蛋白提取率降低，而麦谷蛋白的提取率逐渐增加，这种变化与小麦品质逐步改善密切相关。新收获的小麦醇溶蛋白含量很高，由于后熟作用，谷蛋白含量逐渐增加，储藏4个月后，谷蛋白和醇溶蛋白的比值从0.375变为0.684。

蛋白质的质变主要表现为溶解性降低，被胃蛋白酶和胰蛋白酶作用的消化率降低。水分为11%的小麦，24℃条件下储藏在密封罐中两年，蛋白质消化率下降8%；同样条件下含水12%的玉米蛋白质消化率降低3.6%。大豆在储藏10个月以后，盐溶性蛋白减少20%，用这种豆子制成的豆腐品质也较差。大豆在储藏过程中粗蛋白的含量变化甚小，这可能是因为大豆蛋白分解为氨基酸，但其总含氮量不变。

4. 维生素的变化

储藏条件及粮食本身水分含量不同，籽粒中各种维生素在储藏期间的变化也不尽相同。正常情况下维生素 B_1、维生素 B_5、维生素 B_6、维生素E在原粮中均较稳定，在成品粮中易于分解。经过5个月的室温储藏后，水分含量为17%的小麦损失了30%的维生素 B_1。维生素E在不良的储藏条件下损失较大。维生素A在储藏过程中损失较大，即使在低温下含量也可能降低，储藏一年以上的玉米维生素A的含量降低70%，尤其在第一年降低最快。

四、粮食中酶活性的变化

1. 淀粉酶

粮食籽粒中的淀粉酶有三种，即α-淀粉酶、β-淀粉酶和异淀粉酶。α-淀粉酶对谷物食用品质影响较大。大米陈化时流变学特性的变化与α-淀粉酶的活性有关，随着大米陈化时间的延长，α-淀粉酶活性降低。高水分粮在储藏过程中α-淀粉酶活性较高，是高水分粮品质劣变的重要因素之一。小麦在发芽后，α-淀粉酶活性显著增加，导致面包烘焙品质下降。β-淀粉酶对谷物食用品质的影响主要是在馒头和面包制作效果上。

2. 蛋白酶

蛋白酶在未发芽的粮粒中活性很低。小麦蛋白酶与面筋品质有关，大麦蛋白酶的活性对啤酒的品质有很大影响。

小麦籽粒各部分的蛋白酶相对活力，以胚最强，糊粉层次之。小麦发芽时蛋白酶的活力迅速增加，在发芽的第7天增加9倍以上。至于麸皮和胚乳淀粉细胞中，不论是在休眠或发芽状态蛋白酶的活力都是很低的。

蛋白酶对小麦面筋有弱化作用。发芽、虫蚀或霉变的小麦制成的面粉，因含有较高活性的蛋白酶，使面筋蛋白质溶化，所以只能形成少量的面筋或不能形成面筋，因而大大损坏了面粉的加工和食用品质。

3. 苹果酸脱氢酶

苹果酸脱氢酶等是推动氧化还原反应产生能量的主要酶系。随着储藏的进行，酶的活性逐渐降低，当大于20%的脱氢酶失去活性时，小麦不再适合制作高质量的面包。

4. 合成酶类

合成酶类可以促进胚乳物质重新聚合产生新的细胞组织，由此可知，酶的活性与粮食籽粒的生活力有密切关系。酶活性的变化比发芽率的差别表现更早、更明显。例如，含水量为12%的早籼稻在相对湿度分别为64%、75%和92%的条件下储藏，3个月后籽粒淀粉酶的活性分别为1210、526和210（糙米浸种24h后，酶提取液在30℃的条件下，1min内所产生的麦芽糖毫克数），发芽率分别为88.7%、89.4%和84.6%，差别明显。新陈小麦籽粒发芽36min后，其发芽率虽然相似，但新小麦籽粒淀粉酶的活性要高46%～67%。其原因就是陈小麦籽粒合成酶的能力减弱。

5. 氧化酶类

脂肪氧化酶能把脂肪中具有孤立不饱和双键的不饱和脂肪酸氧化为具有共轭双键的过氧化物，造成必然的酸败条件，这种酶能使面粉及大米产生苦味。

过氧化物酶对热不敏感，即使在水中加热到100℃，冷却后仍可恢复活性。过氧化氢酶主要存在于麦麸中，而过氧化物酶则存在于所有粮食籽粒中，粮食储藏过程中变苦与这两种酶的作用及活性有密切关系。

另外，酶是带有活性基的蛋白质，酶的活性强弱可反映蛋白质的变性程度。蛋白质又是主要的营养成分，所以粮食中酶的活性变化，在一定程度上也表示蛋白质的可利用率。

五、粮食食用品质的变化

食用品质是指粮食在制作熟食过程中所表现的各种性能，以及食用时人体感觉器官对食品的反应，如色、香、味、软硬度、黏度和润滑度等。

1. 色泽

一般情况下，新米做成的饭有光泽、半透明，陈米做成的饭缺少光泽，且浑浊。

2. 香气、味道

随着储藏期延长，大米发生陈化，煮饭时吸水快，米粒膨胀不均匀，因而食味不良。如储藏时间过长，还会产生陈米臭味。

3. 黏度

黏度与粮食蛋白质、淀粉、脂类等有关，主要取决于淀粉的空间网状结构。随着储藏时间延长，品质发生劣变，黏度随之下降。

思考题

1. 说说几种主要粮食品种的籽粒结构和主要化学组成成分。
2. 什么是呼吸作用？其分类和影响因素有哪些？
3. 何为粮食的休眠与萌发作用？
4. 简述粮食后熟的概念。后熟作用的影响因素是什么？
5. 粮食储藏过程中，发生的主要品质变化有哪些？

第二章　粮堆的物理性质

➢ **本章内容要点**

1. 掌握粮食的常用物理指标及评价方法。
2. 了解粮食的散落特性及评价指标。
3. 掌握粮食的吸附特性及热特性。
4. 理解各种外界因素对储粮物理指标的影响。

第一节　粮食的物理指标

消费者根据不同品质需求周年消费粮食，地处粮食产地的消费者，他们的食用习惯和供求关系决定了当地的粮食品种与质量。当粮食需要长距离交易时，特别是跨国贸易时，消费者不能直接影响到所购粮食的品质，因此，必须建立起被粮食贸易各方均可接受的粮食品质标准，这些指标包含了粮食的内在品质、环境要求和加工性能。

影响粮堆储藏稳定性和粮食储藏品质的主要物理因素，包括粮食的容重、孔隙度、散落性，对于各种蒸汽和气体的吸附特性，以及粮食的热特性、湿热扩散等。在粮堆这个特定的环境中这些基本的物理因素直接影响储粮品质，同时也影响其他的物理、化学与生物变量因素。这些变量因素包括粮食的寿命、生活力、呼吸作用与代谢生理、后熟等。

一、容　　重

作为一个反应粮食特性的综合指标，容重定义为：粮食籽粒在单位容积内的重量，以克/升（g/L）表示。粮食容重是粮食籽粒大小、形状、质量、整齐度、腹沟深浅、胚乳质地等的综合反映。一般说来，同一品种的粮食容重与粮食籽粒的成熟度、饱满度、大小整齐度、表面光洁度及硬质率的高低有关，粮食籽粒成熟好、饱满、大小整齐、硬质率高、表面光洁的，容重较高；反之，容重较低。一般说来，玉米容重与蛋白质含量呈正相关，容重反映玉米的成熟度、完整度、均匀度，在小麦上的研究也有类似的结论，对同一小麦品种，容重与小麦出粉率正相关。因此测定粮食容重是评价粮食质量的主要质量指标之一，成为国际贸易中质量定级的重要因素。在粮食储运工作中，可以根据容重来推算一定重量粮食的体积，或从粮食的体积推算其重量，这对于正确估计粮食仓库的容量和运输时所需车体都是有利的。

粮食、油料容重测定将制备试样倒入谷物筒内，装满刮平，再将谷物筒套在中间筒上，打开漏斗开关，待试样全部落入中间筒后关闭漏斗开关。握住谷物筒与中间筒接合处，平稳地抽出插片，使试样与排气砣一同落入容量筒内，再将插片准确地插入豁口槽中，依次取下谷物筒，拿起中间筒和容量筒，倒净插片上多余的试样，抽出插片，将容量筒挂在吊环上称重。双试验结果允许差不超过 3g/L，求其平均数，即为测定结果。国家标准中对小麦容重的要求为：一级≥790g/L，二级≥770g/L，三级≥750g/L，四级≥730g/L，五级≥710g/L；对玉米容重的要求为：一级≥720g/L，二级≥685g/L，三级≥650g/L，四级≥620g/L，五级≥590g/L。

二、相对密度

粮食的相对密度是一定体积粮食的重量与同体积水的重量之比，也就是粮食的绝对重量与绝对体积之比，所以粮食的相对密度表示它内含物的充实程度或细胞结构的紧密程度。粮食生长发育良好，成熟度高，内部积累的营养物质多，籽粒饱满，则相对密度大。在 20ml 量筒中，先注入 20%乙醇 10ml，然后放入试样 5g（W），稍加摇动，逐出气泡，待液面平稳后，立即读取液体上升体积数 V，粮食、油料相对密度 $D=W/V$。粮食相对密度既可作为品质指标，也可作为生理成熟度的衡量标准，但油料种子则相反，当它发育成熟越好，含油量越高，相对密度则越小。

粮食的容重和相对密度是密切联系的，在其他情况一致时，两者呈正相关，即容重大的粮食，相对密度也大。而在单位容积内，粮食所占的绝对体积（V）与粮食相对密度（D）的乘积，就是粮食的容重（γ），即

$$\gamma = V \cdot D$$

三、千粒重

千粒重是以克（g）表示的 1000 粒种子的重量，它是体现种子大小与饱满程度的一项指标，是检验种子质量和作物考种的内容，也是田间预测产量时的重要依据。千粒重为包括水分在内的 1000 粒试样籽粒的质量，干基千粒重为校正水分含量后 1000 粒试样籽粒的质量。千粒重的测定从样品中随机挑出大约 500 粒完整粒，称量质量 m_0，精确到 0.01g，记录试样的粒数 N，千粒重 $m_H=(m_0\times1000)/N$。每份样品应平行测定两次，如平行测试结果符合重复性要求，以其算术平均值作为结果，否则需重新取样测定，千粒重的测定结果以克（g）为单位。干基千粒重的测定先除去样品中的杂质，按谷物及谷物制品水分的测定程序测定完整粒的水分含量 H，对于豆类和油料，应按粮食、油料水分测定法的 105℃烘干法测定水分，再测定其千粒重。如果样品包含脱皮和未脱皮的籽粒，应分别测定计算，双生燕麦籽粒应视为两粒粮食进行测定。

四、水分含量

水分含量在粮食收获后处理方面发挥关键作用，与一些诱导特性的关系最为密切。水蒸气弥漫在整个散装粮食将会趋于平衡，过程中也可能由萌芽、感染或微生物活动引起的呼吸增强导致局部热区，或者水分遇冷凝结在粮食或容器上。粮食水分测定可采用 105℃恒重法，将烘至恒重的铝盒（W_0）称取试样约 3g，对带壳油料可按仁、壳比例称样或将仁壳分别称样（W_1，准确至 0.001g）。将铝盒盖套在盒底上，放入烘箱内温度计周围的烘网上，在 105℃温度下烘 3h（油料烘 90min）后取出铝盒，加盖，置于干

燥器内冷却至室温，取出称重后，再按以上方法进行复烘重量为（W_2），含水量＝$(W_1-W_2)/(W_1-W_0)$。国家标准对粮食、油料的水分含量要求为小麦≤12.5%；大豆≤13%；早籼稻谷、晚籼稻谷、籼糯稻谷≤13.5%；玉米≤14%；粳稻谷、粳糯稻谷≤14.5%。

五、不完善粒与杂质

不完善粒是指未成熟或受到损伤但尚有使用价值的粮食颗粒，包括未熟粒、虫蚀粒、病斑粒、生芽粒、生霉粒、破碎粒、冻伤粒和热损伤粒。其中未熟粒为籽粒不饱满，瘪缩达粒面1/2及以上或子叶青色部分达1/2及以上（青仁大豆除外），与正常粒显著不同的颗粒，如糙米粒外观全部为粉质。虫蚀粒为被虫蛀蚀并伤及胚、胚乳或子叶的颗粒。病斑粒为粒面带有病斑，伤及胚、胚乳或子叶的颗粒。生芽粒是芽或幼根虽未突破种皮但胚部种皮已破裂或明显隆起且与胚分离的颗粒，以及芽或幼根突破种皮不超过本颗粒长度的颗粒。生霉粒为粒面生霉的粮食颗粒。破碎粒为籽粒破碎达本颗粒体积1/5以上，子叶破碎达本颗粒体积1/4及以上，或压扁、破碎，伤及胚或胚乳的颗粒。冻伤粒是因受冰冻伤害籽粒透明或子叶僵硬呈暗绿色的颗粒。热损伤粒是因受热而引起子叶变色和损伤的颗粒。

除粮食颗粒以外的其他物质称为杂质，包括筛下物、无机杂质和有机杂质。筛下物为通过直径1.5mm（小麦用）、2.0mm（稻谷用）、3.0mm（大豆和玉米用）圆孔筛的物质。无机杂质主要是泥土、砂石、砖瓦块及其他无机物质。有机杂质为无使用价值的粮食颗粒、异种类粮粒及其他有机物质。检验杂质的试样分大样、小样两种，大样是用于检验大样杂质，包括大型杂质和绝对筛层的筛下物；小样是从检验过大样杂质的样品中分出少量试样，检验与粮粒大小相似的并肩杂质。国家标准中要求小麦、稻谷、大豆、玉米杂质总量≤1.0%。

如采用电动筛选器法检验杂质与不完善粒，先按质量标准中规定的筛层套好，按规定取试样放入筛上，盖上筛盖，放在电动筛选器上，选筛自动地向左向右各筛1min（110～120r/min），筛后静止片刻，将筛上物和筛下物分别倒入分析盘内，卡在筛孔中间的颗粒属于筛上物。依次进行大样杂质检验、小样杂质检验、矿物质检验及不完善粒检验。国家标准对大豆完整粒率要求为：一级≥95%，二级≥90%，三级≥85%，四级≥80%，五级≥75%。国家标准对小麦不完善粒要求为：一级、二级≤5%，三级、四级≤8%，五级≤10%；对玉米不完善粒要求为：一级≤4%，二级≤6%，三级≤8%，四级≤10%，五级≤15%。

除去杂质和谷外糙米后的稻谷称为净稻谷，净稻谷脱壳后的糙米占试样的质量分数为出糙率，其中不完善粒折半计算。国家标准要求早籼稻谷、晚籼稻谷、籼糯稻谷的出糙率：一级≥79%，二级≥77%，三级≥75%，四级≥73%，五级≥71%；粳稻谷、粳糯稻谷的出糙率：一级≥81%，二级≥79%，三级≥77%，四级≥75%，五级≥73%。糙米碾磨成加工精度为国家标准三级大米时，长度达到试样完整米粒平均长度的3/4及以上的米粒称为整精米。整精米占净稻谷试样的质量分数为整精米率。国家标准要求早籼稻谷、晚籼稻谷、籼糯稻谷的整精米率一级≥50%，二级≥47%，三级≥44%，四级

≥41%，五级≥38%；粳稻谷、粳糯稻的整精米率：一级≥61%，二级≥58%，三级≥55%，四级≥52%，五级≥49%。

六、类型与互混

粮食颗粒要考虑其规格大小。例如，稻米是按尺寸（长）和形状（长：宽比）划分等级，各种粮食颗粒尺寸在总体上是一个小范围上变化。在色温（6500±200）K的光源下，一般显色指数要求高于75，对取净稻谷，经脱壳、碾米后称量，拣出混入的异类型粒，进行籼稻、粳稻、糯稻互混检验；在检验不完善粒的同时，按各粮种的质量标准规定拣出混有的异色粒，进行异色粒互混检验，不加挑选地取出小麦100粒完整粒，感官鉴别小麦粒色，按GB 1351中红麦和白麦的规定，鉴别小麦粒色，拣出粮食中混有的异种粮粒，进行异种粮粒互混检验。角质、粉质检验，在透射光下观察粮粒，或将粮粒从中部横向切断观察断面，籽粒或断面中为玻璃状透明体和半透明体者为角质，为粉状不透明体者为粉质。糯稻和非糯稻的染色检验，稻谷经砻谷、碾白后，制成符合国家标准三级大米样品，不加挑选地取出200粒完整粒，用清水洗涤后，再用0.1%碘-乙醇溶液浸泡1min，然后用蒸馏水洗净，观察米粒着色情况，糯性米粒呈棕红色，非糯性米粒呈蓝色。国家标准中要求稻谷互混率≤5%。

七、色泽与气味

粮食的颜色范围很广，从白色、浅灰色至黑色，而高色素粮食品种会降低白色粉状制品的产率。色泽检测按粮食油料检验扦样分样法，将样品去除杂质。分取20～50g样品，放在手掌中均匀地摊平，在散射光线下仔细观察样品的整体颜色和光泽。对色泽不易鉴定的样品，根据不同的粮种，取100～150g样品，在黑色平板上均匀地摊成15cm×20cm的薄层，在散射光线下仔细观察样品的整体颜色和光泽。正常的粮食、油料应具有固有的颜色和光泽。例如，稻谷中的黄粒米：胚乳呈黄色，与正常米粒色泽明显不同的颗粒。国家标准中黄玉米要求种皮为黄色，或略带红色的籽粒不低于95%，白玉米要求种皮为白色，或略带黄色或略带红色的籽粒不低于95%；白小麦要求种皮为白色或黄白色的麦粒不低于90%，红小麦要求种皮为深红色或红褐色的麦粒不低于90%。

大多数粮食在新鲜时，有一个独特的自然气味或香气，这是普遍被接受为质量良好的指标。气味检测分取20～50g样品，放在手掌中用哈气或摩擦的方法，提高样品的温度后，立即嗅其气味。对气味不易鉴定的样品，分取20g样品，放入广口瓶，置于60～70℃的水浴锅中，盖上瓶塞，颗粒状样品保温8～10min，粉末状样品保温3～5min，开盖嗅辨气味。粮食、油料的色泽、气味鉴定结果以“正常”或“不正常”表示，对“不正常”的应加以说明。

第二节 粮食的流散特性

粮食的流散特性主要包括散落性和自动分级。对粮堆来说，粮粒是固体而粮堆是散粒体。粮堆既不具备固体特性也不具备液体特性，而具有流散特性。其根本原因是形成粮堆的粮粒与粮粒之间的相互作用力——内聚力。由于内聚力小，不足以在重力的作用下使粮粒保持垂直稳定，因此使粮粒在堆装、运输、干燥、加工等过程中表现出流散特性。

粮食在自然形成粮堆时，向四周流散成为一个圆锥体的性质，称为粮食的散落性。其产生的原因是：粮食是一种散粒体，互相间的内聚力很小，因此，由高处落下的粮粒，最终形成圆锥体而不是平面。

一、散 落 性

1. 散落性的表示方法

粮食的散落性与粮食的颗粒大小、成熟度差异、杂质数量的多少等有密切关系。粮堆的散落性大小，通常用静止角和自流角表示。

1）静止角（α）

静止角（或称自然坡度角），是指粮食由高点落下，自然形成圆锥体的斜面与底面水平线之间的夹角。静止角与散落性成反比，即散落性好，静止角小；散落性差，静止角大。表 2-1 列出了主要粮食的静止角。

表 2-1　主要粮食的静止角

粮种	静止角		变动范围
	起	止	
小麦	23°	38°	15°
大麦	28°	45°	17°
玉米	30°	40°	10°
稻谷	37°	45°	8°
大米	23°	33°	10°
糙米	27°	28°	1°
大豆	24°	32°	8°
黍	20°	25°	5°
芝麻	24°	30°	6°
油菜籽	20°	27°	7°

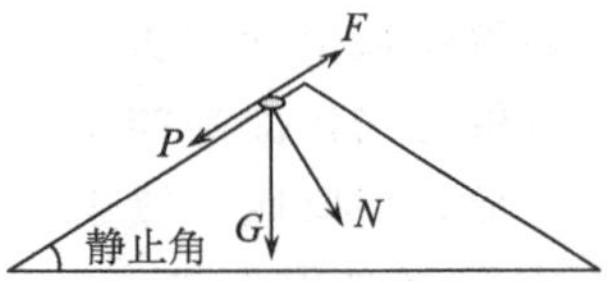

图 2-1　粮粒受力分析图

粮粒在粮堆斜面上停止或运动与否，受到粮粒在斜面所受力的制约。粮粒在斜面上的受力分析如图 2-1 所示。重力 G 可分解为垂直压力 N 和倾斜分力 P，粮粒在斜面上还受摩擦力 F，如果粮粒与粮堆的斜面摩擦系数为 f，则摩擦力 F 为 $N \cdot f$。图 2-1 中分力 P 是使粮粒下落的力，F 是阻碍粮粒下滑的力，当 $P>F$ 时，粮粒就下落，当 $P \leqslant F$ 时，粮粒停留在斜面上。

2）自流角

自流角（也称外摩擦角）是粮粒在不同材料斜面上开始移动的角度，即粮粒下滑的极限角度。我们把粮食放在某种物体的平面上，提起物体平面的一端，慢慢地倾斜，达到一定角度时，粮粒如果开始滑动，此时物体斜面与水平面所形成的角，称为自流角。很显然，粮粒的物理特性和测试时所用的材料直接影响自流角的大小，因而同种粮食在不同的材料上测定的自流角不同，不同种粮食在同一种材料上测定的自流角也不同。例如，刨光木板上小麦为 24°～27°，大麦为 26°～27°，燕麦为 26°～28°；铁板上小麦为 24°～28°，大麦为 25°～30°，燕麦为 21°～25°。自流角表示的是某种粮食在某种材料上的滑动性能，自流角越大，滑动性能越差；自流角越小，滑动性能越好。

2. 影响散落性大小的因素

1）粮粒形状与表面状态

各种粮食散落性大小的基本数值，取决于粮粒的内摩擦力和粮粒本身的重力，也取决于粮粒的形状和表面状态。从表 2-2 所列的各种粮食静止角可以看出：充分成熟饱满的、圆球形状、表面光滑粒、相对密度较大的粮粒，易于滚动，流散时的摩擦力很小，如大豆、油菜籽，它们散落性较大，静止角小；而粮粒形为椭圆、扁圆以至扁长形粒，表面不光滑、很毛糙的、瘪粒不实粒，如大麦、稻谷等，流散时其摩擦力较大，不易散落，其散落性较小，静止角就大。

表 2-2　粮食含水量与静止角的关系

作物		水稻	小麦	玉米	大豆
低水分	水分/%	13.7	12.5	14.2	11.2
	静止角	36.4°	31.0°	32.0°	23.3°
高水分	水分/%	18.5	17.6	20.1	17.1
	静止角	44.3°	37.1°	35.7°	25.4°

2）水分

粮食的含水量不同，散落性也不同。粮食含水量增高，表面涩滞，粮粒间内摩擦力增大，摩擦系数也就增大，因而散落性减小；水分含量低，则内摩擦力小而散落性增大。表 2-2 列出了粮食含水量与静止角的关系。根据这一关系，有经验的保粮工作者，在接收新粮入库时，常用手插入粮堆或手握粮食摩擦，感觉干脆而易滑动者水分较小，涩滞者水分较大，依此来判断水分的大小，指导保粮工作。

3）杂质

粮食中杂质多，会降低散落性，尤其是大量的轻浮杂质，如麦秸、谷壳和稻秆等，会堵塞粮堆间的孔隙，阻碍流散，更会大大降低粮食的散落性。

4）发热、霉变

当粮食发热、霉变结块时，会使粮食的散落性降低，甚至形成 90°角的直壁状而使散落性完全丧失。

3. 散落性与储藏的关系

（1）在粮食储藏期中利用粮食散落性的变化，在一定程度上可反映粮食储藏稳定性。具有良好散落性的粮食是储藏稳定性较好的粮堆。当粮食“出汗”、“返潮”、水分增加、虫霉滋生，甚至发热、结块时，均会使散落性大大降低或完全丧失。在生产实践中，检查粮情时，可以通过人的脚在粮堆面上走动时的感觉来判断散落性的某些变化，如脚踩感到松散则散落性就好，如紧实则散落性降低。

(2) 在粮食装卸运输中也常利用散落性。散落性较好的粮食在运输过程中容易流散，易装满车、船和粮仓，入仓出库操作都较方便，可节省劳动力和时间。

(3) 散落性是产生侧压力大小的决定因素之一。静止角越小，侧压力越大。在组成粮堆时，散落性大小与粮食对仓壁的侧压力有关。由于仓壁的限制，粮食在堆装时不能自然散落开，这样粮食就对仓壁存在一种推力，这种推力称为侧压力。一般来说，散落性越大，堆得越高，侧压力就越大。因此，仓房中堆存散落性小的粮食时，可以增加堆高，从而提高容量；反之，改装散落性大的粮食时，必须降低堆高，才能保证安全，以避免仓壁胀裂。在做囤时，囤的下部须加厚材料。例如，辽宁省阜新县的几个粮库，在生产实践中囤基 1/3 处穴子重叠 3/4，往上 2/3 处穴子重叠 1/2，最上 1/3 处重叠 1/3。按这样一个标准做囤，露天囤可节省穴皮 8～10 块，并且安全。侧压力的计算，可用下列公式求得：

$$p = \frac{1}{2}\gamma h^2 tg^2(45° - \frac{\alpha}{2}) \tag{2-1}$$

式中：p——每米宽度的仓壁上所受的侧压力，kg/m；

γ——粮食的容重，kg/m^3；

h——粮堆的高度，m；

α——静止角。

(4) 散落性是确定自流设备角度的依据。清理、输送及各种自流设备的应用，必须考虑粮食的静止角和自流角。例如，用溜筛自流管进行清理时，自流管的底面与水平面的夹角须大于粮食的自流角和静止角，这样，粮粒和杂质才能在筛面流动。用输送机进粮，输送机的皮带与地面的夹角须小于自流角和静止角，粮食才不至形成倒流。

二、自 动 分 级

一般来说，任何一批粮食，都是非均质的聚集体。含有多种成分，同一成分又具有不同的形态结构。在散落时彼此受到的摩擦力和重力就不同，运动状态也不同。粮食在震动、移动或入库时，同类型、同质量的粮粒和杂质就集中在粮堆的同一部位，引起粮堆组成成分的重新分布，这种现象称为自动分级。例如，小麦在入仓形成粮堆时，由于产生自动分级现象，从顶部到底部各个部位的品质呈现出有规律的分布：破碎粒、轻浮杂质、杂草种子、砂石无机杂质，在底部比顶部多。表 2-3 列出了自然形成粮堆时的分级情况。

表 2-3　自然形成粮堆时分级情况

品质指标	圆锥体顶部	圆锥体底部
容重/(g/L)	70.7	66.7
绝对重量	16.3	15.2
破碎粒/%	1.84	2.20
轻浮杂质/%	0.51	2.14
杂草种子/%	0.32	1.01
砂石杂质/%	0.13	0.49
瘪粒/%	0.09	0.47

1. 自动分级的类型

自动分级现象的发生与粮食输送移动时的作业方式、仓房类型密切相关。

1）按其作业方式、仓房类型和粮堆形成的条件可大体分为三种情况

（1）自然流散形成的粮堆。粮食自高点自然流散成粮堆时，粮粒与粮粒之间、粮粒与杂质之间以及杂质与杂质之间受到的重力、摩擦力不同，同时落下时受到的气流浮力也不相同。这些差异相互影响的综合结果使较重的杂质落在圆锥体的中心部位，而较轻的、破碎的粮粒及杂草种子就沿着斜面下滑至圆锥体的底部。因此，随着圆锥体的不断扩大，杂质就在圆锥粮堆的底部不断积累，最终形成基底杂质区。

（2）房式仓入粮。房式仓粮食入库一般有输送机进粮和人工入粮两种。输送机进粮又分移动式和固定式。若移动式入库，一般是输送机头先从仓山墙处开始，随入粮逐步由内向外退移。因此，饱满的粮粒和沉重的杂质多汇集于机头落下的粮堆中央部位；沿输送机两侧的粮食含有较多的瘪粒和较轻的杂质，形成带状杂质区。若固定式入库，粮食入库时就有多个卸粮点，那么像自然流成粮堆一样，在一个仓房内部形成多个圆窝状杂质区，即每个卸粮点有一个基底状杂质区。

房式仓人工入粮时，由于倒粮点分散，边倒边匀，自动分级就不明显，质量组合比较均匀。

（3）立筒仓进粮。立筒仓因筒身较高，粮粒从高处落下，下落的粮食流动会带动空气运动，在仓内形成一个涡旋气流，如图 2-2 所示。

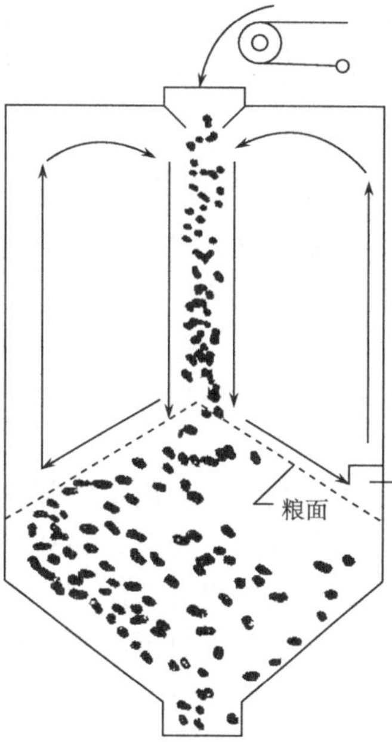

图 2-2　立筒仓自动分级情况

涡旋气流的运动，将粮面上细小的、较轻的杂质吹向筒壁。随着粮面在筒仓内逐步升高，靠近筒壁处形成环状轻型杂质区。而沉重的杂质多集中于落点处，形成一个柱状重型杂质区。出仓时，正好相反，比较饱满和比重大的粮粒首先流出，靠近仓壁的瘪小籽粒和轻浮杂质后流出。表 2-4 为筒仓粮食进、出仓自动分级现象，可见粮食品质也因出仓的先后不同而有差异。

表 2-4　筒仓粮食进、出仓自动分级现象

作业	部位	容重/(g/L)	碎粒/%	不饱满粒/%	杂质/%
进仓	中心	704.1	1.84	0.09	0.60
	仓壁	667.5	2.20	0.47	3.80
出仓	出粮 0.5h	666	1.80	1.54	2.50
	经 3.5h	660	3.50	5.0	2.98
	经 4.5h	496	1.70	9.0	19.90

2）按照自动分级形成的原因，自动分级又可归纳为重力分级、浮力分级和气流分级

（1）重力分级的情况明显地发生在震动运输过程中。例如，散装原粮长途运输后，大而轻的物料就会浮到最上面，细而重的物料就会沉到底部，而较细、较轻、较大、较重的物料分于两者之间，从而形成了分层的现象。

（2）浮力分级是粮粒下落过程受力不同而造成的自动分级。粮粒由高点下落，会受到空气的阻碍作用，空气对粮粒产生浮力 F。当 $F>G$ 时，粮粒飘浮走；$F<G$ 时，粮粒下落；$F=G$ 时，粮粒悬浮。显然，当气流的浮力一定时，重的粮粒下落速度较快，轻的粮粒下落较慢。而轻的杂质在慢慢的下落过程中，由于物体重力、受力方向的改变也随时变化，使得较轻的杂质飘移落点，从而形成分级现象。

（3）气流分级通常发生在露天堆粮的过程中，当输送机在风天卸粮时，在下风处就会聚积较多的轻杂质，从而形成自动分级现象。这种情况在皮带输送机、扬场机的作业中都会发生。

2. 自动分级与储粮的关系

自动分级现象对储粮有不利的一面，也有有利的一面。

（1）自动分级现象使粮堆组成重新分配，这对安全储粮十分不利。杂质较多的部位，往往水分较高，孔隙度较小，虫霉容易滋生，是极易发热霉变的部位，如不能及时发现还能蔓延危及整堆粮食。因此，对自动分级严重的地方，要多设检查层点，密切注意粮情变化。

（2）自动分级中灰尘集中的部位，孔隙度小、吸附性大，在熏蒸害虫时，药剂渗透困难，影响杀虫效果。同时，在通风降温降水过程中，也因空气阻力的加大，使风速达不到规定的要求，造成局部温度、水分偏高。

（3）在粮食储藏中也可利用自动分级有利的一方面，如利用气流分级清理粮食、使用筛子震动去掉重杂质等。

3. 减轻自动分级的方法

防止自动分级最积极的办法是预先清理粮食。此外，在粮仓上安装一些机械装置，使粮食均匀地向四周散落，减轻自动分级现象。例如，皮带输送机头部的抛粮机构，在卸粮时扇面不断旋转，借助粮流的惯性冲力，将粮食均匀抛出。也可以在入粮口安装锥形散粮器或旋转散粮器。立筒仓采用中心管进粮与中心卸粮的方式，可以有效减缓粮食分级现象。

三、孔　隙　度

1. 概念

粮堆占有仓库一定的空间，但粮粒之间不是十分紧密，粮堆内部存在着大小不同的孔隙。由于粮堆具有孔隙，所以粮温计和扦样器能够插入粮堆，害虫能够在粮堆内活动，气体能在粮堆中流动。因此，粮堆实际上是两部分组成的：一部分是粮食所占有，为粮食的绝对体积；另一部分是粮粒之间的孔隙。通常所说的粮堆体积，就是粮食的绝对体积和粮粒间所有孔隙的总和。如用百分率来表示，粮食绝对体积所占的百分率称为粮堆的“密度”（与物理学上的密度概念不一样），表示粮食在粮堆空间的密集程度。粮粒间全部孔隙所占的百分率，称为粮堆的孔隙度。粮堆的密度和孔隙度互为消长，两者之和恒为100%，现以容重和密度的关系推算孔隙度，如表2-5所示。

表2-5　主要粮食的容重、密度和孔隙度

粮种	密度/(g/cm^3)	容重/(kg/m^3)	孔隙度/%
稻谷	1.11	590	51
糙米	1.33	800	40
小麦	1.26	750	40
大麦	1.10	590	47
玉米	1.25	735	41
大豆	1.21	735	39
花生米	1.01	600	44
花生仁	1.05	675	40
油菜籽	1.30	800	39
豌豆	1.18	710	40
蚕豆	1.30	780	40
绿豆	1.21	750	39
赤豆	1.06	588	38
荞麦	0.96	350	64

密度＝（容重/相对密度）×100%

粮堆孔隙度＝（1－容重/相对密度）×100%

或粮堆的孔隙度（%）＝1－粮堆密度（%）

例如，小麦的相对密度为1.26，容重750g/L，则其密度为59.5%，孔隙度为40.5%。

在生产实践中，可以实测孔隙度的大小。其测定方法：取2支100ml的量筒，其中在一支100ml量筒内装入粮食样品，另一支量筒装20%的乙醇溶液100ml，再将乙醇溶液，迅速倒入装有样品的量筒内。稍加振动使气泡逐出，待液面平稳并与粮面平齐后立即记录剩余的乙醇的液面刻度（h），然后计算。其计算公式为

$$孔隙度=\frac{(100-h)}{100}\times 100\%$$

2. 影响孔隙度的因素

孔隙度受许多因素的影响，首先是受粮粒本身大小、表面状态、粒形等的影响，颗粒大、完整、表面毛糙的粮粒形成的粮堆，孔隙度大。颗粒小、破碎粒多、表面光滑的粮粒形成的粮堆，孔隙度小。其次是受含杂量和杂质种类的影响，含细小杂质多的粮食，可降低粮堆的孔隙度。第三是受粮堆高度和储藏时间的影响，粮堆越高、储藏时间越久，其粮堆基部所受压力越大，孔隙度越小。第四就是受粮食含水量的影响，粮堆吸潮，水分增加或粮面结顶，都会使孔隙度降低。

3. 粮堆孔隙度与储粮的关系

粮堆孔隙度与密度决定粮食储藏稳定性。由于孔隙的存在，粮堆中气体才能进行交换。而粮堆中气体存在是粮堆中各种生命活动的必要环境，这样呼吸、后熟等生理活动，才有可能进行。有了这种基础，可以进行自然缺氧和气调储藏，储藏技术才得以实施。孔隙度小的粮堆，缺氧速度较快，含氧量下降，呼吸强度降低，可以提高储藏稳定性。同时孔隙是通风技术的基础。可以利用孔隙中空气的流通，粮堆内进行自然通风和机械通风使湿热散发，达到降温降湿目的。如孔隙度变小，会使湿热积累，易引起粮食发热、生霉。孔隙还是熏蒸、杀虫、抑霉的技术基础。依据粮堆的孔隙度，可以进行粮堆施药。孔隙大，药效易渗透，杀虫抑霉效果好。孔隙小，药剂渗透就困难，要增加投药点。孔隙度大的粮堆，易受环境条件的影响，粮堆温湿度随外界条件变化就快；孔隙度小的粮堆，就不易受外界环境的影响，温湿度变化比较稳定。

第三节　粮堆的热特性

粮堆中由于温度和热状态的变化，使其随时与外界进行着热量交换。因此，热特性也是粮堆物理属性之一。它包括导热性和热容量。

一、导热性和粮堆传热

1. 导热性

粮堆内外之间和粮堆内部时刻进行着热的传递和交换，粮堆传递热量的性能就称为导热性。这种热传递和热交换受粮堆成分的影响。粮堆对热的传导很慢，是热的不良导体。虽然粮堆中空气流动有助于热的传导，但粮堆又处于静止状态，空气对流也很缓慢。因此，整个粮堆导热性是很差的。因此，粮堆温度总是落后于外界温度，也落后于仓温，而深层粮温又落后于表层粮温。

2. 粮堆传热的基本方式

传导、对流和辐射是粮堆热量传递的三种方式。这三种方式总是相互伴随而存在的。粮堆热量传递主要是传导和对流。传导是通过粮粒和粮粒直接接触的热能传递，即粮粒之间空气分子的直接接触而使热能逐渐转移。空气的对流则是因为粮堆的各层点之间温度不同而发生的，热空气相对密度轻而上升，将热量传到温度较低的粮层中去，所以对流是粮堆孔隙中空气的热传递的主要形式。在实践过程中，粮堆中的热传递总是传导和对流互相联合作用的结果。

二、导热系数及其影响因素

1. 导热性的意义

导热性的存在是粮食不断进行热代谢的基础，使粮堆内外经常有热的交换，粮食也就处于一定热状态中。实际上也就是粮温变化的具体表现。保粮工作者可以根据这一物理性质来掌握粮温变化规律。

2. 导热率的概念及计算

导热率是指 1m 厚的粮层在上层和底层的温度相差 1℃（或 1K）时，在单位时间通过 $1m^2$ 的粮堆表面面积的热量，常用 λ 表示。其国际制单位为［W/(m · K)］。

导热系数的公式为

$$\lambda = \frac{Q \cdot h}{F \cdot T(t_1 - t_2)} \tag{2-2}$$

式中：λ——导热率；

Q——导热量，J；

h——粮层厚度，m；

$(t_1 - t_2)$——上层、底层温度差，K；

F——传热面积，m^2；

T——传热时间，s。

导热率的数值越大，则物质导热能力越强。例如，水的导热率为 0.51W/(m · K)，粮食的导热率为 0.12～0.23W/(m · K)，空气的导热率为 0.0217W/(m · K)，均为热的不良导体。

3. 导热量及热状态的变化

导热量就是在每一个实际过程中，传导热量的多少。这个传导取决于一系列因素，除了导热系数外，还有温差、传热面积、粮层厚度和传热时间等，这些因素都影响着粮堆的热状态。下式对导热过程有着普遍意义，导热特点也可用该公式进行分析。

导热量的基本公式——傅里叶方程式为

$$Q = \lambda \frac{t_1 - t_2}{h} F \cdot T \tag{2-3}$$

4. 影响导热量的因素

从傅里叶定律分析，影响粮堆导热量的因素包括以下几点。

(1) 受热粮层与低温粮层的温差 $(t_1 - t_2)$。温差是影响导热量多少的因素，也是导热的必要条件。只有产生温差，才能发生热量的传导；各层温差越大，导过的热量越多。在生产实践中，粮堆内外各层点间温度总是不均衡的，这就使高温处的热传往低温处。

(2) 粮堆高度。从傅里叶方程式中可以得出：粮堆高度越高，传热行程越长，单位时间内通过的热量就越少。在生产实践中，为了延缓粮温上升，将低温粮，堆成大堆，减少热向内的传递；将高温粮，堆成小堆，降低高度，扩大面积，加速热的散发，降低粮温。

(3) 传热面积。传热面积越大，传导热量也越多。因此，高温粮常采用粮面趟沟，增大面积，加速散热，这是降低粮温的常用方法。传热时间越久导过的热量也就越多。

(4) 粮堆水分含量对导热量有直接影响，这是由于粮食水分的热导率大于粮食的热导率，导热量随着含水量的增加而增大。由于空气湿度增大，水分增加，从而使导热系数也增大，即导热性能增强。为了储粮安全，必须严格控制水分。

三、比热和热容量

比热、热容量的概念和计算方法

比热是指单位质量的某种物质，温度每变化一度所需要吸收或放出的热量，单位为J/(kg·K)。

粮食的热容量是粮食干物质的比热和粮堆中含水量的比热之和。这可以粗略地估算粮食的热容量。

热容量的计算公式为

$$c=(c_0\times\frac{100-W}{100}+c_s\times\frac{W}{100}) \tag{2-4}$$

式中：c——热容量；

W——含水量；

c_0——干物质比热；

c_s——水的比热。

从上式可见影响热容量的因素主要是水分含量，而物质成分的热容量很小，水分的热容量远远大于干物质。不同类型的粮食，热容量随成分的含量不同而异，同种粮食的热容量随水分的高低而大不相同。水分含量越高，热容量越大。

四、导热性、热容量与储粮的关系

导热性和热容量在储藏上有两方面的作用。有利的一面：利用这种导热性小的特性采取高低温储粮，如冬天东北、西北地区冷冻的粮食低温入仓，能够使粮食保持低温至第二年五月；而南方各省晒热的小麦进行热密闭储藏，可以达到保暖杀虫的作用。这就为高低温储藏提供了基础。不利的一面：由于粮食导热性小，对于不正常的高温粮堆，温度难以散发，会助长品质的劣变，如在微生物、害虫活动旺盛的情况下，热量在粮堆中容易积累，造成积热难散，导致粮食发热。

热容量也影响着粮温变化。热容量大的粮食热流通过的粮层温度变化较小，而热容量较小的粮食则粮温变化增加。从表面上看，热容量大似乎能延缓粮温上升，实际上由于水分增加而增大的热容量会促使呼吸作用增强，微生物易于繁殖而使粮温上升，甚至发热霉变。因此，在水分增大情况下而使热容量增加是对储藏极为不利的。

另外，导热性小、热容量大对储粮也很不利。储粮温度在正常情况下，总是比外温变化幅度小。在低温季节，粮温高于外界温度。在高温季节，粮温低于外界温度。这极易导致粮堆产生湿热扩散现象，使粮堆结露变质，如不及时处理，还会造成较大的损失。

第四节 粮食的吸附特性

气体与固体接触时，气体分子浓集和滞留在固体表面的特性称为吸附特性。在粮食储藏中碰到的吸附现象，主要是粮食对惰性气体的吸附，对熏蒸气体及一些污染物（如香料、煤油、汽油、桐油、咸鱼味、樟脑等）的吸附。粮食吸附性能在储藏中表现得最明显的是对水汽的吸附。因此吸附特性对粮食的安全储藏十分重要。

一、吸附特性

1. 吸附内因

在相界面上，气体分子自动发生浓集的现象，称为吸附。吸附作用可以发生在各种不同相的界面上，如气-固、液-固、气-液、液-液等界面上。粮食中发生的吸附主要是气-固表面上的吸附作用，其次还有不应有的固-液吸附作用。

粮食能够吸附气体分子，主要是粮粒的表面和内部的微观界面上的各种分子受到内部分子的拉力、合力不等于零，处于力场不平衡的状态。该不平衡力场往往由于吸附某些物质而得到补偿。所以粮食的表面可以自动地吸附某些物质。在吸附过程中，气体的吸附看做是液化过程，故吸附过程是放热的；相反，解吸过程是吸热的。

$$\text{吸附剂} + \text{吸附物} \underset{\text{解吸}}{\overset{\text{吸附}}{\rightleftharpoons}} \text{吸附体} + \text{吸附热}$$

在吸附过程中，人们关心的是在一定条件下，谷物对某种气体吸附量的大小。吸附量常用单位质量的固体所吸附的气体摩尔数或体积来表示，如 m 千克的谷物，吸附 x 体积的气体，则吸附量为$\frac{x}{m}$，对于一定量的固体吸附剂，吸附平衡时，吸附量$\frac{x}{m}$是温度（T）和气体压力（P）的函数，即

$$\frac{x}{m} = f(P \times T) \tag{2-5}$$

实验中，为了方便，常常固定一个参数，求出其他两个数之间的关系。在恒温下，测定不同压力下的吸附量，所得曲线称为吸附等温线，即

$$T = \text{常数} \quad \frac{x}{m} = f(P) \tag{2-6}$$

研究证明，谷物对二氧化碳等气体在低压阶段的吸附等温线为 Langmuir 型，而水分在谷物上的吸附为 B. E. T 曲线。其中的差异主要是单分子层吸附与多分子层吸附的差别。

通常吸附剂的吸附性能与吸附剂的比表面和表面活性成正比。粮食是多孔性的胶体物质，据测定，在粮粒细胞中存在着很多大小不同的毛细管，大的直径为 1～10μm，而小的直径约为 1nm，毛细管的壁面由于含有氨基酸、淀粉、脂肪等基团，具有良好的表面活性，是吸附的有效表面。此外，当考虑粮粒多孔结构时，粮食的比表面就高达 48～200m^2/kg。所以，粮食具有吸附气体和蒸汽的能力。

2. 吸附类型

1）物理吸附

粮食对气体的吸附主要是物理吸附，即吸附剂表面的分子和吸附气体分子之间的作用力是分子间引力（即范德华力）。这类吸附的特点是越易液化的气体，越易被吸附；吸附速度和解吸速度都较快；吸附量随着温度的升高而下降。

按照吸附剂吸附的位置，吸附又可分为：吸着、吸收、毛细管凝结。外界气体或蒸

汽分子被吸附在粮粒表面的现象，称为吸着。气体或蒸汽分子扩散到粮粒内部而被粮粒内部活性部位吸收，称为吸收。被吸入的气体或蒸汽分子在粮粒内的毛细管中达到饱和而凝结，称为毛细管凝结。这几种吸附在粮堆中同时存在。粮堆内发生的吸附过程是气体分子在粮堆内通过扩散进而在粮粒表面吸着，粮粒内吸收的连续过程，它们统称为吸附作用。

2）化学吸附

粮堆中发生的吸附有部分是化学吸附，如熏蒸药剂的残留，一些液体污染物的吸附等。粮粒发生化学吸附的原因，是由于粮粒中的某些部位分子上原子未完全被相邻原子所饱和，还有剩余的成键能力。因此吸附分子与粮粒之间发生电子转移，生成化学键。化学吸附具有以下特点。由于形成化学键，只能单分子层吸附，随温度的升高而增加。吸附温度越高，吸附速率越快；一般条件下，不易吸附和解吸。在特殊条件下，吸附分子与粮食某些部位的分子形成稳定的化合物，就不可能解吸了。这就是一些化学药剂熏蒸后存在残毒的根本原因。例如，溴甲烷熏蒸后的残留，剂量32mg/L在15.5℃条件下密闭24h，处理一次的小麦，溴甲烷的残留量为35μg/g。溴甲烷与小麦蛋白质发生作用，并进一步分解为无机溴化物及一系列甲基衍生物。

应该看到，在粮堆中发生的吸附作用并不是物理吸附和化学吸附彼此相对孤立存在的，根据吸附剂的不同而往往是物理吸附和化学吸附并存。

3. 影响粮食吸附的因素

粮食吸附能力和速度的大小，通常以单位时间内吸附气体的数量、吸附速度和粮食在一定条件下吸附蒸汽和气体的总量——吸附量来表示。气体和蒸汽吸收能力和速度的差别，取决于气体性质、温度、吸附气体压力、粮粒的组织结构、化学成分等。

在气体浓度不变的情况下，温度下降，物理吸附过程加强，吸附量增加，化学吸附随着温度的下降，吸附量减少；反之，温度升高，物理吸附过程减弱，吸附量减少，而化学吸附的速度增加，吸附量增加。在温度不变的情况下，气体浓度增加，超过粮堆内部的压力，吸附量增加；相反吸附气体浓度降低，吸附动态平衡向解吸方向移动，吸附量减少。

粮食种类的不同，也是导致吸附量不同的主要因素之一。表2-6为几种主要粮食的二氧化碳吸附量。由此可见，在同一条件下，各种粮食对二氧化碳的吸附能力依次是：花生＞大豆＞芝麻＞玉米＞稻谷＞大米＞面粉。

表2-6　几种主要粮食的二氧化碳吸附量（温度20℃，时间3h）

种类	花生	大豆	芝麻	玉米	稻谷	小麦和大米	面粉
吸附量/(mg/kg)	560	400	230	170	85	75	60

吸附能力发生差异的原因，主要是粮种之间毛细管孔径存在着差别、吸附活性表面大小不同，以及组织结构的差异。这些因素的综合结果，导致不同粮种吸附量之间的差异。

粮食的化学成分不同，也是影响气体吸附的主要原因之一。通常当被吸附物质的化学性质与吸附剂的化学性质相近时，则吸附量就随着某一化学成分含量的增加而增加。例如，在相同条件下，含油量高的粮食比含油量低的粮食吸收的水分较少，这是油和水不相溶引起的。又如谷物对二氧化碳的吸附，研究证实，吸收的一部分二氧化碳与粮食蛋白质肽链上的e-氨基酸、d-氨基酸相结合形成不稳定的化合物或进行离子反应，即

$$R\text{-}NH_3 + CO_2 \rightleftharpoons R\text{-}NHCOOH$$

$$H_2O + CO_2 \rightleftharpoons H_2CO_3 \rightleftharpoons HCO_3^- + H^+ \qquad PK<7.0$$

$$OH^- + CO_2 \rightleftharpoons HCO_3^- \qquad PK>7.0$$

$$R\text{-}NH_3^+ + HCO_3 \rightleftharpoons R\text{-}NH_2 + H_2CO_3$$

因此，二氧化碳的吸附量往往与某种蛋白质的含量呈现正相关。

总之，粮食对气体的吸附过程是一个非常复杂的物理过程。影响吸附的主要因素也不是一成不变的，而是随着条件的变化而改变。

4. 气体吸附与粮食储藏的关系

粮食储藏技术中的二氧化碳置换方法就是利用谷物对二氧化碳的吸附特性，使粮食在包装袋内呈现胶着状态（袋内负压2000Pa以上），有效地保持粮食品质。

由于粮食的吸附特性存在，极容易吸附不良气体和液体（如汽油、煤油、药物等异味性物质），产生异味。轻者影响粮食的使用价值，重者造成污染。因此，运输粮食的车辆、盛装粮食的器皿及使用的工具都要严加检查，以免污染。

二、吸湿特性

粮粒对水汽的吸附与解吸的性能称为吸湿特性，它是粮食吸附特性的一个具体表现。在储藏期间，粮食水分的变化主要与粮食的吸湿性能有关，与粮食的储藏稳定性、储藏品质都密切相关，和粮食的发热霉变、结露、返潮等现象有直接关系。所以粮食的吸湿特性是粮油储藏中最重要变量因素之一。

粮食吸附水蒸气的原因包括：一是粮粒是多孔毛细管胶体物质，能够使水蒸气通过扩散进入其内部凝聚；二是粮粒具有很大的吸附表面，使水蒸气分子能在表面发生单分子层或多分子层的吸附；三是粮粒中存在很多亲水性基团，这些基团对水蒸气分子具有较强的吸附能力，如小麦的淀粉含量约占粮粒的63%，蛋白质约占16%，纤维素约占13%，这些物质都具有数个亲水基团，构成了粮粒吸湿的活性部位。

1. 粮粒吸附水蒸气的各种力

研究粮粒中水分存在的方式发现，粮粒中的一部分水分是以毛细管作用的形式，保持在粮粒内部的颗粒间隙中，这些水具有自然界中水一样的性质，通常将这一部分水叫做“自由水”；另一部分水则以分子间的力保持在粮粒中，吸附在粮粒的有效表面，叫做“吸附水”；另一部分水以化学形式与粮食中的某一成分相结合，构成了粮粒物质整体的一部分，这部分水叫做“结合水”（化合水）。

粮粒是由多种物质构成的，其中水是以多种形式存在的。在通常情况下，粮食中的“化合水”受环境影响的可能性不大。随着环境条件发生变化的主要是“自由水”和“吸附水”，“自由水”又是“吸附水”在一定条件下凝聚的结果。因此对于“吸附水”

的研究就显得十分重要。

水蒸气能被粮粒表面吸附，主要是由分子间的力——范德华力和氢键作用的结果。范德华力包括：极性分子相互靠近时，由永久偶极作用产生的偶极力；极性分子和非极性分子相靠近时产生的诱导力；非极性分子相互靠近时，由瞬时偶极产生的色散力。这三种力都具有吸引作用。因此，当粮粒的有效表面与水蒸气分子相接近时，在这三种力的作用下，水分子就分别吸附在极性、非极性表面上。

水分子是极性分子。因此，粮粒上所发生的作用力主要是水分子与粮粒极性部位分子之间发生的偶极力以及水分子与粮粒非极性分子部位之间发生的诱导力。其中，水分子在偶极力的作用下，强烈地吸附在极性物质表面。

2. 粮食的化学结构与吸附

粮粒含有大量的淀粉和蛋白质，都属于亲水胶体。它们含有能与水作用的极性基团最多。淀粉链上不论直链或支链，都具有羟基、环氧或氧桥。其中氧原子的孤立电子对未被饱和，因此水分子就通过氢键的作用和氧原子结合而被吸附下来。蛋白质也是如此，除肽键以外，还有许多氨基酸侧链。它们都带有各种不同的极性基团与离子基团，水分子很容易与之发生反应。例如，—OH，在丝氨酸、苏氨酸和酪氨酸上；—NH—，在色氨酸、组氨酸和脯氨酸上；$—NH_2$，在赖氨酸及多肽链上的末端氨基酸上；—COOH，在天门冬氨酸、谷氨酸和多肽链的末端氨基酸上；$—CONH_2$，在谷氨酸上。

这些基团都会和水分子发生作用，即

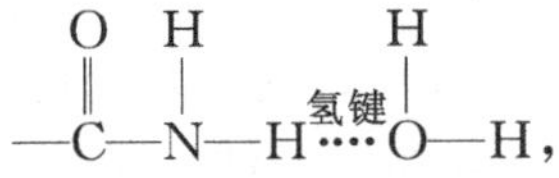

，发生在残基上的反应。

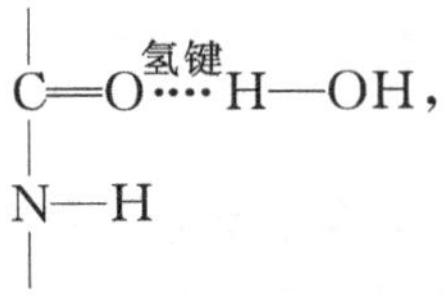

，发生在肽键上的反应

同样，淀粉等多糖类的极性分子也可和水分子发生作用，而使水分子被吸附。

如水与淀粉中羟基的反应

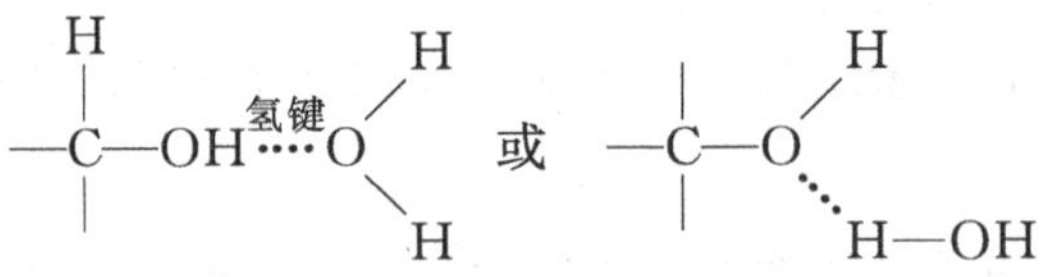

水与氧桥的作用

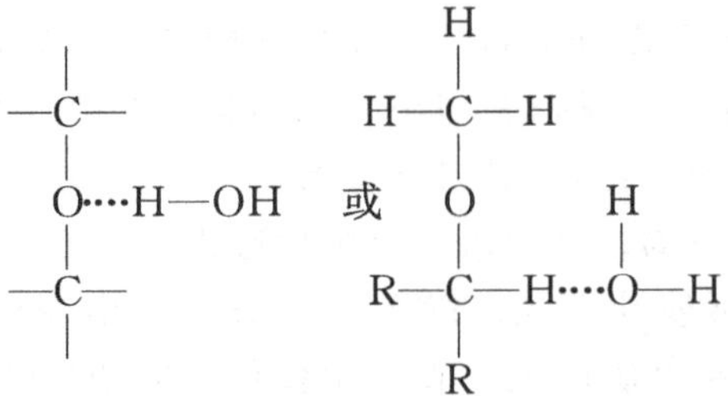

3．粮食水分的吸附和解吸过程

粮粒吸附水分，首先是水分在粮粒表面形成蒸汽吸附层，通过毛细管扩散到内部，吸附在有效表面上，其中有少部分与团体表面不饱和电子对发生作用，成为“结合水”。在吸湿过程中，存在着一个扩散吸附的物理过程，即水分子先扩散到粮粒表面和内部，然后再在活性表面吸附。因此，某种粮食吸收水蒸气速度快慢，取决于水蒸气分子向粮粒内部扩散系数 D 和水蒸气与活性表面吸附作用常数 K。由于粮食的种皮含有蜡层和角质层，对水分子的扩散起着阻碍作用，因此，吸附水分子的快慢主要受到扩散系数 D 的制约。显然，当水汽压在粮粒周围逐渐加大时，扩散系数 D 增加，从而吸附速度加大。

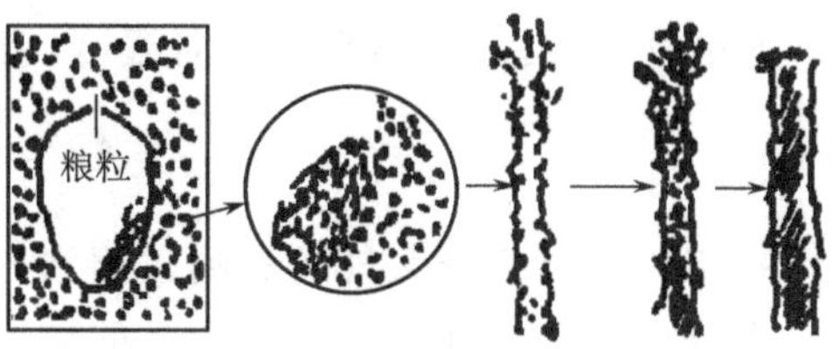

图 2-3　粮食吸附水汽示意图

A. 粮食置于充满水汽环境中；B. 粮食表面吸附大量水汽，并向毛细管内扩散；C. 空气中大量水汽向毛细管内扩散，并被毛细管内壁胶体吸着；D. 水汽在毛细管内液化凝；E. 毛细管内充满水分

当水汽吸入后，如果水汽压仍大于粮粒内的水汽压，水汽就会不断地进入粮粒内，开始吸附在毛细管壁，形成单分子层，继续吸附而变成多分子层，当毛细管壁上的水汽吸附层逐渐加厚至中央汇合时，就出现了毛细管水分。这时，水分在毛细管中形成一个弯月面，如图 2-3 所示。根据开尔文公式

$$\ln \frac{p_r}{p_0} = \frac{2\delta \cdot M}{\rho R T r} \tag{2-7}$$

式中：p_r——弯月面上的水蒸气分压；

p_0——毛细管壁上水汽吸附面的水汽分压；

δ——水分子的气液表面张力；

ρ——水的密度；

R——气体状态常数；

T——吸附时的温度；

r——液滴的半径，当液滴面为凸形时 r 为正，凹形时 r 为负；

M——分子质量。

显然，形成弯月面时，$r<0$，$\ln \frac{p_r}{p_0}<0$，$\frac{p_r}{p_0}<1$，则 $p_r<p_0$。这说明弯月面上的水汽分压低于毛细管壁上的水汽分压，即存在一个压力差。因此，管壁中的水汽分子就向弯月面上运动，从而使弯面上的水汽过饱和而发生凝结，这种现象就称为毛细管凝结。这个动态过程的不断进行就使粮食水分不断增加，直至完成吸湿过程。

当外界环境中的水汽分压低于粮粒内部的水汽分压时，粮粒中的水汽分子就向粮粒外扩散，即粮食中的水分发生解吸作用。解吸时首先是粮食毛细管中的凝结水扩散到空气中，其次是多分子层的吸附水，最后是单分子层的吸附水，直到粮食中的水汽分压平衡于环境中的水汽分压为止。

4．粮食吸湿与水分活度

水分活度（A_w）是根据拉乌尔定律推导出来的。设 p 和 p_0 分别代表溶液和溶剂的

蒸汽压，n_1 和 n_2 分别代表溶质和溶剂的摩尔数，则可用下式表示

$$\frac{p_0 - p}{p_0} = \frac{n_1}{n_1 + n_2} \tag{2-8}$$

为简便起见，上式又表示为

$$\frac{p}{p_0} = \frac{n_2}{n_1 + n_2} \tag{2-9}$$

即溶液和溶剂蒸汽压的比值等于溶剂摩尔数与总摩尔数的比值。通常这个比值叫做水分活度（A_W）。

水分活度（A_W）与平衡相对湿度（ERH）的关系为

$$A_w = \frac{p}{p_0} = \frac{\text{ERH}}{100} \tag{2-10}$$

平衡相对湿度受大气的影响，而水分活度主要决定于粮食的水分特性。

水分活度在粮食储藏及其产品的储藏加工方面具有重要的意义。粮食及其制品的生化变化和品质劣变，都与水分活度有关。在粮食水分含量相同的情况下，由于粮食内部水的存在状态不同，就像溶剂中所溶的溶质不同，因此，粮食水分所产生的蒸汽压不同，从而使微生物可利用的水分和生化反应所需的水分不同，粮食的稳定性就不同。对于各种粮食水分活度在某一范围内，其储藏则是安全的。一般 A_W＝0.65～0.70 的情况下，粮食的变质非常缓慢。

水分活度是比含水量更有用的参数，它反映了粮食呼吸代谢过程中可利用水分的程度。水分活度相同的粮食，其含水量可以不同。因此，这就使评价水分对粮食储藏稳定性的影响有了统一的标准。

粮食微生物的发展，主要取决于粮食的水分活度和温度。即使在适宜的温度条件下，只要控制水分活度到达一定范围，微生物也不会产生危害。控制粮食的水分活度在0.65 左右时，粮食储藏就安全。

5. 粮食的吸湿等温线

通常采用吸湿等温线来研究粮食吸湿特性，它表示了当温度恒定时在一定湿度下粮食吸收水分的量。它是平衡水汽分压、水分活度或相对湿度的函数。通常粮食样品在同一相对湿度下，其水分含量有两个数值，一个是当粮食吸湿时，另一个是当粮食解吸水分或干燥时。解吸时的水分含量高于吸湿时的水分含量，因而等温线又分为吸湿等温线与解吸等温线。

粮食吸湿等温线呈 S 形。许多学者对此进行了研究，最成功的是布鲁瑙尔（Brunauer）、埃米特（Emmett）和泰勒（Teller）三人提出的多分子层吸附理论。他们认为：粮食对水分的吸附和解吸处在动态平衡中；范德华力在吸附中起主要作用；粮食吸附表面对水分子的吸附能力相等，并能形成多分子层吸附。据此假设导出了 BET 方程，即

$$V = \frac{CV_m P}{(P_0 - P)\left[1 + (C-1)\dfrac{P}{P_0}\right]} \tag{2-11}$$

式中：V——温度恒定时，水汽压为 P 时粮食吸收水汽的体积；

V_m——为单分子层全部覆盖粮食吸附表面时能吸收水汽的体积；

P——水汽分压；

P_0——水的饱和蒸气压；

C——吸附常数。

在上式中，若 $P \ll P_0$，相对湿度很低时，BET 方程为

$$V = V_m \frac{CP/P_0}{1 + CP/P_0} \tag{2-12}$$

这时吸湿等温线弯向相对湿度轴。当 $P \to P_0$ 时，即在高湿条件下上式为

$$V = \frac{CV_m P}{(P_0 - P)\left[1 + (C-1)\dfrac{P}{P_0}\right]} \to \infty \tag{2-13}$$

这时，水分含量趋于无限增加，等温线又弯向水分含量轴，因此，吸湿等温线呈现"S"形。这种类型是农产品（包括粮食在内）所特有的。

粮食的吸湿等温线可分为三个阶段，每阶段所涉及的水汽压和水分含量的关系不同，如图 2-4 所示。在等温线开始的 O-A 段，水汽压与水分含量间的关系主要受水分子和吸附表面的结合能所制约。等温线向含水量坐标轴移动的范围就是水与吸附表面结合能的反映。

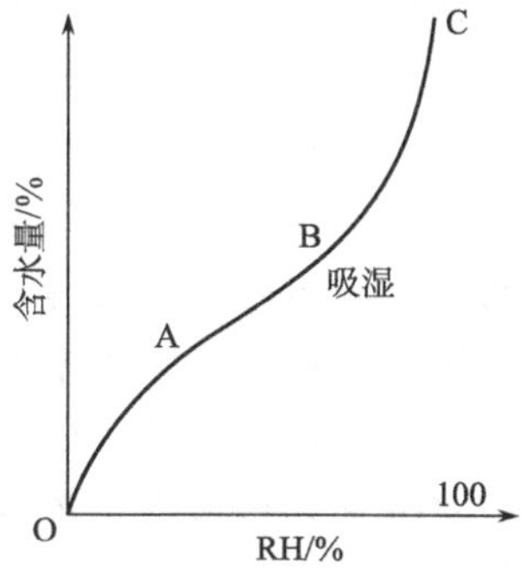

图 2-4　粮食吸附等温线

等温线的 A-B 段，近似于一条直线，这时水分吸附在第一层水分子之上，形成多分子层吸附，其中一小部分是在非极性部位。在这一过程中主要的作用力是水分的凝集力。在这一段，水的吸附量主要取决于水汽压的大小。

在等温线的 B-C 段，即高湿区，主要发生的是毛细管水分的凝结作用，曲线偏向水分含量轴，说明由于毛细管凝结作用，粮食水分增加的更加迅速。

多种粮食的吸附等温线都呈现"S"形曲线，如图 2-5 所示。在小麦和面粉的吸附等温线的开始阶段，相当小麦和面粉的含水量 5%～6%。等温线的直线部分，相当小麦和面粉的含水量 8%～12%。等温线的最后弯曲段由相对湿度 75%开始，粮食水分急剧增高至 16%以上甚至高达 32%～36%，这完全符合上面所分析的毛细管凝结的结果。

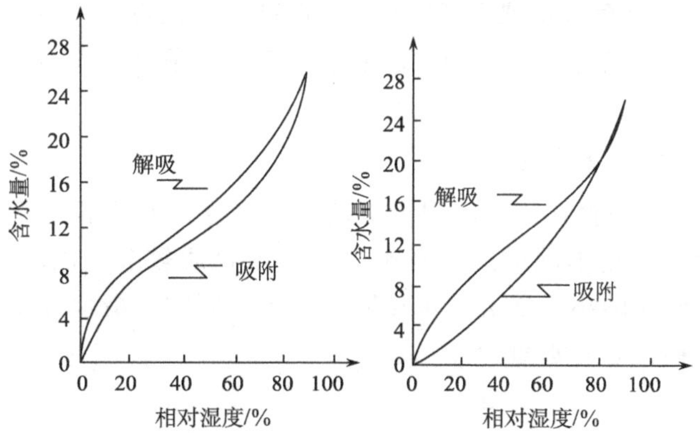

图 2-5　面粉（左图）和小麦（右图）的吸附和解吸等温线

一些研究表明：粮食水分15%～16%时，内部毛细管具有明显的毛细管凝结水。毛细管中的水分与粮食的各种联系不很紧密，能使水分在粮粒内部易于移动，并促进细胞中的物质代谢。因此，在出现毛细管凝结水以前粮食含有的部分水分只是维持正常生命的需要；而毛细管凝结水出现后，粮食正常生命活动——休眠将被打破，这时，粮食的储藏稳定性变差，很容易发生问题。

"S"形曲线的三段，其水分的结合是由化合水到自由水。区别比较明显，但在中段也有它们的过渡点。有关结合水的定量关系还需进一步研究。

6. 吸附滞后现象

一种粮食的吸附与解吸等温线不一定相同，即在某种特定的相对湿度和温度下，吸附平衡水分值与解吸平衡水分值存在差别，也可以说解吸时的含水量高于吸附时的含水量。解吸等温线滞后于吸附等温线，这种现象称为吸附滞后现象。如图2-6所示的小麦、面粉解吸等温线，明显地由吸附等温线向左移动。

吸附滞后现象的形成主要有以下几个原因。

第一，在吸附时水分子直接从空气中吸引到胶粒表面（或吸附层表面）没有其他干扰因素，而在解吸时，则水分子既要脱出胶粒表面，又要脱离周围吸附分子的吸引，由于解吸热与吸附热不相等，从而形成了滞后曲线。

第二，粮粒毛细管中的空气妨碍解吸的进行。

第三，在吸着过程中，水分子最初是以单分子层被束缚于粮粒细胞的表面，等到更多的水分加到粮粒内，水分子凝结在第一层上而成为多分子层；当横贯于细胞壁的水分含量梯度增到扩散力大于表面上水分子的束缚力时，水分子就进入细胞内；当解吸时，细胞内水分子维持不动，直到相反的水分含量梯度形成，细胞内的水分才开始渗出，所以解吸比吸附具有较高的平衡水分。

第四，在低水分时，粮粒中的极性基团彼此吸引紧密，在它们之间不留有水分子存在的间隙。吸附水分后，则极性基团分离；而解吸时，则极性基团强烈地吸引着水分子。当吸附水分时，粮粒变形、膨胀，内部出现破缝、龟裂，这就增加了散湿时的解吸水分的表面面积，所以平衡水分较高。

了解粮食的吸附滞后现象，从理论上有助于弄清楚不同水分的粮食存放在一起很难达到水分平衡，以及存粮时要干湿粮分开的问题。也可进一步了解通过取样测定的水分含量来判断整仓粮食的储藏稳定性是不完全可靠的，它不能反映某些局部情况的问题。

7. 几种主要粮食的平衡水分

表2-7是几种主要粮食在不同温湿度下的平衡水分。可见不同种类的粮食在同一状况下所达到的平衡水分是不同的，如谷类含的亲水物质较多，油料类所含疏水物质较多，其平衡水分就明显的小于谷类。可见同一粮粒，胚的平衡水分就比胚乳大，因此胚的含水量一般大于粮粒总含水量。

表 2-7　不同温湿度下的粮食平衡水分

粮种	温度/℃	相对湿度/%							
		20	30	40	50	60	70	80	90
稻谷	30	7.13	8.51	10.0	10.88	11.93	13.12	14.66	17.13
	20	7.54	9.1	10.35	11.35	12.5	13.7	15.23	17.83
	10	7.9	9.5	10.7	11.8	12.85	14.1	15.95	18.4
大米	30	7.59	9.21	10.58	11.61	12.51	13.9	15.35	17.72
	20	7.98	9.59	10.9	12.02	13.01	14.57	16.02	18.7
	10	8.3	10.0	11.2	12.25	13.3	14.85	16.7	19.4
小麦	30	7.41	8.88	10.23	11.4	12.54	14.1	15.72	19.34
	20	7.8	9.24	10.68	11.84	13.10	14.3	16.02	19.95
	10	8.3	9.65	10.85	12.0	13.2	14.6	16.4	20.5
玉米	30	7.85	9.0	11.13	11.24	12.39	13.9	15.85	18.3
	20	8.23	9.4	10.7	11.9	13.19	14.9	16.92	19.2
	10	8.8	10.0	11.1	12.25	13.5	15.4	17.2	19.6
大豆	30	5.0	5.72	6.4	7.17	8.86	10.63	14.51	20.15
	20	5.4	6.45	7.1	8.0	9.5	11.5	15.29	20.28
	10	7.2	8.7	9.9	11.3	11.4	14.8	17.3	20.2

在同一相对湿度下，粮食的平衡水分与粮温不呈现正相关，而表现为粮温越低，平衡水分越大，温度越高，平衡水分越小。由于温度上升时，吸热过程加强，平衡向解吸作用增强方向移动，加热会引起粮粒吸附的水分子部分脱离，因而水分吸附量随之减少，平衡水分就相应减小。温度下降时，平衡则向吸湿作用增强方向移动，水汽吸附量反趋增长，平衡水分就相应增大。当温度由 30℃下降到 10℃时，各种粮食（除大豆外）的平衡水分增加 0.6%～1.0%。

吸湿性的研究为粮食储藏工作提供了理论依据。粮粒的吸湿性质和平衡水分的概念，指出了空气相对湿度对粮食水分的影响，当水分大的粮食存放在低的相对湿度的环境时，粮食水分则会散发，反之，如把干燥的粮食存放在空气潮湿的环境中，粮食则增加水分而受潮。因此，在粮食储藏期间，利用通风密闭干燥等措施控制和调节水分时，必须运用粮食的吸湿性与平衡水分的概念和规律。由于吸附滞后作用，高水分粮和低水分粮混储后，会引起粮堆水分的不均匀，而难以保管。

三、粮堆的湿热扩散

1. 水分在粮堆中的转移

储藏中的粮食即使处在安全水分和水分一致的情况下，只要在粮堆的不同部位存在着显著的温差，仍有可能变质。粮堆内的空气不是静止的，而是通过对流不停地运动着。粮堆内热空气相对密度较轻而上升，水汽也随之运动，至表面遇冷，它就放出多余水分以维持它的相对湿度。即使在水分很均匀的粮食中，水分也会沿着温度梯度引起的蒸汽压梯度而运动，这种现象称为湿热扩散。水分从温暖区域向较冷的区域移动，可能导致平衡水分超过安全水分。极端情况下，空气碰到冷的表面，可能冷却至低于露点。于是水分就在仓壁或粮堆表面凝结，大大增加了这一区域的平衡相对湿度，使粮食变质的危险性增加。例如，当年入库的夏粮，在气温下降时，容易出现粮堆上表面转冷而水分增高的分层现象。一般所说的“结顶”大多是由此产生与发展的结果。

当高水分粮和低水分粮堆在一起时，粮食水分能通过水汽的解吸和吸附作用而移动，最后达到吸湿平衡，这种现象称为水分再分布。但吸湿平衡，除考虑粮食水分外，必须同时考虑粮堆温度、相对湿度和水汽压等因素。

在相同温度下，水分越大，粮粒间水汽压越大；在相同水分下，粮温越高，粮粒间水汽压也越高。在粮堆各部位温度分布不均匀的情况下，水汽常从高温处移向低温处，在粮温较低的粮层中，由于水汽凝结而增加水分。温差越大，原有含水量越高，堆放时间越久，则水分增加也越分明。

水分沿着温度梯度运动的过程是一个缓慢的过程。一般认为扩散是水分转移的主要机制，对流起辅助作用。储藏实践表明，靠近仓壁的粮食变质主要是由水分不断地由温暖处移向冷处，以及粮堆空气在中心上升，而沿仓壁下降的对流联合作用的结果。粮堆表面生霉结块、发芽、腐烂也往往是温差引起水分转移的结果。

2. 水分在粮堆中的扩散

粮食储藏中，液态水分与粮粒接触是极少的。粮食吸湿和解吸都是通过水汽进行的。粮食吸水或失水的速率也取决于大气中的水汽分压的高低。水分扩散进出粮堆或粮食与大气水分交换的速率是很慢的，尤其是在大量粮食散存的情况下。水分在粮堆中的扩散运动符合菲克扩散定律，即通过单位面积的物质扩散速率与截面垂直的浓度梯度成正比。

$$F = -D\frac{\Delta C}{\Delta X} \tag{2-14}$$

式中：F——单位面积的转移速率；

C——扩散物质的浓度；

X——垂直于截面的空间坐标，表示距离；

D——比例系数，扩散系数。

依据菲克扩散定律，许多学者对水分扩散转移的现象进行了深入的研究。皮克斯顿和格里菲斯（Pixton and Griffiths）用5℃与22.5℃两种温度下小麦做实验，将一些干小麦放在柱状容器中，使粮面处在高的相对湿度下，观察在两种不同温度下水分进入粮食或从粮食中放出水分的速率，发现在较高温度下能更快地接近平衡，在22.5℃经140d后湿粮与干粮间相差0.5%的水分，在5℃经140d后仍达不到平衡。如图2-6所示，在水分8%～18%的范围内，在5℃下吸附与解吸的扩散系数分别为2.4×10^{-6}～$2.6\times10^{-6}cm^2/s$，在22.5℃为7.1×10^{-6}～$8.9\times10^{-6}cm^2/s$。

在试验的基础上，为了了解扩散的机制，人们又发展了菲克定律，建立了扩散方程，其基本形式为

$$\frac{\partial W}{\partial t}=\mathrm{Dg}\,\frac{\partial^2 C}{\partial X^2} \tag{2-15}$$

式中：W——水分扩散量，kg；

C——谷物水分含量，kg/m^3；

t——时间，s；

X——距离，m；

Dg——水分通过粮食的扩散系数，m^2/s。

斯波等根据这个公式将 Dg 进行修正，成功地描述了小麦中水分扩散情况。其公式为

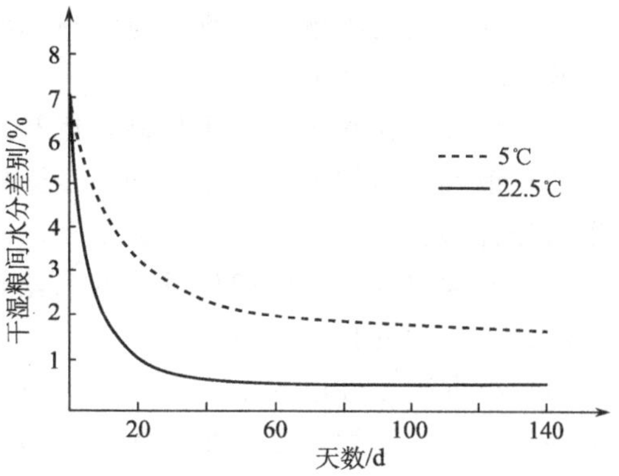

图 2-6　温度对粮食平衡水分的影响

$$\frac{\partial W}{\partial t}=\frac{D_v}{R_v T}\times\frac{\partial^2 P_v}{\partial X^2} \tag{2-16}$$

式中：R_v——扩散阻力系数；

D_v——水汽常数，J/(kg·K)；

T——绝对温度，K；

P_v——粮堆中水蒸气的分压，Pa。

应用以上公式，使用求得的参数，计算了皮克斯顿和格里菲斯的试验数据，其结果与试验数据相当一致，如图 2-7 所示。可见理论上的分析能表示小麦中水分扩散情况，具有一定的指导意义。

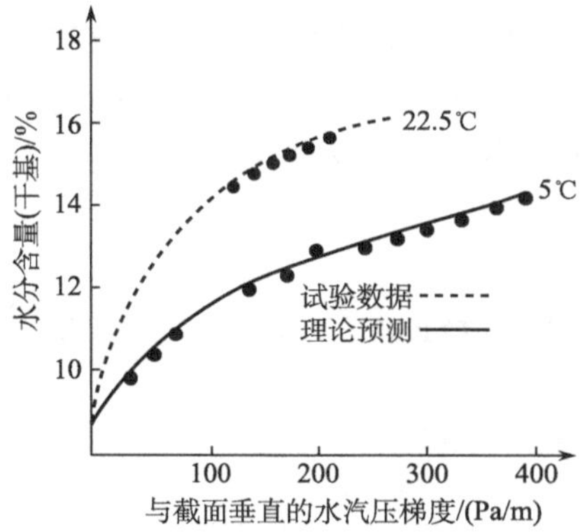

图 2-7　应用扩散理论公式计算数据与试验数据的比较

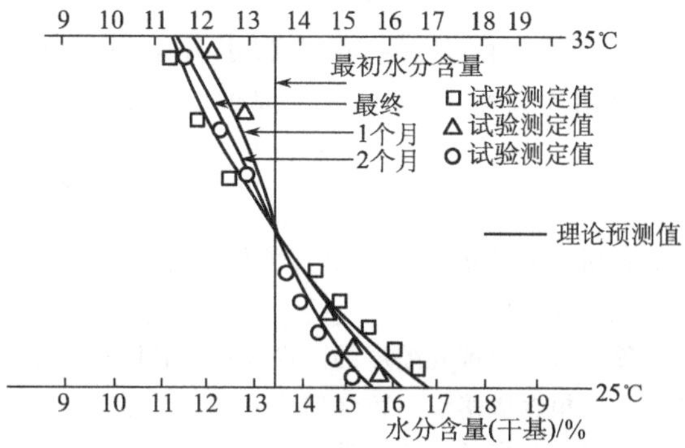

图 2-8　温度梯度存在下水分扩散试验与理论预测值的比较

对于在温度梯度作用下粮堆中水分的扩散情况，斯波也进行了研究。将 13.44%水分含量的小麦放置在温度分别为 25℃和 35℃的两板之间，7 个月后测定其水分扩散的情况。实践表明，当基本公式进行修正后，根据边界条件就能很好地表达在温度梯度存在下的湿热扩散情况，如图 2-8 所示。

综上所述，粮堆储存中水分转移的现象在储粮实践中具有重要的意义，现已受到人

们普遍重视。因此了解这一物理过程对储粮的安全是必不可少的。归纳起来，有以下几个因素影响水分扩散的。

（1）粮食的含水量。含水量高，饱和水汽分压就高，就容易发生水分转移。

（2）粮堆阻力的大小。水汽的扩散受到粮堆阻力的影响。通常孔隙度大，粮食就易发生水分转移。当然，粮粒的颗粒形态以及杂质含量也会影响这一过程。

（3）温度差别。不同储粮部位的温差越大，水分扩散的速度与数量越大。扩散系数是描述这一速度的物理常数。

（4）粮食吸湿性能大小。水汽的扩散是一粒一粒粮食逐渐进行的，每粒粮食都有一个吸湿和解吸的过程，这样粮食吸湿性的大小就直接影响水分的扩散。这个影响一般以孔隙度来表示。

3. 水分扩散与储粮的关系

储粮工作者应掌握粮食水分的变化过程与规律，以防止水分在某一部位的聚积而使粮食变质，这些均与研究水分扩散的规律密切相关。例如，秋冬交替时粮温较高，特别是热入仓的麦堆，容易产生温差，中、下层粮温高于上层，从而引起冷热空气循环对流，使水分按热流方向移动。这种水分移动长期进行，就会使粮堆上层水分明显增高，形成上层结顶现象，若中、下层粮温低，边、上部粮温高时，则会发生相反的对流现象，使底部粮食水分增高，这种情况常发生于春季。

在储粮实践中，春秋转换季节时，要特别注意水分转移的情况，对于水分很低的粮食也应如此。例如，含水量9.8%的小麦，在20℃的温差下经过两周，较冷部位的小麦水分会增至36.2%，发芽生霉。在机械通风降温、降水过程中也会发生粮食水分转移的情况，甚至发生局部结露导致粮食变质的现象。在粮仓中，阴面墙边、底部和其他部位都有可能由湿热扩散引起水分增高，如不及时观察处理就可能导致储粮变质。因此，要密切注意粮仓中的某些部位，发现问题及时处理，确保储粮安全。

思考题

1. 说明下列术语的意义及其单位：容重、相对密度、孔隙度、静止角、自流角、传导系数、比热、热容量。
2. 简述影响粮堆孔隙度的因素及粮堆孔隙度与粮食储藏之间的关系。
3. 简述粮食散落性与粮食储藏之间的关系。
4. 简述粮食自动分级的类型以及减轻自动分级的方法。
5. 写出导热量的傅里叶方程式，简述影响导热量的因素。
6. 说明导热性和热容量在储藏上的作用。
7. 试述粮食吸附的二氧化碳与粮食中蛋白质所发生的反应。
8. 试以图描述粮食吸湿等温线。
9. 简述吸附滞后现象形成的原因。
10. 一般所说的粮食“结顶”现象是怎样产生的？

第三章　储粮生态系统

➢ **本章内容要点**

1. 掌握“三温”、“三湿”在粮油储藏期间的变化规律及其相互影响。
2. 掌握储粮结露、生虫发热、霉变的类型、特点、对储粮的影响及其防治。
3. 熟悉储粮中的害虫和微生物种类、特点和防治。
4. 熟悉储粮生态系统的组成和特征。

粮食及油料在储藏过程中并非独立存在，而是以储粮形式与其他因素相互作用，形成一个人为的储粮生态系统。20 世纪 70 年代以后，国内外不少学者都把储粮作为一个系统来研究，并形成储粮生态学。

粮堆生态系统是由储粮与环境因素共同构成的。在这一系统中，既有生物成分，又有非生物成分。在储藏过程中，各种成分相互影响和制约，并以不同的规律发生变化，从而导致储粮发生相应的变化，严重时还会造成储粮结露、生虫、发热和霉变。了解这些成分的变化特点和规律，可充分利用其有利作用，实现粮油的安全储藏。

第一节　储粮生态系统的组成与特征

粮食是一个由生物成分和非生物成分组成的有机整体，有其特有的物理特征和生物特性，粮食在储藏过程中所发生的一切变化，都源于并受制于生物和非生物变量因素及其相互作用。因此，从生态学的整体观点出发，研究和了解多变量因素的作用及其相互关系，可为确定储粮技术提供理论依据。

一、储粮生态系统的组成

储粮生态系统是储粮生物群落与其环境之间由复杂的相互作用所联系的、具有能量和物质转化功能的统一整体，它是根据人类需要建成的特殊的人工生态系统。

储粮生态系统是由若干个相互联系的各种成分构成的，根据这些成分的特点和功能，可以把储粮生态系统分成生物成分和非生物成分两大部分。

1. 粮堆生物成分

1）生产者——粮油籽粒

粮粒是构成粮堆的主体，占粮堆总体积的 60%左右。粮粒是活的有机体，储藏中虽处于休眠状态，但新陈代谢并未停止，仍具有一系列生物学特征，其储藏稳定性与其质量有密切关系。粮粒的外壳和皮层都是死细胞，含水量很低，它们包在胚、胚乳的外面，对湿、热、虫、霉等有害因素具有较强的抵御能力，具有保护粮粒内部胚和胚乳组织的作用，有利于粮油的安全储藏。所以，除去皮壳的成品粮比原粮的储藏稳定性差，不耐储藏。

2）分解者——微生物

粮粒的表面和内部都寄附有微生物。每克粮食可能带有几十万至几百万个甚至更多的微生物，主要由霉菌、酵母菌、细菌、放线菌等菌群。其中，对粮油安全储藏和食品营养卫生有直接影响的是霉菌。这是因为霉菌进行生理活动时所需要的温度和水分等条件远比细菌、酵母菌和放线菌低，且与粮堆生态条件相接近。

储粮微生物是粮堆生态系统中的分解者，其生理活动以粮油籽粒为危害对象，将其中的营养物质分解并放出热量，造成粮油干物质损耗，品质劣变甚至带毒，影响粮油的营养品质、工艺品质和种用品质。而且，微生物的生理活动远远高于粮油籽粒本身，其旺盛的代谢产生较多的能量，是储粮发热、霉变及结露的原因之一，严重影响粮油的安全储藏。

3）消费者

（1）储粮害虫。储粮害虫是粮堆生态系统中的“消费者”，在生理活动中蛀食粮油，造成粮油干物质减少和品质劣变；在其取食、呼吸、排泄和变态过程中，还会散发湿热，促使粮堆结露、发热、霉变和粮粒发芽，影响储藏稳定性；同时，虫、螨产生的分泌物以及虫尸、粪便、皮屑等混杂在粮油中，既污染粮油，又促进霉菌滋生繁殖。

（2）鼠、雀。储藏条件较差的仓房中的鼠、雀对粮油储藏的危害相当严重。鼠类不仅吃掉、糟蹋粮油，还能咬坏麻袋和布袋等仓储用具，而且掘洞营巢，破坏仓、厂建筑，排泄粪便，传播虫、霉、病，严重污染粮油。麻雀在粮堆上活动，除啄食粮油、造成损失外，其粪便和羽毛或搭窝时运来的各种物质也会引起储粮污染。

2. 粮堆非生物成分

粮堆非生物成分包括温度、水分（湿度）、气体成分、杂质、地理位置、围护结构和堆积方式等。在这些因素中，如果有一种成分发生异常变化，就会影响粮堆中生物体的生理活动。有效地控制这些因素，对提高粮油储藏稳定性具有重要意义。

1）温度

温度是影响粮堆生物体生理活动的一个重要因素。粮油籽粒、储粮害虫、微生物等生物成分的生长、发育和代谢都是在一定的温度范围内进行的。霉菌在0℃以下，螨类在5℃以下，仓虫在15℃以下，其生理活动才能被抑制。对于处于强迫休眠状态的粮油来说，较高的温度同样会加速其自身的呼吸代谢，分解其储存的营养物质，并使其品质发生劣变。相反，较低的温度可延缓粮油的陈化速度，维持其正常的品质和新鲜度。因此，低温储粮就是通过机械作用制冷及通风获得低温，抑制粮油籽粒、储粮害虫和微生物等生物体的生理活动，减少储粮损耗，保持储粮品质。

2）水分（湿度）

水分是一切生物体的重要组成成分之一，也是一切生化反应的介质，生物体的生理代谢活动必须在水的参与下才能进行。特别是微生物在高湿环境中能迅速生长繁殖，很快会导致粮油发热、霉变。对于粮油而言，其含水量超过临界水分，呼吸增强所产生的水分及热量将会严重威胁储粮安全。粮油含水分量低对安全储藏有利，因此，常规储粮就是通过控制储粮水分来实现粮油的安全储藏的。

一般来说，粮食水分在13%以下，油料在8%～9%以下，能抑制大部分微生物和螨类的生长发育。若水分超过这一限度，就要通过低温或低氧（高二氧化碳）来控制微生物的繁殖。粮食水分为10%以下，大部分仓虫不能完成其正常的生理活动，但入仓粮油水分一般很难控制在10%以下，因此，仓储工作中必须通过低温或低氧（或高二氧化碳）来达到储粮防虫的目的。

在粮堆生态系统中，粮油含水量和粮堆空隙中的空气湿度相平衡。粮堆湿度越大，粮油含水量则越高，反之，粮油含水量则越低。因此，利用机械通风使仓房、粮堆内外的空气发生对流和交换，借以改变粮堆内空气的温度和湿度，达到降温和降水的目的。

3）气体成分

由于生物成分的呼吸作用或人工气调作用，粮堆内的气体成分与一般空气不同，而且直接影响粮堆内部的一切生理、生化变化。低氧、高二氧化碳将大大降低粮油、储粮害虫和微生物等生物成分的生理代谢活动，延缓粮油品质劣变，减少储粮损耗。这是因为粮堆内氧气消耗或者二氧化碳积累达到一定程度时，对粮堆内粮油籽粒、储粮害虫和微生物等各种生物成分的生理活动都有抑制作用，对保持储粮品质十分有利。但在一般储藏情况下，仓房围护结构的气密性有限，粮堆内外气体不断地进行交换，氧浓度的降低和二氧化碳的积累，并不能达到抑制粮堆内生物体生理活动的程度。只有在粮堆完全处于密封状态下，才能保持高浓度的二氧化碳和低浓度的氧。所以提高仓房密封度，进行人工气调或脱氧剂降氧，改变粮堆中氮气、氧气和二氧化碳的比例，在粮堆中形成不利于生物体生理活动的气体环境，可以达到防治害虫、抑制虫霉繁殖、保持储粮品质的目的，实现粮油的安全储藏。这就是气调储粮的基本原理。

4）杂质

粮堆中的杂质分为无机杂质（砂、石、泥土、煤渣、砖瓦块等）和有机杂质（植物的根、茎、叶等）。一般来说，无机杂质会堵塞粮堆空隙，影响粮堆湿热散发，为虫霉滋生繁殖提供有利条件。有机杂质吸湿性强，原始水分高，带菌量大，生理活动旺盛，在储藏中能将水分转移给粮食，增加粮油的水分含量，而且呼吸量大，会增加粮堆湿热。由于杂质的存在，会降低粮油的储藏稳定性。因此，在仓储工作中，粮油入仓前要清理杂质，提高入仓粮质。

5）仓房地理位置、围护结构和粮油堆积方式

仓房地理位置、围护结构和粮油堆积方式也影响粮堆生态系统的稳定性。不同区域的仓房具有不同的环境温湿度，对粮堆生物体生理活动的影响也不同。仓房的围护结构和粮油的堆积方式不同，粮堆保持温湿度就不同，粮堆生物成分的生理代谢活动也不同。因此，粮油入仓前，要选择具有良好的通风、密闭隔热和防潮性能的仓房，并在仓储工作中合理地堆放好粮油，提高粮堆生态系统的稳定性。

二、储粮生态系统的基本特征

储粮生态系统在组成、结构和功能上具有自然生态系统的某些特征，但在很大程度上也受到人类活动的影响。因此，除生物和非生物要素之外，还包括人类生产要素，这些要素是通过一定的储藏技术，使系统内的能量流动和物质转化控制在符合人类要求的基础之上，从而形成一个特定的整体。

1. 粮堆是一个人工生态系统

人类将粮食存储于一定的围护结构内，自觉或不自觉（不自愿）地把一些其他生物类群和杂质也带到了这个有限的空间中，形成粮食储藏生态系统。该系统时刻受到外界生物类群的侵染和不良气候因子的影响。粮食储藏生态系统中各非生物组分间相互作用、相互影响，又作为整体作用于系统中的生物因素，如昆虫、真菌、细菌和放线菌等，与此同时生物因素（种群和群落）同样作为整体影响周围环境。在粮堆中进化越低的生物，维持其生命活动所需要的温度范围就越宽。多种虫霉需要的温湿度范围明显交叠，特别是在20～30℃范围内，常同时发生和相互起作用，引起粮食变质。粮堆中的昆虫、螨类的种内和种间也是相互竞争的。它们通过对食物和环境的要求，在长期发展中形成一种物质循环和能量转化关系的群落，各个种在个体数量上相互制约，保持一定数量的比例关系。但随着储粮技术的发展，今天人类已经能够对该系统实现有效控制，无论是生物群落还是环境因子都是可控的。例如，人们可以通过气调储藏改变粮堆内气体组成，低温储藏调节温湿度，对粮堆中的有害生物进行人为地控制，这是粮食储藏生态系统的一个显著特点，也是区别自然生态系统的一个重要标志。

2. 没有真正的生产者

粮食储藏生态系统中的生物群落包括粮食、昆虫、螨类、微生物（有时包括鼠、雀）。其中粮食是粮堆生物群落的主体，它已完成营养制造和能量固定的光合作用，在储藏过程中只能被动地受消费者及分解者的消耗，同时为了维持自身生理活动还必须自我供应，营养物质只减不增，是一个有限资源。在粮食储藏生态系统中，粮食之所以被称为“生产者”，因为它们是食物链中第一个营养级，是粮堆中一切生物能量和物质的源泉。但这个“生产者”是不生产的“生产者”，只能是物质和能量的存储者。由此可见粮食储藏生态系统中没有真正的生产者。

3. 不平衡的生态系统

粮食储藏生态系统，并不是一个自然的生态系统，而是一个人工的生态系统。这个生态系统受到人为活动的强烈干扰，在一般情况下处于非生态学稳定状态。消费者的多种层次均处于抑制状态，分解者也同样处于不活动状态。更由于粮食本身的休眠，造成系统本身很少有自我调节和补偿能力（物质循环），整个系统的热焓始终保持下降趋势。一旦压抑消费者的环境因子失控而变得对它们有利，就会很快引起一级消费者（储粮微生物或植食性储粮虫、螨）生物量急剧增加，加速该系统热的散失。通过控制环境条件，使粮食储藏生态系统处于非生态学稳定状态，是粮食安全储藏的根本。

4. 属于未成熟的生态系统

按照 F. Marglef（1958 年）制定的标准，与成熟生态系统比较，粮食储藏生态系统受环境干扰大，生物量小，种群层次有限（种群营养水平一般只处于两个层次，一级是粮食；另一级是植食性虫、螨和微生物，只在管理粗放的粮堆中才能发现食菌性虫、寄生虫等）。食物链短，食物网不复杂，个体或物种的波动大，生活循环简单，个体寿命短，种群控制以非生物为主，故粮堆属于未成熟的生态系统。

第二节　储粮生态系统的变化

粮食及油料在储藏过程中并非独立存在，而是以粮堆形式与其他因素相互作用，形成一个人为的储藏生态系统。掌握影响储粮稳定性的温度、湿度、气体成分等环境因子的变化规律，通过对一些生态因子的分析，加强储粮的生态学控制，改变传统的有虫杀虫、有霉抑霉、发热降温的简单直线思维，适时掌握粮情，采取正确有效的储藏措施，真正实现对储粮的综合及协调管理，把储藏粮食及油料的近期效益、社会效益与长远效益兼顾起来，对为人类提供较少损失、较高品质的符合卫生标准的食品原料，保证储藏粮油的数量和质量，确保粮油安全储藏具有重要意义。

一、温度变化

温度是储粮的重要生态因子，没有一种生物能完全不受外界温度的影响，粮食及油料更是如此。在储粮生态系统中，地上仓温度主要受大气温度的影响，而地下仓则主要受地温变化的影响。但无论地上仓或地下仓，其温度都受储粮生物群落生命活动的影响。

1. 影响储粮生态系统温度的因素

1）外界温度

外界温度是指太阳的直接辐射、大气温度和地温。

（1）太阳辐射。太阳辐射直射储粮围护结构，引起围护结构表层升温。围护结构的热能一部分返回大气，一部分以传导的方式透过围护结构，再以辐射的方式向储粮内部传入。大部分热能又会被仓内空间吸收或散射，引起仓温升高，这部分能量以对流方式进入粮堆内。

（2）外界热能的传导与对流。大气吸收太阳能，使得空气运动加速，与围护结构发生碰撞，引起外层结构升温，当仓温或粮温较低时，就向里传导热能，引起仓温或粮温升高，另外，热空气可通过门窗及其洞、缝，以较快的速度对流。

（3）地坪传导。地坪可直接传导热量进入围护结构或储粮，但一般对地上仓影响较小，主要是影响地下仓。

2）生物群落的呼吸作用

生物群落的呼吸作用是影响粮温的一个重要因素，如粮食的呼吸作用，有害生物、害虫和微生物等的呼吸作用。

2. 粮堆温度变化规律

在粮油储藏中，温度的概念包括气温、仓温和粮温，即大气温度、仓内温度、粮堆温度，通常称为“三温”。粮堆变化是粮堆热量变化的具体反映，是显示粮油储藏稳定状态的主要指标之一。在粮食干燥无虫的情况下，粮堆生物体的活动极其微弱，所产生的热量对粮温变化无显著影响，因此正常的粮温是随着外界温度的变化而变化的，气温变化影响仓温，仓温变化影响粮温。了解和掌握这一变化规律，有助于判断储粮的稳定状态。

粮堆中温度的变化情况比较复杂，但有一定的周期性变化规律。

1）气温变化

气温在一昼夜之间发生的变化称为日变，正常情况下，日变的最高值发生在午后 2 时前后，最低值发生于日出之前；一昼夜间气温最高值与最低值之差，称为气温的日变振幅。

气温在一年各月间发生的变化称为年变，年变的最高月份通常发生在 7～8 月间，最低月份发生在 1～2 月间。最热月份的平均气温与最冷月份的平均气温之差，称为年变振幅。气温高低取决于地理位置，不同纬度地区的温度年变化不尽相同。

2）仓温变化

仓温变化主要受气温的影响，也有日变和年变。仓温日变的最高值与最低值通常较气温日变的最高值与最低值迟 1～2h；在一年中，气温上升季节，仓温低于气温，气温下降季节，仓温高于气温。

仓温变化的日变振幅与年变振幅通常较气温的变化振幅小，而仓温最高值低于气温的最高值，仓温的最低值高于气温的最低值。在空仓或在包装储藏的仓库中，仓温高低有分层现象，上部仓温较高，下部仓温较低。

仓温的变化受围护结构即仓房的隔热性能的影响。一般铁皮仓、木板仓受外界温度影响较大；砖木结构、水泥仓受外界温度影响较小。在高温季节，外墙与仓顶刷白的仓房，仓温要比未刷白的低 2～3℃；仓内吊顶的要比未吊顶的低 3～5℃。

3）粮温变化

粮食是热的不良导体，粮堆中空气的自然对流又很微弱，因此，粮温的变化尽管也受外温影响，但有其特殊的规律。粮温受气温的影响是由表及里、从外到内、逐步而缓慢地向纵深发展的，因此，正常的粮温变化远远滞后于气温和仓温变化。

（1）粮温的日变化。粮温的日变化也有最低值和最高值，其出现的时间比仓温最低值和最高值的出现迟 1～2h。通常能观察到的粮温日变化的部位仅限于粮堆表层至 30cm 深处；再深处粮温的变化即不明显。一般情况下，粮堆表面以下 15cm 处，日变化为 0.5～1℃。早晨 8 时左右粮温与气温比较接近，适合于粮食入仓。

（2）粮温的年变化。粮温的年变化是明显的，它随气温的变化而变化，但迟于气温变化，即在气温上升季节，粮温逐渐上升，但低于气温；在气温下降季节，粮温也逐渐下降，但高于气温。一般粮温年变的最低值与最高值的发生较气温年变的最低值和最高值推迟 1～2 个月，地下仓可能迟 2～3 个月。粮温最高值出现在 8～9 月，最低值出现于 2～3 月。3 月以后开始升温，9 月以后则开始降温。

可见，在某一地区，气温、仓温、表层粮温都呈现一种周期性日、年变化规律，有时，周期性不很规则。常见的“三温”日变化曲线如图 3-1 所示，常见的“三温”年变化曲线如图 3-2 所示。

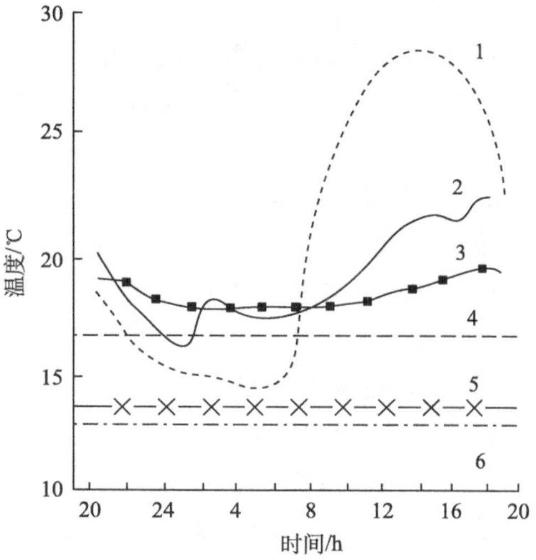

图 3-1　“三温”日变化曲线

1. 气温；2. 仓温；3. 距粮面 16cm 粮温；4. 距粮面 35cm 粮温；5. 距粮面 110cm 粮温；6. 距仓底 35cm 粮温

3. 影响粮温变化的因素

粮温变化除主要受气温、仓温的影响外，还受储粮围护结构、堆装形式、仓内所处位置、粮堆生物体呼吸、入仓时原始粮温等多种因素的影响。因此，实际粮温的变化情况非常复杂，应针对不同情况具体分析。

1）储粮围护结构

在储粮生态体系中，由于围护结构不同，粮温受外界环境温度的影响也不同。围护结构越大，越严密，导热性能越差，粮温受外温的影响就越小；相反就越大。例如，在春季砖石结构的高大房式仓，比矮小的土圆仓、简易仓、钢板结构分体立筒仓的粮温升高得慢；在夏季后者粮温要比前者高得多；但在冬季前者在粮堆的个别部位可能残留高温，使虫、霉延续繁殖为害。

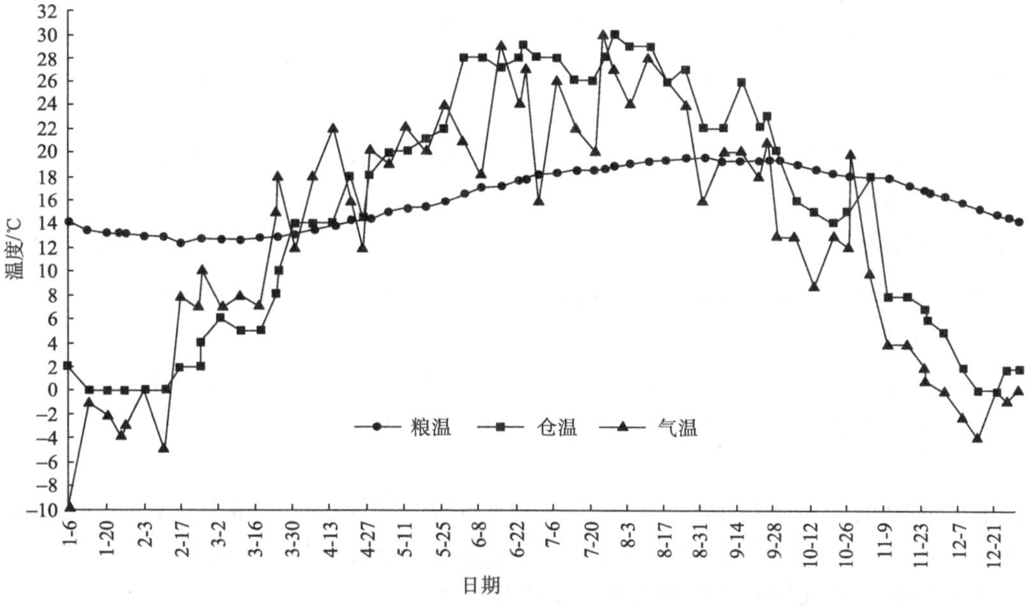

图 3-2　“三温”年变化曲线

2）堆装形式

粮油的堆装形式对粮温的变化也有影响，常见的有包装和散装两种。包装粮堆空隙大，空气流通好，受外温影响较大。据试验结果显示，春、秋两季包装粮温每旬可升降4～5℃。而散装粮由于空隙小，粮温变化较缓慢。

3）仓内所处位置

粮温高低还与其在仓内所处位置有关。一般是南向较高，北向较低，顺序就是南、东、西、北依次降低，有时可差2～4℃。此外，粮堆表层、边缘的粮温比粮堆中心、底层的粮温受外温影响较大。

4）粮堆生物体呼吸

在粮堆中，由于微生物、粮粒、昆虫、螨类等生物成分的呼吸作用，将消耗干物质，并向粮堆释放热能。呼吸作用的强弱、释放能量的多少又受粮油含水量、气体成分、粮质等条件的制约。在一般情况下，生物体呼吸释放的热能较少，并通过传递向粮堆外散发后，对粮温几乎无影响。但在非正常情况下，生物成分旺盛的呼吸作用向粮堆释放大量热能，不能及时散发而聚积使粮温升高，从而导致储粮"发热"。

5）入仓原始粮温

入仓时粮油的原始温度不同，在形成粮堆时将具有不同的粮温。例如，早、中稻入仓时正值夏季高温，原始粮温高，而晚稻收获时在秋末冬初，气温低，原始粮温低，所以早、中稻粮温比晚稻高。此外，热机米或烘干未经冷却的粮食入仓时，其温度变化极不规则，一般都有较高的粮温。

二、湿度变化

由于粮食平衡水分的关系，仓内及粮堆孔隙中空气湿度对粮食水分的影响很大。空气湿度影响仓内湿度，仓内湿度影响粮堆湿度，空气湿度、仓内湿度、粮堆空隙中空气湿度和粮食含水量的大小决定着粮食水分的变化。

粮食入仓后的水分变化，除了仓房漏雨及仓墙、地坪渗漏等原因外，都是空气湿度的变化引起的。

1. 湿度的概念

湿度是指空气中水汽的含量。湿度的表示方法有绝对湿度和相对湿度两种。

1）绝对湿度

绝对湿度是指每立方米空气中实际含有水汽量，用"ρ_s"表示，单位为g/m^3。空气中水汽含量越多，水汽压力就越大，所以绝对湿度也可以用水汽压力表示，单位是Pa。

在一定温度下，每立方米空气中所能容纳的最大限度水汽量称饱和湿度，也称饱和水汽量，用"ρ_b"表示。空气中能容纳水汽量的能力随温度升高而增加。

不同温度下空气饱和水汽量与饱和水汽压见表3-1。

表 3-1 空气饱和水汽量与饱和水汽压

温度/℃	饱和水汽压/Pa	饱和水汽量/(g/m³)	温度/℃	饱和水汽压/Pa	饱和水汽量/(g/m³)	温度/℃	饱和水汽压/Pa	饱和水汽量/(g/m³)
−20	104	1.078	4	813	6.330	28	3784	26.981
−19	113	1.170	5	872	6.761	29	4010	28.447
−18	127	1.269	6	935	7.219	30	4248	30.036
−17	139	1.375	7	1001	7.703	31	4498	31.702
−16	152	1.489	8	1073	8.215	32	4760	33.446
−15	167	1.611	9	1148	8.857	33	5037	35.272
−14	183	1.882	10	1228	9.329	34	5326	37.183
−13	200	1.942	11	1313	9.934	35	5630	39.183
−12	219	2.032	12	1403	10.574	36	5949	41.274
−11	240	2.192	13	1499	11.249	37	5284	43.461
−10	261	2.363	14	1599	11.961	38	6634	45.746
−9	285	2.548	15	1705	12.712	39	7001	48.133
−8	312	2.741	16	1819	13.504	40	7386	50.625
−7	340	2.949	17	1939	14.338	41	7778	53.800
−6	371	3.171	18	2065	15.217	42	8199	56.700
−5	403	3.407	19	2198	16.143	43	8639	59.300
−4	439	3.658	20	2340	17.117	44	9101	62.300
−3	477	3.926	21	2474	18.142	45	9583	65.400
−2	519	4.211	22	2645	19.220	46	10085	68.800
−1	563	4.513	23	2812	20.353	47	10612	72.200
0	611	4.835	24	2986	21.554	48	11160	75.700
1	656	5.176	25	3170	22.795	49	11735	79.400
2	705	5.538	26	3356	24.108	50	12334	83.200
3	757	5.922	27	3569	25.486	100	101325	597.400

2）相对湿度

仓储管理中所用的湿度一般指的是相对湿度。

相对湿度是指一定压力条件下，每立方米空气中实际水汽量（绝对湿度）与同温度下饱和水汽量（饱和湿度）的百分比，通常用 RH 表示。

$$RH\% = \frac{\rho_s}{\rho_b} \times 100 \tag{3-1}$$

式中：ρ_s——某温度下空气的绝对湿度，g/m³；

ρ_b——同温度下空气的饱和湿度，g/m³。

相对湿度反映了空气中实际含有的水汽接近饱和状态的程度，因此相对湿度可直接表示空气的干湿程度。在一定温度下，空气中实际含水汽量越大，相对湿度就越大；而在空气中实际含水量相同的情况下，温度越高，相对湿度越低。

空气中水汽的存在一定程度上影响库内的粮食。空气的湿度超过粮食水汽分压时，粮食就开始吸湿，平衡水分增加。当温度不变时，湿度越大，粮食的平衡水分也就越大。反之，当空气中的湿度低于粮食表面的水汽分压时，粮食就开始解吸，平衡水分减少。因此粮食的水分就随着空气湿度而变化。在一年内，空气的湿度随着季节而改变，因此粮食平衡水分在一年内的变化也呈现一定的规律性。

2. 湿度的变化规律

和温度相似，湿度也有“三湿”之称，即大气湿度（气湿）、仓内湿度（仓湿）和粮堆空隙中空气湿度（粮湿）。

1）气湿变化

气湿变化也有日变和年变之分。因为相对湿度与温度成反相关性，所以气湿的日变与气温日变相反，即在一昼夜中日出之前气湿最高，午后2时前后达最低值。气湿日变还与天气、季节变化有关；气湿的年变，一般最热月湿度最低，最冷月湿度最高。但在浙江等沿海省份，夏季受海洋季风的影响，湿度高于冬季，特别是4～6月梅雨季节，是高温高湿季节，而冬季由于受西北地区干冷空气影响，则属于低温低湿季节。

2）仓湿变化

仓湿变化与气湿的变化规律基本一致，只是一日中比气湿变化的时间略迟，变幅也小。但仓湿的变化并不完全取决于气湿变化，在密闭性能较好的仓房内，仓湿变化受仓温变化、储粮含水量大小及仓房防潮隔热性能的影响较大。

3）粮湿变化

粮湿除表层受气湿变化的影响外，粮堆内部的湿度变化在静止状态下受粮温和储粮水分的支配，在空气流动状态下则受空气对流和湿热扩散的影响。在粮堆内部一般以低温部位及高水分部位湿度最大。粮堆中湿度变化与水分变化规律基本一致。

三、粮油水分变化

1. 粮食水分

粮食中的水分，根据其存在的状态、性质及其与粮油结合的程度，一般可分为游离水和结合水两种。

通常所说粮油含水量是指粮粒中所含游离水和结合水之和。结合水与自由水之间并没有明显的分界线，从结合水到自由水是逐渐过渡的。经过充分干燥后的粮油一般只含有结合水，储藏很稳定。一般谷类粮食（稻谷、小麦、高粱、玉米等）水分增加到14％～15％后，开始出现游离水，储藏稳定性下降。

粮油水分含量通常有湿基和干基两种表示方法。湿基水分是指粮油中水分含量与其样品总质量的百分比。干基水分则是指粮油中水分含量与样品中所含干物质质量的百分比。仓储业务上常用湿基表示水分含量，而在科学研究中一般用干基表示水分含量。一般所说粮油含水量，如果不特别说明，都是指湿基水分。

2. 安全水分与水分活度

1）安全水分

在一定的温度条件下，可以保持储存粮油安全过夏的水分称为粮油安全水分。安全水分与温度有关，各地温度不同，安全水分标准也不同，所以又称相对安全水分。

在储粮实践中，安全水分具有重要意义。当粮油含水量高于安全水分时，粮油的生命活动即显著趋向旺盛，含水量只有控制在安全范围以内，粮油才可安全储藏。根据粮油含水量、环境温度和粮油储藏的关系，储粮可分为安全粮、半安全粮和危险粮等不同等级。安全粮是指含水量在当地安全水分标准以内，在正常保管条件下可安全过夏的粮油。因各地温度不同，各种粮油的安全水分标准由各省（市）、自治区粮食部门根据当地气候条件确定。半安全粮是指含水量略高于安全粮，能在气温较低季节短期储藏，而不能在当地安全过夏的粮油。危险粮是指含水量高于半安全粮，极易发热、霉变的粮油。

油料的安全水分比禾谷类粮食低，这是因为油料中的脂肪是疏水性物质，水分主要集中于亲水物质部分，若除去脂肪含量，以亲水物质部分与禾谷类比较，其安全水分数值与禾谷类大致相似。所以，油料的安全水分随脂肪含量的多少而不同，脂肪含量越多，安全水分就越小。

2）水分活度

水分活度是指在一定温度条件下，粮油所含水分产生的水蒸气压力与同温度下饱和蒸气压的比值，用符号 A_{ω} 表示。

水分活度在粮油储藏上具有重要意义。通过水分活度来评定粮油储藏的稳定性，比粮油含水量更能反映粮油安全储藏的真实状态。因为，粮油含水量大小并不能完全反映微生物等生物成分可利用水分的程度。例如，有些粮油含水量虽然低，但亲水胶体物质含量少，游离水所占比例多，储藏时就容易发热、霉变，但有些水分含量高的粮油，亲水胶体物质含量也多，强烈地吸附水分子，生物体可利用的游离水并不多，储藏就很稳定。而水分活度可以直接表明粮油中生物体代谢可利用水的多少，各种粮油的水分含量虽然不同，但水分活度只要控制在一定范围内，都可安全储藏。一般来说，水分活度控制在 0.65～0.70 时，即使在适宜的温度条件下，微生物等生物体的生命活动也会受到抑制，就能达到保管好粮油、防止品质劣变的目的。

3. 粮堆水分变化规律

粮堆中的水分处在不断变化之中。引起粮堆水分变化的主要原因：一是通过吸湿或散湿与仓湿、气湿进行水分交换；二是粮油、微生物等生物性成分的代谢活动产生水汽使粮油水分发生变化。变化的结果是导致粮堆水分分布的不均匀。

1）粮堆表层水分变化

粮堆表层水分的变化是按照吸湿平衡规律进行的，受气湿和仓湿的影响。当仓湿高于粮食平衡水分时，粮油将吸湿而增加水分，反之则散湿而降低水分。据此，当外界气湿大于储粮含水量的平衡水分时，就需做好仓房的密闭工作，以防储粮水分增加；当外界气湿小于储粮含水量的平衡湿度时，可进行通风散湿，以降低储粮水分。

在一天当中，粮堆表层 5cm 深处的粮油水分，一般是日间温度高，湿度低，水分下降；夜间温度低，湿度高，水分上升。在一年中，粮堆表层 20～30cm 深处的粮油水分因地区不同，随气湿的年变化而变化。在沿海地区，夏季为高温高湿天气，储粮吸湿增水；而冬季属低温低湿天气，储粮散湿降水。粮堆水分年变除受气湿、仓湿影响外，中、下层水分变化很微弱。

2）空气对流引起的水分变化

空气对流运动的结果，常常将水分从粮堆的一个部位带向另一个部位或者引起粮堆内外水分交换。

由温差引起的热力对流，能使高温部位的水汽向低温部位转移，使低温部位的粮油水分增加。例如，秋冬交替季节粮温较气温、仓温高，特别是热进仓的夏粮，容易发生温差，中、下层粮温高于上层，形成热核心粮气流，当粮堆内热空气上升遇冷的粮面就会使粮堆上层水分明显增加，形成结顶现象；若中、下层粮温低，边、上部粮温高时形成冷核心粮气流，则会发生相反的对流现象，使底部储粮水分增高，这种现象多发生于春季。实践中，在季节转换时期要特别注意水分转移、变化情况。

粮堆外围环境风压引起的动力对流也能使储粮水分发生变化。机械通风降水，其实质就是以空气为载体，将粮堆内水汽不断地引向粮堆外的过程。

3）湿热扩散引起的水分变化

储粮水分按热传递方向而移动的现象称湿热扩散，也称水分热扩散。湿热扩散是造成粮堆内水分转移和局部水分增高的又一重要原因。粮温高的部位空气中实际含水量多，水汽压力大，而低温部位的水汽压力小。水汽压力大的高温部位的水汽分子总是向水汽压力小的低温部位扩散移动，结果导致低温部位储粮水分增加。

湿热扩散造成的局部水分增高，常发生在阴冷的墙边和粮堆底部。粮堆内温差越大，持续时间越长，湿热扩散就越严重。

4）水分再分配引起的水分变化

储粮通过吸湿、散湿作用，使原有水分发生转移的现象称为水分再分配。水分再分配的实质是在吸湿与散湿作用基础上发生的一种吸湿平衡现象。当含水量不同的粮油混堆在一起时，水分含量较高的粮油通过散湿作用而使水分降低，并在粮堆空隙内形成较高的湿度；而水分含量较低的粮油则通过吸湿作用增加水分，这就是储粮必须要干湿分开的原因。

影响水分再分配速度的主要因素是温度。温度越高，再分配的速度越快。

5）粮堆生物成分代谢活动引起的储粮水分增加

粮堆中的生物成分包括粮粒本身、微生物、昆虫、螨类等。这些生物成分的生命活动能产生新的水分和热能，特别是旺盛的代谢活动常产生大量的湿、热，导致粮堆局部水分增加，粮温增高，继而又促进生物体更加旺盛的代谢活动，形成恶性循环，如不及时发现与处理，最终必将导致全仓发热、霉变。

4. 粮食水分与粮食储藏的关系

粮食水分对整个储粮生物群落的演替有着非常重要的作用。当粮食水分较低时，粮食和微生物的生命活动受到抑制，籽粒或粉粒的活细胞处于长期休眠状态，而储粮真菌及细菌等在粮食水分不能保证其发育所需的最低水分活度时，也只能处于休眠状态；粮食水分一旦增加到适宜水平，微生物就会很快发展起来，造成严重的粮食霉变。一般低水分粮所决定的干燥环境虽不可能完全避免虫、螨的活动，但会有一部分种类因不适于干燥条件，生理平衡遭到破坏而无法生存。即使能够生存的种群，也会由于“缺水”，在繁殖方面有所降低，种群很难发展，整个系统处于极度不稳定状态。任何形式的增水或加湿，都可能会在短时间内引起有害生物种群的暴发。严格控制粮食水分变化是安全储粮的重要措施之一。

5. 粮食水分变化的观测

粮食水分较早发生变化或易受外界影响的是储粮的外围部位。较早察觉储粮水分的增加对安全储粮有重要意义。一般现在要求对粮食实行“一、三、七检查制度”，即安全粮 7d 检查 1 次粮情（安全水分以下），半安全粮（超过安全水分 0.5%）3d 检查 1 次，而对于危险粮（超过安全水分 1%以上），1d 检查 1 次粮情。一般考察指标包括以下几点。

（1）观察粮食的色泽、气味判断粮食水分的变化。该方法简单、易行，但需要经验。

（2）根据粮食静止角判断其水分的变化。

（3）直接测定粮食水分。该方法准确，但费时。

四、粮堆气体成分变化

1. 空气组成成分

在自然界中，除水汽外，干燥空气的组成成分比较稳定，按体积百分比计算，一般含氮（N_2）78.09%、氧（O_2）20.95%、氩（Ar）0.93%、二氧化碳（CO_2）0.03%，以及微量的氦（He）、氖（Ne）、氪（Kr）、氢（H_2）等。其中氧和二氧化碳的存在及其含量变化，对生物有机体的生命活动有着重要影响。

在大气层中，随着海拔高度的增加，空气越来越稀薄，空气中各种组分，特别是氧气的含量逐渐减少。大气压力降低和氧含量的减少，对储粮生态体系中的昆虫和螨类有不同影响。调查表明，西藏高原的昆虫区系不同于内地，主要虫种有所不同，而螨类的发生情况却与内地相似。

2. 粮堆气体成分的变化规律

粮堆孔隙中的空气组成与正常空气有所不同。在粮堆内，没有光合作用产生氧，也没有对二氧化碳的消耗利用；相反，粮堆内各种生物成分的生理代谢活动需要消耗氧并产生二氧化碳，所以其气体成分变化的趋势是氧浓度逐渐降低，而二氧化碳浓度却逐渐升高。但由于粮堆围护结构的气密性往往不够理想，粮堆内外的气体交换不断地在进行着，使得氧浓度的降低和二氧化碳的积累并不如人们想象的这么严重。只有当粮堆完全处于密封状态时，才能保持高浓度的二氧化碳和低浓度的氧气。

由于二氧化碳气体的密度大于氧气的密度，因此在密封粮堆内，从上到下氧浓度逐渐降低，而二氧化碳浓度则逐渐升高，形成了两个不同的浓度梯度。

粮堆气体成分的变化除与粮堆围护结构的气密性有关外，还受粮温、储粮水分、粮食种类和储粮中其他生物生命活动的影响。

粮堆气体成分测定的方法很多，除可采用快速测氧仪和二氧化碳测定仪外，目前应用最广泛的是奥氏气体分析仪，可用其测定氧气、二氧化碳及一氧化碳等，其特点是准确度较高。

粮堆中的气体成分对粮食呼吸作用有很大影响。氧气充足时，粮食进行有氧呼吸，氧气浓度降低时，有氧呼吸作用减弱，无氧呼吸加强。含水量在安全水分以下的粮食，其呼吸强度较低，缺氧储藏对呼吸有抑制作用，能减少干物质的损耗，防止脂肪氧化及酸度增加。对于含水量较高的粮食，缺氧会导致无氧呼吸作用加强，消耗大量有机物质，积累有毒中间代谢产物，引起种子死亡。二氧化碳气体和氮气对粮食的呼吸作用也有影响，粮堆中二氧化碳和氮气的浓度增加到一定程度时，对粮食的呼吸有明显的抑制作用。粮堆中气体成分的改变（主要是降低氧的浓度，增加二氧化碳和氮的浓度）对于防治仓库害虫、抑制储粮微生物都有很大的作用。在生产实践中，气调储藏已成为保证储粮安全的一个重要手段。

五、储粮生态系统内生物群落的变化

1. 粮食及油料

粮食及油料是最基本的生物因子，因此粮食及油料籽粒的活动对储粮生态系统具有重要的影响。作为“生产者”，其生理活动水平直接关系到粮食及油料储藏稳定性及品质。粮食及油料的变化主要表现在呼吸作用、后熟作用及活力，对储粮的影响第一章中已讲过。

2. 有害生物

储粮生态系统内的有害生物主要是微生物、螨类和仓库昆虫。粮油的品质在储藏过程中直接受这些有害生物的影响。有害生物的活动又同时受水分、温度和气体三要素的影响。

1）水分

水分是一切生物的主要组成部分，一般微生物细胞含水 80%～90%，害虫含水在 46%～92%。水分又是一切生理活动不可缺少的介质。

（1）粮食含水量在 13%以下，可以抑制大部分微生物的生长和发育。

（2）螨类是恶干、喜湿、怕高温、耐低温的动物，粮食水分对螨类的影响比温度更重要。

（3）粮食含水量低于 10%，一般储粮害虫难以发育。但禾谷类粮食安全水分为 13%左右，因为水分太低对粮食工艺及食用品质并无裨益。同时用过度降低粮食水分的办法抑制害虫生长没有实际意义。

2）温度

（1）温度对微生物的影响。对储粮危害最大的储藏真菌是曲霉属和青霉属。这些真菌生长的最适温度一般为 20～40℃。依靠温度单因子完全控制储藏真菌在储粮生态系统中的生长发育，需要在 0℃以下，在实践中很难做到。所以防止微生物的危害需要同时控制水分。

（2）多数螨类在 5℃以下才停止蔓延生长，所以控制螨类生长，低水分较低温更有效。但储粮螨类不耐高温，在 42℃时几乎难以生存。

（3）温度对储粮害虫的影响。昆虫是变温动物，大多数储粮害虫最适生长温度范围为25～35℃，最低生长温度为10～25℃，同时储粮害虫发育还必须具备一定的有效积温。所以利用低温抑制储粮害虫是一种有效的手段。

3）气体成分

（1）防治储粮害虫。储粮环境的气体成分是影响储粮害虫生命活动的决定因素。因为害虫是需氧动物，低氧使其呼吸代谢受阻。当氧浓度含量在2%以下，储粮害虫就能致死。

（2）抑制霉菌生长和繁育。导致储粮发热霉变的霉菌绝大多数是好气性微生物，氧气浓度对霉菌的代谢活动有明显的影响。实验表明，当粮堆氧浓度下降到2%以下时，对大多数好气性霉菌具有显著的抑制作用，此外，高浓度二氧化碳还可以防止霉菌产生毒素。

第三节　储粮生态系统的控制与人工调节

粮堆中各种生物体对环境条件的敏感性，总的趋势是一致的。因此，调节储粮生态系统环境因子，阻碍能流，以求打破有害生物在储粮生态系统中的生态平衡，是制定储粮措施的理论依据，同时也是为了避免粮堆结露、粮食发热霉变，达到综合治理之目的。

一、储粮结露

粮油在储藏过程中，由于季节转换、季风等影响，引起粮堆温度、湿度的变化和粮堆内外水分转移，粮堆内常常会出现结露现象。结露现象造成粮堆局部水分增高，严重影响粮油的安全储藏。

1. 结露概述

1）储粮结露的概念

粮堆结露是指粮堆内空气中的未饱和水汽，当温度下降到某一数值时变成饱和水汽，开始在粮堆某一部位凝结成液体水的现象。开始结露时的温度称为露点温度，简称露点。

储粮在某一状态下的温度与露点温度之差，称为结露温差，结露温差越小，越容易发生结露。

2）储粮结露的原因

引起结露的主要原因是温差，并达到露点。温差越大，结露越严重。另外，储粮水分越大，或空气中含水量越多，露点与当时气温越接近时，越容易使水汽达到饱和，就越容易发生结露现象。

当粮堆内或外界湿热空气遇到冷的粮面时，水汽就容易在粮粒表面凝结成水，形成粮堆结露。粮堆结露一般发生在季节转换时期，或气温骤升、骤降之时，以及粮温变化较大的时候。在梅雨季节，空气湿度较大时，也易产生结露。

粮堆结露使储粮水分增高，粮油本身及微生物的生理代谢活动加强，很容易引起储粮发热、霉变，甚至发芽，对粮油储藏稳定性有着严重的影响。

2. 粮堆结露的类型

1）表层结露

表层结露一般发生在季节转换时期，多发生在 11 月前后。在秋冬季节，气温下降很快，仓温和粮堆表层温度形成温差，储粮内部的热空气向表层粮面扩散，使表层结露。结露部位通常在粮面下 5～30cm 处。其中以 5～15cm 的粮层结露最严重，形成结露，便会逐步向四周扩展，形成结顶，进一步发展为发热霉变。低温粮进入高温季节时，多出现在 4 月份后，外温高，粮温低，外界热空气与粮面接触，也容易产生表层结露。故低温储藏的粮食，一般要密闭，以防止结露现象的发生。

2）粮堆内部结露

粮堆内部不同部位如果存在较大的温差就有可能出现结露。

粮堆内部出现较大温差的原因有以下三点：一是粮堆内的生物成分进行活动，放出大量的热造成局部粮温过高，主要是储粮虫、螨集聚活动；二是外温影响使粮堆内部出现严重的粮温分层或向阳面和背阴面出现粮温分层；三是部分高温粮或低温粮混入正常粮堆。由于储粮内温差的存在，在对流作用或湿热扩散作用下，使低温部位湿度增大，产生结露。

3）底层结露

热粮入仓（如烘、晒的粮食，新出机的成品粮或白天接收的夏粮等，未经充分冷却便直接入仓），遇到库内冷的地坪、墙壁、柱石等，因温差过大都可引起结露。这也是造成储粮底部、墙壁四周或靠墙壁、柱石等垂直粮层发热、生霉的一个重要原因。

4）密封储藏的粮堆结露

应用塑料薄膜等密封材料进行密封储粮时，只要密封材料内外的温差达到露点时就能结露。当薄膜外温度高，薄膜内温度低，达到露点时，则在薄膜外面结露，称外结露。如果在春、夏季，出现这种情况对储粮影响不大，但应注意整堆密封情况、有无裂缝，并禁止开封，以免结露水侵入。当薄膜内温度高，薄膜外温度低，达到露点时，则在薄膜里面结露，称内结露。严重时也可引起靠近薄膜的粮油霉变，影响储粮安全。

5）其他情况下的粮堆结露

储粮结露可能发生的情况很多，如通风不合理，冷空气进入仓、囤而不能及时扩散平衡，造成过大温差等。在粮食水分含量较高的情况下，更易发生粮堆结露。或因仓房密封性能差，门窗管理不当，使外界湿热空气进入，都可能在粮面、墙壁、柱子或囤边产生结露现象。地下仓夏季粮温低，开仓时热空气进入，也能引起结露。

影响储粮结露的因素很多，但主要是温差、湿度及与其相平衡的水分。三者之间的综合作用与结露有密切关系。

3. 粮堆结露的预测

露点温度是预测粮堆结露的主要依据。因为结露不仅要有温差，还必须达到露点，才能结露，所以粮堆结露的预测实际上就是测算粮堆内外的露点。

1）应用空气饱和水汽量估算露点

在一定温度下，空气的饱和水汽量是个常数。当空气中实有水汽量达到饱和时，便会结露。因此，可根据粮温和粮湿估算露点。

例如，当仓温（或粮温）为 20℃，仓内（或粮堆）相对湿度为 74%时，求露点。

（1）首先查表 3-1，得出 20℃时的饱和水汽量为 17.117g/m^3；

（2）计算 20℃，相对湿度 74%时空气的绝对湿度；

由公式 3-1 得 $\rho_s=\rho_b\times RH\%=17.117\times74\%=12.667g/m^3$

（3）再查表 3-1，当饱和水汽量为 12.667g/m^3 时，相对应的温度接近 15℃，故取 15℃为所求的露点，即该仓粮油温度由 20℃下降到 15℃时，便会出现结露现象。

2）应用粮堆露点近似值检查表确定露点

根据储粮含水量和粮温，可从表 3-2 查到露点近似值。此表适用于禾谷类粮食。

表 3-2　粮堆露点近似值检查表

粮温/℃	水分/%								
	10	11	12	13	14	15	16	17	18
0	−14	−11	−9	−7	−6	−4	−3	−2	−1
5	−9	−7	−5	−3	−1	0	1	3	4
10	−2	0	1	3	4	5	7	8	9
13	1	3	4	6	7	9	10	11	12
14	2	4	6	7	8	10	11	12	13
15	3	5	6	8	9	10	12	13	14
16	3	5	7	8	10	11	13	14	15
18	4	6	8	10	12	13	15	16	17
20	6	8	10	12	13	14	16	18	19
22	8	10	12	14	15	17	18	20	21
24	10	12	14	16	17	19	20	22	23
26	12	14	16	18	20	21	22	24	25
28	14	16	18	20	22	23	24	26	27
30	16	18	20	22	24	25	26	28	29
32	18	20	22	24	26	27	28	30	31
34	20	22	24	26	28	29	30	32	33
结露温差/℃	12～14	10～12	8～10	7～8	6～7	4～5	3～4	2	1

例如，某粮仓储粮水分含量为 15%，粮温 15℃，查表即可求得露点近似值为 10℃。这就是说，在储粮含水量为 15%的情况下，粮温由 15℃降至 10℃以下，即温差为 5℃以上时，便会出现结露现象。

从表 3-2 可以看出，露点与温差变化有一定的规律，即在粮温一定时，储粮水分越高，其露点就越高，发生结露的温差就越小，反之则越大。所以，对高水分粮更应注意防治粮堆结露。

4. 储粮结露的预防和处理

储粮结露后，能使局部水分增加，引起酶活性增强，呼吸作用旺盛，储粮虫、螨大量生长发育，最终引起粮堆发热、发芽、霉变、腐烂，失去利用价值。因此，必须预防结露的发生，一旦发生结露应及时处理。

1）储粮结露的预防

根据粮堆结露的条件，应采取以下措施，防止结露。

（1）入仓粮油水分要低。因为低水分粮油，即使温差较大也不易结露。

（2）要防止粮温骤升、骤降，尽量减少因温差造成的结露。

适时做好粮堆的通风和密闭工作，对夏季入仓及过夏的高温粮，在秋冬季节应逐渐通风降温，减少粮堆内外温差；春夏季节要对低温粮进行密闭，防止外界高温突然侵入粮堆；对于烘、晒后的热粮或新出机的成品粮，应充分冷却后再入仓；常温粮入低温仓储藏时，应分阶段将粮温逐步降低到与仓温相接近，才可入仓；粮堆局部温度过高时，应及时通风降低温差，防止粮堆内局部结露。

（3）干、湿粮应分开堆放，防止粮堆高湿部位的水汽因空气对流、水分转移引起粮堆局部结露。

（4）做好铺垫和防潮工作。采用稻糠、麻袋、草帘等物料铺垫粮堆底部或苫盖粮堆上表面和侧面，一可缓冲粮温骤变，二能吸收结露的水分，防止储粮霉变，但应注意适时更换。

2）粮堆结露的处理

粮堆一旦发生结露，必须立即采取处理措施。

对于粮面结露，轻者可翻动粮面，散发水汽。翻粮时要尽可能翻得深些，最好每隔1～2d 翻一次。重者可移顶曝晒或烘干处理。对于粮堆内部结露或底层结露，可利用机械通风降温散湿，或开沟扒塘，或倒仓处理，以免引起更大范围的发热、霉变而加大损失。

二、粮堆发热

储粮生态系统中由于热量的集聚，使储粮（粮堆）温度出现不正常的上升或粮温该降不降反而上升的现象，称为粮堆发热。粮堆发热违反粮温正常变化规律，导致储粮生态系统内粮食出现异常现象，继而发展为粮食霉变，影响其品质。

1. 粮堆发热的判断

由于粮堆发热对粮食储藏的危害，所以判断粮食发热及预防是非常重要的。

第一，粮温与仓温进行比较。气温上升时（如春季），粮温上升太快，超过仓温日平均量为 3～5℃时，可能出现早期发热。气温下降季节，粮温始终不降或反而上升，可能出现发热。

第二，粮温之间的横向比较。粮食入仓时，如果保管条件、粮食水分和质量基本相同的同种粮，粮温相差 3～5℃以上，则视为发热。

第三，粮温之间的纵向比较。每次检查时，与以前记录情况比较，若无特殊原因，温度突然上升，即是发热。

第四，通过粮情质量检测，进一步确定粮堆发热。可通过一些指标，如感官指标

(色、香、味等)及化学指标(如粮食脂肪酸值)判断粮食是否发热。

特殊情况，如刚晒过(或刚加工出机)的热粮，后熟期的乱温现象一般不被看做是发热现象。

2. 粮堆发热的原因

粮食发热的原因是多方面的，但总的来讲，是储粮生态系统内生物群落的生理活动与物理因子相互作用的结果。

1) 生物因子的作用

粮食和油料是储粮生态系统的主要因子，其代谢活动及品质对发热有一定作用。但因为粮食及油料在储藏过程中代谢很微弱，所以产生的热量正常情况下不可能导致发热。

有害生物的活动是造成储粮发热的重要因素，尤其是微生物的作用是导致发热的最重要因素。粮食及油料在储藏过程中，储藏真菌逐步取代田间真菌起主导作用，在相对湿度为70%～90%时，储藏真菌即开始繁殖，特别是以曲霉和青霉为代表的霉菌活动，在粮堆发热过程中提供了大量的热量。据测定，霉菌的呼吸强度比粮食及油料自身的呼吸强度高上百倍乃至上万倍。例如，正常干燥的小麦呼吸强度为0.02～0.1ml CO_2/(g干重·24h)，而培养2d的霉菌(黑曲霉)则为1576～1870ml CO_2/(g干重·24h)。在常温下，当禾谷类粮食水分在13%～14%以下时，粮食和微生物的呼吸作用都很微弱。但当粮食含水量较大时，微生物的呼吸强度要比粮食高得多。粮食及油料水分越大，微生物的生命活动越强，这就是高水分粮易于发热的主要原因。另外，储藏虫、螨也对粮食发热有促进作用，但都没有微生物作用显著。

2) 物理学因素

粮堆导热性不良、自动分级及湿热扩散等是储粮发热的物理因素。储粮生态系统中生物群落的活动产生热量，由于粮堆的孔隙度小，导热性差，所以热量很难及时散发，造成热量在储粮内积聚，更加速了粮堆的发热进程。

在储粮发热的诸多原因中，储粮微生物的呼吸代谢是最主要的原因。

3. 粮堆发热的过程和类型

1) 粮食发热的过程

粮食发热是个连续的过程，通常包括出现、升温和高温三个阶段，高温继续发展而供氧充足和易燃物质生成积累时，可能达到非生物学的自燃阶段。

(1) 出现阶段。在储粮生态系统中，由于粮食入仓、水分转移或因温差过大而结露，或因外温影响等，使粮堆局部粮食水分达到或高于相对湿度70%的平衡水分(A_w>0.7)时，灰绿曲霉和局限曲霉就可能首先生长。如果粮食水分过高，即使在0℃左右的低温下，灰绿曲霉和局限曲霉等也能使呼吸强度上升，放出热量，如果热量在粮堆内集聚，粮温即开始不正常上升，储粮发热现象即开始出现。

(2) 升温阶段。粮食微生物的侵害使粮温迅速超过正常温度而上升，当达到35～45℃时，粮食出现变色和异味。霉菌旺盛的代谢活动导致储粮温度和粮食水分增加，当相对湿度达到75%以上时，白曲霉和黄曲霉等霉菌的联合作用，可使粮温继续上升至

50～55℃，从而使粮食质量明显劣变。此时在发热区域内，多数中温性微生物不能生长，只有少数嗜热性微生物活跃，危害粮食。由于发热区温度高，在储粮内形成温差，促进了储粮的水分转移，使发热面积扩大。

（3）高温阶段。当粮温升至50～55℃时，相对湿度可达90%以上。但由于高温蒸发，储粮湿度也可能有所降低，更由于多数微生物生长活动停止，因此粮堆发热可能停止而使粮温降低。然而此时粮食及油料已经严重霉变，大多已无法利用。

（4）自燃阶段。如果粮堆高温、高湿散失缓慢，水分积聚，出现游离水，嗜热微生物将发展，并使粮温升至70～75℃。微生物在高温下分解粮食有机物质，产生一些低燃点的化合物，只要氧气供应充足，即可氧化，而导致储粮自燃。通常情况下，发热的粮堆大多处于缺氧或低氧状态，因而不易产生自燃现象。但大粒粮且孔隙度大的粮食和油料，在严重发热时就有可能自燃。

2）发热的类型

粮食发热按其在储粮中发生的部位及程度，可分为如下5种类型。

（1）局部发热。储粮内个别部位发热，俗称“窝状发热”，发热的部位叫发热窝。主要是因为仓、囤顶部漏雨，仓壁、囤身渗水，潮粮混入，由湿热扩散形成的高湿、高温区或储粮虫、螨集中区，自动分级形成的杂质区，入仓脚踩或垫板压实的部位等都可能发生发热现象。

（2）上层发热。发生在离粮堆表面30cm处。由于季节转换、气候变化，粮堆上层与仓（气）温或与储粮内部的温差过大，形成结露，或因仓（气）湿过大而使表层吸湿，为微生物和粮食及虫、螨活动创造了有利条件，从而引起粮堆表面以下的粮层发热。

（3）下层发热。由于铺垫不善，地面潮湿，热粮入仓遇到冷地坪而结露，或因季节转换等原因而使粮堆内部水分转移，引起粮堆中下层或底层粮食发热。

（4）垂直层发热。贴墙靠柱或囤周围的垂直粮层发热，主要是由于垂直粮层与墙壁、囤的外部或柱石之间温差过大，或墙壁周围渗水潮湿等。如果仓房漏雨严重，对应的储粮部位，在粮食出仓时，会出现“竖柱”现象，势必会造成垂直粮层发热。

（5）全仓发热。通常是由于对上述几种发热处理不及时，任其发展扩大而造成的。有时也因粮食全部浸水所致。一般下层发热，容易促使粮堆全面发热。所谓的“三高”（高水分、高温、高杂）粮，更容易由点到面迅速造成全堆粮食发热。

4. 发热粮的处理

储粮发热后，要针对其发热的具体原因，采取相应的措施及时处理，防止蔓延扩大，造成损失。一般有以下几种处理措施。

1）水分引起的储粮发热

对因储粮水分过大引起的发热，应采取日晒、烘干、摊晾或机械通风等措施降低水分。

2）杂质引起的储粮发热

对因储粮中杂质过多而引起的发热，应采取通风、过筛除杂等措施处理。

3）虫害引起的储粮发热

对因储粮害虫猖獗而引起的发热，应采取冷冻或化学药剂熏蒸措施处理。若储粮数量很少，可采取曝晒、过筛除虫等办法处理。

4）温度引起的储粮发热

对因储粮原始温度过高，长期积热而引起的发热，应及时采取机械通风，大堆分小堆，实垛变通风垛或倒仓散热措施处理。

5）结露引起的储粮发热

对因结露而引起的粮堆上层发热，要根据其结露的程度和发生的季节，采取翻动粮面、扒沟通风等措施降温散湿；或采取“剥皮”的办法，将粮堆表层严重的湿粮移出仓外干燥。

6）水浸、受潮引起的储粮发热

对因水浸、受潮而引起的粮堆下层发热，应采取倒仓或码露天垛等办法，将下层发热的粮油移出通风冷却、日晒或采用机械通风、烘干等措施降水。

7）垂直与窝状发热

对垂直层和窝状发热的储粮，若部位很小，可采取开沟、扒塘等办法将发热部位的储粮取出摊晾或干燥处理。

8）包装粮发热

对包装粮的发热，应根据不同情况及轻重程度，采取倒包、翻晒、敞口散热或摊晾等办法处理。

9）已有发热征兆与严重受潮的危险粮

对已有发热征兆或严重受潮的危险粮，若因气候条件、仓房等因素的制约，暂时无法采取上述处理措施的，可采用塑料薄膜密封粮堆，必要时可辅以磷化氢低剂量熏蒸；也可采用磷化氢常规熏蒸控温防霉，作为临时抢救的应急措施。

10）已发生过发热的储粮

对发生过发热的储粮，虽经干燥、降温等处理，但因其生理活性强，应单独存放，也不宜久储，且应优先出仓。

三、微生物与粮食霉变

粮油在储藏期间，由于微生物作用引起的粮油品质的劣变，称储粮霉变。储粮霉变的实质是微生物分解和利用储粮中有机物质的生物化学过程，它是微生物在粮食及其加工产品上进行营养代谢活动的结果，引起粮粒变色、变味、生霉、霉烂甚至带毒。

霉变与发热常常相互关联，但在特定的条件下又会分别出现。例如，储粮霉变时，特别是含水量较高的粮油，往往伴随着发热现象，但如果通风良好，热量能够及时散发，粮油虽然严重霉变，也可能不出现发热现象；此外，单纯因虫害引起的发热也不一定霉变。

1. 粮食上的主要微生物

在仓库中对粮食危害最严重的是霉菌，包括毛霉属、根霉属、曲霉属、青霉属及镰刀菌属等，霉菌是指能够引起物质霉腐的丝状真菌。粮食上分离出的霉菌约200种。粮食中的霉菌又以曲霉和青霉危害最为严重，毛霉、根霉和镰刀菌等危害次之。

一般粮油上的酵母菌较少，危害不大，主要作用于高水分密闭储藏的粮油，使之发酵，产生酒味。

在储粮中，细菌的数量最多，但它对环境水分含量要求很高，且不能直接侵入完整粮粒，对储粮安全及品质的影响不及霉菌。有时，某些细菌的存在还可表明粮油的新鲜程度。放线菌在陈粮、发热粮及含尘杂质多的储粮上较常见。

2. 储粮霉变过程

粮食霉变是一个连续而统一的过程，有一定的规律，其发展的快慢，主要由环境条件对微生物的适宜程度而定。快者，一至数天；慢者数周，甚至更长时间。霉变的发展过程，会由于条件的变化而加剧、减缓或中止，所以是可以预防的。

粮食霉变，一般分为三个阶段，即初期变质阶段、中期生霉阶段和后期霉烂阶段。通常以达到生霉阶段作为霉变事故发生的标志。

1）初期变质阶段

初期变质阶段，就是大多数储粮微生物与粮食建立腐生关系的过程。储粮微生物在环境条件适宜时，即开始活动，利用其自身向外分泌的酶类，分解粮食有机物质，破坏粮粒表面结构，以菌丝侵入内部，导致粮食的初始变质。一些微生物要求的条件很低，温度10℃以上，相对湿度65％～75％，即禾谷类粮食水分13％～15％时就能开始危害粮食。在高水分情况下，有的青霉和曲霉等甚至能在0℃以下导致粮食霉变；当温度高时（接近20℃），微生物活动加强，会使粮食迅速劣变。

在初期变质阶段，粮食可能出现一些与陈化劣变相似的初期劣变症状。

（1）变色。粮食逐渐失去原有色泽，变灰发暗，如大米的“反白”、“发灰”，小麦的“褐胚”等。

（2）轻微异味，如稻谷的糠臭、玉米和高粱的甜味和酒味。一般粮食的轻微霉味，俗称“闷热气”或“热扑气”等。

（3）粮食发潮。粮粒表面潮润，有“出汗”、“返潮”现象，散落性降低，用手搓粮或插入粮堆有涩感。

（4）粮粒变软。粮粒软化，硬度下降，小麦和大豆比较明显，而且体积也出现膨胀。大米起筋、脱糠。

（5）粮温异常。粮食有发热趋势或已经发热。

以上症状，可通过对一些品质指标（如脂肪酸值、非还原糖含量、菌量等）的分析来作为判断依据，及时采取措施，即可防止粮食生霉，减少损失。因这一阶段受危害的只是粮粒外层组织，粮质变化较轻，如处理及时可不影响其食用。

2）中期生霉阶段

生霉阶段是储粮微生物在粮食上大量生长繁育的过程，粮粒上出现肉眼可见的霉菌菌落。继初期霉变阶段之后，如果粮堆中的湿热积聚，粮温以每天2～3℃或更快的速度上升，而出现明显的发热现象。同时微生物生长迅速达到稳定生长期，霉变部位常呈白色，后即变为灰绿色、黄绿或黄褐、棕色、红色等。由于霉菌菌落多为毛状或绒状，所以，常称为粮食的“生毛”、“点翠”，即粮食生霉现象。

生霉的粮食，籽粒发软，无光泽，发芽力显著降低或丧失，并有很浓的甜味、酒精味和霉味，有毒素污染的可能，重量损失和品质劣变严重。一般可作工业用粮或饲料用粮。能否食用，必须经化验后确定。

3）后期霉烂阶段

霉烂阶段是微生物使粮食严重腐解的过程。粮食生霉后，其活力大大减弱或完全丧失，粮食也就失去了生理上对微生物侵害的抵御能力。若环境条件仍保持对微生物有利，粮食微生物区系不断向更深处演替，此时粮食中的有机物质，遭到严重的微生物分解，使粮食腐烂变形或成团结块，粮质彻底变坏，产生霉、酸、腐臭等难闻气味，以至完全丧失使用价值。

上述霉变过程，从出现异味到霉烂，若温度超过 20℃时，往往 10d 左右即可完成，若温度低于 15℃或通风散热条件较好时，则可延缓一段时间。

3. 储粮霉变的类型

储粮发生霉变，主要受环境水分条件影响，在返潮、结露、吸湿或水浸等情况下，极易发生。一般将霉变分为以下几种类型。

1）劣质霉变

由于储粮品质差，易受微生物侵害而造成的霉变，称为劣质霉变。劣质霉变常发生于自动分级形成的杂质区、储粮水分积聚或虫害感染严重部位，并受储粮完整度、成熟度等品质的影响，或局部或全部发生霉变。霉变过程中，常伴有发热、变色、变味，甚至霉烂结块，不能食用。

2）结露霉变

储粮因温差过大，造成结露而引起的霉变，称为结露霉变。结露霉变常发生于粮堆局部，如上层、底层、垂直层等，并常伴有发热现象。对于上层结露霉变，由于上层热量易于散失，可能不出现发热现象。

3）吸湿霉变

储粮因环境湿度大，使干粮吸湿而造成的霉变，称吸湿霉变。储粮吸湿常由于气湿过大而仓房密闭不严；或仓房防潮设施不当而地坪、墙壁返潮；或干、湿粮混堆发生水分重新分配等。吸湿霉变常见于易于吸湿的粮堆表层、底层等局部，由于霉变过程迅速，霉变开始往往不伴有发热现象。

4）水浸霉变

储粮因直接浸在水中而造成的霉变，称为水浸霉变。在收获、运输或储藏过程中，由于水湿、雨淋或仓房漏雨以及结露滴水等原因，使储粮浸泡在水中，随浸水情况可在表面、底层或四周，甚至全堆形成霉变区域。一般水浸霉变不伴有发热现象。

以上四种霉变类型的划分是相对的，在粮食霉变发生过程中，环境因素的影响是复杂的，有时虽有侧重，但各种霉变类型往往不是孤立发生的。因此在设计防霉措施或处理方法时，必须充分考虑到这些，以求达到防霉抑菌的双重效果。

4. 霉变对储粮品质的影响

粮堆发热、霉变是相互关联，而不是孤立的过程，对储粮的危害也是多方面的。

（1）营养品质降低。由于微生物的作用，粮食营养物质被消耗，导致各种营养物质含量下降，营养品质降低。

（2）种用品质降低。粮食发热、霉变后，胚部被微生物感染，导致活力下降，发芽率降低，甚至失去种用价值。

（3）工艺品质和食用品质变劣。粮食发热、霉变后，出粉（米、油）率降低，容重、硬度下降（小麦、大豆）。小麦粉制作面包后，面包发韧、酸，而且体积小，质构差；大米蒸煮后硬度增加，韧度降低，糊化温度升高。

（4）引起粮食变色变味。这些特殊的异味（霉、酸、酒、臭味）很难除去。

（5）引起粮食带毒。粮食发热、霉变后，微生物生理活性增加，某些微生物（如黄曲霉）分泌的真菌毒素使粮食带毒，其中许多是致癌物质。

5. 储粮霉变的预防

1）粮食入仓前做好备仓工作

粮食入仓前一定要做好空仓消毒、空仓杀虫、完善仓房结构（主要是仓墙、地坪的防潮结构和仓顶的漏雨）等。

2）把好粮食入库关

入库宗旨是干、饱、净，严禁“三高”粮食入仓。

3）储藏管理

宗旨是干燥、降水，做好合理的密闭和通风。一般储粮期间可以采用低温、干燥、气调、化学药剂等措施防霉。

（1）低温防霉。温度对微生物的生长和消亡有重要作用。微生物生长需要一定的温度，改变温度，微生物就会停止生长甚至死亡。因此，控制储粮温度是防霉的重要措施之一。低温防霉要求粮温保持在15℃以下，并保持粮堆湿度为73%～75%以下，可有效抑制霉菌的危害。

（2）干燥防霉。水分是粮油霉变的主要环境条件之一，是微生物生长繁殖的基本条件。控制储粮水分在安全范围内，是储粮防霉的重要措施之一。实践证明，干燥防霉，将禾谷类粮食水分降到13%以下，油料水分降到8%～9%以下，能有效地抑制霉菌活动。

（3）气控防霉。绝大多数粮食微生物是好氧性菌，粮堆中氧气充足，对微生物的生长繁殖有利，在缺氧时生长受到抑制，只有少数兼性厌氧微生物可以活动。因此，控制粮堆气体成分也是储粮防霉的一种措施。应用气控防霉技术，使粮堆中二氧化碳保持在40%左右或氮气在95%以上或氧气在0.5%以下（但粮食水分应在16%以下），均可抑制霉菌的活动和某些霉菌毒素的产生。

（4）化学防霉。将粮油水分降至安全水分标准以下，无疑是防霉的基本措施。但是，在有些情况下，一时无法降水，则往往需要使用化学药剂防霉。用于粮油防霉的化学药剂，一般称为储粮防霉剂。目前在粮油储藏中应用的防霉剂，大致有熏蒸剂和拌合剂两类。例如，对水分为21%～28%的小麦，拌入0.1%～0.2%的漂白粉，可保1～3周不霉变。

4）劣变指标的测定

脂肪酸值、非还原糖水平及粮食带菌量应定期检查测定。

此外，还应利用现代储粮技术及时处理险情粮。

第四节　粮食储藏中的害虫

一、储粮害虫概述

储粮害虫是储粮昆虫中的主要类群，储粮昆虫是指能在干燥的储粮环境中正常发育、生长、繁殖的一类昆虫。通常把危害储藏粮食及其产品的有害昆虫称为储粮害虫（如玉米象、谷蠹、麦蛾等），把捕食、寄生这些害虫的天敌昆虫（如黄色食虫蝽、米象小蜂、麦蛾茧蜂等）称之为益虫，或者称储粮害虫的天敌昆虫。

一般所说的储粮害虫，不仅包括危害储粮的有害昆虫，而且还包括危害储粮的螨类、鸟类、啮齿动物及其他一些节肢动物。

害虫给储粮带来的危害是多方面的，首先由于害虫的危害，可以造成粮食质量的明显下降。据有关部门调查，我国储藏中的粮食损失，国家粮库为0.2%；农户的储粮损失为6%～9%，其中引起损失的主要因素是储粮害虫的危害。目前我国粮食的年产量已超过5亿t，而农户储粮占2/3以上，因此，因虫害引起的储粮损失仍是非常巨大的。

由此可知，储粮害虫造成的损失不仅可以造成肉眼可见的直接损失，而且还可以造成间接损失和由于商品生虫而引起的商品信誉损失，以及造成对人们心理的不良影响等。

二、常见储粮害虫

常见的储粮害虫有以下几种。

1. 玉米象

玉米象为我国头号储粮害虫，对多种谷物及加工品、豆类、油料、干果、药材均造成严重危害。在适宜的条件下，粮食储藏期所造成的重量损失在3个月内可达11.25%，6个月内可达35.12%。

成虫体长3～5mm，圆筒形，全体锈褐色至暗褐色，甚至黑色，背面稍有光泽，头部向前延伸呈象鼻状。

玉米象在我国北方地区一年发生1或2代，在中原地区3或4代，亚热带地区可达6或7代。主要以成虫越冬。

2. 米象

米象严重危害各种谷物及种子、谷物加工品，还危害某些豆类、油料、干果和药材等。该虫同玉米象极其近缘，外部形态十分相似。但分布有所不同，玉米象为全国性分布，而米象在我国主要分布在南方地区。在我国，米象对磷化氢的抗药性较强。

3. 谷象

在世界的温带地区，谷象是一种十分重要的储粮害虫。成虫、幼虫都可以产生危害，为初期性害虫。在我国主要分布在新疆部分地区。

4. 谷蠹

谷蠹成虫体长 2～3mm，长筒形，赤褐至暗褐色，略有光泽。此虫是蛀食性重要储粮害虫之一，主要在我国南方诸省发生危害，尤以华南地区更为突出，现在已蔓延至我国北方许多地区。它对储粮所造成的损失，不亚于玉米象。谷蠹食性很复杂，其中以稻谷、小麦被害最烈，受害粮粒常被蛀成空壳，大量繁殖时往往引起储粮发热，使粮温高达 38℃以上。

谷蠹耐干耐热性均很强，即使粮食含水量在 8%～10%或温度在 38～40℃时，也能发育繁殖。但对低温的抵抗能力较差，当粮温降低时向粮堆下层转移，在局部继续繁殖危害。在我国，谷蠹对磷化氢的抗药性较强。

5. 麦蛾

麦蛾成虫体长 4.0～6.0mm，翅展 8～16mm。虫体淡黄色或黄褐色，即似麦粒色或稻粒色，且有光泽。麦蛾是我国储粮的重要害虫，在我国长江以南为害严重。它以幼虫蛀入粮粒，主要危害禾谷类籽粒，其中以小麦、稻谷、玉米受害最烈。被害粒的重量有损失，且一般被害后的小麦、稻谷籽粒几乎都丧失了发芽力。成虫善飞、对温度适应性较强，能在仓内和田间产卵繁殖。

6. 印度谷螟（印度谷蛾）

印度谷螟成虫体长 6～7mm，静止时连翅长 9～10mm，赤褐色。为我国主要的储粮害虫之一，也是家庭最常发生的储粮害虫之一。食性极杂，可危害各种谷类及其制品。幼虫喜食粮食的胚部及表皮，并吐丝结网，严重损坏储粮的品质。

7. 锈赤扁谷盗

锈赤扁谷盗成虫体长 1.70～2.34mm，赤褐色。锈赤扁谷盗的成虫和幼虫都可危害破碎和受损的原粮，如稻谷、麦类、油料、豆类多种农产品及其加工产品，其中在粉类和油料类中发生最多。锈赤扁谷盗在我国对磷化氢的抗药性较强。

8. 大谷盗

大谷盗成虫体长 6.5～11mm，长椭圆形，略扁平，黑色，有光泽。主要危害小麦、大麦、稻谷、玉米、面粉等原粮。危害小麦、大麦等原粮时常咬食粮粒的胚部，使种子不能发芽。

9. 锯谷盗

锯谷盗成虫体长 2～3.5mm，扁长形，无光泽，深褐色。锯谷盗是一种危害范围很广的储粮害虫，可危害粮食、油料的破损粒、成品粮、粮食和油料的副产品等。其生活在粮食中时，发育和繁殖的速率会随粮食破碎率的增加而加快。在含水量 12%以下的整粒大米中很难见到此虫。

10. 赤拟谷盗

赤拟谷盗成虫体长3～4mm，长椭圆形，全身赤褐色，略有光泽。赤拟谷盗的食性复杂，危害的范围很广，其中对粉类和油料危害最严重。由于成虫可分泌臭液污染粮食，当此虫大量发生时，会使被污染物产生一种极难闻的霉臭味。赤拟谷盗在我国对磷化氢的抗药性较强。

11. 书虱

书虱个体微小，体长约1mm，体色为白色至褐色。书虱经常发生在储粮中，可危害多种储粮及其制品。由于书虱生活周期短，有些种类具有孤雌生殖的特性，防治不彻底时，可在短时间内形成较大的种群。

三、保粮方针和储粮害虫防治原则

在储粮害虫防治工作中我们应当遵循一个原则，就是"预防为主"，因为在粮食储藏过程中，不能等到害虫已经严重发生，粮食已经受到重大损失时再去除治，而应当对无虫粮注意采取防虫措施，防止害虫侵入粮食繁殖为害。对于发现有少量害虫的粮食，应根据情况，尽早采取措施，彻底除治害虫，使它不会大量繁殖为害。

1. 防治储粮害虫的保粮方针

我国现行防治害虫的保粮方针是"以防为主，综合防治"，也就是通过因地制宜地综合采用各种防治和管理措施控制害虫的发生、传播和危害。

储粮害虫防治是指采取各种措施使储粮免受害虫的危害以及控制储粮害虫的发展或除治储粮害虫。"防"的目的是使储粮免受害虫的危害，这是一项经常性的工作，这就要求一要落实清洁卫生制度，清洁卫生是安全储粮和害虫防治工作的基础，是根本。二要落实"三防"措施，"三防"即设立防虫线、防虫帘及防潮门来提高防虫的效果。"治"是指控制储粮害虫的发展或除治储粮害虫，在综合措施的作用下，把储粮害虫控制住、消灭掉。

所谓综合防治就是不能单独依赖某一种防治方法，应考虑储粮生态系统的各个因素，采取各种防治技术的最佳组配方案，尽可能地将害虫彻底消灭，取得最佳的经济效益、社会效益和生态效益。

防治储粮害虫的方法有很多种，包括物理机械防治法；利用害虫习性进行防治的习性防治法；利用化学药剂防治的化学防治法和利用生物进行防治的生物防治法等。

2. 储粮害虫的防治原则

我国现行的储粮害虫的防治原则是"安全、经济、有效"。"安全"是前提，包括仓储工作人员安全、储粮安全、仓储设备安全和仓储环境安全等；"经济"是要求，在防治工作中要选择既切实可行又经济实用的方法和药剂，达到防虫治虫的目的；"有效"是储粮害虫防治工作的根本目的，要有效地控制虫害的发生、发展、扩散、蔓延，杀死各种虫态的害虫。

总之，在采取某种防治措施时，要权衡利弊，安全、经济、有效地综合考虑。为了更好做到这一点，可以运用科学手段，积极推行科技保粮，也就是运用先进的技术设备和方法，监控粮食变化，对入库粮食广泛采用“三低”（低药、低氧、低温）、机械通风、电脑自动化等科学保粮措施，对立筒形仓库配备环流熏蒸、机械通风、粮温检测、机械除尘等全电脑控制设备，对房式仓采用电子测温系统，加强粮食质量安全监测，定期检查粮温、水分、害虫等情况，探索熏蒸杀虫的最佳时机，有效控制储粮虫害的发生、蔓延与危害，增强储粮的稳定性，从而以科学的方法来提高仓储粮食的安全性。

四、储粮害虫综合治理

储粮害虫防治应采用综合治理，不能单独依赖某一种防治方法，而要全面考虑储粮生态系统中的各个因素，将各种防治技术有机地配合使用，尽可能地彻底消灭害虫，以取得最佳经济效益、社会效益和生态效益。储粮害虫防治应用技术主要包括仓储管理防治、法规防治、化学防治、物理防治和生物防治等。

1. 仓储管理防治

仓储管理防治（也称清洁卫生防治）是整个防治工作的基本措施，是根据生态学原理，通过各种可能采取的措施，改善、创造对储粮有利对害虫不利的生态环境，控制和消灭害虫发生、发展的防治措施。

2. 法规防治

法规防治也称检疫防治或植物检疫，是根据国家颁布的对内对外检疫法律、法规，对国家输入、输出或省际调拨的粮食、粮食产品及其附属物进行严格检查或检验，防止危险性病、虫、杂草传播蔓延和就地消灭的防治方法。

3. 化学防治

化学防治是利用化学杀虫剂防治害虫的方法，是目前应用最广泛的一种防治方法。化学杀虫剂包括粮食防护剂、熏蒸剂、空仓杀虫剂等。

（1）粮食防护剂。也称储粮保护剂，是一类残效期比较长的以触杀作用为主的杀虫剂，通常将它们与无虫的储粮混合，防止外来害虫危害，因此而得名。从药剂进入害虫体内的途径来说，主要是触杀作用和胃毒作用。目前我国批准使用的粮食防护剂有防虫磷、杀虫松、保安定、凯安保、保粮安、保粮磷等。

（2）熏蒸剂。是以气体状态经害虫气门、呼吸系统进入虫体的。也就是说，熏蒸剂是指在特定的温度和压力下，能够以足够的气态浓度致死有害生物的化学品。在熏蒸过程中，熏蒸剂在密闭环境中要以气态并保持足够的时间才可取得好的杀虫效果，这就涉及熏蒸剂的挥发性、扩散性和钻透性（或穿透性）等性状。由于嗅甲烷对地球大气层的臭氧有破坏作用，目前在我国乃至全世界都对嗅甲烷进行全面禁用。因此，我国可用于储粮的熏蒸剂仅限于磷化氢、氯化苦、敌敌畏。氯化苦的杀虫效果差，吸附性强，粮食上残留多，难以为人们所接受。敌敌畏只作为粮食表面杀虫用，实际上只有磷化氢这一种比较理想的熏蒸剂。

4. 物理防治

就是采用物理方法防治储粮害虫，包括高低温防治、气调防治、机械除虫和电离辐射防治等。

5. 生物防治

是利用害虫的天敌防治害虫的方法。储粮害虫的天敌主要包括寄生性和捕食性昆虫(或螨类)、昆虫病原微生物等。习惯上也把利用昆虫的习性、昆虫激素和信息素、植物源杀虫剂等也归为广义的生物防治。

思考题

1. 粮堆生态系统由哪些成分组成？各成分的特点如何？
2. 什么是储粮“三温”、“三湿”？其变化的基本规律怎样？
3. 什么是粮堆结露？主要原因是什么？
4. 粮堆结露有哪些类型？什么原因引起的？
5. 如何预测粮堆结露？
6. 什么是储粮发热、霉变？
7. 储粮发热的原因是什么？如何鉴别？
8. 储粮发热要经过哪几个阶段？发热类型有哪些？如何处理发热粮？
9. 粮油霉变一般分为哪几个阶段？各阶段储粮品质变化特点如何？霉变类型有哪些？
10. 霉变对储粮品质有哪些影响？如何防止储粮霉变？
11. 常见的储粮害虫有哪些？有哪些特性？
12. 常见的储粮微生物有哪些？有哪些特性？

第二篇　粮食储藏管理

第四章　粮仓及仓容的计算

➢**本章内容要点**

1. 掌握仓容计算。
2. 熟悉粮仓的构造和性能。
3. 了解熟悉粮仓分类。

第一节　粮仓及其分类

一、粮仓概述

粮仓是指储藏粮食的专用建筑物，是安全储粮的基本工具。20世纪以前，由于商品粮少，基本上是“就地取材”建设仓房，仓型有草仓、棚仓、土圆仓、窖洞仓、砖圆仓以及各式各样的房式仓。进入20世纪后，由于工业发展，商品粮需求量增加，交通运输工具的发展，各式各样的大型房式仓和砖木结构的圆筒仓有过一个较大的发展时期。第二次世界大战后，特别是60年代以后，国际市场上数亿吨的粮食贸易，带动了现代化的大型筒仓像“雨后春笋”一样大量发展起来。在80年代，美国有5亿t仓容，而筒仓仓容占总数的80%以上，大部分为钢筋混凝土筒仓；加拿大有1674万t仓容，是全世界唯一全部使用筒仓储存粮食的国家；澳大利亚的2290万t仓容中，筒仓占36%，高大房式仓占64%，高大房式仓大多是跨度50m，长度100m，堆高在6m以上，全部为机械化作业；苏联在第二次世界大战以后停止建设非机械化房式仓，1965年以后基本不建机械化房式仓，新建仓房大多为立筒仓。由此可见，立筒仓仓型应是粮库现代化的发展趋势。鉴于我国目前仓容严重不足，财力又不宽裕的国情，农村种植规模与交通运输的现状，在相当一段时间内全部改建筒仓是不现实的，但我国已朝着这方面努力。例如，目前仍在执行“利用世行贷款改善中国粮食流通项目”和1998年《中央直属储备粮库建设规划大纲》中都明显加强了浅圆仓、筒仓建造的比例，明确规定房式仓堆高为6m，仓房建设要朝高大型、高机械化程度方向发展。

二、粮仓的分类

1. 按照建筑结构形式分类

按照建筑结构形式，粮仓可分为房式仓、圆筒仓和地下仓等。

1）房式仓

房式仓包括普通平房仓、高大平房仓、拱板仓、楼房仓、钢板仓等，是我国目前建造最多、使用最普遍的一种仓型，以平房仓、拱板仓为主，楼房仓较少。新建高大平房仓的隔热防潮性能较好，储粮配套设施齐全，标准长度为60m，折线形屋架仓房的跨度为24m、27m、30m，粮食堆高6m。房式仓的仓容量较大，一栋仓房可储粮5000t以上。

2）圆筒仓

圆筒仓包括浅圆仓、钢筋混凝土立筒仓、钢板立筒仓、砖立筒仓和土圆仓等，在西方发达国家使用普遍，尤其是立筒仓被视为现代化的仓型，目前在我国尚不普及，但是今后粮仓发展的方向。立筒仓包括工作塔和筒仓群，在工作塔内一般设有控制台以及提升、清理、称重、除尘等设备，筒仓群的上下设有输送设备，故立筒仓粮食接收、发放的机械化程度较高。

钢板立筒仓由镀锌薄板或波形钢板制成，它具有自重轻、对基础要求低、造价低、标准化程度高、施工期短、用途广泛、便于实现机械化与工厂化生产等特点，成为发达国家粮食仓型的发展方向，但隔热和抗震性能较差。钢板立筒仓的直径一般大于钢筋混凝土立筒仓，有的结构达20m左右，装粮筒仓壁厚3～4mm，油罐5mm，大油罐6～7mm。

浅圆仓是20世纪六七十年代在欧美、大洋洲出现的仓型。小浅圆仓直径6～14m，高约8m，波纹钢板仓，移动式进粮设备，用作农场的收纳仓；大浅圆仓直径18～35m，高17～50m，固定式进粮设备。浅圆仓的优点是存储量大，投资少，运营成本低，造价仅比平房仓略高，而机械化程度远高于平房仓；缺点是自流后剩余的粮食需进仓用机械或人工进行清扫。浅圆仓是我国近年大力发展的一种新仓型，在“利用世行贷款改善中国粮食流通项目”和1998年250亿kg仓容建设中均被大量采用。

3）地下仓

地下仓根据地域、地质、结构等方面的不同，可大致分为土体地下仓和岩体地下仓两大类。土体地下仓又称土洞仓，主要兴建在土层厚、土壤坚硬、地质结构稳定、地形有利和地下水位较低的地区，如窑洞仓、双曲拱仓、喇叭形仓、椭圆形仓等。岩体地下仓又称岩洞或石洞仓，建造于山体宽厚、石质坚固、无裂缝、不渗水、交通便利的地区，如直通道仓或马蹄形仓等。我国大部分省、自治区的山区丘陵地带都兴建了一批地下粮仓，其中以河南、陕西、山东、内蒙古、河北等地较多。

2. 按照仓内粮食堆装形式分类

按照仓内粮食堆装形式仓房可分为散装仓和包装仓。

1）散装仓

散装仓具有良好的隔热防潮性能，粮仓墙身能承受一定的粮食侧压力，较为厚实坚固。粮食散装入仓，不需用装具，可直接靠墙堆放。这种仓房的空间利用率较高，也可兼作包装仓用。

2）包装仓

由于包装仓在设计时不需考虑粮食的侧压力，仓壁强度较低，不能作散装用。粮食装包入仓分块堆垛存放，堆垛与墙身不直接接触，需留出一定的通道，仓房空间利用率比散装仓低。

3. 按照设备和建筑条件分类

按照设备和建筑条件，粮仓可分为一般粮仓、简易仓、机械化仓和装配式仓等。

1）一般粮仓

一般粮仓指仓房结构合理、建筑和设备条件比较好的粮仓。

2）简易仓

简易仓指仓房结构较简单、设备较差、建筑材料就地取材、建筑施工因陋就简的粮仓。

3）机械化仓

机械化仓指仓房内安装有固定式机械设备、进出仓方便、节省人力的粮仓。

4）装配式仓

装配式仓指多采用钢筋混凝土结构或钢结构，建仓时先按设计要求预制构件，然后装配而成的仓房。

4. 按照建造位置分类

按照建造位置仓房可分为地下仓、地上仓和半地下仓等。

1）地上仓

指仓房的主要承重结构（仓壁、仓顶）都建在地表面上，如房式仓、圆筒仓等。

2）地下仓

指主要承重结构都在地表面以下的仓房，不占农田或少占农田，仓顶覆盖物厚，隔热性能良好，年温差变化小，具有一定的防震、防火和密闭性能，储粮费用低，适用于国家储备粮的安全储藏，但通风性能差，出仓不太方便，有的粮库可能运输困难。目前，我国地下粮仓分为土洞仓和石洞仓两大类。土洞仓内湿度低，石洞仓对防潮、防渗要求较高。

3）半地下仓

主要承重结构中仓壁局部或全部在地表面以下，仓顶在地表面的仓房。

5. 按照控温条件分类

按照控温条件，粮仓可分为低温仓、准低温仓和常温仓。

1）低温仓

低温仓指利用天然条件或机械手段可将粮温控制在15℃的仓房，一般需要通过机械措施才能达到低温的要求。

2）准低温仓

准低温仓指将粮温控制在20℃的仓房，它一般也需辅以机械降温，但一些地下粮仓可利用自然条件达到上述要求。

3）常温仓

常温仓指不设置机械制冷装置的各种形式的仓房，仓内温度通常随仓外气温变化而变化，或者是除低温仓、准低温仓以外的其他仓房。

6. 根据购、销、储、运环节所承担的任务分类

1）收纳库

收纳库设于粮食产区，主要接收国家向农业生产者征购的粮食，入库后做短期储存或做必要的烘干降水，清杂杀虫处理后，即调给中转库或储备库。因此，要根据粮食的产量、征购入库量、当地销售量、计划平均库存量、最高库存量等数据，以及农业生产发展规划等资料，进行分析研究后确定建库规模。一般以平房仓库为主，仓位大小要配套，以适应接收多品种粮食的需要。

2）中转库

中转库设于交通枢纽地，主要接收从收纳库或港口调运来的粮食，做集中或短期储存后，即调给储备库。应根据粮食的流量、流向及停留期等情况设库。若中转单一品种的散装粮，周转率又较高，则以筒仓为主；若中转多品种、有包装粮时，则以简易仓棚为宜，以便于调给储备库。

3）储备库

储备库是国家为了储备必要的粮食，以应付严重自然灾害等特殊情况而设置的粮库。为此该库应设置在粮源充足的地区，一般以房式仓为主，尤以具备防潮、隔热、密闭或通风条件均好的平房仓或地下仓为宜。

第二节　粮仓的构造及性能

一、储粮对粮仓的性能要求

粮仓是用来储藏粮食及其加工产品的基础设施，是做好储粮工作的首要条件。粮仓与一般仓房结构不同，第一，要在仓房结构上满足安全储粮的需要，使仓内粮食不会霉烂、虫蚀；第二，各作业环节要能够实现机械化、自动化，保证粮食进得来、出得去；第三，仓储配套设施要完善，能够随时监测粮情变化，采取各种必要措施确保储粮安全。

1. 仓房要坚固安全

粮仓不同于其他建筑物，除承受风载、雪载、地震等载荷外，还要承受相当大的粮食侧压力，尤其要考虑不同粮种、不同堆放方式、不同装粮高度的粮食侧压力对仓壁的影响，以防墙体开裂；要考虑不同粮种、不同装粮高度对地坪的垂直压力，

预防地坪下陷。因此，粮仓应有较厚的坚固墙壁，地基、梁柱、屋架等结构要坚固耐用。

2. 仓房门窗与粮情检查门应齐全

仓房门窗结构要严紧，关能密闭，开能通风或进出粮。仓门宜少宜避阳，其高度、宽度既要考虑进出机械操作的方便性，又要照顾仓房的密闭性，通常主门可大一些，其他仓门可小一些；仓窗数量宜少不宜多，窗台位置宜高不宜低，以有利于通风降温；仓窗大小、开启方式要符合通风密闭或补仓的需要。每栋平房仓要设置粮情检查门，以用于日常储粮管理，最好设斜梯方便供保管员携带物品上下；浅圆仓、筒仓设进入孔、爬梯供粮情检查使用。

3. 仓房应具有良好的隔热、防潮和气密性能

水分与温度是影响粮食安全储藏的两个重要因素。粮食具有很强的吸湿性，一旦粮食水分升高，极易引起局部甚至是全仓粮食发热霉变。粮堆的保温性较好，它既可以维持较长时间的低温状态，对保持粮食品质有利，又很容易在堆内形成积热，使粮食发热霉变。因此，要维持仓内低温、干燥的储粮环境，就要求仓房具有良好的隔热、防潮、气密性能。仓房屋顶应设置隔热层，外墙面刷白，减少吸热；仓外墙下部应做 1.5～2.0m 高的水泥滴水墙裙，仓内地坪和超过装粮线 0.5m 以下的内仓壁要铺设防渗、防潮层，并使之与地面防潮层连为一体；仓外水沟应排水通畅，经常保持外墙面和地基干燥。

4. 仓房应具备既密闭又通风的性能

仓房通风、密闭的性能对安全储粮十分重要，门窗开启后通过自然或强制通风可以促进粮堆气体交换，降温散湿，防止储粮发热霉变，或者熏蒸散气。门窗密封性能良好，可以减少粮食与外界空气接触，避免外温、外湿的影响和害虫感染，使仓内粮温、水分维持稳定状态；使用化学药剂熏蒸时，可获得良好的杀虫效果。在山墙上部距屋脊约 1.5m 处或在南侧檐墙上尽可能高的部位，要安装排风扇，用于排除仓内积热。

5. 仓房要有防鼠、防雀设施

鼠、雀不但会造成大量粮食损失，而且其排泄物还会污染粮食。在储粮期间，必须以防为主，同时采用毒、打、捕杀相结合的办法，防止鼠雀进入仓内危害粮食。因此，要求仓房的地坪、仓墙、门窗必须坚固密实，不允许有孔洞。凡建筑要求开口处，必须设置防雀窗网（网孔 1cm）及防鼠门板（高度 0.6～0.9m）等。为了提高仓门的气密性，需要在仓门内侧 10cm 处预埋塑料槽管，因此要求安放防鼠板的位置定在仓门内侧 15cm 处。

6. 仓房应配置完善的储粮设施

仅有结构性能良好的仓房还不够，粮库还需要配备完善的储粮设施，以提高粮库检验与处理突发事件的能力，确保储粮安全。

粮情测控系统可以使保管员通过粮堆温度检测推测粮情发展趋势，及时发现储粮问

题，及早采取相应措施。通风降温系统是每座仓房必备的设施，是环流熏蒸技术、谷物冷却技术应用的基础，通过粮堆的通风换气，可以冷却粮堆、均衡粮温，有效防止水分扩散、粮食发热霉变，提高与改善储粮的稳定性能。环流熏蒸杀虫系统可以使毒气在粮堆内快速均匀分布，减轻投药的劳动强度，减少接触毒气的时间，降低熏蒸费用，取得良好的杀虫效果。谷物冷却系统可用于夏季发热粮降温的应急处理、无低温季节地区或优质稻谷产区和出口稻谷加工厂的粮食降温处理和高水分粮保管，防止粮食发热，抑制虫、霉生长，保持粮食品质，减少储粮水分散失。

7. 应考虑仓房进出粮操作的机械化

建设现代粮食物流体系的目标就是要形成“散装、散卸、散储、散运”的现代化粮库网络。粮库储粮数量多，体积大，有时需要快速周转，进出粮操作的工作量非常大。因此，在设计仓房时必须考虑粮库进出粮、翻倒仓的机械化问题，特别是港口中转仓、加工厂的原料仓、各种用途的筒仓、大容量的浅圆仓尤为重要。但机械化的进程受当地经济发展状况、交通运输方式、劳动力价格等因素的制约。

二、主要仓型和储粮性能

经济全球化、贸易国际化的发展，带动了粮食贸易的发展，同时也促进了粮食仓库的建设。从 20 世纪 90 年代起国家加大对粮食仓房的建设投资，我国基本形成以高大平房仓、浅圆仓和筒仓为代表的主要仓型，其结构特点与储粮性能如下。

1. 平房仓的结构及储粮性能

平房仓是我国粮库中最普遍的储粮建筑，因为建筑材料可以因地制宜，不需要很高技术，造价低廉，所以应用很普遍。

1）平房仓的结构

新建平房仓一般为矩形的砖石结构的单层建筑，双坡屋顶、砖墙。由于屋架结构不同，可分为大型预应力混凝土折线形屋架平房仓、钢彩板屋面、钢屋架结构平房仓和板架合一的拱板仓等几种，还有全钢结构的平房仓。图 4-1 为典型高大平房仓的外观。

图 4-1　高大平房仓的外观（120m×21m×11m）

平房仓以简单的砖石结构为主，用混凝土或砖砌柱和壁柱，使墙体具有抵抗粮食侧压的能力，多数折线形屋架平房仓的跨度为 21m、24m、27m、30m，拱板仓的跨度为 21m、24m。平房仓的仓门主要用于粮食输送机械的进出和仓房的通风换气，各仓的仓门数量相差较大，小仓房仓门为 2 个，大仓房的仓门多达 6 个。所有仓窗应都能打开，起到通风换气、粮食补仓和采光作用。现在仓房都配有通风设备、照明设施和进出仓设备，为提高仓房本身的隔热与气密性能，对长期储藏的储备仓来说，仓房的门窗数量宜少不宜多。

新建平房仓粮食堆高 6～8m，旧仓房粮食堆高 4～5m，包装仓房堆高 6～8m。平房仓单位面积的储粮容量是较低的，散装仓一般为 3.45～4.14t/m^2，包装仓考虑必要的通道和堆垛与墙之间的空隙，对总的建筑面积来说，储粮为 2.4～3.3t/m^2。

2）平房仓的仓储性能

（1）仓房容量大。跨度 21m 以上的大型平房仓，堆粮线 6m 以上，有较大的有效面积和负载仓容，可散装或包装，便于清扫、翻倒粮堆。

（2）加强了仓房的隔热、防潮性能。与老仓相比，新仓在屋面上设置了隔热层和防水层，对仓房内墙和地坪都采用高聚物改性沥青（北方 SBS、南方 APP）等防水卷材处理，或屋面采用硬质聚氨酯防水保温材料处理，仓房内墙粉刷聚合物砂浆进行防潮处理，提高了整体仓房防潮抗渗的效果。

（3）新仓的仓储设施配套齐全。为了确保粮食储藏安全，在新建的高大平房仓内配备了粮情测控、通风降温、环流熏蒸、谷物冷却等配套设备，粮库具有较强的应变能力，保管员可以及时发现储粮问题，采取措施，确保储粮安全。

（4）多数平房仓可实现低温储粮。我国多数粮库按照低温储粮的管理模式，利用平房仓大粮堆保温性好的特点，在干燥与寒冷的季节里通过通风方式降低粮温，待气温回升之前，做好仓房以及粮堆密闭工作，减少夏季仓外高温对储粮的影响。

（5）平房仓隔热性能差。尽管平房仓屋面增设了隔热层，但由于是向平面发展，而不是向空间发展的仓型，其仓顶和侧墙的受热面积较浅圆仓、筒仓的大，尤其房式仓的屋面透入的热量较多，占仓房总透入热量的 2/3 以上。这样在高温季节特别容易引起仓内温度过高的现象，尤其是南方地区的大型房式仓，夏季仓内屋面下的温度要比仓外高 2～4℃，最大可高到 6℃，突出的高温在仓房屋脊下三角形部位。热量积聚可使夏季仓温达到 45℃，粮堆上方 1m 处的仓温可达 40～41℃。在储存粮食时必须予以足够注意，特别是稻谷储存时，对粮堆实施压盖的措施，有助于保持粮食品质和延缓陈化。

（6）仓房密闭性能差。平房仓门大、窗多、孔洞难密封，拱板仓的下弦板缝易漏气。这样储粮既容易受仓外不利环境条件的影响，又会使熏蒸毒气泄漏，降低杀虫效果。因此，在进行低温储粮、熏蒸杀虫时，必须对平房仓进行气密改造，或结合粮面隔热压盖，对粮堆进行“一面封”，以改善仓房的隔热密闭性能。

（7）进出仓作业效率低、劳动强度大。平房仓属平底仓，平房仓无法进行快速机械操作，虽适于机械在仓内移动，但储粮数量多，粮食不能自流出仓，只能采用移动式设备进出粮，并在进出仓过程中机械需前后不断移动，再加上仓内地坪上风道的影响，使得进出粮操作要比浅圆仓、筒仓麻烦得多，且工作效率也低。因此，平房仓只能用作长期储备仓。

（8）与老仓不同的储粮特性。大粮堆保温性好的特性既能维持粮堆内低温状态，又能造成引起粮堆内的积热难散，引起粮食局部发热霉变，而且比小粮堆、薄粮层严重得多。粮质较差时的机械进粮或窗口补粮都会引起杂质严重分级，埋下储粮不安全的隐患。在大粮堆管理中，保管员要高度重视做好控制入仓粮质和通风降温散温工作。

2. 筒仓的结构与储粮性能

筒仓是指平面为圆形、方形或多边形储存散粒物料的直立容器。目前粮库主要使用的筒仓有钢筋混凝土筒仓、钢板筒仓和砖筒仓三种主要形式。在 1998 年以来的新仓建设中，主要发展的是钢筋混凝土筒仓，在东北还建有部分砖筒仓，但砖筒仓不再是发展方向。钢板筒仓主要用于中转或加工企业的原料仓。

1）筒仓的结构

钢筋混凝土筒仓强度大，耐久性好，抗震性好，是较现代化的仓型。但是这种仓型造价高，设计和施工周期长。目前我国建造的粮食筒仓直径为 8～12m，筒仓底部形式一般为漏斗型，装粮高度为 25～35m，筒壁厚度约为 20mm，一般采用滑模施工法，筒仓气密性较好。

筒仓群一般采用行列式排列方式，纵向为行，横向为列，四个相邻筒仓之间的空间称为星仓，亦可储存粮食。行列式排列时，通常行数取 2～4，列数取 4～8。当仓容量超过 35 000t 时，可采用双翼式布置，即在工作塔两边布置筒仓群。筒仓的进出仓方式与深粮层仓型类似，筒顶、筒底都安有水平输送设备，工作塔内安有垂直提升、清理、称重和除尘等设备，构成整个筒仓群粮食的接收、发放与倒仓系统。与平房仓、浅圆仓等仓型不同，筒仓为全自流仓型，打开筒仓底部的卸粮闸板，筒内粮食可完全自流出来，无须人员再进仓清理（图 4-2）。

图 4-2　立筒仓

钢板筒仓（图 4-3）由镀锌薄板或波形钢板制成，它具有自重轻，对基础要求低，造价低，标准化程度高，施工期短，用途广泛，便于实现机械化与工厂化生产等特点，但隔热和抗震性能较差。使用钢板筒仓储粮时，粮质要好，水分要低，要特别注意筒仓内外温差引起的结露和夏季南方地区过高的仓温和粮温。

图 4-3　钢板筒仓

2）筒仓的储粮性能

（1）筒仓的机械化程度高。由于筒仓顶部与底部均有输送设备，筒仓群的工作塔内设有提升、检斤、清理、除尘、控制等设备，筒仓的工艺流程使它能迅速完成粮食进出仓操作，有利于提高入库粮质，实现现代化管理。

（2）采用滑模施工方法。钢筋混凝土筒仓通常使用水泥等建筑材料，筒仓顶部有顶棚，筒仓锥斗与出粮口又高于地面。所以这种筒仓具有良好的密闭、防潮、防虫、防鼠和防火性能，有利于粮食安全储藏。

（3）筒仓储粮设施配套齐全。我国早期所建筒仓一般用于中转仓，缺乏必备的储粮设施。一旦粮食出现问题，只有采用应急措施倒仓解决，这样做既无法保证储粮安全，费用也较高。目前所建筒仓大都安装了粮情检测系统和多功能通风熏蒸装置，后者集筒仓的通风降温、环流熏蒸、减缓分级和卸粮减载等功能于一体，较好地解决了筒仓通风降温散湿、深粮层熏蒸杀虫、减缓进出粮时的分级现象和卸粮减载等问题，提高了粮食储藏稳定性，减少了筒仓的频繁倒仓次数，降低了储粮保管费用。多功能通风熏蒸装置是目前筒仓较为完善的储粮配套设置。若发现异常粮情筒仓还可通过机械倒仓保持储粮安全。

（4）筒仓直径小，筒体高。入粮时会形成严重的自动分级现象，在筒壁处形成环状的轻型杂质区，在落粮点处形成柱状重杂质区，杂质分级严重给安全储粮带来隐患。所以，强调筒仓入粮质量和入粮环节的清理，对做好筒仓安全储粮工作非常重要。中心管进（出）粮可以有效减少进出粮操作时的自动分级现象。

（5）钢板筒仓壁薄，导热性好。筒壁处粮食易受外温影响，仓内外温差易导致粮堆水分转移，在仓壁处或粮堆表层形成结露。因此，钢板筒仓一定要配置通风系统，改善筒仓的湿热环境。另外，钢板筒仓的仓壁与仓顶的结合处有缝隙，影响筒仓的气密性与熏蒸杀虫效果。钢板筒仓常用作中转仓或加工厂的原料仓，不作长期储粮。

（6）筒仓基本上是一种密闭仓型，通风不良。应注意粉尘浓度高的场合，特别是工作塔内，凡在粮食震动或有落差处尘源产生的地方，都要采取除尘措施，严防粉尘爆炸。电器应采用防爆型的，凡有火星产生的维修工作都应在停机状态下进行。

(7) 筒仓属自流型仓型。若粮食出仓筒内发生结拱现象时，应停止出粮，采取措施破拱后，再继续出仓。可通过观察粮面上有无蜗旋现象产生来判别结拱现象的发生。另外，当筒内粮食在出仓时，应严禁任何人员到流动的粮面上，以防发生危险。

(8) 筒仓储粮管理中的注意点。在筒仓群储粮时，必须预留空仓用于紧急倒仓；筒仓储一年时，需打开出粮口少量出粮，松散中心管内的粮食，以防管内粮食结块，出不了仓；从筒仓下部进风通风时，应用筒仓下部室内的温度与粮温比较，而该温度远高于室外温度。

3. 浅圆仓的结构与储粮性能

浅圆仓是我国近年大力发展的一种新仓型，它具有储存量大、造价低、施工期短、进出粮易于实现机械化操作等特点。

1) 浅圆仓的结构

浅圆仓直径较大，一般为 25～30m，仓壁为钢筋混凝土结构，厚度为 250～270mm，檐高 15m，装粮 5600～8000t。浅圆仓采用钢筋混凝土条形基础，仓顶为乙烯夹心预制装配整体式钢筋锥面薄壳，坡度为 30°，也有采用现浇薄壳结构和其他保温材料的。浅圆仓也可采用镀锌钢板结构。图 4-4 为浅圆仓的外观。

图 4-4 浅圆仓

在浅圆仓的仓顶上中心设有 1 个入粮口，在仓顶上一般设有 4 个自然通风孔、4 个轴流风机孔和 1 个进人孔。浅圆仓内壁上应安装爬梯，供保管员粮情检查时，从仓顶进人孔上下用。每座浅圆仓有 1 或 2 个双层仓门，外门为密闭防护门，内门为可多层开启的钢结构弧形对开挡粮门，可根据仓内粮面高度变化分层开启和关闭。每扇挡粮门下部开有 1 个紧急出粮口。

与平房仓一样，浅圆仓配有多种仓储设施。在 1998 年所建的浅圆仓地坪上布有放射形或梳形两组地槽风道，每组风道有 1～3 个通风口，以 1 个通风口为好。浅圆仓底部设置有一条输送通廊，沿通廊方向在浅圆仓地坪上开设 5 个卸粮口。浅圆仓的进出粮方式与筒仓相似，仓顶、仓底安有水平输送设备，工作塔内安有清理、检斤、垂直提升设备。但浅圆仓为平底仓，卸粮时，大部分粮食自流出仓，仓内残余的粮食需人工或机械进仓完成。

2）浅圆仓的储粮性能

(1) 储量大，占地面积适中。浅圆仓机械化程度、吨粮单位造价略高于平房仓但远低于筒仓，且随着浅圆仓直径的增大，其造价就越低。

(2) 浅圆仓的粮堆要比平房仓、筒仓的更大，其保温性能——保冷性与湿热扩散性更加突出。在生产中，要利用它有利的一面，按照低温储粮模式管理好浅圆仓的储粮，同时要注意它不利的一面，防止粮食水分转移引起发热霉变，造成损失。

(3) 浅圆仓体高度在14m以上，入粮时粮食落差较大，现有的布料器质量尚不过关，自动分级现象要比平房仓严重。所以把好入仓粮食的质量关，保证其杂质少、水分低于当地安全水分值，对做好浅圆仓储粮工作非常重要。

(4) 我国新建的浅圆仓配置了粮温检测、通风降温、环流熏蒸与谷物冷却系统。这些配套的储粮设施为浅圆仓安全储粮提供了可靠保证，也提高了粮库的应变能力。

(5) 浅圆仓进出粮机械化水平比平房仓的高，比筒仓的低。出仓自流后残余的粮食可用清仓机械或吸粮机等设备完成。从提高粮食发放速度、降低粮食流通成本来讲，浅圆仓要比平房仓更具有优越性。

(6) 从生产应用效果来看，混凝土屋面结构浅圆仓的气密性、隔热性能等方面都好于彩钢板屋面结构的浅圆仓，因此，建议粮库建造混凝土屋面结构的浅圆仓。

(7) 浅圆仓与筒仓一样，同属自流型仓型，在粮食出仓时，严格禁止人员到流动的粮面上去，以免发生危险。

尽管浅圆仓在我国使用时间不长，但已显示出储粮的优越性。从2003年3～10月国家粮食局组织的对全国三批建仓招标设备的后评估中可以看出，除华南地区外，各地对浅圆仓尤其是其储粮稳定性好较为认可。

4. 楼房仓

楼房仓实际上是一种多层的房式仓，早在20世纪20年代我国就有使用，常作为粮食加工厂的成品库，仓内粮食多为包装。虽然楼房仓造价高，一次性投资大，但由于其可以充分利用空间，节约用地，近10年来在我国一些土地资源紧张的大城市，如上海、广东、珠海等地兴建了一些楼房仓。

1）楼房仓的设计要求

楼房仓由于造价高投资大，为了提高其经济性，在设计时应充分提高建筑面积的利用率，减少不必要的辅助面积。一般新建楼房仓的建筑面积利用率不低于80%，改建、扩建的楼房仓不低于70%。同时，在仓内堆垛时，仓内面积的利用率应大于65%，一般堆垛距外墙0.5m，距内墙0.3 m，距柱子0.1m，垛间主通道2～3m，垛间支通道1m。另外，在楼房仓的设计中还应综合考虑通风性、采光及输送的经济性。

2）楼房仓的平面设计

楼房仓的平面形状力求简洁、规则，多采用矩形或矩形组合形式。楼房仓的平面尺寸受仓内固定或移动式机械设备布置形式及包装粮堆垛方式制约。跨度和开间的确定应充分考虑仓房结构、建筑材料、施工技术及经济性等因素，并要考虑一定的发展余地，可不受模数制的限制，采用的柱距有 3.9m、4.0m、4.2m、6.0m、6.5m、7.0m、8.0m、9.0m 等多种；采用的跨度有 6.0m、6.5m、7.0m、7.5m、8.0m、9.0m 等多种。

楼房仓的平面布置要考虑仓房、电梯、楼梯、滑道、通廊等部分的相应位置。仓房的平面布置方式有单体式和分离式两种。单体式是仓房作为一个单体建筑物布置；分离式是将仓房分成几个单体建筑，中间用通廊相连。

另外，楼房仓的粮包垂直输送主要是靠电梯，电梯的位置有集中式和分离式两种。集中式是将电梯间设在仓房的一侧，紧靠仓房，或将电梯间直接设在仓房内；分离式则电梯间与仓房相隔一定距离，中间以通廊相连。

3）楼房仓的层数与层高

楼房仓的层数应根据工艺流程、建仓投资及经济性等因素确定。加工厂成品仓，粮食进出频繁，易采用较少的层数。一般的楼房仓以四层为宜，不应超过六层。楼房仓的层高则根据堆垛高度及堆拆垛机械化水平而定，粮垛顶面以上的净空间高度一般以 1.4～1.8m为好，层高范围多数情况在 4～6m，各层层高可以相同，也可以不一样，首层可采用较高的层高。

4）楼房仓的结构

楼房仓目前采用的结构主要有混合式结构和框架式结构两种。混合式结构常指由不同建筑材料制成构件所组成的建筑结构，此时楼（屋）盖常采用钢筋混凝土，墙体则采用砖砌体。框架结构为由梁、柱构件通过节点连接而构成的空间结构。多层框架式结构可采用钢筋混凝土、钢或合金材料建造，在我国采用较多的是钢筋混凝土材料。这种框架结构具有强度高、抗震性好、耐火性好、造价低等优点。

5）楼房仓的螺旋滑道

楼房仓的进出粮工艺较为特殊，进仓多采用电梯、单包提升机，出仓多采用电梯、单包提升机及螺旋滑道。螺旋滑道是利用重力及惯性离心力使放于滑道表面的粮包自动螺旋下滑，不需动力，经济安全，是楼房仓经常采用的出仓方式。但是，螺旋滑道的设计一定要合理，主要技术参数的选择要合适，否则螺旋滑道便不能正常工作。

5. 油罐的类型与性能要求

1）油罐的类型

（1）钢板油罐。钢板油罐是目前建造使用较多的一种油罐，由薄钢板焊接而成，呈圆筒状。其优点是容量大，防渗和耐酸性能好，但隔热性能差。

（2）钢筋混凝土油罐。这种油罐分地上、半地上、地下三种，其特点是容量小，防火、隔热性能好，防渗和耐酸性能差，造价也较高。

（3）砖石油罐。其优点是可就地取材，节约钢筋水泥；缺点是容量小、易渗漏、整体性能差。

2）油罐的性能要求

（1）防渗漏性能。主要是使用结构严密的材料（如钢板、高标号水泥等）建造，否则需要涂环氧树脂等防渗漏的涂料。

（2）耐腐蚀性能。因油罐内壁和底板常受油脂中的油酸侵蚀，引起脱皮破坏，故必须在油罐内涂耐酸砂浆或耐酸涂料，以防腐蚀。

（3）隔热性能。油脂受热容易酸败，因此，钢板油罐宜在外表喷涂反光隔热涂料，并在四周种树遮阴。

（4）防冻性能。油脂遇冷，就会凝固（特别是桐油），不易放出。因此，有条件或冬天温度低的地方要在油罐底层设置暖气盘管。输油管道到冬天也要有保温设施。

第三节　仓容的计算

通常计算仓容方法是在不损仓、不坏粮、不影响操作的前提下，合理地测定仓房的堆粮面积、高度和容积，最后根据粮种（容重）来确定仓容。

一、房式仓的仓容量计算

1. 散装仓容计算

1）平堆式仓容

仓容量计算公式为

$$Q = ABH\gamma \tag{4-1}$$

式中：Q——仓容量，t；

A——粮堆宽，即仓跨度，m；

B——粮堆长，即仓长度，m；

H——堆粮高度，m；

γ——粮食容重，t/m^3。

2）升萝式堆粮

这种堆粮方式实际是将粮食下部堆成一个长方体，上部堆成一个四棱台，如图 4-5 所示。仓容量计算公式为

$$Q = \gamma[ABH + 1/3h(ab + \sqrt{ABab} + AB)] \tag{4-2}$$

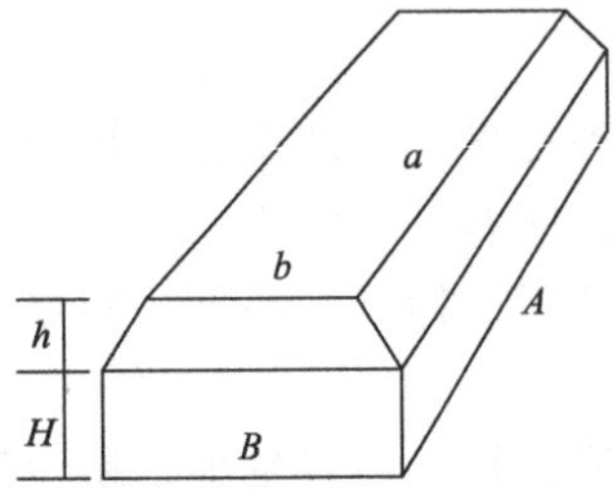

图 4-5　升萝式堆粮

a. 粮堆顶部长度；*b*. 粮堆顶部宽度；*A*. 仓房长度；*B*. 仓房跨度；*H*. 堆粮高度

式中：Q——仓容量，t；

A——仓房长度，m；

B——仓房跨度，m；

a——粮堆顶部长度，m；

b——粮堆顶部宽度，m；

H——堆粮高度，m；

h——四棱台高度，m；

γ——粮食容重，t/m^3。

2. 包装仓容量计算

包装仓容的计算公式为

$$Q=(AB/d)\eta ngH\gamma \tag{4-3}$$

式中：Q——仓容量，t；

A——仓房长度，m；

B——仓房跨度，m；

d——每包粮占地面积，m^2；

η——包装粮堆垛时地面利用系数，实垛取80%，通风垛取65%；

n——垛的堆高包数；

g——每袋包装粮的重量；

H——堆粮高度，m；

γ——粮食容重，t/m^3。

二、筒仓仓容量的计算

1. 单仓仓容量的计算

1）立筒仓

对于一般的堆底立筒仓（图4-6），可将每个仓分成两部分，一部分是筒仓上部分的圆柱体，另一部分为下部的圆台。在我国的储备库中，入粮后基本上要平整粮面，所以立筒仓的单仓容积可以按下式计算：

$$Q=[(\pi/4)d_1^2h_1+(\pi/12)h_2(d_1^2+d_2d_1+d_2^2)]\gamma \tag{4-4}$$

式中：Q——立筒仓单仓仓容，t；

d_1——筒仓直径，m；

h_1——筒仓圆柱部分装粮高度，m；

h_2——筒仓下部圆台高度，m；

d_2——粮堆顶部宽度，m；

γ——粮食的容重，t/m^3。

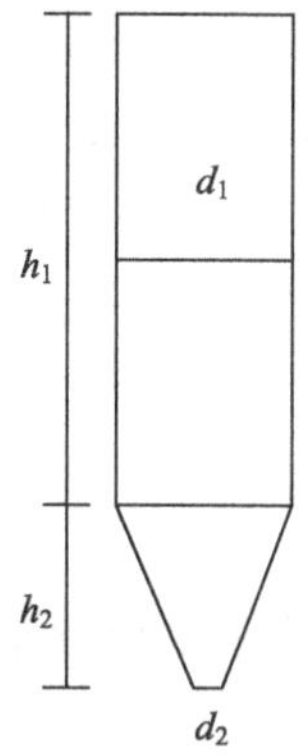

图4-6 筒仓示意图

2）浅圆仓

浅圆仓几乎全是平底的，所以单仓容量为

$$Q=(\pi/4)d^2H\gamma \tag{4-5}$$

式中：Q——浅圆仓单仓仓容，t；

d——浅圆仓直径，m；

H——浅圆仓的装粮高度，m；

γ——粮食的容重，t/m^3。

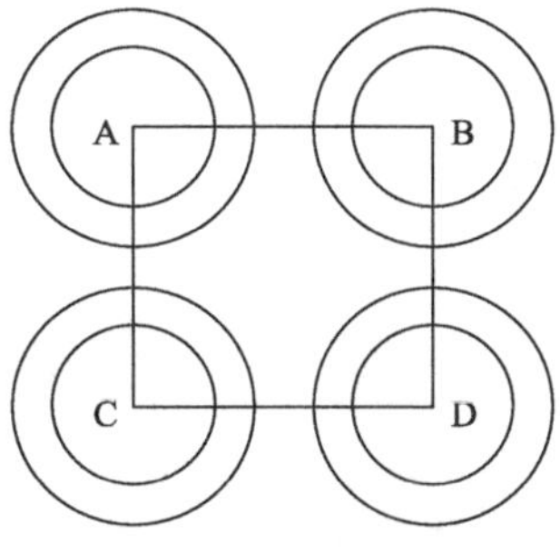

图4-7 星仓平面图

2. 星仓仓容量的计算

星仓一般是指由4个圆筒仓围成的中心仓，如图4-7

所示。由图 4-7 可知

$$A = A_1 - A_2$$

式中：A——星仓截面面积，m^2；

A_1——正方形 ABCD 面积，m^2；

A_2——4 个 1/4 筒仓截面积之和，m^2。

其中

$$A_1 = (d + \delta_1)^2; A_2 = \pi(d/2 + \delta_2)^2$$

式中：d——筒仓的直径，m；

δ_1——筒仓壁相切处的厚度，m；

δ_2——筒仓壁厚，m。

星仓仓容量为

$$Q = AH\gamma = [(d + \delta_1)^2 - \pi(d/2 + \delta_2)^2]H\gamma \tag{4-6}$$

式中：H——星仓装粮高度，m；

γ——粮食的容重，t/m^3。

3. 筒仓个数的确定

一般的筒仓群由十几个至几十个单筒仓组成，根据筒仓群总仓容和单仓仓容计算来确定仓群筒仓个数。筒仓个数的计算公式为

$$N = KQ/q \tag{4-7}$$

式中：N——筒仓个数；

Q——筒仓群的总仓容，t；

q——单个筒仓的仓容，t；

K——安全系数，一般取 $K=1.1$。

三、油罐容量的计算

油罐中储存油脂，油罐容量的计算公式为

罐容＝储油容积×90%×油脂密度

油脂密度一般按照 $910kg/m^3$ 计算。

思 考 题

1. 我国粮仓的种类有哪些？
2. 立筒仓的储粮性能如何？
3. 浅圆仓的储粮性能如何？
4. 高大平房仓的储粮性能如何？

第五章　粮油仓储管理

➢ **本章内容要点**

1. 掌握粮油堆放形式、粮情检查方法。
2. 掌握粮食品质控制指标。
3. 熟悉测温、测湿、测水等安全检测技术。
4. 熟悉“一符四无粮仓”与“一符四无油罐”。
5. 了解粮食仓储中计算机应用的相关知识。

第一节　粮油出入库管理

粮油入库和出库业务是粮油保管的两个重要环节。入库是仓储业务的开始，也是粮油保管工作的基础，只要做好这一阶段的工作，就为以后各阶段的工作奠定了良好基础。出库是仓储业务的结束，也是保管工作的完成。

一、粮 油 入 库

粮油入库通常包括入库前准备工作、接收入库、入库结尾工作三个环节。

1. 粮油入库前准备工作

粮油入库前准备是入库工作的第一个环节，主要包括仓房准备、制定粮油入库计划、配备和培训业务人员、空仓杀虫和仓储机械设备准备等。

在粮油入库前第一步是做好仓房的准备工作，要切实做好仓房和货位的清理、归并、检查、整修、空仓杀虫等工作，并按照入库计划，计算需要的仓房和货位的容量保证入库的需要。

在粮油入库前要组织有经验的人员深入粮油原产地，调查了解当年粮油生产情况，掌握粮油品种、质量、水分等第一手资料。并根据当年粮油的入库任务，结合本单位的具体情况通盘考虑，尽可能把库内粮油存放地点安排好，做到合理堆放，防止入库后再来回搬倒。在此基础上编制出切实可行的粮油入库计划。

在粮油入库前，对所有参加收粮工作的业务人员进行合理分工，根据本单位的具体业务和人员状况编制岗位。粮油入库一般设立接待、验质、检斤、开票、入仓、付款等业务岗位，各岗位要做到专人负责，分工协作。粮仓入库前，一般还要组织各岗位业务人员进行业务培训，学习有关方针政策、业务手续和粮油入库有关规章制度，详细讲解当年粮油入库的价格、质量要求、操作方法，严格训练，以进一步提高认识，端正态度，熟悉业务防止偏差。

空仓杀虫习惯上称为空仓消毒。空仓杀虫是在做好空仓清理的基础上，应用杀虫药剂对装粮前的仓房进行杀虫工作。与此同时，对空仓内的运输机械、装具、包装物、铺垫物、苫盖物等也要进行清理和杀虫处理。

空仓杀虫的药剂常用的有熏蒸剂、烟剂、触杀剂。熏蒸剂有磷化铝、敌敌畏；烟剂有敌百虫烟剂、敌敌畏烟剂；触杀剂有防虫磷、杀虫松、敌百虫、锌硫磷等。

粮食入库前，要准备好所需要的检化验设备、计量设备、输送设备、清理设备，以及安全储粮所需预置在粮堆内的粮情检测设备、机械通风设备和环流熏蒸设备等。

2. 接收粮油入库

接收粮油入库是关键性环节，主要包括扦取粮油样品、严格检验、准确检斤、分类入仓、结算付款、统筹安排等工作。

对于包装粮采取人工扦样的方法，使用包装扦样器，按来粮的总包数，随机对一定数量的粮包抽取样品；对于散装粮通常采用散装扦样器，按来粮量的多少，确定取样点的位置和取样量。常见的扦样工具有包装扦样器、散装扦样器、电动吸式扦样器、样品桶或样品袋、样品标签等。

严格检验是确保粮油入库质量的关键。为此，粮库必须组织有关部门和检验人员严格按照国家规定的粮油检验标准及操作规程，对接收入库的粮油质量进行认真检查验质，验质时可采用感官检验与仪器检验相结合的办法进行。

准确检斤是确保粮油入库数量的关键。它直接关系到企业、国家与个人之间的利益，也关系到收购任务的完成以及原始凭证和报表的真实性、准确性。为此，粮库必须组织计量人员对收购入库的粮油准确检斤，填好票据，指明送交仓号货位，经保管人员查收无误后，签署结算凭证。

由于入库粮油数量、品种较多，质量不一，入库时应根据粮油种类、质量、用途和储存等情况，堆放时做到“五分开”，即不同品种分开、质量好坏分开、干粮与湿粮分开、新粮与陈粮分开、有虫粮与无虫粮分开。

收购粮油的结算一般包括核对结算手续凭证、支付粮油价款等工作。业务人员应依据检斤人员和检验人员核定的数量、品种、等级、价格，准确结算各种粮油价款，做到方便群众、不拖不欠、不打白条、准确及时。

粮油收购入库往往是集中性与分散性、突发性和间歇性相统一的业务过程。针对这一入库特点，粮库应根据商品流转计划要求，对粮库内部的人力、物力进行统筹安排，切实做到在劳动组织上合理调度、专兼结合、统一指挥；器材装具上加强管理，及时周转，保证供给；在仓容能力和存货场地上统筹规划，积极挖潜，合理摆布。尤其是在入库高峰期间，粮库应延长工作时间，随到随收，当日粮车当日卸完，避免拥挤、积压和混乱，确保粮油入库工作有条不紊地进行。

3. 粮油入库结尾工作

粮油入库结尾工作主要包括核准数字、建立账卡、全面检查、平整粮面等。

在粮油入库期间，保管、统计、会计等有关业务部门要每天核对确认入库数量，每月要进行一次结算，做到“日清月结”。当一仓装满时，要对该仓粮食进行一次全面核对，保持“三账”相符，发现问题及时处理。

所有入库的粮油，都必须及时登记账卡，不准有任何账外粮油。保管账卡主要有储备粮（油）专卡、分仓保管账和保管总账三种。

粮油入库结束后，粮库要组织一次全面检查，检查内容包括粮油质量、堆装形式、堆高以及各点温度、虫害等情况，并及时记入粮情检查记录簿中，作为入库粮油的原始依据。

粮油入库结束后，还要对现场进行一次全面清理，包括平整粮面、清理器材用具、布设测温电缆或测温杆，并从仓内到仓外全面彻底进行一次清洁卫生大扫除，真正做到“仓内面面光，仓外三不留”，然后划定清洁卫生责任区，保持清洁卫生经常化。

二、粮油出库

粮油出库工作包括出库前准备、出库发运、出库后收尾工作三个环节。

1. 粮油出库前准备工作

（1）科学编制粮油出库作业计划。粮库应根据上级主管部门下达的商品流转计划，结合业务经营需要和能够利用的合理运输方式及条件，科学地编制粮油出库作业计划。在数量、品种、质量上，坚决维护国家计划的统一性和严肃性；在人力、物力、财务安排上，拟定出切实可行的组织措施；在发运方式、路线、时间上，规划合理的运输方案，从而使编制的计划更具可行性。

（2）做好粮油清点整理工作。油出库必须贯彻“推陈储新”和“好粮外调”原则，认真组织人员按照国家规定标准做好品质检验、除杂净粮、挑选整理等发货准备工作。凡不符合质量的粮油，不能外调。对议价经营的粮油，其质量应严格按照购销双方签订的购销合同中有关质量标准条款执行。

（3）准确称重、定量包装。采用包装发运的粮油，必须准确称重，并按粮油调运规定实行定量（包）桶，事先装好，等待发运。粮油包装必须符合安全运输要求，装具缝口要逐步淘汰人工“死扣缝包”法和“叠口活扣缝包”法，推广应用手提式缝包机缝口。对散装发运的粮油，也应铺垫或苫盖好车体、船体。

2. 出库发运工作

（1）周密组织好发运作业。粮油装车（船）之前，发运单位应指派专人，会同承运部门人员，认真检查车（船）和粮油是否符合安全运输标准，若发现问题应及时处理并向上级汇报，做到“五不装”，即车体、门窗、船底、船帮不完好，无苫盖物、铺垫物或雨天无防雨设施，可能造成撒漏、湿损的不装；装过毒品、化肥、农药或有异味的车（船），未经洗刷消毒或虽洗刷仍易造成污染的不装；车（船）内未经清扫或虽已清扫，但仍不干净的不装；发热、污染、变质和不符合调出品质的粮油不装；装具破漏、缝口不符合规定或桶盖不严的不装。若属于粮油和包装不符合要求的应立即整理或调换；属于车（船）状况不好的，应及时与承运部门联系调换。如果发粮方不检查车（船）状况，一旦造成损失，均由发粮方负责。

（2）装车（船）时，要会同站（港）现场工作人员认真点件计量交接清楚，做到一车一船（大船按舱）一单一清。要注意一车（船）尽量只装同一品种、同一等级、同一定量包（桶），不同品种、等级、数量的不得混装。不得已要混装时，必须在包（桶）上明显标记，并在发货明细表上注明。食用油与非食用油严禁混装，以防污染中毒。如不按上述规定，因此而发生的挑选费用以及称重整理费用，均由发粮方负责。

（3）对于整车整船装运，要求车（船）要装足吨位或容量，注意做到包口朝里，桶口朝上，堆码整齐，苫盖严密，捆绑牢固，棚车要关好门窗，封好铅封。车（船）装好后，发粮单位要按实装品种、数量以及粮油品质检验结果，按一车一船为单位，填开发货明细表及质量检验报告，随车（船）交收货单位。如遇特殊情况，不能随货同行的应改用快邮补寄，并在发货当日电告收粮方准备接收。若用铁路专用线或专用码头自装车（船）时，应在运输单上加以注明，以便分清事故责任。

3. 出库后收尾工作

每当一仓、垛、堆的粮油出清后，应及时计算损耗（溢余），并认真填制保管损耗（溢余）报告单，进行核报处理。组织人力清理铺垫器材，打扫仓房场地，整理地脚粮，登记账目，做到出一仓、清一仓，账货相符。

第二节　粮油的堆放管理

粮油在储藏期间的管理是指粮油商品经过入库验收后，进入在库保管阶段的管理。它是粮油仓储业务的中心环节，其业务范围包括：粮油的合理堆放、储粮安全检查、虫霉防治、安全保管、损耗管理以及开展和巩固“一符四无粮仓（油罐）”等一系列业务经营活动。

一、粮食的合理堆放

粮油入库后，应根据粮仓的类型和性能、粮油的品种质量以及用途、存放时间、入仓季节等具体情况，综合考虑选择合理的堆放形式。粮油堆放，若以存放场所分类大致可分为仓内堆放与露天堆放；若以堆放形式又可分为散装堆放和包装堆放，而包装堆放又可分为实垛和通风垛等形式。

1. 仓内散装堆放

1）全仓散装堆放

此法适用于结构牢固、地坪和仓墙不返潮的仓房。其优点是不使用包装器材，可以充分利用仓容，节省麻袋，便于扦样和检查，但全仓散装必须注意仓房建筑的牢固程度，对于包装仓以及墙壁单薄的平房仓，不宜采用。对散装数量大、质量好、常年储藏的干粮及冬季冷冻储藏的潮粮，可直接将粮油靠墙散装，其堆粮高度可根据粮油质量、储藏时间和仓房条件来确定。堆粮高度一般为 4～6m，不超过防潮层高度和装粮线。图5-1 所示为全仓散装粮堆示意图。

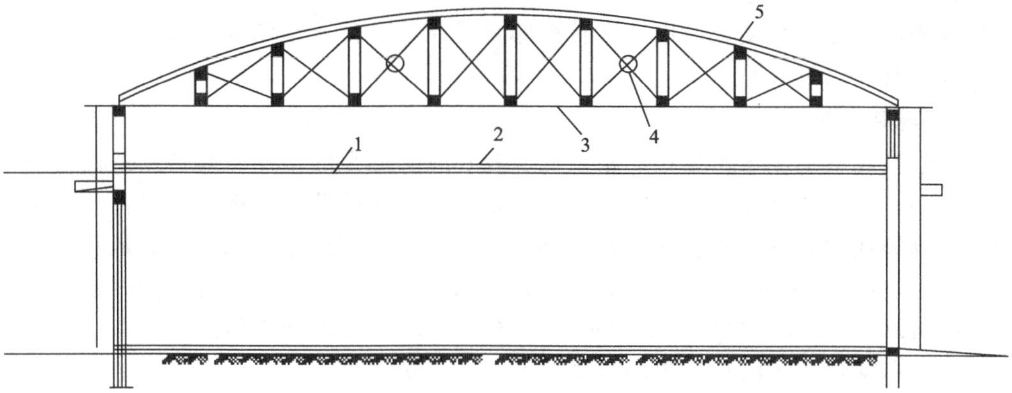

图 5-1　全仓散装粮堆示意图

1. 装粮线；2. 密封槽；3. 下弦板；4. 刚流风机；5. 上弦板

2）围仓散装堆放

围仓散装是用装粮的麻包、编织袋或草包砌成围墙后，将粮食散放其中的一种堆放形式。对于结构不牢固、易返潮的仓房，或粮油质量好但数量少以及仓房大而储藏粮种多的情况，均可采用围仓散装堆放。它适用于仓墙结构单薄或无防潮层的仓房。这种方法的优点是可以完全避免因粮食侧压力而发生仓墙倾斜或崩裂，避免粮食受墙壁渗水返潮等影响；缺点是挤压一部分包装材料，堆垛操作要求较高，如操作不好，有时会倒垛，造成事故。

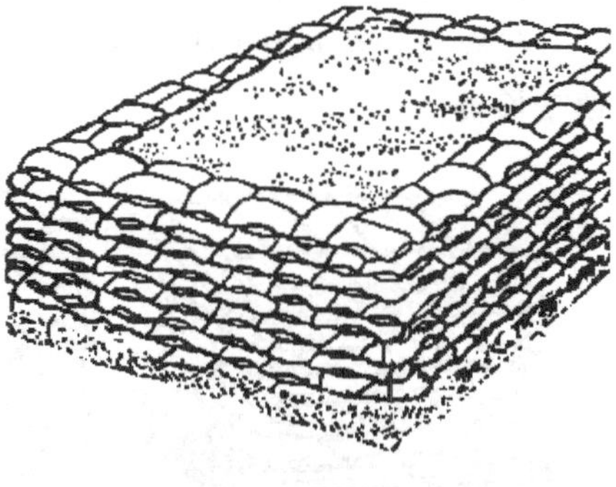

图 5-2　围仓散装粮堆放示意图

围仓散装堆放的具体做法是：用麻袋装粮，码成围墙，边打围墙边倒粮，如图 5-2 所示。围墙的高度和厚度要根据粮油的散落性大小来确定，散落性小的围墙可适当高些、薄些，如大豆、小麦可堆 11 包高，稻谷可堆 13 包高，一般 1～5 层堆一包半的厚度（即横一包直一包），5 层以上减至一直包，要求包包扣紧，层层骑缝。自下而上，每层收进 3cm，以加强围墙的强度。

3）小囤打围散堆放

小囤打围常用于对小批量粮油、小品种、小杂粮的堆放。其具体做法是：用茓子围作许多直径 1m 左右的互相靠紧的小形茓囤，以此组成围墙，中间散装储粮。如圆囤增高，每个圆囤的直径可适当加大，如图 5-3所示。

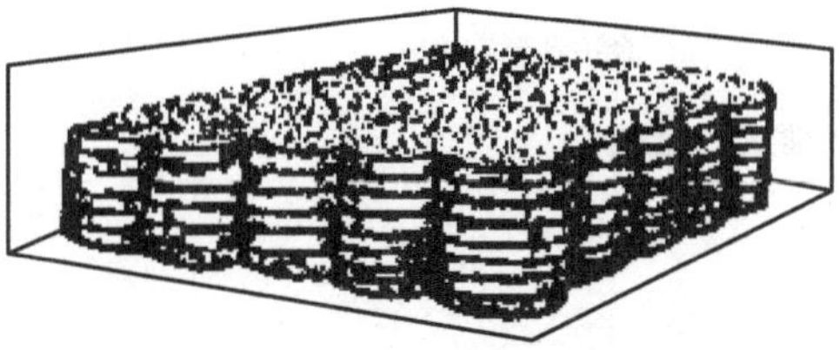

图 5-3　小囤打围散装堆放示意图

2. 仓内包装堆放

包装堆放通常采用麻袋或面袋装粮码成

粮垛。此法虽然费用和仓容利用方面都不经济，但由于包装储藏有利于粮油的装卸、运输、通风降温和保持纯度，所以在中转粮库及成品粮、种子粮储藏时采用较多。包装堆放的形式通常有以下几种。

1）实垛包装堆放

实垛包装堆放适用于水分小、粮温低、较长时间储存的粮油。其特点是粮包挤靠紧密，空隙小，不易受外界湿热空气影响，能较长时间保持低温，有利于保管。实垛包装堆放是用麻袋或面袋堆码成实垛，长度不限，随仓房情况而定，宽度一般是四列（所谓"列"是粮包的长度为准），也可堆成二列、六列、八列等。高度要看粮种而定，大米四列以上的可堆 18 包高，二列的不宜超过 12 包高；稻谷可增加 1 包或 2 包高；大豆、小麦、糙米等散落性较大的粮种要酌情降低堆高，以防倒桩。

实垛的特点为粮包挤靠甚紧，包间孔隙小，受外界空气影响较弱，一般适用于长期保存干燥的粮食。在低温季节，对水分稍大的粮食（水分含量 16%以下的原粮），亦可短期使用。

2）通风垛包装堆放

通风垛堆放形式通常有半非字形、工字形、井字形、口字形、金钱孔形等，如图 5-4 所示。因为堆垛包间空隙大，便于通风、散热、降温及粮情检查，所以适用于保管水分大、温度高的粮油，尤其适合秋冬季储存高水分大米。

仓内包装堆放方法，可根据季节、粮质和储存时间等具体情况选用，注意节约仓容，一般要求包装堆距墙壁不得小于 0.5m，堆与堆之间留 0.6m 以上的间隙作为走道，以便于检查。

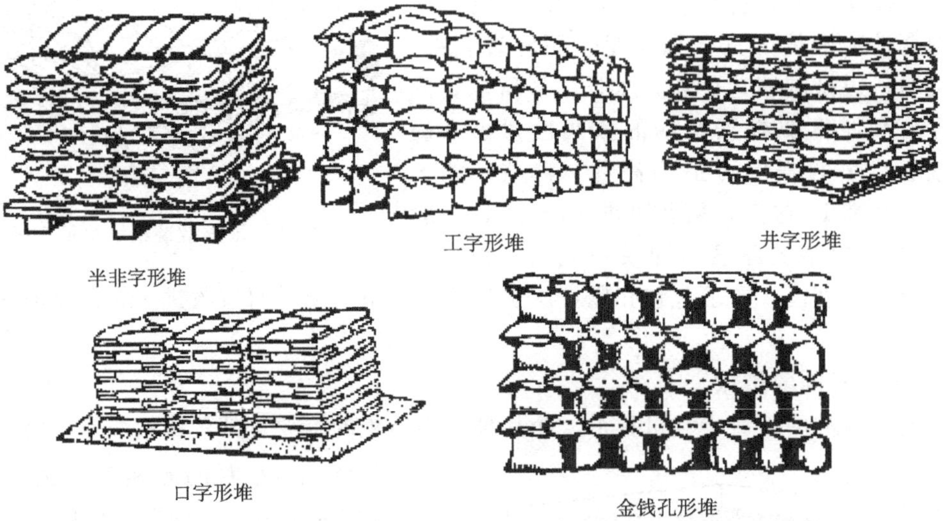

图 5-4　通风垛包装堆放示意图

3. 露天堆放

露天堆放是指将粮油堆放在仓房外面、用防雨设施包围粮堆的储粮方式，它是在储粮任务大、仓容不足时采用的一种堆存方法。该法极易受到外界环境条件影响，不利于防潮、防霉、防虫、防火和防鼠雀。同时耗用的器材也较多，保管费用较高。目前较多使用的露天储粮有露天包装、围包散装和做囤散装等几种形式。近年来，新开发了钢筋囤、土堤仓、软体仓等散装储粮设施。露天堆放应首先做好堆基，然后按一定方式堆放，再进行苫盖。

1）露天堆放的堆基

露天储粮堆基应具备防潮、防鼠、防虫和通风性能。露天堆基可采用圆木、方木、条石、毛块石、砖砌、混凝土等材料。用木块、石块、混凝土预制块搭起的可移动堆基。

无论建造何种结构形式的堆基，都要有适当的高度，且光滑，以便防潮、防鼠。堆基周边最好用 1m 高的玻璃钢或矿渣瓦作防鼠裙。同时，要设置通风道，通风道应在建造堆基时一并完成。在堆粮之前堆基上还要铺设防潮材料，如塑料薄膜、沥青油毡、席子、旧麻袋、草帘、林桔等。

2）露天堆放形式

露天堆放形式包括露天包装和露天散装等形式。露天包装是指用麻袋装粮在室外堆垛。该法适用于临时性存放，可分为实堆与通风堆两种形式，如图 5-5 和图 5-6 所示。露天散装又可分为露天围包散装和露天圆囤散装两种，如图 5-7 所示。此外，还有露天圆囤散装形式，如图 5-8 所示。

图 5-5　露天包装实垛堆放示意图

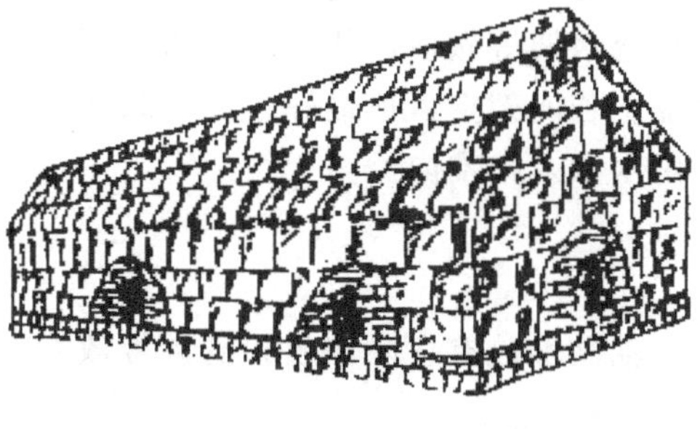

图 5-6　露天包装通风垛堆放示意图

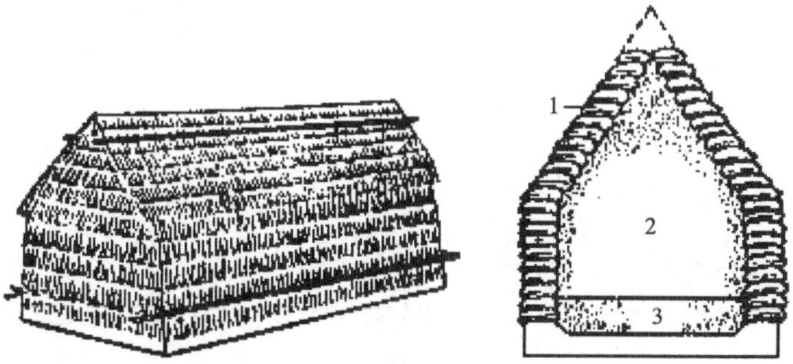

图 5-7　露天散装堆放示意图

1. 草包；2. 储粮；3. 苔糠

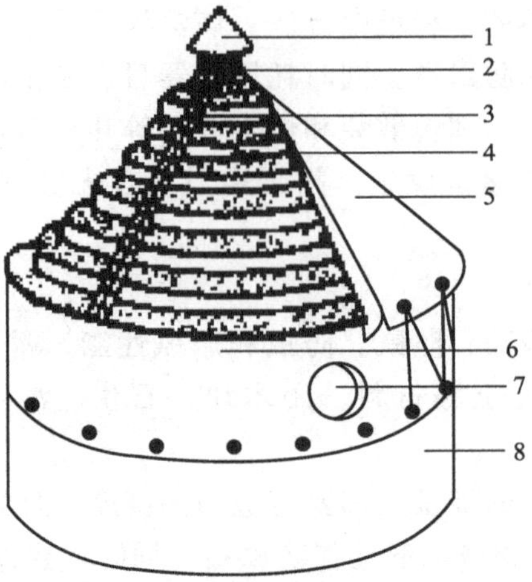

图 5-8　露天圆囤散装堆放示意图

1. 出气孔帽子；2. 出气孔架子；3. 龙骨架；4. 圆台；5. PVC 双面涂塑革；6. 囤围；7. 通风口；8. 玻璃钢围裙

3）露天储粮苫盖

堆身的苫盖主要是利用篷布、芦席或稻草、麦秸、草帘等进行挂围。堆基周围有沿台的，挂围材料应盖过沿台；堆基周围无沿台的，挂围材料要盖住堆基 10cm 左右；有防鼠裙的，挂围应盖过防鼠裙 5cm，以防雨水渗入。囤装粮时囤顶不要装满，用粮包、糠包或木架等做顶，使堆的苫盖物不与限油直接接触，然后用篷布、芦席、草帘等材料苫盖。若能架空苫顶最好。苫顶时要注意坡画平整，坡度不小于 45°，中间无凹陷，以防雨水渗入粮堆内。

二、油品的堆放

油品堆放有仓内堆放和露天堆放两种形式，以仓内堆放为宜。

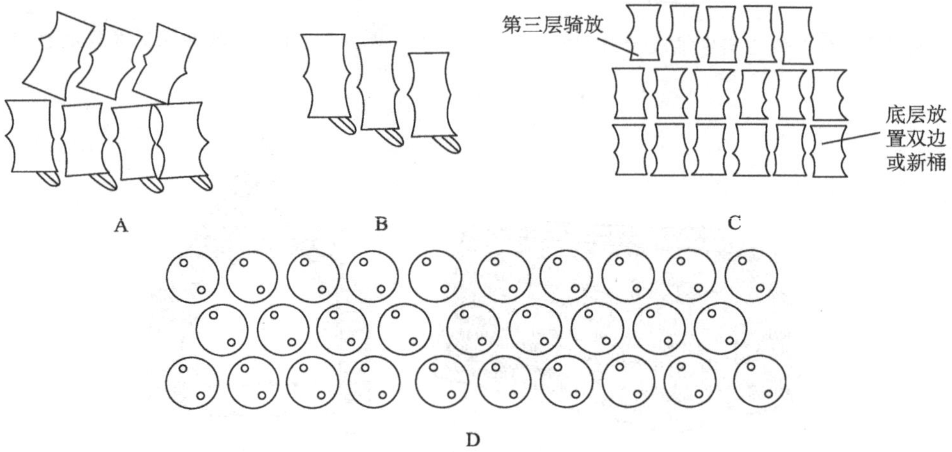

图 5-9　桶装油品的堆放形式

A. 上列放法（斜放）；B. 一列放法（斜放）；C. 多层堆放法；D. 品字形堆放法

仓内堆放一般是将油桶直立2层或3层，上下层要交错骑缝，呈品字形堆，以免压坏底层油桶。油品仓房要低温、干燥、无光，桶底要有铺垫，以防桶底腐蚀漏油。露天堆放时，油桶要斜立堆放，即桶底的一侧用枕木垫高，桶身呈10°倾斜，使桶盖在斜面两侧，以防雨水侵入（图5-9）。要注意做好防雨浸、防日晒、防冷冻和“推陈储新”。各种不同品种的油品，要按等级、类别、用途分别堆放，严格区分食用油及非食用油。

第三节　储粮品质控制与管理

储粮品质的控制是粮食储藏技术及管理技术的中心任务、重要任务和主要目的，粮油储藏的最终目标就是控制粮油品质变化，最大限度减少粮油收获后的损失。

一、品质控制

1. 实行分级制

储粮的好坏主要取决于粮食的原始品质及其以后保管措施。粮食的原始品质又主要决定于粮食品种、完善粒状态、杂质和水分。不同的品种，由于其成分不同、品质不同，用途也不同。即使是同一品种，由于含完善粒及杂质的比例不同，其耐储性能及加工出的产品质量也不同。因此，为了保障加工产品质量的一致性，为了更合理地利用粮食，有必要对收购的粮食进行分级分等，分别管理，即应建立分级制度。

分级制有利于储藏管理及品质控制，但在应用过程中也会带来新的问题。在建立分级制以前，无论品种是否一样、杂质多少、水分高低的粮食均混杂储存在一起，这种简单的做法有其有利的一面，即可以最好地利用运输工具和仓房；同时粮食的供销及流通问题也较简单，只需一个“一般平均品质”标准，使粮食的检化验工作简单化，并易于操作。但不建立分级制度不利于品质控制，也不利于各类粮食的合理应用。相反，如果分级太细、太多，在应用中也会出问题，如把粮食划入正确的级别，需要高素质、高技术水平的检验人员，供销流通也变得繁琐、复杂，所以，分级应适当，应根据运输工具、仓房条件、检验技术人员的水平，确定合理的分级级数，并同时推广优良品种，在一个地区应适当限制品种数量，以利于分级制的建立。

1）品种控制

品种决定粮食品质，因此粮食品质控制应从品种控制做起。这应由种子部门培育优良品种，在政府部门登记注册，再由农业部门试种推广。不同地区可推广不同品种，但同一地区推广的品种不宜太多。粮食品质的好坏也应综合评价，即注意到的工艺品质品种不宜过多。所谓优良品种，它有着不同含义和内容，但一般来说，应是产量高，抗病（虫）害性能强，粮食品质好。目前在优良品种的培育过程中，常常忽略粮食品质，这是不正确的，也应考虑到食用品质和营养品质。在品种的推广过程中，应充分运用市场调节或价格政策，加大力度。

品质在粮食分级制度中之所以重要，是因为不同品种有不同的原始品质，它影响着其加工产品的质量，但对储藏本身影响不大。就是说如果有两个或几个品质相似的品种相混杂，对以后的储藏来说不会有什么影响。但也有例外，如制芽大麦应按品种分开储存，因制芽时，品种不同制芽条件有所不同。

2）不完善粒与含杂量

粮食的品种只影响其原始品质，而不完善粒及杂质含量在粮食分级制度中更重要，这是因为它们不仅影响粮食的原始品质，而且还影响以后的储藏品质。因此，许多国家都有标准规定了不同等级粮食的不完善粒及杂质含量的最高限，在收购及以后的储藏期间，都应将不同等级的粮食分开储存，同类、同等的粮食才允许堆放在一起，一般根据不完善粒及杂质含量可将粮食分为好的品质、可以接受的品质和不可接受的品质三个等级。不可接受食用的品质，还可以作饲料。也有一些国家所设等级比较多，如加拿大把红皮春小麦设 10 个等级，但在同一个收获年内，10 个等级不一定都能用到。

粮食中不完善粒及杂质含量对加工品质和储藏品质都有影响。加工者要求干净的粮食，这样能生产出优质产品；粮食储藏者要求储藏干净的粮食，这样的粮食不易劣变。但粮食清理工作应该在什么地方进行更合理，在收纳库（收购点）还是在储藏库或加工厂。一般来说，粮食中不完善粒及杂质或称下脚料有 2%～4%。如果这种粮食从某收购点运到某储藏库储藏，或运到某港口库出口，每百辆车中就有 2～4 辆运输的不是粮食而是下脚料，似乎清理工作应当在收购点进行。但清理操作在使用大而复杂的不同类型设备来进行时，清理效率高，消费成本低，而只有在储藏库或港口库才具有安装、维修和保持合理稳定使用的能力。这样看来，清理工作应放在储藏库或港口库更合理。当然，如果清理工作在农村小收购点或农场（农户）进行，那将是低效率和高成本的。另外在收购点或农场进行粮食清理后，清理出的下脚料如何处理，是在原地出售还是定期用火烧掉？如果出售，能否售得出？若在储藏库或港口库，下脚料的市场问题是容易解决的，可将其中可食用部分分出作成饲料出售，其余的废屑压缩成板材出售。综上所述，小而密的收购点不利于担负清理工作，这项工作必须留给储藏库或港口库去做。但在收购点少而面积大的地区，这些收购站也可以担负起清理任务，下脚料应在当地出售。

3）含水量

水分含量的增加，不论在粮食的收购、运输，还是储存中都会带来高风险，因为水分是影响粮食储藏稳定性的最敏感因素之一。

粮食含水量的不同，会显著影响其散落性，并在感观上反映出的等级为“光滑”、“毛糙”和“潮湿”等。安全水分以下的粮食，干燥，散落性好，手感“光滑”；水分含量为 15%～17%的粮食，以手插入粮堆有阻力，感觉“毛糙”；水分含量在 17%以上的粮食，散落性差，手插粮堆有“潮湿感”。但一般在粮食进入储备库之前，正常情况下，均应将水分降至安全水分之内，以利于安全储藏。如果由于各种原因来不及干燥，应将高水分粮单独分开存放，但这并不是目的，分级的目的是入库后尽快处理，干燥降水。

尽快地使粮食干燥，以增进其耐储藏性能和减少运费，是选择干燥时机及场地的主要原则。通常在收获高水分粮食的国家里，比如说水分含量在18%以上，其干燥工作最好在田间进行，或者在农场或小收购点进行。如果干燥工作只是偶然的年份才有需要，个别农场或小收购点把资金冻结在干燥设备上是不值得的。在这种情况下干燥工作最好留给储藏库或港口库去做。遗憾的是，粮食在干燥过程中有可能受到损害，从而影响粮食品质。但在具有中心化验室的储存库或大的收购点，是比较容易控制干燥的，可以在不损害粮食品质情况下进行高效率干燥。

2. 粮食在流通环节的品质控制

1）农户的粮食品质控制

这里所说的农户是指那些随着我国农业现代化而出现的农业专业户，相当于国外的小农场主，也就是农户。其实每个国家的农民，不论处在什么发展阶段，不论发达国家的，还是发展中国家的，总是担负着粮食品质控制的主要责任，并且为粮食品质设立了上限。他们是粮食遗传品质（即粮食品种）的唯一控制者，因为当他们从现有的品种中挑选所需要的品种去种植时，就建立了粮食的这种遗传品质。这不是一件简单的事情，因为农民在选择品种时，必须权衡该品种的产量、抗病能力、品质及从中得到的好处等。其次，他们也是高质量粮食或低质量粮食的生产者，因为粮食质量的好坏，不单决定于品种，也和他们所采用的耕作、施肥、病虫害防治、收获时机，以及天时地利等各种因素有关。因此，为了得到好质量的粮食，必须从农民抓起，向他们推荐优良品种，必要时，要带有强制性；向他们传授科学种田技术，合理施肥，合理使用农药，适时收割，尽可能快的干燥，把收获的粮食按品种，等级堆放，不要混杂。

目前农村农户对储粮的品质及损失控制还很薄弱，从粮食品种来看，非常混乱，农民选用的粮种有时片面强调产量而忽略了其品质，有时选择带有很大的盲目性，粮食品种管理体制及制度都不健全，这是造成我国粮食品质一直较差的主要原因。

同时在我国农村一家一户的农民家中，现代储粮技术的实施有一定困难，这就造成了农民存粮品质差，损失大。不过这一问题引起国家及广大粮食科技工作者的高度重视，现在已有相当数量的专家和科研人员从事于农户储粮的研究，在今后的一段时间内，我国农户储存的粮食品质及损失一定能得到较好的控制。

另外，粮食在离开农户（农场）以前，农民对粮食只能做些初步的清理，他们没有能力做彻底清理，难免有些谷壳、稻草和杂草的种子混入粮食当中，有时还会混有泥块、石子之类杂质。但干燥工作应由农户来完成，这一方面是因为干燥机并不复杂，只要稍加改造可以适用干燥任何粮食；另一方面是粮食收获后应尽可能快地干燥，由农户进行干燥比集中起来到中心库或储存库去干燥要简单得多、快得多。特别是那些经常收割潮粮的地区，在农户（农场）进行粮食干燥是个经济的办法。但对那些在一般正常年份可以收割干燥粮食的地区，农户就没有必要准备干燥设备。

2）收纳库的粮食品质控制

收纳库是从农户收购粮食的场所，有时也作短期储存，但最终还是运往储备库或运往港口库出口或运往加工厂进行加工。收纳库的主要职责是把不同品质类别的粮食分开，分别堆放，以便根据需要把不同品质的粮食运往不同地方。当然，装卸、过磅、验质、付款也是其工作。收纳库应配备技术水平较高的验质员，根据分级制度要求，把不同级别、不同品质、不同水分、不同蛋白质含量的粮食分开堆放，以便外运时保证质量。大的收纳库还应担负起粮食的干燥和清理工作。

设立收纳库的地理位置也是比较复杂的，在理论上对于某一产粮数量一定的地区来说，收纳库的个数与收纳库的大小成反比关系。从现代化粮食储藏的角度出发，收纳库应是大一些少一些为好，只有这样收纳库才能发挥更大的功效，承担更多的功能，包括粮食清理和进一步干燥。

3）运输过程中的粮食品质控制

运输是粮食流通中不可缺少的环节，对运输过程中粮食品质的控制，由于情况比较复杂，所以难度较大。首先，运输工具种类很多，在我国多为汽车、火车、轮船及拖拉机等。其次，包装形式不同，主要有包装和散装两类，目前，我国以包装为主，特别是成品粮。但是，由于散装运输有利于发展良好的粮食供销流转体系，为实现粮食工业的机械化和现代化、自动化管理提供了有利条件，所以是目前提倡的，也是今后的一个发展方向。

无论运输工具如何，包装形式怎样，在实行分级制度的地方，运输过程一定要避免不同等级粮食的混杂，一旦混杂，下一站将无法处理，势必影响其后的品质控制。同时也应避免运输工具、装卸工具对粮食的污染。在运粮之前，对所有用具进行消毒杀虫，以免害虫感染。运输工具最好是粮食专用，免得有毒有害物质对粮食污染。如果不是专用运具，在使用前一定进行彻底清洗，确保安全。

4）储备库和港口库的粮食品质控制

粮食从收纳库用火车、卡车，有时也用船运到储存库储存或运到港口库出口或外运。储存也好，出口外运也好，都需要高质量粮食，因此储存库和港口库的主要任务是进行彻底清理，必要时进行干燥，以控制粮食品质。

在储备库中，一般粮食进行较长期的储存，储存期间，应根据粮食本身状况和所具备的条件，科学储藏管理，密切注意粮情变化，严格控制品质的变化速度。

3. “一符四无粮仓”与“一符四无油罐”

“一符四无粮仓（油罐）”是做好粮油仓储管理工作的一项重要标志。开展“一符四无粮仓（油罐）”活动，是贯彻“以防为主，综合防治”保粮方针的有力措施，是推动粮食仓储工作的重要手段。

1）“一符四无粮仓”标准

“一符”。指在库存粮油管理中做到三账（即保管账、统计账、会计账）与实物数量相符，没有擅自动用库存粮油的现象称为“一符”。

无害虫。仓房、露天囤（垛）、货场、车间（指库内附属车间，下同）及其存放的粮油、装具、器材和铺苫物料等全部达到“基本无虫粮”标准或相应标准的称无害虫。若粮油入库时，害虫密度超过“基本无虫粮”标准，但能做到隔离存放，并积极进行防治处理的也算无害虫。

无变质。储藏的粮油色泽、气味正常，没有发生生霉、劣变等污染的称为无变质。粮油因发热、生霉、劣变、污染等造成降等扣价，其数量未超过检查评定当月（季、年）平均库存的十万分之一，绝对损失数量未超过平均库存的百万分之一的，也算无变质。粮油入库时，经验质已有霉变、轻微污染或色泽、气味不正常，如能采取措施，使损失不再扩大的，仍可视为无变质。

无鼠雀。仓房内无鼠雀，也无鼠雀粪便、鼠迹、鼠洞、窝巢以及危害痕迹等，并有防鼠雀设施，露天储粮无鼠雀危害痕迹，均称无鼠雀。若仓房、露天垛内偶尔窜入鼠雀，但能及时发现，并将鼠雀驱捕的，也可视作无鼠雀。

无事故。除人力不可抗拒的自然灾害外，没有发生火灾、盗窃、中毒、粉尘爆炸、工伤以及粮油被虫蚀、变质等事故的称为无事故。但如发生上述事故后能及时发现，努力抢救，使国家财产基本不受损失，以及只发生轻微工伤并能及时检查原因、总结经验教训的，仍视为无事故。凡属舍己救人或为抢救国家财产而造成伤亡事故的，不列入事故范围。

2）“一符四无油罐”标准

“一符”。参照“一符四无粮仓”标准执行。

无变质。保管的食用或工业用植物油脂质量符合国家标准（无国家标准的按部颁标准或地方标准）的称为无变质。如油脂入库时，经检验证明已有轻微变质，入库后能及时处理，达到标准或采取措施控制变质发展的，也可视为无变质。

无混杂。保管的食用与工业用油脂以及不同品种油脂，都能按不同品种、等级严格分开存放，不掺混，并且装具有明显标志的称为无混杂。

无渗漏。保管的油脂没有发生泼洒、漫顶、跑油的称为无渗漏。如个别油罐（池、桶）发生轻微渗漏，但能及时采取防漏措施，其损失未超过 1t 的，仍可视为无渗漏。

无事故。参照“一符四无粮仓”标准执行。

二、粮食储存品质控制指标

为了及时掌握粮油储存品质的变化情况，适时“推陈储新”，国家规定了主要粮油储存品质控制指标，明确了主要储备粮油储存品质控制指标及技术要求。

1. 小麦储存品质判定规则

小麦储存品质指标见表 5-1。

表 5-1　小麦储存品质指标

项目	宜存	不宜存	
		轻度	重度
色泽、气味	正常	正常	基本正常
面筋吸水量/%	≥180	<180	—
品尝评分值	≥70	≥60 且<70	<60

粮食入库前，应逐批次抽取样品进行检验，并出具检验报告，作为入库的技术依据。入仓时，应随机抽取样品进行检验，并出具检验报告，取平均值作为该仓（垛、囤、货位）建立质量档案的原始技术依据。储存中，应定期、逐仓（垛、囤、货位）取样进行检验，并出具检验报告，作为质量档案记录和出库的技术依据。

检验结果显示色泽、气味、面筋吸水量和品尝评分值均符合表中“宜存”标准的，判定为宜存小麦，适宜继续储存；色泽、气味正常，面筋吸水量和品尝评分值有一项符合表中“轻度不宜存”标准的，判定为轻度不宜存小麦，应尽快轮换处理；色泽、气味和面筋吸水量中有1项符合表中“重度不宜存”标准的，判定为重度不宜存小麦，应立即安排出库。因色泽、气味判定为重度不宜存的，还应报告品尝评分值检验结果。

2. 稻谷储存品质判定规则

稻谷储存品质指标见表5-2。

表5-2 稻谷储存品质指标

项目	籼稻谷			粳稻谷		
	宜存	不宜存		宜存	不宜存	
		轻度	重度		轻度	重度
色泽、气味	正常	正常	基本正常	正常	正常	基本正常
脂肪酸值（KOH/干基）/(mg/100g)	≤30.0	≤37.0	>37.0	≤25.0	≤35.0	>35.0
品尝评分值	≥70	≥60	<60	≥70	≥60	<60

粮食入库前，应逐批次抽取样品进行检验，并出具检验报告，作为入库的技术依据；入库时，应随机抽取样品进行检验，并出具检验报告，取平均值作为该仓（垛、囤、货位）建立质量档案的原始技术依据；储存中，应定期、逐仓（垛、囤、货位）取样进行检验，并出具检验报告，作为质量档案记录和轮换的技术依据。

检验结果显示色泽、气味、脂肪酸值、品尝评分值均符合表中“宜存”规定的，判定为宜存稻谷，适宜继续储存；色泽、气味、脂肪酸值、品尝评分值均符合表中“轻度不宜存”规定的，判定为轻度不宜存稻谷，应尽快安排出库；色泽、气味、脂肪酸值、品尝评分值指标中，有1项符合表中“重度不宜存”规定的，判定为重度不宜存稻谷，应立即安排出库。因色泽、气味判定为重度不宜存的，还应报告脂肪酸值、品尝评分值检验结果。

3. 玉米储存品质判定规则

玉米储存品质指标见表5-3。

粮食入库前，应逐批次抽取样品进行检验，并出具检验报告，作为入库的技术依据；入库时，应随机抽取样品进行检验，并出具检验报告，取平均值作为该仓（垛、囤、货位）建立质量档案的原始技术依据；储存中，应定期、逐仓（垛、囤、货位）取

表 5-3　玉米储存品质指标

项目	宜存	不宜存	
		轻度	重度
色泽、气味	正常	正常	基本正常
脂肪酸值（KOH/干基)/(mg/100g)	≤50.0	≤78.0	>78.0
品尝评分值	≥70	≥60	<60

样进行检验，并出具检验报告，作为质量档案记录和轮换的技术依据。

检验结果显示色泽、气味、脂肪酸值、品尝评分值均符合表中“宜存”规定的，判定为宜存玉米，适宜继续储存；色泽、气味、脂肪酸值、品尝评分值均符合表中“轻度不宜存”规定的，判定为轻度不宜存玉米，应尽快安排出库；色泽、气味、脂肪酸值、品尝评分值有一项符合表中“重度不宜存”规定的，判定为重度不宜存玉米，应立即安排出库。因色泽、气味判定为重度不宜存的，还应报告脂肪酸值、品尝评分值检验结果。

4. 食用油储存品质控制指标

食用油储存品质控制指标及技术要求见表 5-4。

表 5-4　食用油储存品质控制指标及技术要求

项目	大豆油，菜籽油			花生油，葵花籽油		
	宜存	不宜存	陈化	宜存	不宜存	陈化
过氧化值/(mmol/kg)	≤8	>8~≤12	>12	≤12	>12~≤20	>20
酸值（KOH)/(mg/kg)	≤3.5	>3.5~≤4	>4	≤3.5	>3.5~≤4	>4

食用油宜存是指食用油的过氧化值、酸值均符合规定的，判定为宜存。食用油不宜存是指食用油的氧化值、酸值两项指标中，有一项符合表中“不宜存”规定的，判定为不宜存。食用油陈化是指食用油的氧化值、酸值两项指标中，有一项符合表中“陈化”规定的，即可判定为陈化。

三、粮食安全储藏期预测

粮食品质控制指标，或常称作的品质劣变指标，主要是能够指示出粮食是否发生劣变，反映粮食的品质状况，可用来决策粮食是否继续储存。但是，并不能预测什么状况的粮食在什么样的条件下，能安全储存的期限。因为品质指标只说明了粮食品质本身的变化状况，并未与环境条件联系起来，而安全储藏期的预测则应把粮食的品质状况与储藏条件联系起来。当然要建立这种联系，并不是一件简单的事。事实上，目前这种联系仅是简单的、初步的，这是由许多原因所造成的，其中有历史原因、储藏条件的限制，也有科学技术的制约。但可以肯定，随着这项工作研究的深入以及科学技术的进步，对粮食安全储藏期的预测一定会有突破性进展，一定会更准

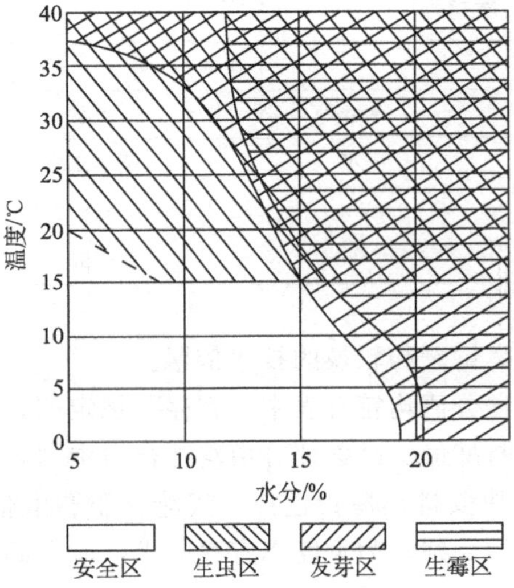

图 5-10　温度和水分对储粮的影响曲线图

确、更系统、更完善，也会对指导今后的粮食轮换发挥更大的作用。下面介绍一些预测粮食安全储藏期限的粗略方法。

1. 布热、比乐尔曲线图

该曲线图是以粮食水分为横坐标，以储藏温度为纵坐标，粗略预报什么水分的粮食，在什么温度下是不安全的。或者说，可以预报某一温度下，什么水分的粮食储藏是安全的，什么水分是有危险的，什么水分是不安全的。它是由三个单因子曲线图（生虫、生霉、品质）组成，如图 5-10 所示。当粮食水分为 15%时，若储藏温度低于 15℃时，储粮是安全的；若高于 15℃，储粮会有发生生虫、发芽和霉变的危险。

2. 玉米水分温度等时曲线图

水分温度等时曲线图有三种不同形式，但都是表示粮食水分、储藏温度与储藏时间三者关系的曲线图。在三种曲线图中的任一种上，都可以找到已知水分的粮食，在一定温度下安全储藏的时间。当然也可以找到已知水分的粮食，需要储存一定时间，必须储存在什么温度下才安全。例如，有一批玉米，水分为 18%，在 25℃条件下能储存多久呢？首先在图上找到 18%的等水线，然后在纵坐标上找到 25℃的点，通过这点作横坐标的平行线与 18%的等水线交于一点，再通过这点作纵坐标的平行线与横坐标相交点的时间，就是安全储藏的时间，大约是 28d。如果是同批粮食，水分含量为 18%，要求必须储藏 80d，那么应在什么温度下储藏呢？我们可以用类似的办法得到。首先在横坐标上找到 80d 时间的点，通过此点作纵坐标的平行线与 18%等水线交于一点，再通过这点作横坐标的平行线与纵坐标交于一点，这一点所表示的温度就是我们所求的温度，亦就是安全储藏 80d 的温度。那就是说，为了把这批玉米（18%）安全储藏 80d，放在一般温度下是不安全的，必须储存在较低温度（约 14℃）下，才是安全的。另外根据曲线，还可以查到在一定的温度下，储藏一定的期限，粮食所必须干燥到的最低水分限，如图 5-11 所示。

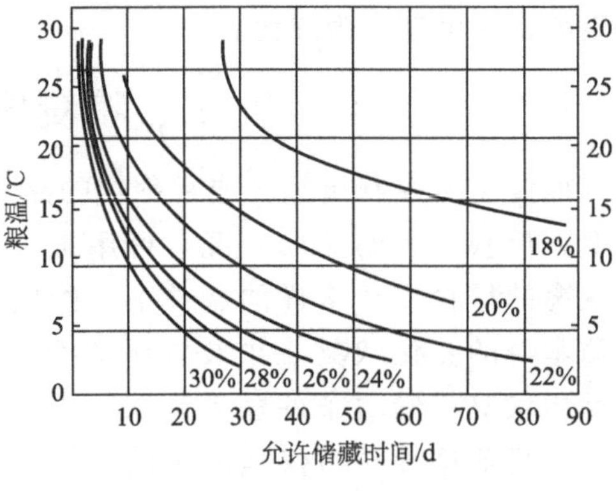

图 5-11　在不同温度和水分含量情况下，玉米可允许储藏时间

需要说明的是，这些曲线的制作是在实验条件下完成的，粮食品质劣变的依据是粮食干物质损失为 0.5%时，即当实验粮食在实验条件下，干物质损失达到 0.5%，即视为品质劣变。

3. 玉米安全储藏期预测方程式

缪伊乐方程是针对玉米这一粮种的，所以只能用于玉米安全储藏期的预测。它所依据的劣变指标是干物质损失 0.5%。在实验室条件下，一个标准玉米（水分 25%，机械损伤 30%，储藏温度 15.6℃）干物质损失 0.5%所需的时间为参数，再通过试验求出温度系数、水分系数和机械损伤系数，就可制出方程式进行预测

$$T = \mathrm{TR} \times \mathrm{MT} \times \mathrm{MM} \times \mathrm{MD} \tag{5-1}$$

式中：T——干物质损失 0.5%时，估计最长储藏时间，h；

TR——水分 25%、机械损伤 30%的玉米，储藏温度 15.6℃，干物质损失 0.5%

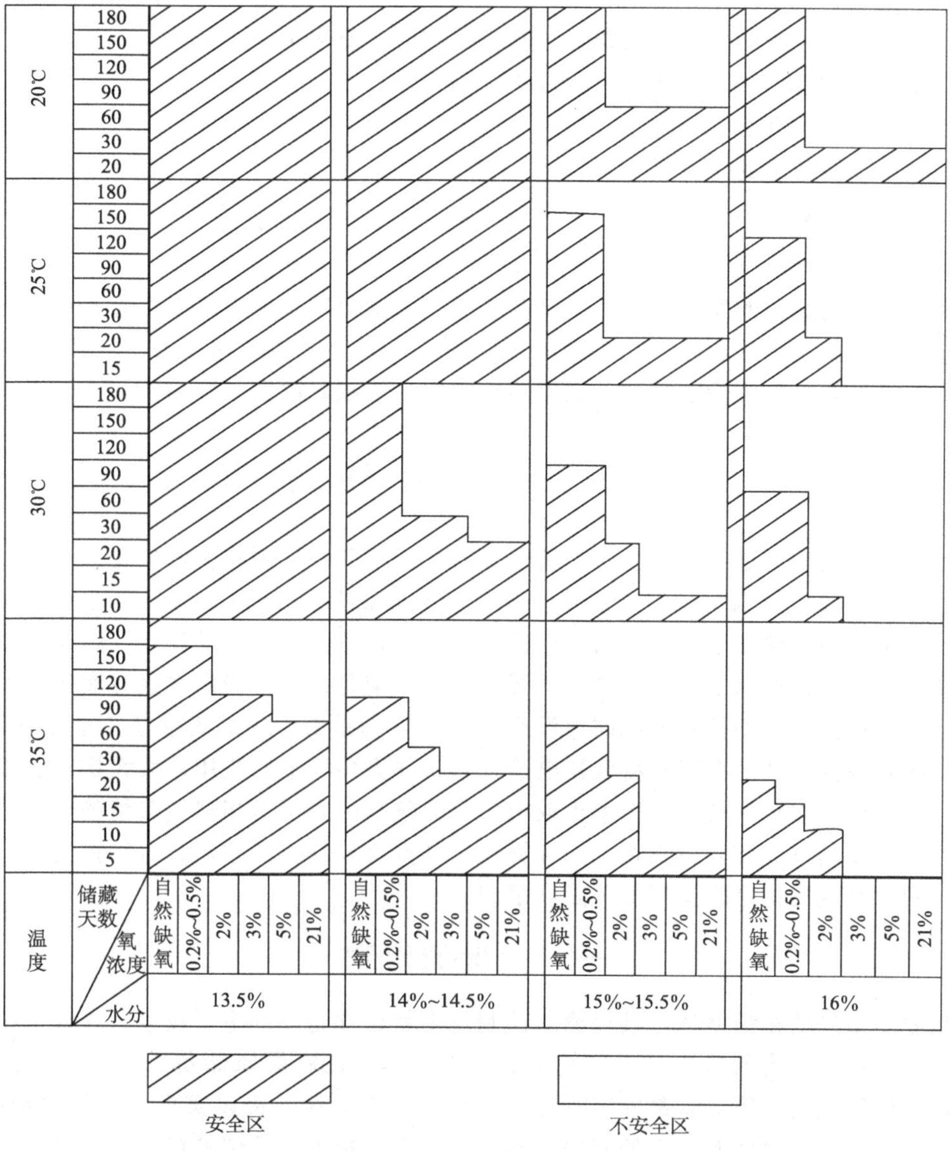

图 5-12　大米在不同氧浓度、水分、温度下的安全储藏期

时的储藏时间，h；

MT——温度系数；

MM——水分系数；

MD——机械损伤系数。

4. 大豆安全储藏期预测方程式

预测大豆安全储藏期的方程，它依据的劣变指标是一定温度条件下，大豆中脂溶性磷脂数值达10%所需的时间。在实验条件下测定新鲜大豆的脂溶性磷脂数，通过试验求出 B_0、K 常数后就可进行预测。预测方程为

$$A = A_0 e^{-t(B_0+KT)} \tag{5-2}$$

式中：A ——大豆开始变质时的脂溶性磷脂数值（其值为10%）；

A_0 ——为新鲜大豆脂溶性磷脂数值（常数）；

B_0、K ——常数；

T ——储藏温度，℃；

t ——储藏时间，月。

5. 大米密闭安全储藏期预测

大米在密闭期间的安全性主要与其含水量、储藏温度及堆内氧浓度有密切关系，密闭安全储藏应由大米的水分、粮温及氧浓度而定。它们之间的相互关系，如图5-12所示。图中的结果是在实验室条件下获得的，图中自然缺氧浓度实测为0.2%以下。

第四节 粮情检测

储粮是否安全、稳定，主要与粮情状况有关，因此粮情测控技术的先进与否在很大程度上制约了储粮技术的发展与进步。先进的粮情测控系统能正确、及时反映粮情信息，并有利于粮食储藏工作者做出正确性处理决策，可避免事故的发生。因此，粮情测控系统在整个储粮技术中，占有非常重要的地位。但是，由于我国在这方面的技术比较落后，在行业内粮情测控系统以前也没有受到足够的重视，因此现状还不能令人满意。近几年随着我国科技的发展，特别是电子计算机的大面积推广应用，大大推动了许多领域的技术革命，在粮食粮情测控中也取得了令人瞩目的发展。当然，粮情测控系统的进步和发展涉及的行业和领域很宽，如计算机、计算机软件、传感器、自动控制及遥控技术等，所以其发展的速度受到多种因素限制。

一、温度的检测

粮温是重要的粮情指标，其检测和控制技术是粮食仓库的主要技术。在整个粮情检测系统中，储粮温度的检测是一项较为成熟的技术，已在国家储备库中得到广泛的应用。虽然国家储备粮库大多都安装有计算机粮温检测系统，可以实现粮温的自动检测，但由于每一测温点之间有一定的间隔距离。为了掌握粮堆各部位的粮温变化情况，有时对粮堆温度的测定还需要进行人工辅助检测。人工检测粮温通常是使用探杆式测温计

(即粮温计)，将其插入需要检测的部位进行检测。

目前，在粮食仓库中实仓使用的粮温检测仪器种类较多，一般根据测温原理和结构的不同，可分为粮温计、电子测温仪和微机巡回测温仪等。

1. 粮温计检测

检查散装粮食的粮温，常用插扦式粮温计，它的端部是一个带有小孔的锥形铁管保护套，内装玻璃温度计，侧面有一狭槽观察孔，用以观察粮温读数，根据粮堆高度在铁套管上旋接上一定长度的铁杆。测温时，将其锥形端部插入粮堆的一定深度，经 10～15min 温度平衡后拔出，迅速读数。插杆式温度计是以前粮食部门检测粮温的常用仪器，既可用于散装粮，又可用于包装粮，但使用这种粮温计必须到现场操作，费时费力，现逐渐被电子测温仪和微机测温仪所取代。

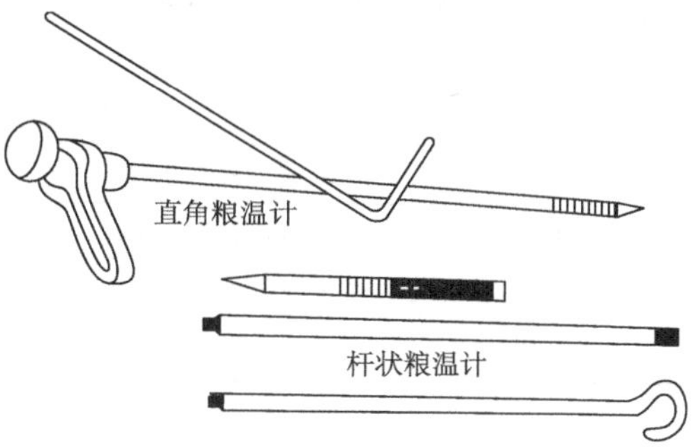

图 5-13　粮温计

人工测包装粮粮温时，还可采用直角粮温计。直角粮温计因外形成直角形而得名，内装直角玻璃温度计，在较长的一端端部为锥形，便于插入粮包，另一端则可观察温度读数。使用时将锥形尖端插入麻袋或面袋缝口处，经 10～15min 可从上部的直角端直接读出温度值，如图 5-13 所示。

2. 数字式电子测温仪检测

数字式电子测温仪一般是根据不平衡电桥原理，通过温度传感器，把随温度变化的电量转变成数字量，由数码管直接显示出来，实现对温度的电子化检测，操作简单，省时省力。

数字式电子测温仪可分为测温表和测温传感器两部分，测温表一般由大规模的集成电路和数码管等组成。测温传感器常采用热敏电阻或温敏二极管，根据需要可将热敏电阻按一定的间隔预埋在专用电缆中，在粮食入仓后用深层扦样器将测温电缆打入粮堆，也可在入仓前将测温电缆吊在仓内，入粮时，电缆自动埋入粮堆，但不管电缆如何埋入粮堆，均应留出引线，或将引线接到专用的插头上，准备测温时，接到测温仪上。测温时将各测温电缆的引线接插到测温表上，打开电源开关，在数字显示窗上，便可读出各层各点的温度数值。

3. 微机巡回测温仪检测

微机巡回测温仪也是采用热敏电阻或温敏二极管作传感器，并以先进的 PC 机、打印机替代了测温表，测温时，首先把随温度变化的电信号进行模数转换，并通过微机进行线性校正、数据处理、模型分析等过程，从而获取比较精确的温度信息，并实现了远距离检测和自动检测。目前的温度检测系统通常由微型计算机、测控主机、测控分机、测控分线器、测温电缆和温度传感器等组成。

4. 感官检查法

在保粮实践中，工作人员常采用手摸、脚趟等有效的感官检查法，粗略地判断粮堆各部位的粮温。例如，在使用粮温计测温时，拔探杆的同时用手心握住铁杆轻轻捋过，可判断出探杆通过的粮层粮温是否异常，进而找出可疑层点。再如赤脚在粮面走动，通过脚的感觉发现发热部位。

粮温检查期限，按粮堆的安全状况与最高温度部位来确定，如表 5-5 所示。检查时间以每天上午 9～10 时为宜，这时的气温接近日平均温度。在检查粮温的同时，还应检查仓温和仓外气温，以便分析比较。

表 5-5　检查粮温的期限

储粮类型	新粮入库 3 个月	粮温 15℃以下	粮温 15℃以上
安全粮	3 天内至少检查一次	15 天内至少检查一次	7 天内至少检查一次
半安全粮	2 天内至少检查一次	10 天内至少检查一次	5 天内至少检查一次
危险粮	1 天一次	5 天内至少检查一次	1 天一次

二、水分的检测

由于湿敏元件不理想，湿敏电阻主要是测湿范围小，滞后现象严重，线性差，响应慢，受温度影响大，低温度测量不准等，因此，检测误差大，而湿敏传感器容量小，且对电路的灵敏度、稳定性要求较高，所以传感器昂贵难以推广应用。因此，粮食测水目前还难以实现电子化与自动化，在粮食收购、储藏中常用的水分测定方法有烘箱法、隧道式水分测定仪法、快速水分测定仪法等。

另外一些经验丰富的保管员或基层的粮食工作者在收购或粮食管理过程中，常用感官的方法，估出粮食的水分含量。他们往往通过感官检验准确定出粮食的含水量。但此种方法科学性差，易发生看法不一致的情况。

在粮食储藏期间水分检测主要采用经典的干燥法，在收购时多采用快速水分检测仪检测水分，而粮食在干燥、输送、出入仓等作业过程中的水分在线检测是采用应用各种高新技术开发的粮食水分在线检测系统。

1. 干燥法

烘干失重法是最直观、最准确的标准方法。

（1）电烘箱法。电烘箱法是利用电阻丝加热并根据粮食失重来测量水分的方法，为实验室广泛使用，(105±0.2)℃电烘箱恒重法为标准法。该方法费时，主要用于准确度要求较高的水分测量或用以校准其他方法。(130±0.2)℃电烘箱法及隧道式电烘箱法是烘箱高温定时法，使用较高温度来缩短测量时间，高温定时法必须严格控制烘干温度和时间，并按照规定条件操作，才能保证结果的准确性。

（2）减压干燥法。减压干燥称重法是利用真空处理技术、微小重量测定技术及数据处理技术来测定水分的。它不受被测物形状的影响，精度及可靠性高，可检测微量水分，测水范围0.01%～10%，精度0.01%，检测时间为5min。

(3) 红外烘干法。红外辐射器靠红外辐射主波长与水的吸收峰值相匹配，使水分子剧烈运动而升温加速蒸发，缩短了烘干时间，检测精度可达0.1%，检测时间为10～20min，随着科学技术的进步，经典法也朝着快速便捷方向发展。针对烘箱干燥法操作麻烦，测量时间长的问题，国外已生产了将红外烘干与天平结合为一体的水分快速测定天平，可在烘干过程中监测被测对象的失水情况，使操作过程大为简化。近年来，国内也正在研制同类产品，最近，一些学者研究了物质烘干的失水规律，提出了依据被测物质前期失水规律，通过模拟运算，在样品的失水初期计算出失水期望值，即水分含量的新型水分检测方法。

2. 快速水分检测

粮食水分快速测定方法主要是电测法。按照测量原理的不同，电测法可分为电容法、直流电阻法、高频阻抗法、红外法和微波法等。

(1) 电容法。粮食含水量的变化必将引起样品介电常数的相应变化，由于水的相对介电常数与干燥粮食的相对介电常数差别较大，含水量越高的粮食相对介电常数越大，通过测定样品的电容即可间接测量出样品的含水量。以电容法测量水分含量的水分快速测定仪器通常称为电容式水分仪。

(2) 直流电阻法。干燥粮食的直流电阻很大，而水的电阻相对较小，被测样品的含水量变化，必将引起其电导能力的改变。含水量越高，电阻越小。通过测定样品的电阻即可间接测量出样品的含水量，以电阻法测量水分含量的水分快速测定仪器通常称为电阻式水分仪。电阻法水分测定一般需要将试样粉碎。

目前使用的电阻法碾碎式水分快速测定仪测量前要进行零点和满量程校准，取样也依赖扦样器，测量过程中必须将样品碾碎。测量以指针指示值与仪器面板安装的水银温度刻度修正值的和（或差）为最终结果。

碾碎式水分快速测定仪在我国粮食行业占有多数用户，是20世纪80年代我国粮食水分快速测定仪器市场的主导产品。这类仪器一方面存在操作繁琐、携带不便等问题。另一方面，受刻度条数限制，测量品种有限。

(3) 高频阻抗法。粮食的直流电阻很大，但在150～350kHz的交流电场激励下，呈现浴盆导电效应，此时粮食的阻抗较小，这一频带为粮食水分的敏感频带。在敏感频带的外施电场的激励下，粮食水分与其交流阻抗呈对数关系。施加这一频带的激励信号，可实现粮食的水分快速检测。

阻抗法插杆式水分快速测定仪测量前必须根据被测对象设定与之对应的基准值，一次测量时间只需1～2s。此类仪器的特点是测量速度快，取样方便，不受测量品种限制，便于粮食收购现场使用，近年来成为水分快速测定仪市场的主导产品，是国内外唯一通过我国国家粮油质量监督检验测试中心检验的便携式水分快速测定仪器。

(4) 红外法。利用红外源投射到被测物，从反射或透射的能量变化换算出水分值。水的红外吸收峰有好几个，红外水分测定仪通常是选择波长1.641μm或1.94μm单色光作红外辐射源。红外线通过水分时被有选择地吸收，通过被测样品后的光可换算为粮食样品的水分含量。

（5）微波法。水的相对介电常数特别高，在超高频范围内存在介电损耗的最大值，利用超高频能量通过含水粮食产生能量损耗、相移或发射波参数的变化，可以换算出水分值。

微波法的优点是非接触测量，能检测水分含量的绝对值，可以连续在线检测，缺点是受形状、密度、厚度等影响，仪器结构复杂，价格高。

3. 粮食水分在线检测技术

目前国内外已生产的粮食水分在线检测仪主要有电容式、电阻式、中子式、核磁共振式、微波式、红外线式等。

（1）电容式粮食水分在线检测仪。这种水分在线检测仪是根据不同含水量的物质，其介电常数不同的原理来检测粮食含水量的，是目前我国最常用的一种测水形式。电容式水分在线检测仪的粮食水分监控系统主要由主机、粮食水分变送器、温度传感器、缓冲分流箱及软件组成。优点是结构相对简单，价格便宜，经常用来检测烘干机出机粮食水分。但电容式水分在线检测仪受温度影响大，定标时的标准粮食温度与环境温度相同，而烘干过程中粮食的温度变化很大，因此实际生产中仪器检测到的水分值偏差大，需经常修正。另外，电容式水分在线检测仪无法在线检测高水分冰冻粮食（玉米）的水分。

（2）电阻式粮食水分在线检测仪。这种水分在线检测仪是利用固体物质中含水量不同，其电导率不同的原理来测水的。检测精度受被测粮食的状态影响很大，且不宜检测微量水分和高水分粮食。优点是结构简单，价格便宜。

（3）中子式粮食水分在线检测仪。用中子法检测粮食中水的含量就是测粮食中氢原子的含量。它检测速度快，还可检测冰冻粮食含水率，具备了水分在线控制的条件，是一种较先进的在线检测水分仪。中子水分测定仪能在不破坏物料结构和不影响物料正常运行状态下准确检测粮食水分的大小，这种技术引起了世界各国研究机构的重视，前苏联、日本、英国等都相继开发出各种用途的中子水分测定仪，并已商品化，我国也研制出用于检测玉米水分的中子水分测定仪。

（4）核磁共振式粮食水分在线检测仪。水是极性分子，在磁场中做陀螺运动，含水量的不同对应的运动也不同。根据这个原理来检测粮食含水量，检测速度快，精确度高，对粮食没有破坏性，且能检测高水分冰冻玉米，是一种很好的测定粮食中水分含量的方式。但是价格比其他水分在线检测仪高。

（5）微波式粮食水分在线检测仪。这种水分在线检测仪是利用水对微波能量的吸收或微波的振动频率随水分变化的原理进行测定水分含量的一种形式。可以进行连续测量，但测量结果受粮食形状、相对密度等因素影响。这种水分快速测定装置测量时间短，对固定品种检测的精度较高，但成本高，不宜于粮食收购和仓储现场使用，一般作为生产线水分在线检测设备。

（6）红外线式粮食水分在线检测仪。这种水分在线检测仪是利用近红外线具有的特性吸收光谱，被吸收的能量与所测物质（粮食）的含水量有关的原理制作的水分在线检测仪。它的测水方式为非接触式测量，易于进行连续检测，缺点是精度受粮食形状、大小、相对密度的影响，难测粮食内部含水量。

检查储粮水分期限。粮油水分的检查期限，一般根据环境温度和粮油含水量情况划分为安全粮、半安全粮、危险粮，再确定检查期限，如表 5-6 所示。

表 5-6　储粮水分检查期限

储粮类别	检查期限
安全粮	每季度至少检查一次
半安全粮	每月至少检查一次
危险粮	根据情况随时检查

三、湿 度 检 测

1. 湿度检测的意义

粮食储藏环境中的湿度是影响粮食品质和储藏效果的重要因素之一，是重要的粮情指标。粮堆表层湿度的变化受大气湿度的影响，粮堆内部的湿度变化，在静止状态下受平衡水分变化规律支配，而在空气流动状态下受空气对流作用和扩散作用的影响。在粮堆内部一般以低温部位及高水分部位湿度最大，粮堆中湿度变化与水分变化基本是一致的。

2. 湿度检测技术

湿度检测和控制技术也是粮食仓库的主要技术。粮食储藏环境中湿度的检测主要包括仓外环境相对湿度和仓内相对湿度的检测。目前的粮情检测系统一般都具有湿度检测功能，计算机显示或打印的测温数据中都有仓外湿度和仓内湿度的检测结果。

目前测定仓内外的湿度主要使用干湿球温度计、毛发湿度表和湿度遥测技术。

(1) 干湿球温度计检测。干湿球温度计由构造、性能相同的两支玻璃温度表、水槽、滚筒式相对湿度检查表等组成，如图 5-14 所示。干球温度表用来测量空气的温度，湿球温度表下端包着脱脂纱布，并经常保持湿润状态，用来测定空气的湿球温度，通过干湿球温度表的差值，求得空气的湿度。

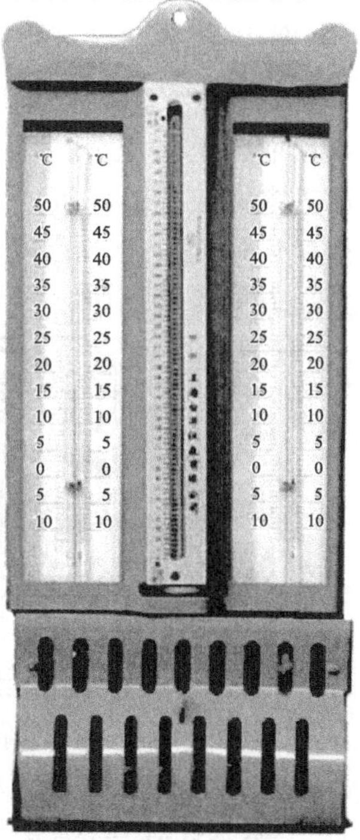

图 5-14　干湿球温度计

在测量仓内相对湿度时，可将干湿球温度计悬挂于仓内有代表性的空间，根据干湿球温度表，测取干湿球的温度并计算干湿球温差，转动干湿球温度表中间的转筒，使上端干湿度差的箭头指在转筒上的相应刻度，再在金属罩的刻度上找到湿球度数的位置，对应在转筒上的数值，就是相对湿度。

干湿球温度计应放在通风阴凉处，太阳不可直射，也不宜放在风口上，在实仓内应悬挂于距粮面至少 1m 高处。水槽中的水和纱布要经常更换，保持清洁（最好用蒸馏水或过滤水），否则影响测定结果的准确性。当气温低于 −10℃，干湿球温度计的误差很大，此时应改用毛发湿度表测量。

(2) 毛发湿度表检测。毛发湿度表是用来直接测定相对湿度的仪器，使用方法简单、方便，但精度不高。这种仪器的感应部分是脱脂处理后的人发，脱脂后的头发有随空气中相对湿度的变化而改变其长度的特性。当相对湿度由零变化到100%时，毛发将伸长其本身长度的2.5%。但它随湿度的变化不是线性关系，在低湿时，毛发伸长量大，在高湿时，毛发伸长量小。所以，毛发湿度表刻度板上的刻度是由疏到密的。依据毛发与指针相对关系，指针所指位置是毛发伸缩变化的指标，反映了空气的干湿程度，指针在标尺上所指的刻度即为相对湿度，可直接读出。

毛发湿度表可在－30℃低温条件下使用。但毛发湿度表在使用前需用干湿球温度计校正。毛发湿度表中的毛发是经一系列化学方法处理的感湿元件，不能用手或其他脏物接触，以免影响其对湿度的敏感性。

(3) 湿度遥测技术。随着传感器及计算机技术的发展，仓内湿度的检测技术也逐步向遥测、计算机检测方向发展。目前采用湿度传感器与计算机粮情检测系统相连，可以实现仓湿的计算机自动检测。

湿度传感器常采用电容式，电容式传感器目前是环境湿度及在线检测的主流，并且是唯一能够在相对湿度0～100%范围内进行全程检测的传感器。

随着集成电子技术的发展，集成电路与传感技术相结合，可大大改善湿度传感器的不足之处，已在很大程度上满足生产实际的需要。如系统再配备多功能的软件，便可实现粮情预测预报、粮情分析、全天候实时测控、自动调节等管理过程。

四、气体成分检测

1. 粮堆中的气体成分检测的意义

粮堆中的气体成分与粮食的安全储藏关系十分密切，其中各气体成分的含量直接影响粮堆各生物成分的活性，所以在粮食储藏期间通过对粮堆中气体成分的检测，有助于掌握粮堆的状况，特别在缺氧储藏中除了对其温度、湿度测量外，测量粮堆气体变化是进行技术管理、掌握粮情变化、用以评定和了解脱氧设备的技术性能的一个极为重要的方面。在气调储粮中粮堆气体成分分析，在密封后24h内即应进行，连续测定一周达到降氧效果后可改为每三天测记一次。

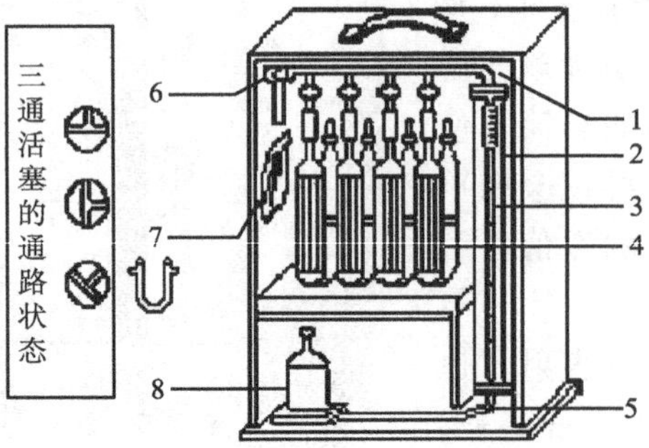

图5-15 奥氏气体分析器

1. 梳形气体导管；2. 玻璃水套；3. 气量管；4. 吸收瓶；5. 橡皮管；6. 三通活塞；7. U形干燥管；8. 水准瓶

空气中气体成分分析的方法有很多，所用仪器也有多种原理和型号。根据气体成分检测仪的原理和结构不同，可将其分成两大类，一类称作快速气体分析器，另一类为经典气体成分检测器。

2. 气体成分检测技术

(1) 快速气体成分分析器分析。此类分析器多数是根据热、电、光、磁等不同的物理原理制造的，一般可制造成小型便携式，具有测量速度快、仪器体积小、携带方便、利于现场操作等优点。有些只能测单一气体，而有些则可同时测多种气体，测量范围和精度也相差很大，微量气体分析仪往往能测出 1×10^{-6}含量的气体，精度也较高；而常量气体分析器的精度则稍差，有些在使用时甚至需要用经典气体成分分析器校准后方能准确读数，这在应用中较麻烦。快速气体成分分析器根据其制造原理不同又可分为热导式、光导式、磁感式、电化学和热化学式等。

(2) 奥氏气体分析器分析（图 5-15）。将粮堆中一定容积的混合气体样品，分别经过 CO_2 或 O_2 吸收剂吸收后，根据被测气体样品体积减小的百分数，计算被吸收某种气体的含量。

测定气体时，应做重复试验，双试验允许误差不得超过 0.2ml，经多次使用后，吸收剂的吸收能力会减弱或消失，因此，每次测定前应先测正常空气的 O_2 含量，以校对仪器。

五、害虫检测

虫害也是粮情中的一项重要内容，但是由于种种原因，人们对虫害的测控长期以来虽进行了大量的研究和实践，但未取得突破性进展。特别是在虫害检测方面，目前主要是感官过筛查虫法，这显然不能适应今后的粮食仓储现代化的需要，因此，在这方面还需要做大量的工作。

储粮害虫检测的目的是为了能及时地掌握储藏物中害虫发生的种类、密度、分布、危害情况等，根据这些信息再结合害虫的生物学和生态学特性及环境条件，就可以预测害虫的发展趋势，从而为防治决策提供科学的依据。

检测粮食害虫的方法可分为声学法、红外线法、陷阱法、计算机图像捕捉及识别法等。除粮虫陷阱检测法外，其他方法均由于抗干扰和灵敏度等问题还没有取得突破，目前均处于研究、开发、试验阶段，尚未有实用的商品化产品。

目前在粮库中较常用的害虫检测方法有直观检查、扦样检查、诱集检查等方法。

1. 直观检查法

直观检查法是用感官在现场检查害虫的方法，是一种最直观、简便但很粗糙的方法。

检查时用眼睛观察粮堆表面、仓壁、仓顶或包装粮垛的外部，注意是否有害虫活动的迹象，如有无害虫飞舞和爬行；有无虫蚀粮粒及害虫取食的粉末；有无蛾类幼虫的丝茧、结网、虫尸、虫蜕、虫粪等。并可撒粮粒击动粮面，观察有无蛾类成虫飞翔。储藏物害虫大多有趋温性，检查时应根据季节及储藏物温度的变化，重点检查温度比较高的部位。

在害虫直观检查中，除了观察害虫的活动情况外，还要注意观察储藏物的表面、周围、仓壁特别是窗台等处是否有天敌的活动。

直观检查仅是一种初步的检查方法，它很难准确地判定害虫的种类、密度等，所以只能作为一种辅助的检查手段。

2. 取样检查法

取样检查法是扦取一定的储藏物代表样品，然后检查样品中害虫的种类和密度，从而推断整个储藏物中害虫发生状况的方法。该方法是一种较准确和客观的检查方法，它受环境因素影响较小，而且可以较准确地判定害虫的密度，它是目前国家粮食仓储部门规定的标准检查方法。取样检查包括样品的扦取和害虫检查两个方面。

1）取样方法

散装粮堆的取样。对于平房仓，粮堆面积在 $100m^2$ 以内的，设 5 个取样点；101～$500m^2$，设 10 个取样点；$500m^2$ 以上，设 15 个取样点。取样部位应根据害虫的习性、发育阶段以及季节等情况确定，采取定点与易发生害虫部位相结合的方法。一般粮堆高度在 2m 以内的，只在上层取样即可；粮堆高度超过 2m 的，应设上、下两层取样。随着粮堆的增高，应适当增加取样层次。上层可用手或铲取样，中、下层用扦样器或深层取样器取样。每一取样点的样品数量一般应不少于 1kg。

圆仓和囤垛的设点取样方法基本与房式仓相同。以粮堆高度分层，按面积设点取样。对于体积高大的圆仓要适量增加取样点。

包装粮堆的取样。分层设点取样，堆垛外层可适当多设取样点。500 包以下的粮堆，取 10 包取样；500 包以上的粮堆，按 2%的比例取样。取样方法一般是采用包装扦样器（探子）扦取粮食样品，方法是将扦样器的凹槽向下，自粮包的一角插入至相对的一角，当扦样器完全插入粮包后，再将扦样器的凹槽转向上方，然后抽出。大颗粒粮如花生、薯干等应采用拆包取样。每包的取样数量应不少于 1kg。

空仓、器材、装具等的取样。对于未装粮的空仓，一般是在四角和四周任选 10 个点，对于较大型的粮仓可适量增加取样点。每点以 1m 为单位，在此面积内检查活虫的数量。

对于麻袋、面袋、席子、篷布及其他器材，只要是接触过虫粮的，都应按 2%～5%的比例取样检查。

2）害虫的检查方法

外部害虫的检查。对于扦取的粮食样品，一般是采用筛选法检查粮粒外部的害虫。对于包装粮除用筛选法检查外，还需感官检查粮包外的害虫情况，包括害虫的种类、数量等。对于空仓或加工厂害虫的检查通常是采用感官检查的方法。

隐蔽性害虫的检查。隐蔽性害虫是指隐藏在粮粒或寄主物内部的害虫，通常是一些未成熟期的蛀食性害虫。这些害虫以剖粒法为主，结合比重法、染色法、灯光透视法等方法进行检查。

3. 诱集检查法

诱集检查法是利用害虫本身的某些行为或习性，将其诱集到一个小范围内进行检查的一种方法。诱集检查法通常是采用一些特殊的诱捕装置，使诱捕到的害虫无法逃逸，或与一些害虫引诱剂相结合，以提高诱捕效率，对于某些害虫还能起到诱杀、降低害虫密度的效果。

4. 其他检查方法

随着科学技术的不断进步，如声测法、近红外检测法、图像识别法等许多新技术已逐渐在储藏物害虫的检测方面得到研究和应用，并显示出一定的效果和其独特的优势。但这些新技术有些还处于试验研究阶段或应用试验阶段。相信在不久的将来，会有更多的现代化技术在储藏物害虫的检测中得到实际应用。

储粮害虫的检查期限，应根据粮温高低分别进行，如表 5-7 所示。

表 5-7　储粮害虫检查期限

粮温	检查期限
小于 15℃	每月检查一次
15～25℃	15d 内至少检查一次
高于 25℃	7d 内至少检查一次
危险虫粮在处理后 3 个月内，7d 内至少检查一次	

第五节　粮食仓储计算机的应用

随着计算机的迅速推广与普及，在粮食仓储中计算机的应用也越来越广泛，近年来计算机在粮食行业中的应用主要是建立了粮情测控系统、粮库经营管理系统、计算机网络系统及储粮专家系统。

一、计算机粮情测控系统

1. 对粮情测控系统的一般要求

1）先进性

（1）采用先进的技术和器件，这样可避免将来技术更新所带来的种种困难，采用先进的器件还可以获得更高的可靠性和性能价格比。

（2）较高的自动化水平，可以减少人为的因素，对操作者素质的要求较低。

（3）采用较先进的测控软件，如人工智能分析控制、专家系统等。

（4）实现动态控制和实时控制。

2）功能多

（1）巡检功能，能实现对温度、湿度等储粮因子的信息采集、传输、显示、储存和打印，一般应能进行自动定时巡检和随机巡检。

（2）数据分析功能，能对要检测的数据进行分类，按一定规律找出异常点。采用先进的专家系统，还能提示判断处理意见。

通风控制功能，简易的可采用定温、定湿控制；较先进的能按不同的通风目的进行自动运算、判断和控制。

3）测控精度适当

以能满足储粮实用要求的精度为准。精度要求过高，会导致成本增加，使性能价格比下降。一般的精度要求如下：

温度的测量：误差可取0.5%～1%；

湿度的测量：误差可取2%～3%。

以上误差是指传感器误差、传输误差和模/数变换误差的总和，所以各部分的误差应更小一些。

4）测控速度适当

大型粮库测控系统的检测点多，数据处理最大，控制距离远，而且要求实时控制和动态控制，因此对测控速度的要求较高。这就要求信号的采集、传送和运算处理的速度都较快。但是要求的迅速也不能太快，以求得合理的性能价格比为准，这样才有利于新技术的推广。一般情况下系统应能在30s内完成实时检测和动态控制。

5）安全性好

粮库是一个特殊单位，安全性很重要，因此在粮库中安装的测控系统必须强调安全性。安装在仓房内的设备，通常情况下都应处于断电状态，只有在工作期间才能通电，特殊情况下应能自动断电。除此以外，还要求设备内部的元器件和零部件有较好的绝缘性，有较高的耐压性，有较低的温升性和较好的散热性。

6）可靠性高

测控系统能否实用，主要取决于系统的可靠性。只有检测数据可靠，自控操作准确无误，用户才能放心使用。可靠性是由设计和工艺来保证的。在设计上设计者要从元器件的选用、电路的计算、指标的控制等方面来保证。元器件都应经过老化处理，使元器件经历初期失效阶段后才能使用。一般粮库使用测控系统都应满足机电部第三类仪器的要求。有经验的设计者还应考虑用户使用中可能出现的问题，即使用户误码操作也不会造成系统的损坏。较先进的系统往往设计有故障自我诊断功能，便于尽快找出故障点并加以排除。

7）通用性、标准化的要求

测控系统的通用性是指能在大多数粮库中通用，能在不同地区不同环境下通用。我国幅员辽阔，南北气候温湿度相差很大，各地仓库类型也较多，如果系统的通用性差就失去了推广的价值。先进的测控系统要求单机能适应各种仓型（如标准房式仓、圆筒仓等），在使用上既能单机运行，又能系统运行，也能并入计算机网络运行，可以根据用户的条件灵活配置。

系统设计上的标准化是为系统今后的发展考虑的。不论硬件还是软件，设计上均应考虑国家标准。例如，硬件上采用标准接口、标准波特率、标准电源电压、标准机件等；软件上采用国家标准单位、标准指标、法定制度、标准表格等。

8）性能价格比高

性能价格比的定义是

$$\text{性能价格比}=\frac{\text{设备的功能}}{\text{设备的价格}}$$

即单位价格具有的功能是多少。用户要求性能价格比越大越好。式中的“设备的价格”并非单指购买设备的价格，而是指从购买开始到设备被淘汰为止使用者投入的全部费用（包括购买费用、维修费用、计量费用和操作者的工资等）。

2. 典型粮情测控系统简介

1）PC 兼容机的粮情测控系统

PC 兼容机的粮情测控系统是目前较常见的一种粮情测控系统，开发周期短，具有屏幕显式功能，人机界面好。采集板电源由主机供给，主机发出采集信号，采集板接收后把相应测温点位的温度模拟量送到主机转换，并显示打印出来，如图 5-16 所示。部分用户发挥了 PC 兼容机功能强的特点，把检测到的一个时期内的温度值进行分类整理，描绘出相应的粮温变化曲线，提供保管员分析参考。

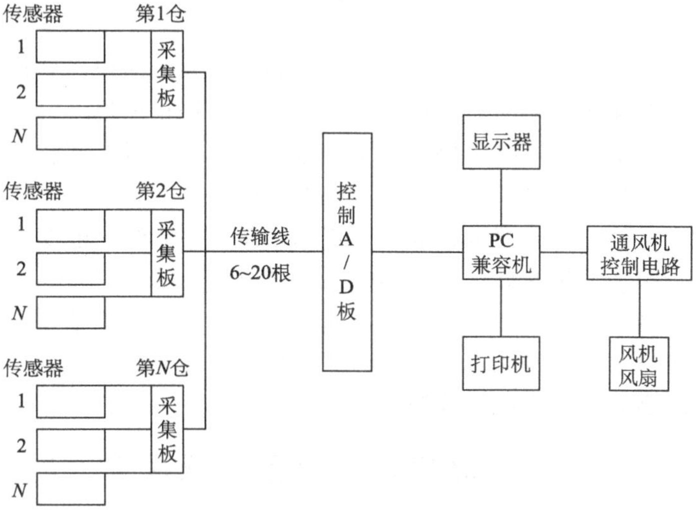

图 5-16　PC 兼容机测控系统

2）大型粮库粮情测控系统

简单小型的粮情测控计算机系统对于现代化的大型粮库来说，在许多方面存在着不足，往往难以满足实际需要。例如，由于各仓传感器采集板不能独立工作，所有信号都需要由主机控制逐一检测、传输和处理，检测速度较慢，对有几千个甚至上万个检测点的大型粮库，往往需要几十分钟才能检测完；传输线路太多、故障率较高；简单的数据分析和通风控制难以适应大型粮库点多面广的实际需要。

而采用大型粮库粮情测控系统，如图 5-17 所示，具有以下特点。

(1) 系统由测控主机（单板机或 PC 机）和测控分机（单板机或单片机）构成测控网络，许多用户还通过网络工作站与粮库经营管理系统的局域网络联网。

(2) 传输采用双胶线串行通讯，各分机与通讯线并联。

(3) 各分机可以联网工作，也可以脱网独立检测和控制。

(4) 具有较先进的粮情分析软件。

测控分机可以独立进行温度、湿度等信号的采集、A/D 变换和数字传输，因此在

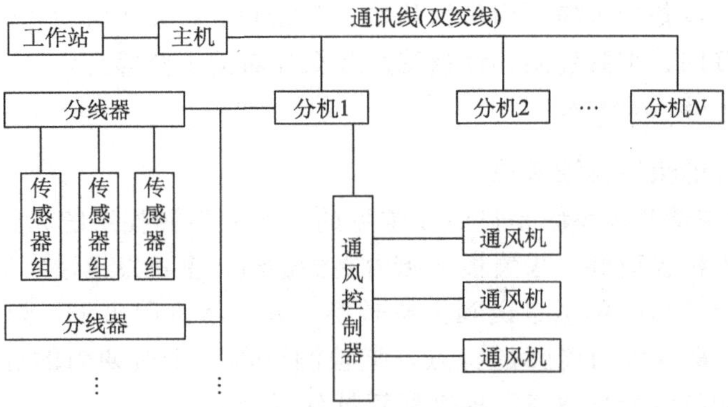

图 5-17 粮库测控网络系统结构图

检测过程中，各个分机可以同时并行工作，使检测时间大大加快。分机还可根据主机下达的通风条件指令和检测结果向通风控制器发出启动或停止风机运行的控制信号。在脱网工作的情况下，分机可以直接由保管员操作进行检测和通风控制。

较先进的粮情分析、控制软件具有数学模型，可以进行动态分析和适时控制，能够替代技术人员对大量的检测数据进行综合分析和判断，并能给出辅助决策意见或发出自动控制指令。由于粮情分析时处理的数据量大，需要较大的内存空间，所以通常把粮情分析数学模型放在网络工作站的计算机中，而通风控制的数学模型则可以放在测控分机中。因各仓的粮种、水分和通风目的不同，这样更便于各分机独立运算处理，并且一旦主机出现故障也不会影响各分机的控制功能。

二、计算机粮库经营管理系统

计算机粮库经营管理系统的开发是伴随着中国粮食企业管理走向现代化和粮食流通体制改革不断深入而同步发展的。计算机在粮食企业管理中的应用水平，在一定程度上反映了企业的管理水平，而企业管理的现代化和社会主义市场经济的发展又不断对计算机管理系统的应用提出更新的要求。

1. 粮库经营管理系统

1）储运业务管理系统

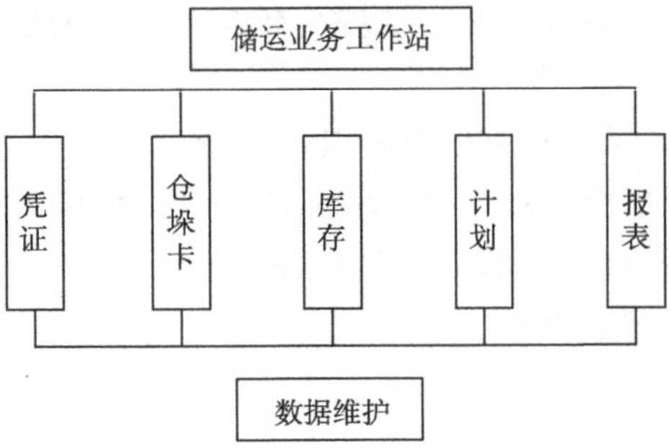

图 5-18 储运业务管理系统功能图

储运业务管理系统在粮油储运业务处理过程中，能完成从原始凭证的录入到统计报表输出的全程功能。主要包括凭证管理、仓垛卡（保管账）管理、库存管理、计划管理及报表管理，如图 5-18 所示。

2）财务管理系统

财务管理系统承担着粮库所有经济业务的会计及财务处理业务，同时也为决策和统计部门提供基础财务数据。财务管理系统主要包括凭证处理模块、财务处理模块、报表处理模块、工资管理模块、系统设置与维护模块、打印输出模块、系统状态访问等。

3）人事档案管理系统

人事档案管理系统主要对人事档案进行统一管理，使人事档案管理规范化、标准化，为各部门提供其所需的准确、及时的档案信息，同时为合理安排人员起到了应有的作用。人事档案管理模块主要包括录入履历表、文本文件、修改履历表、数据维护、检索、分类统计、打印人员自然状况卡等。

4）行政事务管理系统

行政事务管理系统主要是对库内的行政事务管理及各种文字材料进行文字录入、文字编辑、排版打印等处理和固定资产管理。

以上4个管理系统和粮情测控系统与粮油商情信息共同组成了粮库经营管理系统，如图5-19所示。

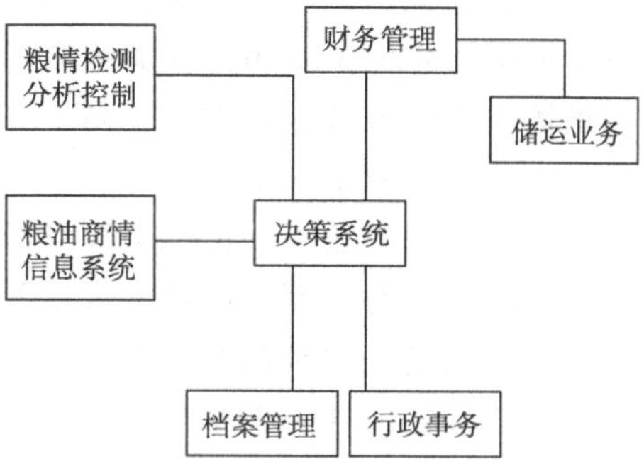

图5-19 粮库经营管理系统示意图

2. 粮库管理网络

1）网络构成

从实用性方面考虑，本网络应用系统下设6个工作站（或合并为4个工作站），完成以下6个方面的工作。

(1) 粮情检测、分析和通风控制工作站。对粮温进行定时或随机巡检，自动对储粮做粮情分析，对多个粮仓的机械通风进行动态适时控制。

(2) 储运业务工作站。完成储运业务管理、仓垛（保管账）管理、计划控制、库存管理和统计报表管理等工作。

(3) 财务管理工作站。完成凭证处理、财务处理、报表处理、工资处理等。

(4) 行政事务管理工作。完成各种文字材料的录入、编辑、排版印刷等工作。

(5) 人事档案管理工作站。完成各种文本文件和人事档案的录入、分类检查、修改、打印、制表等工作。

(6) 决策管理工作站。向企业领导提供辅助决策信息，向各部门（或工作站）下达决策指令。

2）粮食管理网络系统的特点

本网络应用系统能使粮库的管理工作进入现代化，实现科学管理的目标。其特点主要体现在以下几方面。

(1) 效率高。用计算机处理数据时效率高是众所周知的，表现为数据处理快、查询工作快。

(2) 工作及时。例如，在调动业务中当品种、数量、等级、单价、水分、杂质等输入后，多项金额和结算结果便立即显示出来，粮油库存和包装物库存也同时自动做了相应的修改，这样的及时性只能用网络管理才能达到。又如，当通风环境达到通风条件时，几秒钟内就能启动风机进行通风。当通风条件消失时，立即停止通风，而且在通风过程中不断地监视环境，修改通风条件，使通风始终处于最佳状态，实现及时的高效通风。

(3) 效益好。由于效率高，及时性好，必然减少了人力、物力和能耗，因此粮库效益一定提高。

(4) 减小了劳动强度。采用本网络应用系统后，对调动业务、财务、档案管理方面的各种单据凭证、档案的分类、汇总、制表、查询工作都由计算机完成，大大减少了人的劳动强度，降低了费用。在储粮方面，测温和通风控制等工作都在控制室中进行，不需到现场，从而节省了人力，提高了自动化程度。

(5) 减少了差错的发生。计算机的数据处理功能和工程控制功能准确可靠，避免了人工做账时出现的遗漏、记错、算错等常见错误，从而避免了企业不必要的损失。

(6) 降低了对管理人员技术素质的要求。由于工作站的应用软件都是根据“会计制度”、“统计制度”、“调运规则”等正式文件编制的，所以只要按程序菜单的汉字提示操作，便能正确完成各项工作，不要求操作者有很高的专业业务素质。

3. 计算机粮油商情信息网络

粮库的计算机经营管理系统可方便地扩展为粮油商情信息网络，它是一个广域的远程通讯网络。信息网络服务器是整个网络的总控制机构，它是本地网的网络服务器，下设若干个管理工作站。

资源管理工作站，是管理整个广域网上信息资源的工作站。

信息管理工作站，是把各地传递过来的商情信息进行整理、分类、检索；作为商业信息服务，当然计费系统是必不可少的，它可使人们重视信息、依靠信息。

用户管理工作站，是针对各地网源上的信息，通过远程通讯进行收发管理，采用调制解调器及直拨电话线，把信息快速、准确地上下传递。

典型的粮油商情信息网络系统，如图 5-20 所示，主要由以下几部分组成。

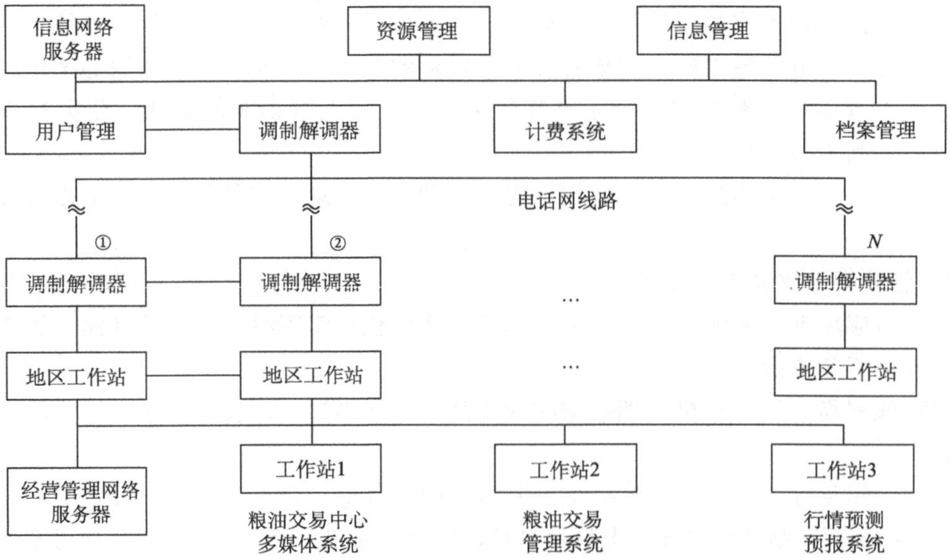

图 5-20　粮油商情信息网络系统示意图

（1）市场多媒体系统。利用多媒体声音、图形、动画、数据、影像等软硬件组合，生动形象地向用户传达经营信息，它不仅是现代化广告业的佼佼者，也是市场信息快速反应的综合体现。

（2）粮油交易管理系统。是集工商、税务、银行、粮油主管部门为一体的现场办公系统。

（3）行情预测预报系统。根据网上的数据资源和各地品种产量，对市场经济信息进行分析，做出市场预测预报，为用户提供科学、高效的经营指南。

三、安全储粮专家系统

计算机专家系统的开发和应用是近几年新兴的科学新领域，各地都投入了大量的人力和物力。其作用是为一般管理人员和用户提供科学的优化决策方案，促进低投入、多产出。国内在这方面的研究发展很快，已在工业、农业、国防、医疗等许多领域得到了成功的应用。但是在粮食储藏方面，我国起步较晚。在 20 世纪 80 年代后期才有人提出了这方面的设想，真正开发储粮专家系统是在 1992 年以后，到目前为止，只建立了一些储粮专家系统的雏形，还需要进一步地完善和开发该系统。

正在开发中的安全储粮专家系统由 4 个系统构成。

1. 粮情检测子系统

该系统是基础，又是实现自动化的关键。通过该系统，整个粮堆内外的生物和非生物信息将被量化后送入计算机中心储存，使管理者能通过计算机了解粮堆内外的生物因素（如昆虫、微生物的数量和危害程度等）和非生物因素（如温度、气体、杀虫剂的状态分布等）；使管理者随时掌握粮堆中各种因子的动态变化过程。

该子系统主要由传感器、模/数转换接口、传输设备、计算机等部分组成。不同的传感器对不同的因素起信号采集作用，最后都送入计算机存储。

2. 储粮数据资料库子系统

该子系统是专家系统的“知识库”。它将各种已知的储粮参数、知识、公认的结论、已鉴定的成果、常用仓型的特性数据、仓虫图谱、有关政策法规等资料数据，收集汇总，编制为统一的数据库、文本库和图形库，用计算机方便地管理起来的，随时可以查询、调用、核实、更新等，为决策提供依据，主要包括以下方面。

1）粮仓结构及特性参数数据库、图形库

粮仓结构及特性参数数据库、图形库以图文并茂的方式提出我国主要粮仓类型的外形、结构特性、湿热传导特性、气密性等。

2）基本粮情参数数据库

基本粮情参数数据库包括粮食品种、重量、水分、等级、容重、杂质、品质检验数据，以及来源、去向和用途等。

3）有害生物基本参数数据库、图形库

有害生物基本参数数据库、图形库以图文并茂的方式提供我国主要储粮有害生物的生物学、生态学特性、经济意义和地理分布，包括储粮昆虫种类（含害虫和益虫）、虫

口密度（含死活数）、虫态、对药剂抗性，以及其他生物（如微生物、鼠、雀）的生物学、生态学特性等参数。

4）杀虫剂基本参数数据库

杀虫剂基本参数数据库包括杀虫剂的种类、作用原理、致死剂量、CT 值、半衰期、残留限量，以及杀虫剂商品的浓度、纯度、产地、厂家、单价、储存方法、使用方法、注意事项等。

5）防治措施数据库

防治措施数据库包括生态防治、生物防治、物理机械防治、化学防治等防治方法的作用、特点、费用、效果、使用方法、操作规程和注意事项等。

6）储藏方法数据库

储藏方法数据库包括常规储藏、气调储藏、通风储藏、“双低”储藏、地下储藏、露天储藏等储藏方法的特点、作用、效果、适用范围等。

7）政策法规文本库

政策法规文本库包括有关粮食储藏的政策法规、技术文件、操作规范、技术标准等文本文件。

3. 储粮模型库子系统

将有关的储粮变化因子及其变化规律模型化，组建为计算机模型，然后以这些模型为基础，根据已有数据库资料和现场采集来的数据，模拟储粮变化规律，并预测粮堆变化趋势，为决策提供动态依据，主要包括以下模型。

1）大气模型

大气模型包括粮堆周围大气的温度模型和湿度（水分）模型等。

2）关系模型

关系模型包括粮堆与大气之间的关系模型，如气温与仓温和粮温之间的关系模型，气湿与仓湿和粮食水分之间的关系模型，温度、湿度（水分）和储粮害虫及微生物种群生长、为害之间的关系模型等。

3）粮堆模型

粮堆模型包括整个粮堆中的各种生物、非生物因素的动态变化模型，如粮温动态变化模型、储粮水分动态变化模型、粮仓温度变化模型、粮堆气体动态变化模型、储粮害虫种群生长动态变化模型、微生物生长模型、药剂残留及衰减模型、粮食重量和品质及其经济损失模型、储粮陈化模型等。

4. 判断、决策、执行子系统

该子系统是整个专家系统的核心。它通过数据库管理系统和模型库管理系统将现场采集到的数据存入数据库并比较、修改已有的数据，然后用这些数据作为模型库的新参数值，进行粮堆的动态变化分析，预测其发展趋势；其次，根据最优化理论和运筹决策理论，对应采取的防治措施和储藏方法进行多种比较和分析判断，提出各种方案的优化比值和参数，根据决策者（管理者）的需要，推出应采取的理想方案，并计算出其投入/产出的经济效益和社会效益。

安全储粮专家系统的开发过程，是从影响粮食安全储藏的诸多环境因素的信息采集入手，通过系统的实验室实验、模拟试验和实仓实验，同时进行大量的调查研究和资料收集工作，获得储粮安全管理的特性参数和基本粮情参数；然后把这些基本参数模型化，并建立相应的数据库、文本库、图形库和模型库；最后开发出“安全储粮专家系统”软件。它能起到一个高级储粮专家的作用，拥有丰富的储粮知识和经验，对不同储粮要求和储藏环境下的储粮管理方案进行模拟和比较，提供给管理者和决策者一套完整的、系统的、经济的、有效的、安全的、优化的最佳保粮方案，使防治费用最低、药剂残留最小、效果最好、损失最小。同时，使决策者和管理者知道自己所采取的决策产生的效果，免去决策过程中的人为影响。配合粮库计算机粮情检测系统和自控系统，最终实现粮食储藏的科学化、现代化和自动化，把我国的储粮水平推上一个新的台阶。

安全储粮专家系统的开发研究也是对我国近几十年粮食储藏技术成就的总结提炼过程。它对提高我国粮油储藏行业职工的技术素质，减轻粮食保管人员的劳动强度，推动粮油储藏的教学、科研事业发展，促进粮食行业的技术进步，实现粮食行业现代化等方面，都具有极其重要的意义。

安全储粮专家系统的开发是一项大的系统工程，虽然目前已开始了部分工作，但真正开发成功尚需付出艰苦的努力和各方面的合作。专家系统开发也是一个不断完善、不断发展的过程，同人类不断认识自然、征服自然的过程一样，可以说它的发展也是没有止境的。

思 考 题

1. 粮油堆放有哪些形式？
2. “一符四无粮仓”与“一符四无油罐”分别是指什么？
3. 粮情检测技术中如何对水分、温度和害虫等情况进行检测？
4. 储粮品质控制与管理的主要内容有哪些？
5. 粮食储藏中计算机有哪些应用？
6. 简述计算机粮情检测系统的要求。

第三篇 粮食储藏技术

第六章 储粮通风与密闭

➢**本章内容要点**

1. 掌握不同类型的通风系统及送风方式的特点。

2. 掌握通风时机的确定方法、不同季节通风或密闭的处理技术、通风及密闭储粮的管理。

3. 掌握机械通风系统的基本参数和阻力的计算方法。

4. 熟悉使用各种机械通风的方法。

5. 理解机械通风储粮的工艺设计原理与方法。

6. 了解储粮机械通风的作用。

在粮食储藏技术中，通风与密闭是为达到粮食安全储藏同一目的的两个方面。掌握有利时机对储粮进行通风，改变粮堆内气体介质的条件，以利于粮食安全储藏，然后及时密闭，阻隔外界湿热等不良环境条件对储粮的影响，使储粮较长时间保持安全稳定的状态。

第一节 自然通风

一、自然通风的原理及作用

自然通风是指利用空气自然对流，将外界干燥、低温的空气与粮堆内的湿热空气进行交换，达到降低粮食温度、水分的目的。自然通风的作用主要有两方面，一是降低粮食温度；二是降低粮食水分。

自然通风虽然空气交换量少，不能带走大量的湿热，而且受气候条件的影响，但不需要机械设备，比较经济，只要合理运用，抓住有利时机长期性连续通风，仍有一定效果。在我国基层粮库自然通风仍然是一种较为普遍的降低粮食温度、水分的方法。

二、自然通风降低粮温

1. 自然通风降温时机

对于以降温为目的的自然通风，因为不消耗能源，为了获得更多的通风时机，一般仓外温度低于仓内温度，非雨、雪、雾天气，就可以采取自然通风降低粮食温度，但是要预防结露的发生。

2. 操作方法

1）秋末及冬季降低粮堆温度

打开粮面上部窗子和通风换气口，同时打开仓房底部的通风口，让热空气上升，从粮面逸出，把粮堆内热量带走。通风过程中注意粮堆内外温差过大所导致的顶部结露问题，必要时采取翻动粮面、扒沟、挖塘等方法，增加粮食与空气的接触面积，提高冷却速度。对于仓内包装垛，粮垛应与粮仓形式及门窗方向相适应，粮垛间的走道方向应与仓库通气窗方向一致，以减小空气流动的阻力，提高粮食冷却速度。

2）夏季夜间降低粮食表层及粮面上部空间的温度

打开粮面上部的窗子和通风换气口，让冷空气自然进入仓内，把白天太阳辐射传入仓内的热量带走。如果是拱板仓，除打开粮面上部的窗子和通风换气口外，还需要打开山墙两头的通风换气口，让冷空气在拱板上流过。通风过程中注意夜间空气湿度高所导致的粮面水分升高现象的发生，并判断通风效果，适时进行相应的调整，确定是否继续通风。

三、自然通风降低粮食水分

1. 自然通风降水的原则

自然通风应把握空气温湿度低于储藏粮食温度和粮食水分的平衡相对湿度。合理选择通风时机，最好能达到既降温又降水的目的，如果两者不能兼顾，应尽量争取在不增加粮温的条件下通风降水，即空气湿度低于粮食水分的平衡湿度，空气温度不高于粮食温度。

2. 操作方法

通风前测定仓内外温湿度和粮食水分，判断通风引起水分变化的趋势，根据粮食吸湿特性，分析外界环境条件与粮食水分平衡关系，确定是否采用自然通风控制粮食水分。如果条件符合自然通风降水的要求，打开粮面上的门窗和仓底通风口，通风期间要适时翻动粮面，提高自然通风降水的效果。如果粮堆只是表层水分较高，可只打开粮面上的门窗和通风口，并适时翻动粮面，操作时应注意扒沟方向与风向一致。

利用自然通风降水以包装粮堆码通风垛效果最明显，在露天堆码通风垛降低粮食水分，是常采用的一种储藏高水分粮的技术措施，尤其适合需包装运输而短期存放的粮食。打垛注意合理选址，风道应朝向当地主导风向，横向隔一段距离也应打横向风道，从而增加过风面积。通风期间应注意当环境条件发生变化不利于通风降水时，及时将粮堆苫盖。

自然通风降水时要防止粮堆温差过大造成的湿热扩散发生。

自然通风效果与温差、风压、仓房类型、堆装方式、粮粒大小、粮堆孔隙度、含杂量等因素有关。一般来说，温差越大，风压越大，空气交换量就越多，通风效果越好；仓房结构合理，通风效果好；包装比散装通风效果好；堆小的、孔隙度大的，通风效果好；杂质含量少的通风效果好。

自然通风由于效果有限，必要时应对接风机进行强制通风，以达到全面降温、降水效果。

第二节　机械通风技术

一、储粮机械通风概述

1. 机械通风的原理

一定条件的外界空气在通风机产生的压力差的作用下沿着粮堆中粮粒间的空隙穿过粮层，从而改变粮堆内气体介质的条件，调整粮堆的温度、湿度，达到使粮食安全储藏或改善加工工艺品质的目的。

2. 机械通风的作用

1）降低粮食温度

处理高温粮或发热粮；低温季节对粮食进行通风降温，为低温储藏创造条件；通风系统还作为烘干机的冷却系统，降低烘干后粮食的温度。

2）降低粮食水分

作为干燥粮食的一种方法，对超过安全水分的粮食进行通风，降低粮食含水率，提高粮食储藏稳定性。

3）调质通风

在粮食加工前，向粮堆内通入高湿度的空气，适当增加粮食水分，以改善粮食加工工艺品质。

4）其他作用

平衡粮堆温度、湿度，防止或消除水分转移、分层和结露；预防高水分粮发热；排除粮堆内异味或实施熏蒸后的散气；在高温季节排除仓内空间积热。

在配备了四合一技术的新仓中，机械通风系统还用于环流熏蒸杀虫和使用谷物冷却机冷却粮食（图 6-1）。可以说没有机械通风技术就谈不上实施环流熏蒸和利用谷物冷却机冷却粮食，足见机械通风技术在粮食储藏技术中的重要地位。

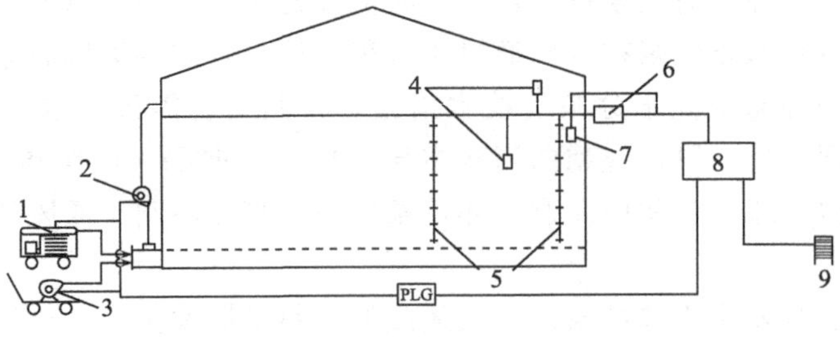

图 6-1　配备四合一技术仓房中的通风系统

1. 谷冷机；2. 环流风机；3. 风机；4. 湿度传感器；5. 测温电缆；6. 分机；7. 测虫传感器；8. 检控中心；9. 百叶箱

二、通风基础知识

1. 气体的平均流速和流量

气体在管道内的流动状态常用流速和流量这两个物理量来描述。

气体在管道中流动时，由于黏性的作用，流经同一截面上各点的实际流速不同，管中心处最大，边界管壁处流速为零。在通风工程中，为了方便计算，根据体积流量不变的原则，可假设空气在整个截面上以相同的速度流动，该速度即为空气流过某截面的平均流速。单位时间内气体在管道内流动的距离称为气体的流速，用符号 υ 表示，单位是 m/s。

单位时间内气体流过管道某截面的数量称为气体的流量，用符号 Q 表示，分为体积流量和质量流量。

单位时间内流过管道某截面的气体体积称为体积流量，用符号 Q_v 表示，单位是 m^3/s。

$$Q_v = F \times \upsilon \tag{6-1}$$

式中：Q_v——气体的体积流量，m^3/s；

F——管道截面积，m^2；

υ——气体流速，m/s。

单位时间内流过管道某截面的气体质量称为气体的质量流量，用符号 Q_m 表示，其单位是 kg/s。气体的质量等于体积乘以密度，体积流量与密度的乘积就是质量流量。

$$Q_m = Q_v \times \rho = F \times \upsilon \times \rho \tag{6-2}$$

式中：Q_m——气体的质量流量，kg/s；

ρ——气体的密度，kg/m^3。

2. 气体流动的连续方程

当气体在管道内连续并且是稳定流动时，不可能自生自灭，根据质量守恒定律，流过管道各截面的质量流量一定相等，即 $Q_{m1}=Q_{m2}=\cdots=Q_{mn}$，则

$$F_1 \times \upsilon_1 \times \rho_1 = F_2 \times \upsilon_2 \times \rho_2 = \cdots = F_n \times \upsilon_n \times \rho_n$$

在机械通风过程中，空气在管内流动时密度变化不大，即 $\rho_1=\rho_2=\cdots=\rho_n$，上式变为

$$F_1 \times \upsilon_1 = F_2 \times \upsilon_2 = \cdots = F_n \times \upsilon_n \tag{6-3}$$

式中：F_1、F_2、…、F_n——管道各截面的面积，m^2；

υ_1、υ_2、…、υ_n——气体流过管道各截面的速度，m/s。

式（6-3）即气体流动时的连续方程式。它说明在同一管道中，任意截面的面积与气体的平均流速成反比。面积大，流速就小；面积小，流速就大。

3. 流动空气的压力及伯努利方程

气体在管道内流动时具有压力，也就是具有能量。气体具有的能量有三种，即位能、压力能和动能。如管道的某截面所处的高度为 h，则单位体积气体的总能量以全压（H）用下式表示：

$$H = H_j + H_d + Z = H_j + \frac{1}{2}\rho v^2 + \rho g h \quad (6\text{-}4)$$

式中：H——气体的全压，Pa；

H_j——气体的静压，Pa；

H_d——气体的动压，Pa；

Z——气体的位压，Pa；

g——重力加速度，m/s^2；

h——截面高度，m。

机械通风储粮技术中，管道内气体的位压为零，则空气在风道中流动时它的能量包括静压与动压两部分，即 $H=H_j+H_d$。

气体的静压用表压力表示，即管道内、外气体的静压差，吸气管道其为负值，压气管道其为正值。通常将管外大气的动压当作零，认为管外大气静止不流动，管内单位体积气体的动能即是气体的动压，其值恒为正值。

静压、动压和全压可用毕托管配合 U 形压力计或其他压力计测定（图 6-2）。测得风道中的动压，根据 $H_d=\frac{1}{2}\rho v_2$ 就可计算风道内的风速。

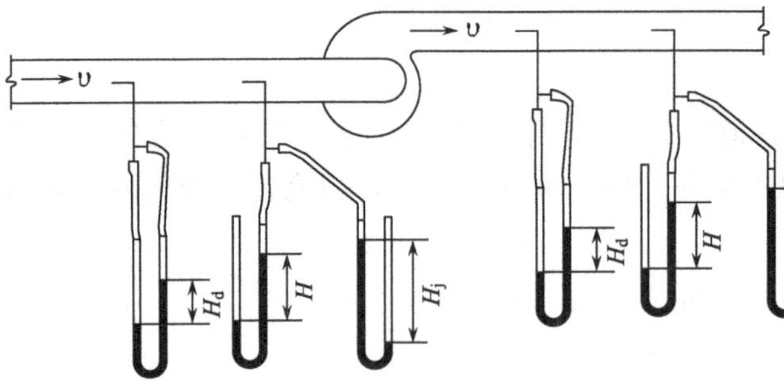

图 6-2 测定风道压力的仪器连接方法

理想气体的特点是密度不随压力而改变，无黏性，在管内流动时无能量损失。在管道的任意截面，总能量为常数

$$H = H_j + H_d = 常数 \quad (6\text{-}5)$$

式（6-5）就是理想气体的伯努利方程式。

实际空气有黏性，在管道中流动时，有阻力产生，为克服阻力，必然产生压力损失。假使空气沿变径风道由截面 1-1 流向截面 2-2（图 6-3）。

实际的伯努利方程式为

$$H_{j1} + H_{d1} = H_{j2} + H_{d2} + \Delta H_{1\text{-}2} \quad (6\text{-}6)$$

或

$$H_1 = H_2 + \Delta H_{1\text{-}2} \quad (6\text{-}7)$$

式中：H_1——截面 1-1 处空气的全压，Pa；

H_2——截面 2-2 处空气的全压，Pa；

$\Delta H_{1\text{-}2}$——管道 1-2 截面间流段的压力损失。

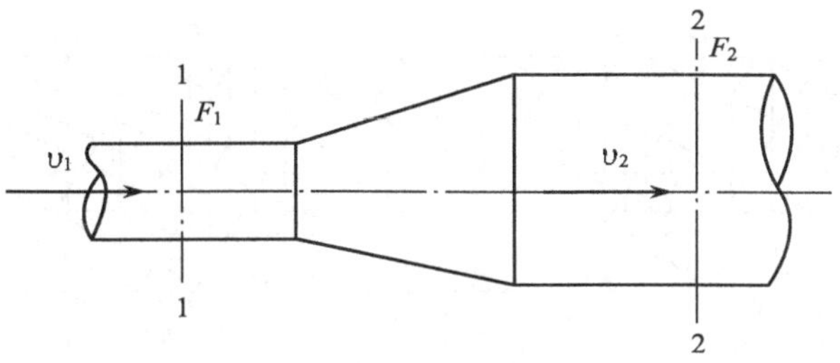

图 6-3　伯努利方程示意图

上式可写成

$$\Delta H_{1\text{-}2} = H_1 - H_2 \tag{6-8}$$

由式（6-8）可知，空气在管道内流动，由全压高的截面流向全压低的截面，两截面间的全压损失用来克服空气流经这段风道的阻力。在机械通风中全压损失由风网中通风机做功来补偿。

4. 风道阻力计算

风道阻力是指气体沿风道流动时产生的压力损失。包括风道直长管段的沿程摩擦阻力和异形管段的局部阻力。

1）摩擦阻力

当气体通过风道时，由于气体的黏滞、管壁的粗糙，在气体内部、气体和管壁之间产生因摩擦形成的阻力称为沿程摩擦阻力。

摩擦阻力与风管几何尺寸、空气流动状态以及流速之间的关系为

$$H_{摩} = \lambda \times \frac{L}{D_d} \times \frac{\rho \times \upsilon^2}{2} \tag{6-9}$$

式中：$H_{摩}$——摩擦阻力，Pa；
　　λ——摩擦阻力系数；
　　L——风管长度，m；
　　υ——气体流速，m/s；
　　D_d——风管当量直径，m；
　　ρ——气体的密度，kg/m^3。

其中 D_d 与风管截面面积 F、风管管壁周长 l 之间的关系为 $D_d=4F/l$。

如果把单位长度风管的摩擦阻力称作单位摩擦阻力，用 $\Delta H_{摩}$ 表示，单位是 Pa/m，则摩擦阻力用下列公式计算：

$$H_{摩} = \Delta H_{摩} \times L \tag{6-10}$$

式中：$H_{摩}$——摩擦阻力，Pa；
　　$\Delta H_{摩}$——单位摩擦阻力，Pa；
　　L——风管长度，m。

图 6-4 是光滑管单位摩擦阻力计算图，图中表明了气流速度 υ、当量直径 D_d、体积流量 Q_v 与单位摩擦阻力 $\Delta H_{摩}$ 的关系。如果风管为粗糙管，其摩擦阻力应乘以修正系数$\mathcal{L}$

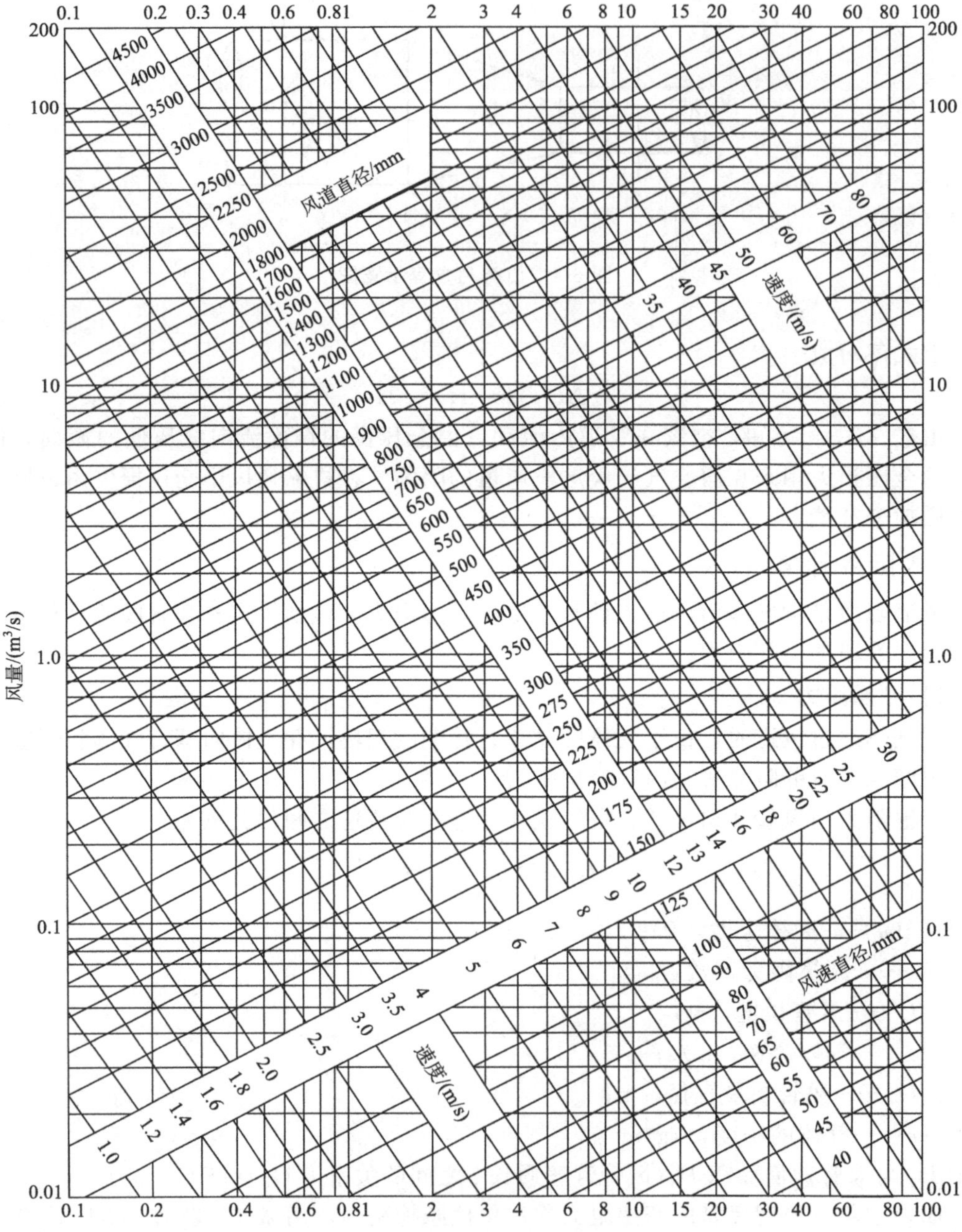

图 6-4　光滑管单位摩擦阻力计算图

$$\mathcal{L} = \sqrt[4]{\delta \times \upsilon} \tag{6-11}$$

式中：$\mathcal{L}$——修正系数；

δ——风管内壁绝对粗糙度，mm；

υ——气体流速，m/s。

对于砖砌风道，$\delta=2\sim5$mm；对于矿渣混凝土板风道，$\delta=1.5$mm；对于钢丝网抹灰风道，$\delta=10\sim15$mm；对于胶合板、石膏板、木板风道，$\delta=1$mm。

2）局部阻力

使气流变向、合并、分流、收缩和扩散的异形管件如弯头、三通、收缩管和扩散管等，当气体通过时，不仅产生摩擦阻力，还由于气流变向与管壁撞击或速度变化以及产生涡流等形成压力损失，它们合称为局部阻力。

局部阻力的大小取决于管件形状和动压力

$$H_{局}=\xi\times\frac{\rho\times v^2}{2} \tag{6-12}$$

式中：$H_{局}$——局部阻力，Pa；

ξ——局部阻力系数，由工程图表查得。

整个通风管道的阻力损失 $H_{风道}$ 为摩擦阻力与局部阻力之和，即

$$H_{风道}=H_{摩}+H_{局} \tag{6-13}$$

储粮机械通风中风道阻力一般通过经验选取或利用公式精确计算。

三、储粮机械通风系统

1. 通风系统的组成

储粮机械通风系统由粮堆、通风管道、供风管道、通风机以及风机操作控制设备等部分组成，如图 6-5 所示。

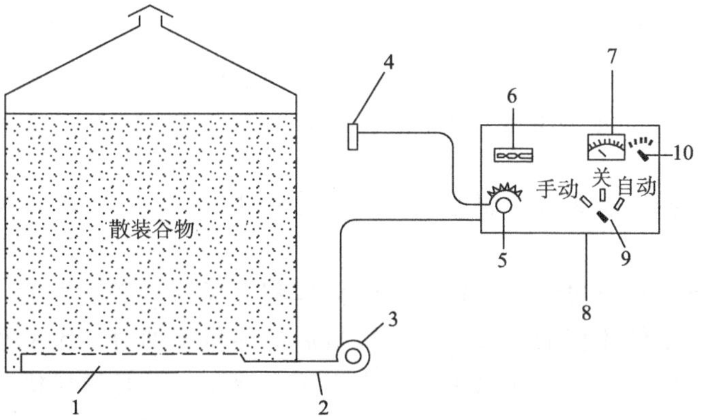

图 6-5　储粮机械通风系统的组成示意图

1. 通风管道；2. 供风管道；3. 通风机；4. 环境温度传感器；5. 恒温调节器；6. 风机工作时间记录器；7. 谷物温度指针；8. 通风控制板；9. 开关；10. 仓房选择器

供风管道由管壁密封的管子构成，分别与通风机及通风管道相接，起着输送空气的作用。通风管道俗称风道，是安装在粮堆内由孔板构成的风道，其向粮堆内分风的透气孔板又称为空气分配器。通风管道在粮堆内起着均匀分配气流，防止局部阻力过大的作用。供风管道、通风管道以及粮堆孔隙共同组成风网。

风机操作控制设备是指在通风过程中控制风机运转的仪器，简单的仅起开启或关闭

风机的作用，复杂的能自动选择通风时机，实现自动开机和关机的操作。

2. 通风机

通风机是储粮机械通风系统中的重要设备，其作用是向粮堆提供足够的风量，克服系统阻力，促使气体在粮堆里流动，保证通风作业的完成。常用的风机有离心式通风机、轴流式通风机和混流式通风机。

1）离心式通风机

离心式通风机按其产生压力的不同可分为三类，即低压风机（风压小于1000Pa，在老式房式仓机械通风系统中常选用这种风机）、中压风机（风压为1000～3000Pa，用于管路较长、粮层较厚、系统阻力较大的风网，在新型高大平房仓和浅圆仓机械通风系统中可选用这种风机）、高压风机（风压大于3000Pa，用于阻力较大的立筒仓通风系统）。

离心式通风机的构造如图6-6所示，其主要组成部分为机壳、叶轮、机轴、进风口和排风口，此外，还有轴承座、电机等部件。

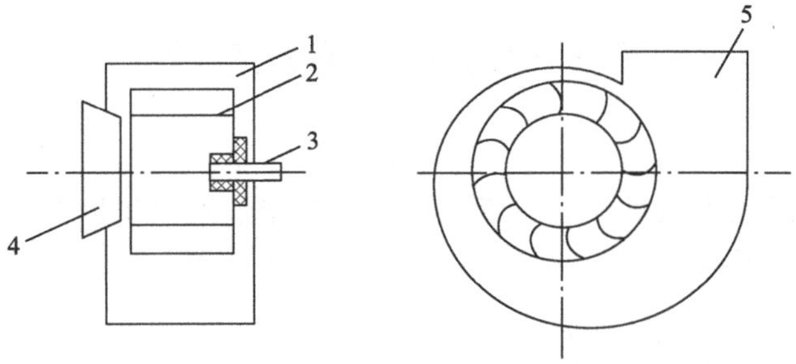

图6-6　离心式通风机的构造

1. 机壳；2. 叶轮；3. 机轴；4. 进风口；5. 排风口

离心式通风机的性能参数主要有风量（Q）、风压（H）、功率（N）、效率（η）及转速等。

风量是通风机在单位时间内所输送的气体体积；风压是通风机出、入口截面的空气全压之差，它表示单位体积的空气流过通风机后的能量增加值；流量及风压的大小取决于通风机的结构和叶轮转速。通风机的功率有两个概念，一是通风机的输入功率；二是通风机的输出功率。通风机的输入功率是电动机单位时间内加在通风机轴上的能量，也称为轴功率（N），轴功率除用于对空气做功外还有一部分损失，输出功率是风机在单位时间内传递给空气的能量，也称为有效功率（N_y）。有效功率的计算公式为

$$N_y = \frac{HQ}{1000 \times 3600} \tag{6-14}$$

式中：N_y——风机的有效功率，kW；

H——风机的风压，Pa；

Q——风机产生的风量，m^3/h。

通风机的效率是通风机的有效功率与轴功率之比，用下式表示：

$$\eta = \frac{N_y}{N} \times 100\% \tag{6-15}$$

式中：η——通风机效率。

通风机效率的高低反映了通风机工作的经济性能。效率越高，表示通风机在产生相同的风量和风压的条件下，电耗越低。4-72 型风机属高效风机，效率可达 91%。

转速是通风机单位时间内旋转的次数。单位一般用转/分（r/min）表示。转速决定通风机风量、风压和功率的大小。当空气密度不变时，风量的改变与转速的改变成正比；风压的改变与转速改变的平方成正比；功率的改变与转速改变的立方成正比。因此，在不得不提高风机转速时，必须考虑原配电机是否会过载和叶轮的机械强度是否满足要求。

为了全面评定风机的性能，通常将风压与风量（H-Q）、功率与风量（N-Q）、效率与风量（η-Q）、三条曲线按同一比例画在一张图上，构成风机特性曲线，如图 6-7 所示是 4-72-11No. 5 离心通风机在转速为 2900r/min 时的特性曲线。利用风机的特性曲线，只要知道风量、风压、轴功率、效率 4 个参数中的 1 个，就可找到其余的 3 个参数。

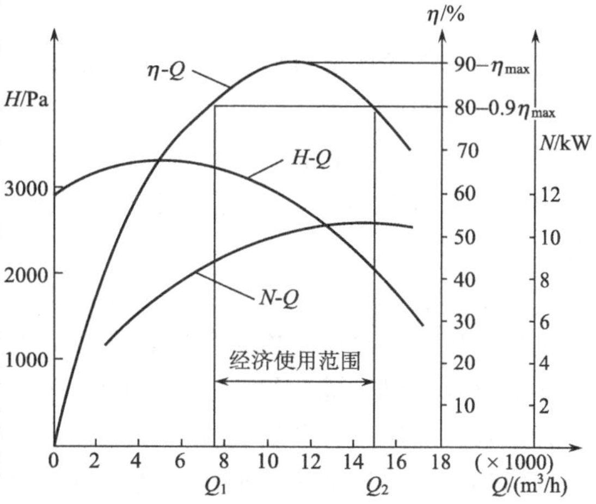

图 6-7 4-72-11No. 5 离心通风机的特性曲线

从图 6-7 中可以看出，风机在一定的转速下，有一个最高效率点 η_{max}，相应于最高效率下的风量、风压和轴功率为风机的最佳工作状况，选用风机时，应使其实际运转效率不低于 $0.8\eta_{max}$。根据这个要求，4-72-11No. 5 风机的风量允许调节的范围为图 6-7 所示的 $Q_1 \sim Q_2$ 之间，这个区间为风机的经济使用范围，选用风机时要注意。

2）轴流式通风机

轴流式通风机由进风口、叶轮、机轴、电机、机壳和排风口组成，叶轮安装在筒形机壳中，电动机的机轴直接与叶轮连接，当电机工作时，叶轮旋转，空气由进风口处吸入，通过叶轮从排风口排出。由于空气在风机中始终是沿叶轮轴向流动的，所以称轴流式通风机。它属于大风量、低风压的空气输送设备。

按结构形式可将轴流风机分为筒式、简易筒式和风扇式，构造如图 6-8 所示。

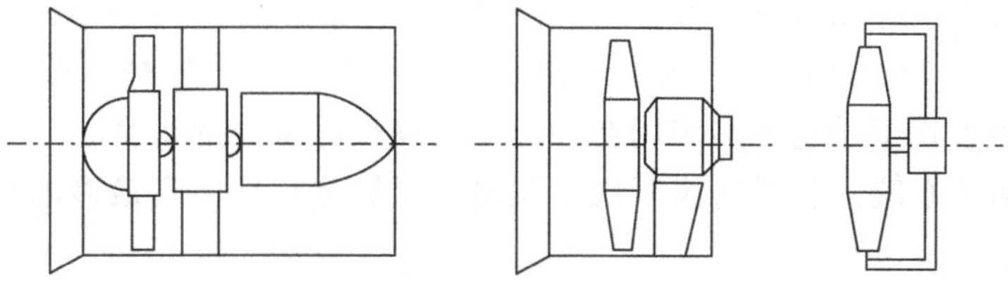

图 6-8 轴流式通风机的结构形式

从左至右：筒式、简易筒式、风扇式

按提供的压力不同，将轴流风机分为低压轴流风机（$H \leqslant 500$Pa）和高压轴流风机（$H > 500$Pa）。

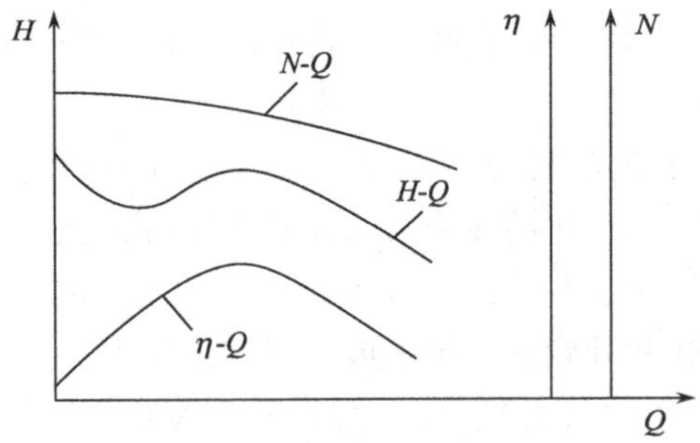

图 6-9　轴流风机特性曲线

轴流风机的传动方式有电机直联传动、对旋传动、皮带传动、联轴传动和齿轮传动。

轴流通风机的风量、风压、功率和效率等性能参数之间的相互关系。可以用轴流通风机特性曲线表示，如图 6-9 所示。

从图 6-9 中可以看出，轴流式通风机的特性曲线图与离心式通风机有明显的不同：H-Q 的曲线很陡，当风量 Q 为零时，风压 H 的值最大；从轴流风机的 N-Q 曲线看到，风量越小所需的功率越大；η-Q 的曲线也很陡，这说明风机允许的调节范围很小，也就是经济使用范围小。工作状态点变化时，容易超出经济使用范围。

因此，使用轴流式通风机时应注意：启动时，风口应全开，以免造成电机过载；不宜使用闸门来调节风量，最好采用改变电动机的转速或调整叶轮叶片角度的办法来调节。

在储粮机械通风中，有多种类型的风扇式轴流风机（俗称排风扇）被不同地区采用，这类风机结构简单，价格低廉，使用方便，但降温速率小，风扇产生的风压也低，可在夏季夜晚用以排除粮面白天的积热。如果是秋冬季，关闭粮面上部的窗子和通风口，打开仓底通风口，开启仓顶轴流风机，让冷空气从仓底进入粮堆，从粮面逸出，带走粮堆内热量，此法被称为低压缓速通风降温，具有能耗低，水分减量少，降温均匀的特点，被很多粮库采用。

3）混流式通风机

气流沿轴向进入叶轮后，近似地沿锥面运动，气流方向介于离心式和轴流式之间，这类风机称为混流风机，也称斜流风机。

3. 储粮通风系统的分类

根据仓房的结构形式的不同，可分为如下几类。

1）房式仓通风系统

（1）全地板通风系统。粮仓底部设全冲孔金属底板的通风系统，气流在通风板下面进行分配，均匀穿过冲孔板进入粮堆。这类通风形式是系统阻力最小、气流分布最均匀（空气途径比为 1∶1）、通风量较大的通风形式。但由于造价较高，很少用于容量较大的仓房，在小型垂直干燥仓中多采用此种形式处理较高水分的粮食。

（2）管槽通风系统。管槽通风系统是我国粮食储藏领域应用最多的通风形式，管道布置有多种形式。

根据风路运行的位置不同，又分为地槽和地上笼两种通风系统。地槽通风系统是指粮仓（货位）地坪之下建有固定槽形通风道的通风系统；地上笼通风系统是指粮仓（货位）地坪之上敷设笼形通风道的通风系统。两种通风系统的截面形式有倒 U 形、圆形、矩形、梯形、三角形、半圆形等，两种通风系统的优缺点如表 6-1 所示。

表 6-1　地槽和地上笼通风形式比较

	地槽	地上笼
优点	通风均匀性良好；仓内地面平整，便于机械作业；通风道固定且不占仓容；不用安装、拆卸；不需器材库存放	通风均匀性良好；通风阻力小，可选用轴流风机；地坪不需开沟挖槽
缺点	地坪要开沟挖槽，地槽要作防水处理；通风阻力大	安装、拆卸麻烦；仓内不便机械作业；使用后，存放占用器材库

地上笼通风系统常用于平房仓，如图 6-10 所示，为高大平房仓一机四道的地上笼通风道布置图。高大平房仓每个仓的上部还配置四个轴流风机，用于夏季晚间排除白天粮堆上部的积热和在秋冬来临之际，缓慢降低粮温。

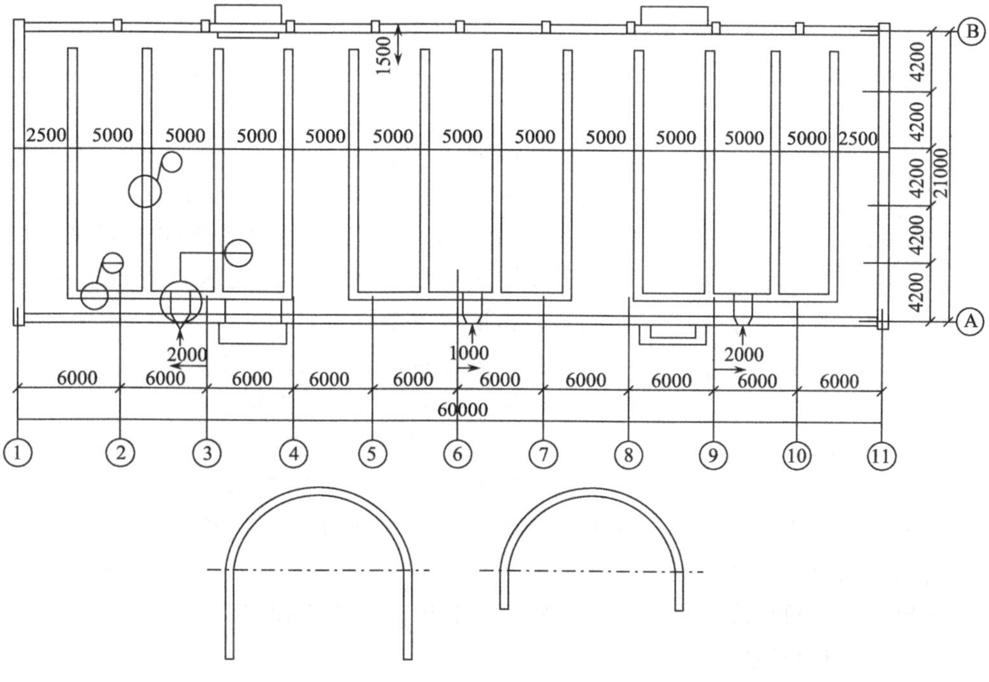

图 6-10　高大平房仓一机四道的地上笼通风道布置图

(3) 单管、多管通风系统。由一台风机与一根或多根扦插式通风管组成的移动式通风系统。适用于处理粮堆局部发热或进行应急通风。

单管通风系统由小型通风机（电机功率 0.75kW，风机风量 $1000m^3/h$，全压 800Pa 左右）与单个扦插式通风管配套使用（图 6-11），处理范围在粮面 $4m^2$ 左右。操作时将 8～10 根风管组成 1 组，通风管借助压管机或深层扦样器插入粮堆，均匀分布在发热区域进行通风。

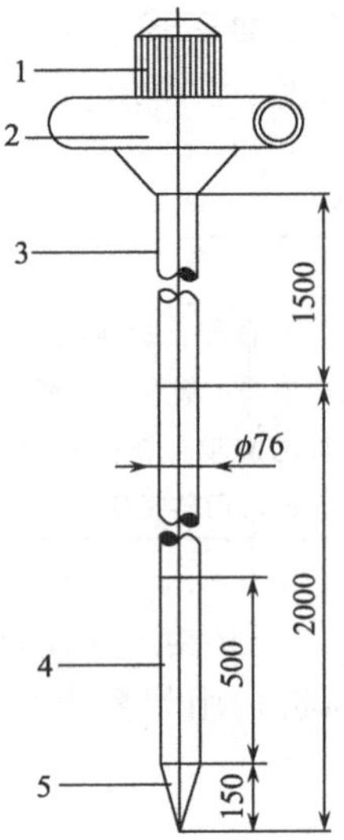

图 6-11 吸出式单管通风机

1. 电机；2. 风机；3. 套管；4. 通风管；5. 锥形头

图 6-12 多管通风的管道连接

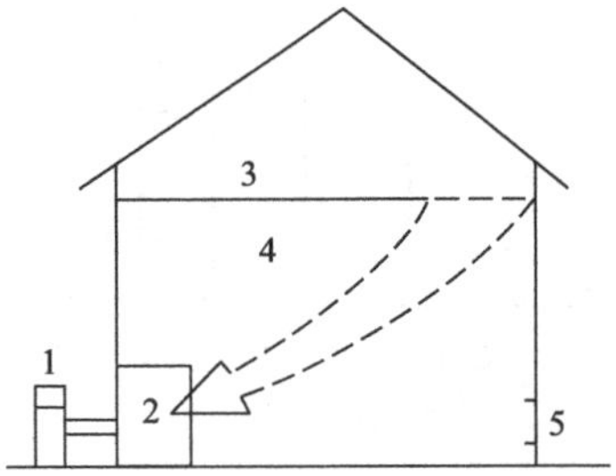

图 6-13 箱式通风系统图

1. 风机；2. 空气分配箱；3. 薄膜；4. 粮堆；5. 风洞

多管通风系统是由一台可移动大型离心通风机（功率 7.5kW，风量 5730～10580m^3/h，全压 1670～2530Pa）通过与主管相连接的多个蛇形管或 PVC 软管，下接插入粮堆内的扦插式通风管进行通风的系统（图 6-12），通风范围较大。

单管、多管通风系统具有可移动布点灵活的特点，但装卸麻烦，劳动强度大，电耗较高。

（4）箱式通风系统。在粮堆内预埋箱型空气分配器的通风系统，它只能采用吸出式通风，须配合粮面揭膜方法或配合导风管使用，适用于小型房式仓的整体通风或局部通风（图 6-13）。

该通风系统造价低廉，但运行费用较高。我国南方使用较多。

2）立筒仓通风系统

（1）全地板通风系统，亦称夹底通风系统。粮仓底部设全冲孔金属底板进行通风，这种形式在筒仓中使用较房式仓中多，适用于小型粮仓的整体通风，常在通风干燥仓中使用，处理较高水分的粮食（图 6-14）。

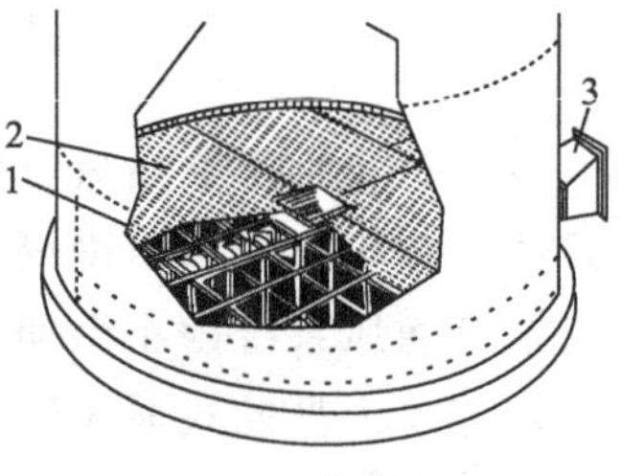

图 6-14 全地板通风系统

1. 螺旋输送机；2. 冲孔金属底板；3. 风机接口

（2）卧式管道垂直通风系统。为了减少通风系统的投资，将全地板通风改为管道通风，通风管道斜卧于立筒仓的锥底上，采用压入式送风，因气流在粮堆内运行距离长，仓底部静压较高，从而促使了气流的均匀分布（图 6-15）。但由于粮层厚，阻力较大，需要功率较大的风机。

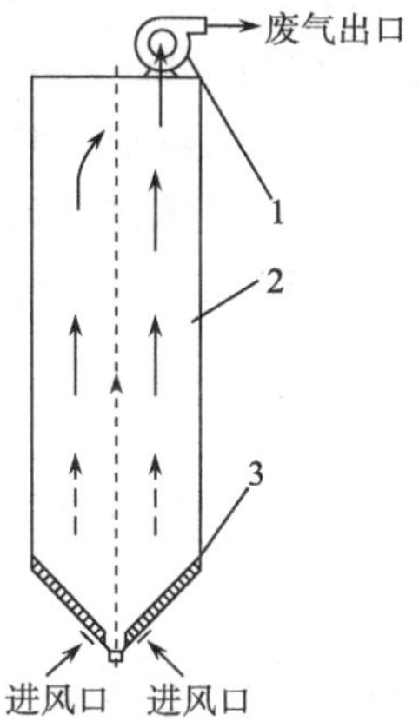

图 6-15　卧式管道垂直通风系统

1. 风机；2. 筒仓；3. 卧式风道

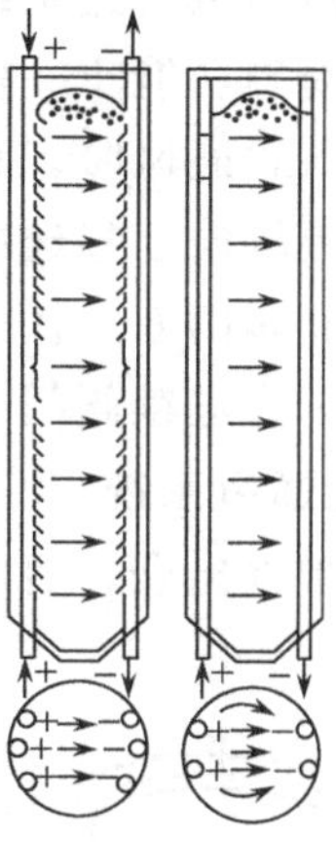

图 6-16　立筒仓横向通风系统

(3) 横向通风系统。横向通风是一种经济实用的通风形式，它克服了筒仓垂直通风系统阻力大、通风费用高的缺点。它的管道由 2 或 3 对垂直安装在筒内壁的百叶窗式半圆形截面风管组成。每根风管在其长度中部用封紧的隔板分为 2 段。每 3 根（或 2 根）半截风管在筒上部或筒下部汇流成 1 根风管组成一个组。两台风机在左边两组自下或自上压入空气；而在相对的右边两个组，同样用两台风机抽气（图 6-16）。该装置形成的气流穿过粮堆的距离较短，所形成的粮层阻力较小，但通风系统的设计复杂，造价较高，只能在装满仓后才能通风。

(4) 径向通风系统。径向通风系统是将通风管竖置于粮堆中央，顶端封闭，使气流沿径向流动的通风系统（图 6-17）。通风时空气从粮堆底部送入内部风管，气流沿筒仓径向经过粮堆，从透气的仓壁流出。此种通风形式适用于径向通风干燥仓及我国东北地区大量使用的露天囤。用作通风干燥时，内外粮层水分差较大，应在干燥过程中倒仓一次，减少水分的不均匀性。

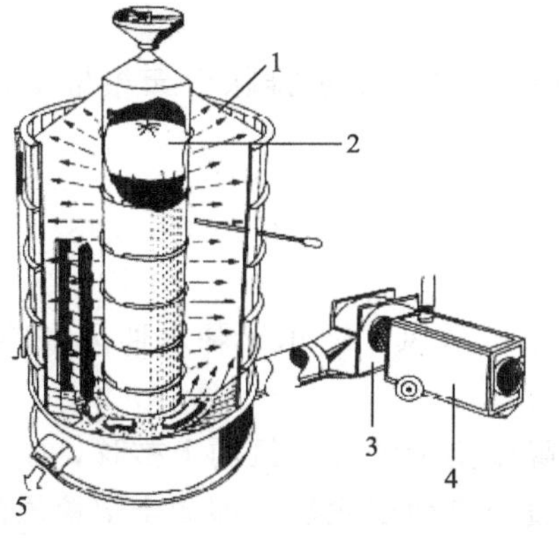

图 6-17　径向通风系统

1. 粮面；2. 活塞；3. 风机；4. 加热器；5. 出粮口

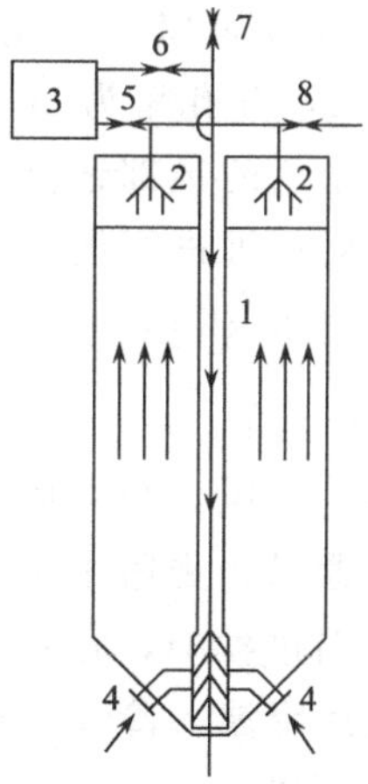

图 6-18　多功能通风管道系统

1. 中心管；2. 吸风罩；3. 熏蒸机；4. 进风口；5～8. 阀门

(5) 多功能通风管道系统。多功能筒仓通风系统集通风、熏蒸、减缓入仓自动分级和出仓动力载荷等功能于一体，是较为完善的筒仓储粮配套设施（图 6-18）。进行常规通风或应急压入式通风时，只打开阀门 8，风机送出的气流经进风口穿过管道下部的风管，均匀进入粮堆向上穿透粮层，经吸风罩 2 由阀门 8 流出。在环流熏蒸时，熏蒸机送出的混合毒气经阀门 6、中心管 1、管道下部的风管、粮堆、吸风罩 2、阀门 5 再流入熏蒸机。阀门 7 为进粮阀门。

3）浅圆仓通风系统

为了便于粮食出仓，目前浅圆仓全部采用地槽通风系统，地槽形式有放射形、梳形等（图 6-19）。

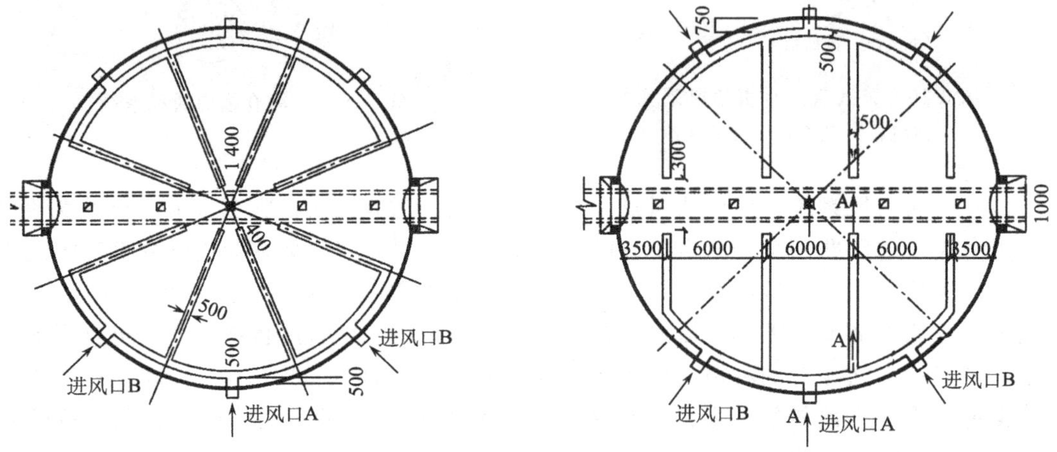

图 6-19　浅圆仓风道形式

左图放射形风道，右图梳形风道

浅圆仓的风道有 2 个 A 通风口各配备 1 台 4-72-11No. 8D 型风机。为了减小风机的功率，还设计了 4 个 B 通风口，配备了 4 台 4-72-11No. 6C 型小号风机，其功率为 7.5kW。在机械通风时可使用 4 个 B 通风口，封闭 A 通风口。在进行谷物冷却或环流熏蒸时，使用 A 通风口，封闭 B 通风口。通风槽的通风盖板为框架结构，分段制造，每段 1m 左右长，开孔率为 30%左右。

浅圆仓每个仓的顶部还配置轴流风机，在夏季的晚上用于排除白天粮堆上部的积热，或秋冬季对粮堆进行缓速降温通风。

4. 储粮通风系统的送风方式

1）压入式通风

将通风机的出风口与供风导管相连，通风机正压送风，适用于降水通风和粮堆中、上层发热降温通风，更适用于干燥谷物。

在降低粮温过程中，底层先降温，已经达到降温要求的冷却区向上推移，中层降温稍慢，上层最后降温。冷却区由下而上推移，通过粮堆面层之后，即为全部粮堆的冷却作业任务已告完成。

如果中途停止鼓风，即全堆粮的冷却作业任务尚未完成就停止鼓风，结果是粮堆底层温度最低，中层温度稍高，上层温度最高。

（1）由于风机叶片旋转时，与空气产生摩擦，会使空气升温 3～4℃，所以适宜于降低粮食水分。在湿度大的地区，因为空气的升温，会使空气的相对湿度降低，故风道周围粮增湿危险性减少。

（2）粮面发热，仓间温度高，中、下层温度低，宜采用鼓风法。中途停机，上层温度高，便于检查。我国西北地区，有利条件是上层温度高，可将窗口打开，进行自然通风，面层温度便会自然下降。长江流域，秋季通风降低粮温后，陈粮过夏，上层粮温高，宜用鼓风法。

（3）风道长度较大，用鼓风法分风比较均匀。

（4）粮温高，在低温季节鼓风，开始一段时间，粮面有结露现象。

（5）可能导致安全水分粮通风降温后较大的水分减量。

（6）鼓风时空气流与风机叶轮、叶片相互摩擦，使空气升温，减小了空气与粮堆的温度差，因而，延长了通风的时间。如果风机吸口附近存留大量积聚的灰尘，这些灰尘将被吸入风机，送入风道中，造成风道堵塞。风机放在仓外，最好要有防雨设施，防止雨水落入风机内。

2）吸出式通风

将通风机的进风口与供风导管相连，通风机负压吸风，适用于降温通风、调质通风、预防结露通风，尤适用于粮堆中、下层发热降温通风。安装于仓顶轴流风机（排风扇）多采用吸出式排风。

在降低粮温过程中，粮堆上层温度先降低，已经达到降温要求的冷却区向下推移，中层粮温降低稍慢，底层粮温降低得最慢。直到冷却区自上而下推移到粮堆底层，才能完成粮堆冷却作业任务，如果中途停止吸风，其结果是上层粮温最低，中层粮温稍高，底层温度最高。

（1）低温季节，采用吸风法，可防止粮面结露。我国大部分地区夏秋入库的新粮，秋冬降低粮温时，宜采用吸风法。

（2）上层粮温低，中、下层粮温高，宜采用吸风法。

（3）外界冷空气直接与上层粮食接触，温差较大，所以上层粮食冷却效果好。

（4）对于地面设置的地槽或其他风道，当粮食进仓尚未将其全部覆盖时，可用塑料布将敞开处覆盖起来，仍可进行通风降温。

（5）进入粮堆空气未受到风机叶片摩擦升温，对于降低粮食水分不利。如果空气湿度大，全天通风，表层有增湿的危险。

（6）中途停机，底层粮温高，难于检查。

（7）粮堆上、中层温度高，底层温度低，不可用吸风法。

3）压入与吸出相结合式通风

对于粮层较厚的筒仓通风，因粮层阻力较大，可用两台风机，采用压入与吸出相结合的混合式通风方式，有利于整个粮堆温度与水分的均衡分布。

在通风过程中，一个通风阶段采用压入式通风，另一阶段采用吸出式通风，适用于粮层较厚，温度和水分不易平衡条件下的通风。

4）环流通风

将通风机的空气输入和输出端分别与粮堆风网的空气输出端和输入端相连接，让气流在系统内循环流动，适用于环流熏蒸和谷物冷却机冷却通风。

四、储粮机械通风系统设计基础

1. 风网设计的基本要求

风网设计时，风道形式的选择应该遵循一定的设计规律和适当选择相关的设计参数，否则，就不可能达到理想的通风效果。

（1）在技术参数合理范围内确定风网尺寸，降低系统阻力，风网中的弯头应采用多环节形式，避免使用直角弯头，弯头的弯曲半径不小于风管直径的1.5倍。风网中尽可能减少弯头、三通等管件的数量。避免通风死角，保证尽可能均匀送风。

（2）风网设计工艺简单、制作方便、成本低。

（3）合理选择和配备风机，风机静压应能克服通风系统的总阻力，通入粮堆的风量应能满足通风目的需要。排风扇与风道进口不能在同侧。

（4）风道应能承受粮食和机械设备的载荷。通风设备应安全可靠，操作简便。

2. 风网主要技术参数

1）单位通风量

单位通风量是指每小时每吨粮食所需的风量，用符号 q 表示，其单位是 $m^3/(h \cdot t)$。单位通风量主要与粮种、粮食水分有关，是选择风机型号，确定风道截面尺寸的主要依据之一。单位通风量的选用，可根据不同的粮种、不同的仓型、不同的通风条件等综合考虑而决定。

（1）以降水为目的的通风应根据粮食水分的不同，选择不低于表6-2所列的单位通风量。

表6-2　降水通风的最低单位通风量

粮食水分/%	14	16	18	20
最低单位通风量/［$m^3/(h \cdot t)$］	25	30	40	60

（2）以降温为目的的通风推荐选用低于表6-3所列的单位通风量。

表6-3　降温通风的单位通风量　　单位：$m^3/(h \cdot t)$

房式仓或较矮圆仓	立筒仓	浅圆仓
<20（其中排风扇低压缓速降温通风<8）	<10	<12

注：南方地区或气温较高的地区可适当增加单位通风量，北方地区或气温较低地区可适当减少单位通风量。

（3）环流熏蒸通风推荐选用单位通风量 $q < 3m^3/(h \cdot t)$。

2）总通风量

单位时间内进入通风粮堆的风量称总通风量，用符号 $Q_{总}$ 表示，其单位是 m^3/h。

总通风量的计算公式为

$$Q_{总} = q \cdot G = q \cdot V \cdot \gamma \tag{6-16}$$

式中：$Q_{总}$——总通风量，m^3/h；

q——单位通风量，$m^3/(h \cdot t)$；

G——粮食质量，t；

V——粮堆体积，m^3；

γ——粮食容重，t/m^3。

3）风道风速

（1）主风道风速。主风道风速指的是与通风机直接连接的主风道内气流的速度。主风道内的风速按下式进行计算：

$$v_{主} = \frac{Q_{主}}{3600F_{主}} \tag{6-17}$$

式中：$v_{主}$——主风道内风速，m/s；

$Q_{主}$——主风道风量，m^3/h；

$F_{主}$——主风道的横截面积，m^2。

主风道风速应控制在 12 m/s 以下，最大不超过 15m/s。

（2）支风道内风速。支风道内风速是指分支风道内气流速度，用下列公式计算：

$$v_{支} = \frac{Q_{支}}{3600F_{支}} \tag{6-18}$$

式中：$v_{支}$——支风道风速，m/s；

$Q_{支}$——通过支风道的风量，m^3/h；

$F_{支}$——支风道的横截面积，m^2。

支风道风速应控制在 6m/s 以下，最大不超过 9m/s。

（3）空气分配器（包括箱式通风的空气分配箱）表观风速。空气分配器的表观风速是指气流穿过分配器通气孔板表面的流速。其计算公式为

$$v_{分} = \frac{Q_{分}}{3600F_{分}} \tag{6-19}$$

式中：$v_{分}$——分配器表观风速，m/s；

$Q_{分}$——通过分配器的风量，m^3/h；

$F_{分}$——分配器开孔面的表面积，m^2。

空气分配器表观风速推荐值为 0.1～0.15m/s，最大不超过 0.3m/s。

（4）粮面表观风速。粮面表观风速是指气流离开粮面时的速度。用下列公式计算：

$$v_{粮面} = \frac{Q_{总}}{3600F_{粮}} \tag{6-20}$$

式中：$v_{粮面}$——粮面表观风速，m/s；

$Q_{总}$——通过粮堆的总通风量，m^3/h；

$F_{粮}$——粮堆通风的表面积，m^2。

粮面表观风速一般规定为 0.01～0.1m/s。

4）通风系统总阻力

通风系统的总阻力是指气流通过风网时的压力损失。其计算公式为

$$H_{总} = H_{风道} + H_{分配器} + H_{粮层} \tag{6-21}$$

式中：$H_{总}$——通风系统总阻力，Pa；

$H_{风道}$——气流通过风道的阻力，Pa；

$H_{分配器}$——气流通过分配器的阻力，Pa；

$H_{粮层}$——气流通过粮层的阻力，Pa。

（1）散装粮的粮层阻力计算。当空气被送入粮堆并通过粮层时，粮食就会对气流产生阻力，这就是粮层阻力。

粮层阻力与多种因素有关，空气穿过粮层的速度越大，粮层阻力越大；粮层阻力还与粮食品种、粮食含水率有关，可按下式计算：

$$H_{粮层} = 9.81ah(\upsilon_{粮面})^b \tag{6-22}$$

式中：h——粮层厚度，m；

a、b——与粮种有关的阻力系数，如表 6-4 所示。

表 6-4　不同粮种的阻力系数 *a*、*b* 值

粮种	玉米	大米	大豆	花生	小麦	大麦	稻谷
a	414.04	1014.13	287.514	280.414	618.339	534.708	484.17
b	1.484	1.269	1.384	1.481	1.321	1.273	1.334

注：压紧粮堆（如立筒仓和浅圆仓）的粮层阻力，应根据压紧程度，将公式计算得出的结果乘以压紧系数，该系数可取 1.30～1.55。

（2）风道阻力。可根据经验选取或按公式（6-10）、公式（6-12）、公式（6-13）计算，$H_{风道}$不宜大于 100Pa。

（3）空气分配器阻力。可根据经验选取或按公式（6-12）计算，$H_{分配器}$不宜大于 50Pa。

《储粮机械通风技术规程》规定：降水通风和调质通风的 $H_{总}$ 不宜大于 1000Pa；降温通风的总阻力最高限值如表 6-5 所示；其他通风可参照降温通风选用。

表 6-5　降温通风的系统总阻力表

堆粮高度/m	$H_{总}$/ Pa
≤6	≤750
≤15	≤2000
≤20	≤2400

5）空气途径比

空气途径比是指空气从空气分配器穿过粮层到达粮面的最长路径与最短路径之比，用 K 表示。空气途径比太大，会造成通风时气流在粮堆中分布不均匀及粮堆降温或降

水不均，给储粮带来危害；太小又会造成投资浪费，使通风成本增加。较为合理的空气途径比是：

降温通风时，K 宜为 1.5～1.8，$K \leqslant 1.8$；

降水通风时，K 宜为 1.2～1.5，$K \leqslant 1.5$。

6）风道长度

地槽及地上笼风道单程长度不宜超过 25m。

7）通风道间距

采用通风管道对粮堆进行机械通风时，对管道布置的间距大小，要遵守空气途径比的原则。途径比确定后可根据下式计算通风管道的间距：

$$L' = 2h(K-1) \tag{6-23}$$

式中：L'——相邻风道间的距离，m；

h——粮堆厚度，m；

K——空气途径比。

为了保证通风的均匀性，规定风道间距不宜超过 6m，边侧通风道与侧墙间距不大于 $0.5L'$。

8）空气分配器

空气分配器孔板应能承受粮食的压力载荷，多采用薄钢板冲孔制成，地槽风道上的空气分配器还应能承受输送机械通过时产生的动静载荷；通气孔有圆形、长形和百叶窗形，最大尺寸以不漏粮为限；开孔率一般为 10%～30%。风道上的空气分配器间隔布置时，分配器间距不宜大于风道间距，分配器上可增设分配网罩，以避免粮粒堵塞孔板，并使气流分配趋于均匀。

在以上各基本参数中，单位通风量、粮层厚度是关键的技术参数，它们和通风粮堆的空气的状态参数、风道布置形式所决定的气流分配的均匀程度一起共同决定粮堆机械通风的效果。

3. 通风机的选择

1）确定通风机的风量

按下式计算通风机的风量：

$$Q_{风机} = S_1 Q_{总'} \tag{6-24}$$

式中：$Q_{风机}$——通风机的风量，m^3/h；

S_1——风量系数，$S_1 = 1.10 \sim 1.16$；

$Q_{总'}$——单台通风机计算风量，m^3/h。

2）确定通风机的风压

通风机的风压由下式计算：

$$H_{风机} = S_2 H_{总} \tag{6-25}$$

式中：$H_{风机}$——标准状态下通风机的风压，Pa；

S_2——风压系数，$S_2 = 1.1 \sim 1.2$；

$H_{总}$——通风系统总阻力，Pa。

如果风机不是在标准状态（大气压力 101.3kPa，温度 20℃，相对湿度 50%）下工作，则风机的风压按下式计算：

$$H=\frac{\rho}{1.2}H_{风机} \tag{6-26}$$

式中：H——实际工作状态下的风机风压，Pa；

1.2——标准状态下的空气密度；

ρ——实际工作状态下的空气密度，kg/m^3；

$H_{风机}$——标准状态下风机的风压，Pa。

ρ 由下式计算：

$$\rho=1.293\times\frac{273}{273+t} \tag{6-27}$$

式中：t——空气温度，℃。

3）通风机的性能要求

所选通风机在额定转速下，由 $Q_{风机}$ 和 $H_{风机}$ 确定的工作点应在该通风机标准的工作区间内，并应尽量接近全压效率较高的工作区间中间段。所选通风机的总效率 $\eta_{总}$ 应不低于 75%。通风机总效率由下式计算：

$$\eta_{总}=\eta_{风机}\eta_{传动}=\frac{Q_{实}H_{实}}{1000\times3600N_0} \tag{6-28}$$

式中：$\eta_{总}$——通风机总效率，%；

$\eta_{风机}$——通风机全压效率，%；

$\eta_{传动}$——机械传动效率，%；

$Q_{实}$——实际测定出的通风机风量，m^3/h；

$H_{实}$——实际测定出的通风机风压，Pa；

N_0——电动机轴上的输出功率，kW。

此外，还应考虑通风机的工作环境、附件强度及安全防护等应满足储粮通风作业的要求。

4. 粮堆机械通风系统设计步骤

通风系统的设计主要包括主要技术参数的确定、通风形式与气流分配形式的设计，以及通风机的选配三项基本内容，设计时一般可按以下步骤进行：

（1）确定需要通风的仓房尺寸，粮食数量、品种及粮层厚度（堆高）；

（2）根据粮情确定通风目的，是降温还是降水，或是两者兼顾；

（3）根据通风目的、选择单位通风量 q，计算总通风量 $Q_{总}$；

（4）根据空气途径比，确定通风形式，计算风道间距，布置风道；

（5）根据总通风量 $Q_{总}$，确定风道截面尺寸，计算系统阻力 $H_{总}$；

（6）根据 $Q_{总}$、$H_{总}$ 选择高效率风机；

（7）根据选定风机的参数，对通风系统进行验算。

五、机械通风的时机

机械通风效果的好坏不仅与通风系统的设计有关，还与通风时机的选择有关。

《储粮机械通风技术规程》规定，降温、降水及调质机械通风的开始、结束条件分别见表 6-6、表 6-7、表 6-8。

表 6-6　降温机械通风的条件

允许降温通风的条件	结束降温通风的条件
当粮食水分高于当地粮食安全储存水分时 开始时：$t_2-t_1\geqslant 8$℃（亚热带：$t_2-t_1\geqslant 6$℃）； 进行时：$t_2-t_1>4$℃（亚热带：$t_2-t_1>3$℃）； $P_{S2}\geqslant P_{S1}$或 $RH_2\geqslant RH_1$； 当粮食水分不高于当地粮食安全储存水分时，温度条件同上，对湿度不作要求	$t_2-t_1\leqslant 4$℃（亚热带：$t_2-t_1\leqslant 3$℃）； 粮堆温度梯度≤1℃/m 粮层厚度； 粮堆上层与下层温度差： 房式仓≤3℃，浅圆仓一般≤10℃； 粮堆水分梯度≤0.3%/m 粮层厚度； 粮堆上层与下层水分差≤1.5%

注：t_1——大气温度,℃；t_2——粮堆平均温度,℃；P_{S1}——即时大气绝对湿度压力值，mmHg（1mmHg＝133.3Pa）；P_{S2}——即时粮温 t_2 下的粮食绝对湿度压力值，mmHg；RH_1——粮堆温度下的空气的相对湿度,%；RH_2——粮堆的平衡相对湿度,%。

表 6-7　降水机械通风的条件

允许降水通风的条件	结束降水通风的条件
$t_2>t_{L1}$；$P_{S21}>P_{S1}$； 机械通风降水对粮食通风前水分的最高限值： 早稻 16%（亚热带：15%），小麦 16%， 晚稻 18%，大豆 18%， 玉米 20%（亚热带：16%），油菜籽 12%； 粮堆高度不宜大于 3m	干燥前沿移出粮堆； 粮堆水分梯度≤0.5%/m 粮层厚度； 粮堆温度梯度≤1℃/m 粮层厚度

注：t_2——粮堆平均温度,℃；t_{L1}——大气露点温度,℃；P_{S1}——即时大气绝对湿度压力值，mmHg；P_{S21}——粮食水分减 1 个百分点后的水分值和即时大气温度值所查得的平衡绝对湿度压力值，mmHg。

表 6-8　调质机械通风的条件

允许调质通风的条件	结束调质通风的条件
$t_2>t_{L1}$，通风后粮堆最高温度不得超过该批粮食增加水分后的安全储存温度； $P_{S22}<P_{S1}$； 调质通风宜在加工前进行，粮堆高度一般不宜大于 3m	粮堆水分达到预期值但不超过安全储存水分； 粮堆水分梯度≤0.5%/m 粮层厚度； 粮堆温度梯度≤1℃/m 粮层厚度

注：t_2——粮堆平均温度,℃；t_{L1}——大气露点温度,℃；P_{S1}——即时大气绝对湿度压力值，mmHg；P_{S22}——粮食水分加 2.5 个百分点后的水分值和即时大气温度值所查得的平衡绝对湿度压力值，mmHg。

以上条件是针对半安全粮处理和安全粮的预防性通风，此为条件性通风；对于若不及时处理短时间内就会霉烂变质的危险粮，通风应放宽条件，只要不下雨、不下雪，就可开机通风，此为强制性通风。强制性通风在初期，肯定会出现结露和增湿（注意在消除内外结露温差之前不得停机），但随着通风的进行，理顺粮堆内外、粮堆内部温差后，结露会得到遏制，降水效果随后产生，待水分和温度降至半安全粮范围内时再转入条件性通风。

由上述通风条件可以看出，通风时机涉及大气的温度、湿度、露点，粮堆的水分、温度、露点等参数之间的关系和各种条件的组合，要达到通风目的，就要设法在上述诸多参数中找出最佳的平衡点。通过粮食平衡绝对湿度曲线图及相对湿度绝对湿度换算图，我们可以很容易根据已知条件查出各个与通风有关的参数值，对照表 6-6、表 6-7 或表 6-8 的通风条件要求，分析和判断一定温度和水分的粮食在当时环境条件下能否通风。

1. 粮食的平衡绝对湿度曲线图及用法

通过计算机数学模型处理实验数据可以获得粮食平衡绝对湿度曲线图。如图 6-20 所示为该曲线图的结构，图中纵坐标为绝对湿度，用水蒸气分压（mmHg）表示；横坐标为温度（℃）；曲线 P_b 为一个大气压（101.3kPa）下的大气饱和绝对湿度曲线（RH＝100％）。其余各组曲线为粮食平衡绝对湿度曲线，反映了粮食的平衡绝对湿度随温度、水分变化的情况。图 6-20 中点 A 在纵坐标和横坐标上的投影，分别为该点的绝对湿度压力值 P_{sa} 和温度 t_a；过 A 点的垂直线与曲线 P_b 的交点 C 为 t_a 温度下的大气饱和湿度点，饱和湿度压力值为 P_{ba}；过 A 点的水平线与曲线 P_b 的交点 B 为 A 点的露点，露点温度值为 t_{La}；而比值 P_{sa}/P_{ba} 即 A 点的相对湿度值 RH_a。如果 A 点正处在粮食水分为 W％的平衡绝对湿度曲线上，则 P_{sa}、RH_a、t_{La} 分别代表了该点上的粮食平衡绝对湿度压力值、平衡相对湿度和粮堆露点温度。如图 6-20 所示，不同的粮种在相同的温度、水分情况下，其平衡相对湿度、绝对湿度和露点温度都是不同的，因此在讨论具体通风条件时应区分不同的粮种。按不同粮种的平衡绝对湿度曲线图查定。

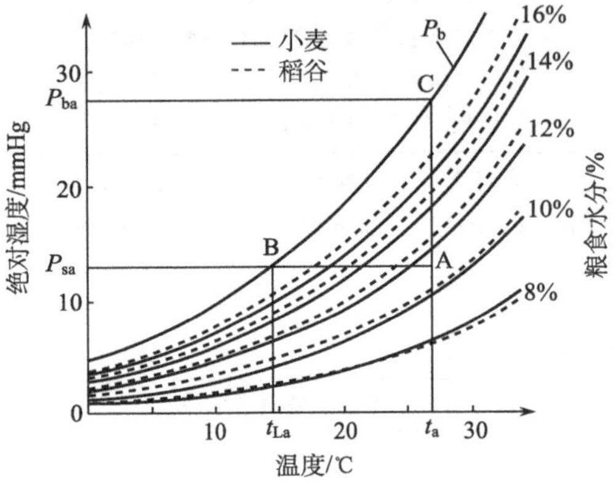

图 6-20　粮食平衡绝对湿度曲线图示意图

采用粮食平衡绝对湿度曲线图可描述通风中各个参数之间的变化规律，根据不同种类粮食的平衡绝对湿度曲线，了解各粮种在一定的温度、水分情况下，其平衡相对湿度、绝对湿度和露点温度。

2. 相对湿度绝对湿度换算图及用法

已知大气的温度 t 和相对湿度 RH，通过相对湿度绝对湿度换算图（图 6-21）可查定大气绝对湿度和大气露点温度。

例如，已知大气的温度为 24℃，相对湿度为 90％，在图 6-21 中，温度等于 24℃的等温线与相对湿度等于 90％的曲线交于一点，此点即为大气的状态点；该点纵坐标值即为大气的绝对湿度 P_S，为 20mmHg；过该点做等绝对湿度线与 RH＝100％的曲线相交，此交点的横坐标值即为大气的露点温度 t_L 为 22℃。

降水通风条件应严格按照允许降水通风的温度条件和湿度条件操作；一般粮库通风

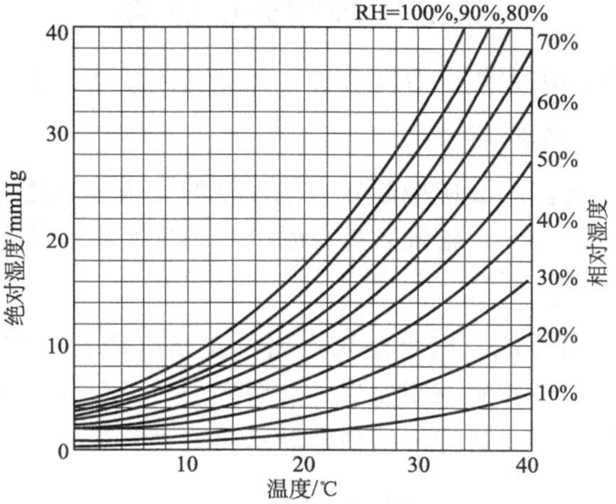

图 6-21 相对湿度绝对湿度换算图

系统都是按照降温通风设计，所以降水通风效果有限，不应接受和储藏过高水分的粮食，以免造成储藏期间粮食的发热和霉变。另外，通风降水时尽量选用大风量风机。

在通风过程中，各参数是要发生变化的，通风控制中采用恒定温度或恒定湿度作为通风的大气条件是不完全可靠的。因为即使通风开始时所确定的大气温度、湿度条件是合适的，也不能保证在整个通风过程中始终是合适的。在通风过程中，当大气温、湿度等参数发生变化不允许通风时，应暂停通风，进入等待，但不一定停止通风作业。

我国目前通风条件的确定仍然主要依靠人工判断。随着科学的发展及计算机控制技术的逐渐成熟，自动控制将逐步取代人工操作，由人工操作带来的不准确因素将会消除。

第三节 储粮常规密闭

经通风处理达到目的的粮食必须进行常规密闭，才能避免粮食从外界吸热升温、吸湿返潮、生霉发热和感染害虫。常规密闭指关闭仓房的门窗或用物料压盖粮面等一般性的密闭措施，使粮堆内空气相对静止并与外界隔绝。只要求起到一般的保温防潮作用，并不要求达到气密程度。

一、常规密闭的作用

储粮常规密闭具有保温、防潮、防治害虫等作用。通过密闭，减少外界温度对粮温的影响，保持一定时期的高温或低温状态，以提高储粮的稳定性；在密闭条件下，减少或隔绝潮湿空气与储粮接触，避免粮食吸湿返潮，保持粮食干燥；密闭储藏能防止外界害虫感染，阻止粮堆内蛾类幼虫羽化后在粮面交尾产卵，高温密闭或低温密闭，还具有防治害虫的作用。

二、常规密闭的条件

影响密闭储藏效果的因素主要有两方面，即储粮质量和仓房密闭性能。

1. 密闭储藏对粮食品质的要求

长期密闭储藏的粮食，水分应控制在当地度夏的安全标准之内，基本无虫，含杂量圆仓≤0.5%，房式仓≤1.0%。粮堆各部位水分、温度基本一致，各层温差较小。

2. 密闭储藏对仓房的要求

仓房要有较好的密闭性能，门窗结构严密，关闭时能符合密封的要求。仓顶不漏雨，有较好的隔热性能，地坪和仓墙完好并有防潮层，以免外界湿空气侵入，使仓内湿度增高。此外，仓房装粮前要进行清洁消毒和杀虫处理。

三、常规密闭的方法

1. 全仓密闭

全仓密闭是把全仓作为一个储粮整体进行密闭。因此，要求仓房具有较好的密闭性能。一般的方法是将仓房的门窗、通风口、进出粮口等透气缝隙用木条、水泥、塑料薄膜、防潮纸、胶带纸等密封，经常出入的门，要设成双层，里边门开一个小门仅供检查人员出入，以减少外界空气侵入。

2. 塑料薄膜密闭

对于密闭性能较差的仓房，可在粮面上覆盖塑料薄膜，能起到较好的防潮作用。在面粉、大米储藏中，可将塑料薄膜用五面或六面的形式覆盖粮堆，以防成品粮吸湿转潮。

但单层薄膜隔热性能较差，为提高隔热效果可采用双层薄膜密闭，两层薄膜间隔30～40cm，夹层之间不流动空气层的导热系数很小，隔热性能很好。

对于露天堆码的通风垛，当环境不利于通风时，应及时用塑料薄膜或苫布苫盖密闭。

3. 粮面压盖密闭

利用适当的压盖物料将粮堆表面覆盖起来，能防止粮粒内羽化出来的蛾类成虫在粮堆表面交尾、产卵等活动。对其他害虫能有效地限制其侵入粮堆繁殖危害。对高温粮或低温粮压盖，能起到增强保温效果的作用。此外，还能更有效地防止粮食从粮堆表面的空间吸湿，从而提高储藏稳定性。

1）压盖物料的选择

压盖物料的选择应本着取材方便，费用节省的原则。稻壳、草包、芦席、麻袋、棉被、聚苯乙烯板、膨胀珍珠岩或异种粮等都是可用的材料。压盖物料本身要干燥、无虫，而且散粒物料不能与粮食直接接触，以免灰杂进入粮堆，增加清理工作的困难。

2）压盖时间的选择

为控制粮温升高，压盖工作一般于春季气温和仓温接近一致的情况下进行。为防止蛾类害虫繁殖危害，压盖必须在每年第一代幼虫羽化前进行。为高温密闭杀虫压盖，应在热粮进仓时随即进行。

3）操作方法

先平整粮面，压盖时要由远离仓门的地方开始向仓门口倒退进行。如用散装物料压盖，要铺垫芦席或其他隔离物。压盖厚度视压盖物而异，压盖物料结构疏松的如稻壳，厚度不低于30cm；用包装物料压盖时，稻壳用旧麻袋装至半满，互相错缝压两层。压盖时，尽量做到平、紧、密、实，严防凹凸缝洞，这样既能起到隔热防潮作用，又能阻隔害虫从外界传播侵入，防止蛾类成虫钻出粮堆繁殖危害。

第四节　通风及密闭储藏的管理

通风和密闭是粮食储藏相互衔接的两个技术措施，为保证粮食安全储藏必须进行合理、适时的通风和密闭。

一、适时通风储藏

粮食入仓后，应根据当地气候特点分阶段通风，及时均衡粮温，消除积热，防止出现粮食发热霉变、结露、发芽等现象，确保安全储存。

1. 通风目的、方式及时机

（1）粮食入仓后，应利用有利的气候条件，及时进行均温均水间歇通风。高温入仓的粮食，还应利用外界低温环境，于夜间和早晨进行排热换气通风，必要时也可采用机械通风进行均温散热通风。

（2）在高温季节，应充分利用排风扇进行经常性排热换气通风，适时排除仓顶积热，降低仓温、粮温差异。要密切注意粮情变化，若出现粮堆内积热、局部高温等异常情况或类似隐患时，应及早进行局部通风降温处理；若粮温出现明显回升时，应采用更为有效的降温措施，必要时进行全仓的谷物冷却机冷却通风降温。

（3）秋季到来后，应尽可能抓紧有利时机，及早进行一次以散除过夏后粮堆积热为主要目的的散热通风。根据具体粮情，利用冬季自然低温，进行分阶段通风降温，将粮温降至−5℃左右，南方地区降至10℃以下或尽量低。

2. 通风操作与管理

为避免通风导致粮食水分减量过多，宜采用以保水通风方式为主的通风。根据机械通风条件要求正确选择通风时机进行有效通风，避免因有害通风造成通风过程中水分减量和通风后产生局部结露、仓顶和仓墙结霜的现象。

1）粮食入仓的注意事项

粮食入仓前要全面检查通风系统是否完好，通风道是否畅通；要求通风道内不得有积水和异物；地上笼通风道的衔接部位要牢固合缝，确保装粮后风网内不会漏入粮食。

采用一机多风道的平房仓机械通风系统，应安装风量调节阀，装粮前将各支风道的风量调节均匀。

在粮食入仓过程中，要采取减少自动分级的措施，并随时检查通风道在粮食入仓过程中的完好情况，粮食入仓结束后要平整粮面。

2）通风前的准备

首次通风前，应对风网送风的均匀性和通风机工作状态进行测定。

测定粮食的温度、水分以及大气的温度、湿度，并按照前述通风条件判断能否通风。

风机与风道口的连接应使用软连接，其连接要牢固、密封；保证接线正确，防止通风机反转；采用移动式通风机进行作业时，通风机必须放置平稳。

开始通风前根据通风方式的要求打开或关闭仓房门窗，以便于气体的交换，减少通风时仓体的压力载荷，防止气流短路（气流不经过粮堆）。

采取揭膜方法进行机械通风时，在通风前要将薄膜覆盖于粮面上，通风机运转后，要检查薄膜的完好情况，对查出的漏气孔洞要及时修补。

3）通风过程的操作与管理

机械通风系统的机械和电器的使用管理，按现行相关标准和规定执行。

多台通风机同时使用时，应逐台单独启动，待运转正常后再启动另一台，严禁几台通风机同时启动；用于储粮通风作业的通风机不允许直接并联或串联使用。

采取吸出式通风作业的，其通风机出风口要避免直接朝向易损建筑物和人行通道，必要时在通风机出风口处安装散风板以改变气流方向。

设备自动停机时，应先查清原因，待故障排除后再重新启动；电机升温过高或设备振动剧烈时应立即停机检修；不允许在运转中对通风机及电器设备进行检修。

在通风过程中应随时检查记录各部位粮温变化。对通风后粮温不下降或下降缓慢的死角部位，应向该处插入导风管或使用单、多管通风机组等有效方法消除高温点，以确保全仓粮温的均匀性。

冬季机械通风降温时，若出现粮面或局部结露现象，应继续通风，必要时辅以粮面或粮堆局部翻动，使结露现象逐步消失。

箱式通风应采用吸出式通风方式，揭膜要从距风机最远处开始，每次揭膜距离不超过 2m，并采取埋设导风管和开侧孔的方法以减少通风死角，已完成通风任务的区域要及时进行覆盖。

在通风过程中，操作管理人员应加强对粮情和设备运行情况的巡回监测，发现问题及时处理。

4）通风过程中的检查要求

对门窗的启闭、通风机的运转和揭膜的完成情况进行检查；采取吸出式通风的还要经常观察通风机出风口是否有异物或粮粒被吸出，发现问题要及时停机处理。

通风开始前、通风进行时和通风结束后，要进行粮情检测。在通风进行中允许采用抽样方式检测粮温和水分，但在初始测定的平均粮温处（降水通风时还包括平均水分处）、粮温（水分）异常处必须设测定点；其他有代表性的点，如最高、最低粮温（水分）处也可酌情设测定点。

检测粮食水分、温度的时间和要求如下。

降温通风中温度每 4h 至少测定一次，并根据粮温、粮食水分、大气温度、大气湿度的变化，按照降温通风条件要求重新确定是否继续通风；每个阶段通风结束以后要按照有关规定分层设点检测整仓粮食水分。

降水通风中温度每 8h 至少测定一次，并根据粮温、粮食水分、大气温度、大气湿度的变化，按照降水通风条件要求重新确定是否继续通风；水分每 8h 分层定点测定一次。

调质通风中温度每 4h 至少测定一次，并根据粮温、粮食水分、大气温度、大气湿度的变化，按照调质通风条件要求重新确定是否继续通风；水分每隔 8h 测定一次。

5）通风结束后的管理

关闭门窗，用防潮、隔热物料封闭风道口，在气温回升前做好粮堆的隔热密闭工作。拆下的通风设备经检修、保养和防腐处理后进行妥善保管，以备再用。对本次通风的单位能耗进行评估，并详细填写《储粮机械通风作业记录卡》。

二、适时密闭储藏

在完成通风降温、降水、防治害虫之后，因地制宜采取粮面压盖、粮堆密闭、仓房密闭等有效的方法，隔断粮堆内外湿热转移，防止粮食吸湿或解吸，力争粮堆长期处于低温或准低温状态，延缓最高粮温出现的时间及降低夏季粮温。

1. 密闭方式及时机

在粮食水分均匀、粮堆温度梯度小、粮堆处于低温和稳定状态的情况下，在春末气温和仓温接近一致时，进行粮堆密闭或仓房密闭。若仓房隔热保温性能较差，一般还需辅助开展保温材料压盖粮面等粮堆隔热保冷措施。

储粮经冬、春季节通风降温后，都应进行密闭储藏，以保持储粮低温干燥，使其安全度夏，一直延续到下一个通风季节的到来（9 月底、10 月初）。这样就使通风和密闭在时间上相互衔接为一个完整的步骤，而成为其他储藏措施的基础。

密闭季节的低温时段也可以进行通风，要根据具体情况灵活掌握，这一点尤其重要。

2. 注意事项

在采取密闭储藏时，应注意对粮温、仓温、仓湿进行跟踪检测，若出现粮温回升较快、仓湿显著增加、粮堆出现高温点等异常情况，应及时解除密闭、查明情况，并采取相应的控制措施，解决隐患后方可重新密闭。特别是采取粮面压盖、粮堆密闭措施时，应经常检查膜下及粮面有无结露、霉变现象以及粮堆内是否存在局部发热等异常情况，若出现异常情况，应及时揭膜进行相应处理。

思 考 题

1. 名词解释

全压力　动压力　静压力　空气分配器　空气途径比　气体流速　气体流量

2. 比较压入式通风和吸出式通风的不同点。

3. 分析各种不同的通风系统的特点及适用的场合。
4. 三种通风机有何不同?
5. 降温通风和降水通风的条件是如何规定的?
6. 高大平房仓单个廒间长 60m，宽 21m，堆粮高度 6m，在长度方向上设置风道，采用一机四道形式，如何确定支风道间距及主风道数?
7. 粮堆密闭的条件和方法有哪些?

第七章　粮 食 干 燥

➢本章内容要点

1. 掌握粮食干燥的机理。
2. 熟悉常用烘干机主要设备的构造、工艺过程及操作管理。
3. 理解主要粮食品种的热力干燥条件。
4. 了解湿空气的基础知识。

粮食干燥是提高粮食储藏稳定性的一个重要技术手段。因为水分是制约粮堆生物因子生命活动的主要因素，水分含量高的粮食直接储藏容易发热霉变，给粮食安全储藏带来隐患。粮食干燥的目的就是去除粮食中可以被微生物利用的水分，造成不利于微生物繁殖的环境，抑制粮食自身的生命活动，确保粮食安全储藏。

第一节　粮食干燥基础知识

粮食干燥是一个相当复杂的传热、除湿过程，是以粮食吸湿特性、湿热扩散及热特性等物理性质为理论基础的。涉及粮食生物化学、热工学及通风除尘等多种学科的知识。粮食干燥是通过粮食与干燥介质的接触来实现的。

一、干燥介质的特性

在粮食干燥过程中，需要有一种介质将热量传给粮食，带走从粮食中汽化出来的水分，这种物质称为干燥介质。粮食干燥广泛使用的干燥介质都是湿空气，因为自然空气以及加热空气都含有一定量的水蒸气。要掌握干燥介质的特性，就必须研究湿空气的状态参数以及它们的变化规律。

湿空气常用的状态参数有：湿空气的总压力，干空气和水蒸气的分压力，湿空气的温度、湿度、密度、比容、湿含量、热含量等。

1. 湿空气的压力

湿空气是干空气与水蒸气的混合气体，湿空气的压力（P）就是干空气的分压力（P_g）与水蒸气的分压力（P_S）之和，即 $P=P_g+P_S$。湿空气的压力就是当地的大气压力。在一定温度下，由干空气和饱和水蒸气组成的湿空气称饱和空气，其压力为 P_b。饱和空气不能再容纳水蒸气，不能作为干燥介质使用。

湿空气可以看成是理想气体，因为其分子粒子的直径远比分子间的距离小得多，分子间引力可以忽略不计，因此状态方程式为

$$PV = RT \tag{7-1}$$

式中：P——气体压力，Pa；

V——气体体积，m^3；

T——气体的绝对温度，K；

R——气体状态常数，N·m/（kg·K）。

气体状态常数 R 与气体的状态无关，对于干燥空气，R_g=287.33N·m/(kg·K)；对于中等湿度（RH=50%）的空气，R=288.4N·m/（kg·K），而水蒸气的 R_S=461N·m /（kg·K）。

将 $m=\rho V$ 代入式（7-1）得

$$Pm = \rho RT \tag{7-2}$$

式中：m——湿空气的质量，kg；

ρ——湿空气的密度，kg/m^3。

对于单位质量的气体

$$\rho = \frac{P}{RT} \tag{7-3}$$

可见湿空气的密度是随压力和温度的变化而变化的，即 $P_S=\rho_S R_S T$；在同一温度下达到饱和时，$P_b=\rho_b R_b T$；而 $RH=\frac{\rho_S}{\rho_b}\times 100\%$；

可以近似地认为（误差不超过2%）

$$RH \approx \frac{P_S}{P_b}\times 100\% \tag{7-4}$$

式中：P_S——湿空气中水蒸气分压力，Pa；

P_b——湿空气的饱和蒸气压力，Pa。

在加热过程中 P_S 不变，而 P_b 则增大，因而 RH 值减小，这就是把湿空气加热提高温度作为干燥介质的原理。

如果总压力保持不变，而将湿空气逐渐冷却，则这时相应的饱和蒸气压力 P_b 将逐渐减小，当温度降低到某一数值时与它相应的饱和蒸气压力 P_b 正好等于湿空气中水蒸气的分压力 P_S，这时湿空气就达到了饱和状态。如果温度再降低，水蒸气就开始凝结，湿空气达到饱和状态时的温度即为露点。

2. 湿空气的湿含量

假设有一容积为 V（m^3）的湿空气，由 m_S（kg）水蒸气和 m_g（kg）干空气组成，则它们的状态方程式为

$$P_S V = m_S R_S T$$

$$P_g V = m_g R_g T$$

两式相除可得

$$\frac{P_S}{P_g} = \frac{m_S R_S}{m_g R_g},\text{即}\ \frac{m_S}{m_g} = \frac{P_S R_g}{P_g R_S} \tag{7-5}$$

在干燥过程中，无论干燥介质中水蒸气的数量如何变化，干燥介质中干空气的质量并不发生变化，因此，通常选用干空气作为计算基准。

在干燥技术中，将包含 1kg 干空气的湿空气中的水蒸气质量，称为湿空气的湿含量，单位是 g 水蒸气/kg 干空气，用符号 d 来表示。

因此
$$d=1000\,\frac{m_S}{m_g}$$

由公式（7-5）得 $d=1000\,\frac{P_S R_g}{P_g R_S}=1000\,\frac{P_S}{P_g}\times\frac{287}{461}=622\,\frac{P_S}{P_g}$

所以
$$d=622\,\frac{P_S}{P-P_S}=622\,\frac{RHP_b}{P-RHP_b} \tag{7-6}$$

可见，当大气压力一定时，相对于每一个 P_S 都有一个确定的 d 值。

需要特别指出的是：1kg 干空气不同于 1kg 湿空气。它是把水蒸气的质量计算在干空气之外的，即（$1+d/1000$）kg 的湿空气中含有 d（g）水蒸气。因为以 1kg 干空气为标准，此数值在粮食干燥或冷却过程中不随温度的改变而改变，因此，才能列出水分平衡方程式。此外，根据湿含量 d 的变化，可以确定干燥介质（或冷空气）在干燥过程（或冷却过程）中的干湿程度。

3. 湿空气的湿容量

湿空气的湿容量是指在相同温度与相同压力下，饱和空气的湿含量 d_b 和未饱和空气的湿含量 d 之差，它表示湿空气进一步吸收水分的能力。

湿含量达到饱和时，相对湿度 RH＝ 100%，因此，对于湿空气来说，$d_b=622\,\frac{P_b}{P-P_b}$，由此可见，$d_b$ 随着温度的升高和压力的降低而增大，这时相应的湿空气的湿容量也随着增加。

4. 湿空气的比容

湿空气的比容指含有 1kg 干空气的湿空气的容积，它是由湿空气密度的倒数求得的，单位为：m^3 湿空气/kg 干空气，用 $V_{湿}$ 表示

$$V_{湿}=V_g=\frac{R_g T}{P_g}=\frac{R_g T}{P-P_S}=\frac{R_g T}{P-RHP_b} \tag{7-7}$$

$1m^3$ 湿空气中所含水蒸气量为 ρ_S，而含有 1kg 干空气的湿空气容积为 $V_{湿}$，因此湿含量为 $d=\rho_S V_{湿}$（g/kg 干空气）。

5. 湿空气的热含量

湿空气的热含量（焓）是指在常压下，将 1kg 物质从 0℃加热到 t℃时，所需要的热量，用符号 I 表示。

湿空气中包含干空气和水蒸气，它的热含量就是这两部分热含量之和，为了便于计算，通常以 1kg 干空气作为计算基础，因此，湿空气的热含量 I 是 1kg 干空气的热含量 I_g 与 $d/1000$kg 水蒸气的热含量之和，即

$$I = I_g + \frac{d}{1000} I_S (\text{kJ/kg 干空气}) \tag{7-8}$$

废气（使用过的干燥介质）含有大量的水蒸气和热量，通常是直接排入大气而浪费掉了，因此，可以通过余热回收装置加以利用，提高能源利用率。

二、湿空气的焓湿图（*I-d* 图）

1. *I-d* 图的结构

将湿空气的几个主要参数：热含量（I）、湿含量（d）、温度（t）、相对湿度（RH）和水蒸气分压力（P_s）的相互关系制成一张图，称为 *I-d* 图，如图 7-1 所示。采用斜角坐标系，纵轴与倾斜横轴（简称斜轴）之间呈 135°夹角，以避免图中的线条拥挤。为了使用方便，通常加补了水平辅助横轴（简称横轴）。图中横轴表示湿空气的湿含量，纵轴表示湿空气热含量。另外，还包括等干球温度线（等温线）、等相对湿度线和水蒸气分压线等。

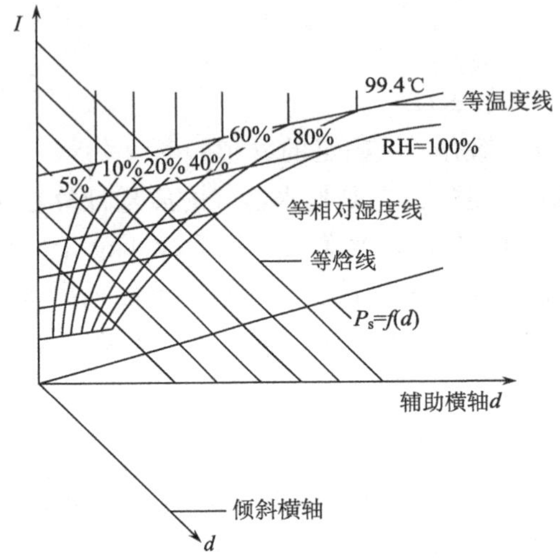

图 7-1　空气 *I-d* 图

I-d 图分成平均大气压 745mmHg 和 760mmHg 两种。745mmHg *I-d* 图适用于我国北方地区，760mmHg *I-d* 图适用于我国南方地区。

1）等焓线（等 *I* 线）

等焓线为平行于倾斜横轴的若干条直线，每一条直线上的各点具有相同的热含量，单位为 kJ/kg 干空气。I 值标注在纵轴上，0 点之上为正值，0 点之下为负值。在温度相同的情况下，I 随着 d 的增加而增加。在湿含量不变的湿空气中，I 将随 t 的升高而增加。

2）等湿含量线（等 *d* 线）

等湿含量线为平行于纵轴的若干条垂直线，单位为 g/kg 干空气。湿含量 d 的数值通常标注在横轴上。

3）等温度线（等 *t* 线）

当 t 为常数时，焓 I 和含湿量 d 之间为线性函数关系。对于不同的温度，该直线有不同的斜率，等温线是一组互相不平行的直线。

4）等相对湿度线（等 RH 线）

I-d 图上的等相对湿度线是根据公式 $d = 622\text{RH}P_b/P - \text{RH}P_b$ 做出来的一组向上凸的曲线。

在某一个相对湿度下，给定一个温度，就有一个相应的 d 值，温度不同，d 值就不同，因此在图上可连接得到若干个点，将它们连接起来就得到等相对湿度线。

所有的等相对湿度线都是曲线。随着温度的升高，P_b 也相应地增大。当大气压力 $P=105$Pa 时，其对应的饱和温度是 99.4℃。当温度升高到 $t=99.4$℃时，相应的 P_b 增加至大气压力。湿空气的温度再升高，P_b 的数值就不再变化，此时的 d 值不再变化。在 *I-d* 图上，当温度升高到超过 99.4℃时，等相对湿度线发生一个急剧的转折，由曲线变为垂直向上的直线。

相对湿度为 0%的等 RH 线为干空气线，此时 $d=0$，与纵坐标重合。相对湿度为 100%的等 RH 线为饱和曲线（临界曲线），临界曲线上各点是饱和空气，饱和曲线将 *I-d* 图分成两个部分。上部表示未饱和水蒸气的湿空气区域，下部表示水蒸气已凝结成为雾状的湿空气，为饱和水蒸气的湿空气区域，在此状态时，湿空气中所含有的水蒸气将会部分凝结而分离出来。

要求得某一空气状态的露点，只要由该点引出 $d=$常数线，使其和 RH＝100%的曲线相交，相交点即为露点。

2. *I-d* 图的应用

焓湿图又称湿度计算图，是用来表示湿空气状态参数并进行工程计算的工具，利用 *I-d* 图可以解决干燥过程计算中的许多问题。例如，用 *I-d* 图确定湿空气的状态参数（知湿空气的任何两个参数，其他参数便可从图上查出），在图上表示出湿空气的加热或冷却的变化过程，以及利用 *I-d* 图解决两种湿空气混合后的状态变化等。

三、粮食干燥的机理

粮食干燥是根据粮食平衡水分的原理，将低温、高湿的潮粮置于高温、低湿的干燥介质中，使粮粒表面水蒸气压力大于干燥介质水蒸气压力，在这个压力差作用下，粮粒表层游离水分汽化，其水分向干燥介质中扩散。粮粒中的游离水就沿着毛细管向粒面补充，水分越大，毛细管越粗，水分的移动补充就越能保持连续性。水分不断蒸发汽化，粮粒水分不断降低。随着干燥过程的进行，粮食水分减少，毛细管越来越细，甚至孔径收缩、阻塞，造成了水分进一步扩散的困难，致使水分汽化速度减慢。随着粮粒水分的减少，导致粮粒水蒸气压力和干燥介质水蒸气压力差减小，直至二者处于平衡状态，干燥过程结束。

1. 粮粒表面水分的汽化

粮食在干燥过程中首先除去粮粒表面附着的水分。这部分水分处于游离状态，最易与粮粒分离。粮粒表面水分蒸发的速度由以下几方面因素决定。

1）干燥介质饱和蒸气压力和水蒸气分压力之间的压差

差值越大，粮粒表面水分蒸发的速度越快。

2）流经粮粒表面的空气流速

流速增加，粮粒表面水分蒸发的速度加快。

3）干燥介质的总压力

总压力减少，粮粒表面水分蒸发的速度加快。

2. 粮粒内部水分转移的途径

随着粮粒表面水分汽化的进行，粮粒内层水分沿毛细管向粮粒表面转移。粮食含水量越高，在干燥过程中就越容易保存毛细管作用的连续性，便于水分从粮粒内层向表面转移。高水分粮食容易除去水分和干燥时耗用热量较少的部分原因就在于此。

随着粮食干燥过程的进行，毛细管一部分失去水分，引起其孔径收缩或完全消失，这时粮粒内层残留的水分将沿着迂回曲折的途径向外移动，因此水分汽化速度减慢。

粮食水分在10%～16%范围内，主要是微毛细管水和部分吸附水，它们在粮粒内部处于巨大压力下，因此粮食水分越低，降水越少，耗能越多。

粮食水分汽化所需要的热量与其水分含量和水分汽化时的温度有关。温度相同时，粮食水分增加，汽化潜热降低；粮食水分相同时，温度降低，汽化潜热增大。

粮食温度升高，阻碍水分移动的水的黏滞性降低，其导湿能力增大，水分由粮粒内层沿毛细管向粮粒表面移动加快。粮粒表面水分增加，表面水分汽化速度加快，表面水蒸气压力迅速增大而超过一定温度空气或介质中的水蒸气分压力。但如果粮温过高，由于粮粒表面失水过快，其内层水分因毛细管水分被隔断而来不及转移到表面，将会导致粮粒表面“硬化”，此时，水蒸气就会在粮粒胚乳内聚集起来，并产生压力，引起粮粒爆裂。为了防止这种现象的发生，在干燥过程中，应控制干燥介质和粮食加热的最高温度。

水分含量低的粮食不适宜使用高温加热干燥。若采用干燥介质的水分含量较大，粮粒表面的水蒸气压力和干燥介质的水蒸气压力之间的差值减小，这样粮粒表面水分的汽化速度减慢。

粮食中的水分含量是不均匀的。就粮堆而言，我们通常所说的粮食水分只是一个平均值。就粮粒而言，它的各个组成部分的含水率也不相同。粮食干燥过程中如何保证降水的均匀性是非常重要的。一般规定：入烘干机粮食水分不均匀度≤3%。

3. 降水对干燥工艺的要求

由以上分析可以看出，设计干燥工艺的关键是使水分在粮粒内部的扩散速度等于或接近于在粮粒表面的蒸发速度，使选择的干燥工艺符合粮食中水分的转移规律。

对于小颗粒的粮食，内部扩散速度一般大于外部蒸发速度。此时，为了提高干燥速度，应设法提高外部的蒸发速度。

对于颗粒较大的粮食，其内部扩散速度一般小于蒸发速度（特别是含水量较低时）。此时，提高干燥速度的关键是设法提高粮粒内部的扩散速度，而不是设法再提高外部的蒸发速度。因为在这样的条件下，再提高外部的蒸发速度，会引起粮粒爆裂、变形等不良后果。当出现内部扩散速度小于外部蒸发速度时，很难人为提高内部扩散速度。此时，为使扩散速度与蒸发速度相协调，常用两个措施：一是采用适当减小外部蒸发速度的措施，通常采用较缓和的干燥条件，降低干燥介质的温度或减小其流速；二是进行缓苏，即暂时停止干燥，并将处于热状态的谷物堆放起来，使谷物内部水分逐渐向外扩散。此时的扩散过程称为缓苏过程，简称“缓苏”。谷物经过缓苏后，表层的含水率比缓苏前提高了，因而有利于干燥。实践证明，为使缓苏达到预期效果，缓苏时间可在20min至

4h 的范围内选用。经缓苏后，即使不再加热干燥，而只送入外界空气加以冷却，亦可在冷却过程中使谷物含水率降低 0.5%～1%。实际生产中设缓苏逆流冷却塔或在干燥室中设缓苏段就是基于上述理论。需要注意的是，油料作物不能采取缓苏工艺。

4. 干燥条件对粮食干燥过程的影响

粮食干燥条件是指影响干燥过程的各种参数。主要有干燥介质的温度和相对湿度、干燥介质在粮层内的运动速度、粮层厚度及干燥介质加热粮食的时间。粮食在干燥过程中允许的最高加热温度，是由以上几个参数共同作用的结果。

1）粮食品种、籽粒的组织结构及物理性状

不同品种的粮食有不同的结构，对于干燥过程有不同的影响。例如，稻谷有木质化颖壳覆在籽粒表面上，阻碍着籽粒水分的蒸发，对干燥过程有着显著的延缓作用。而覆盖在小麦籽粒表面的果皮是由完全木质化的细胞壁构成的，具有大量的微孔和毛细管，水分很容易从籽粒内部转移到表面上来，水分蒸发容易，对干燥过程有加速作用。

粮食籽粒的形状对干燥过程也有影响。粒形小的粮食比粒形大的粮食比表面积大，因此干燥迅速。此外，粒形长的粮食，因为堆积起来孔隙度较大，籽粒间湿热交换效果好，水分蒸发快。

硬质粮食因为其内部胚乳结构紧密和蛋白质成分含量较高，阻碍了水分的蒸发，因此，硬质粮食比软质粮食干燥速度慢。

2）干燥前粮食水分含量

粮食水分含量的大小，影响着干燥过程的快慢。当粮食水分含量较小时，干燥过程所蒸发的水分，大部分是微毛细管水分和结合水，而这些水分的蒸发是较困难的，因此，粮食水分的蒸发就缓慢，干燥过程就慢。当粮食水分含量较大时，蒸发的水分大部分都是自由水，自由水易于蒸发，干燥过程就快。

3）干燥介质的状况

（1）干燥介质的温度。当干燥介质的温度增加时，其传递给粮食的热量就增多，因此，可以增强粮粒表面水分的汽化能力，同时粮粒内部水分转移的速度加快。必须注意的是，粮食温度只能升高到一定的限度，否则，将因干燥介质温度过高而影响粮食品质。

（2）干燥介质的相对湿度。当干燥介质的相对湿度较低时，它的水蒸气分压力与粮粒内部的水蒸气分压力差较大，可以加速粮粒水分的汽化，使干燥过程加快。但是，在相同温度条件下，干燥介质的相对湿度过低，会使粮食表面水分迅速汽化，内部水分来不及转移，形成表面硬化，将会延缓干燥过程。如果适当提高干燥介质的相对湿度，控制粮粒表面水分汽化速度，相应地使内部水分转移速度加快，就能加速干燥过程，也有利于保证粮食品质。

（3）干燥介质的流速。适当增大干燥介质穿过粮层的速度，能加速粮食的干燥过程。但随着干燥介质流速的过度增大，将会引起蛋白质凝固，粮食表面迅速脱水，出现硬化，粮食品质发生劣变，从而影响粮食干燥。

4）粮层厚度及接触状态

在粮食烘干机中，适当的粮层厚度，可以使干燥介质以合理的流速穿过粮层，粮层中的水分蒸发有足够的热量，来加速干燥过程。粮层过薄，可使粮食过早出现硬化，影响粮食品质，延缓干燥过程，同时，降低能源利用率。加厚粮层，可适当提高干燥生产率，提高能源利用率。但粮层过厚，因阻力增大，通过粮层的干燥介质减少，延缓干燥过程，降低生产率，同时使出机粮食水分不均匀度增高。

储粮与干燥介质的接触情况也影响干燥过程。若储粮处于紧密的固定状态，就需要较长时间才能完成干燥介质与粮粒间的传热、传湿过程；若储粮为松散、翻动状态，干燥过程的湿热交换就快，干燥时间就短。

第二节 机械干燥技术

采用机械设备干燥粮食的技术分为三大类：一是机械通风干燥；二是低温慢速干燥；三是高温快速干燥。

机械通风干燥属常温干燥，适合干燥水分不很高的粮食，通风降水速度较低，干燥后粮食品质好。低温慢速干燥使用分批式干燥机，它将外界空气加热提高 2～11℃，或者不超过 40～60℃的热空气通入烘干机内，湿粮在机内循环干燥，降水率为 0.5%/h，水分降至安全范围后出机。由于干燥介质的温度低，与高温热风干燥相比，降水速度较慢，干燥时间较长，但烘后品质好，适合种子粮及稻谷的干燥，缺点是不能用来连续干燥大批量湿粮。高温快速干燥使用连续式烘干机，其热风温度较高（50～150℃），干燥速度较快（降水率 2.5%/h），是我国北方尤其是东北、内蒙古等省（自治区）干燥高水分（≥18%）粮食常采用的技术。因其不受天气和场地的限制，便于实现机械化自动化作业，工作效率高、干燥能力大。同时，烘干机附有清理设备，除降水外还有除杂效果，而高温烘干还具有一定的杀虫、杀菌作用；缺点是费用较高、有火灾隐患。

一、粮食烘干机

1. 粮食烘干机的分类

粮食烘干机是指采用加热方式降低粮食水分的设备。

根据干燥介质相对于粮食的流动方向进行分类，粮食烘干机可分为顺流式、逆流式、顺逆流式、横流式（错流式）和混流式几种类型。

根据干燥时粮食所处的状态进行分类，可将烘干机分为固定床、移动床、疏松床、流化床和沸腾床几种类型。

按照干燥时所用干燥介质的温度高低和设备的降水速度大小分类，烘干机可分为低温慢速和高温快速烘干机两大类。本章主要介绍高温快速烘干机。

2. 高温快速烘干机

1）移动床烘干机

移动床烘干机一般由储粮段、干燥室、冷却室和进排粮装置、热源、风机等部分组成，因其外形像塔，也称为塔式烘干机，它是我国主要的烘干机机型之一。有单塔（内有一个粮柱）、双塔（内有两个粮柱）以及将几个单塔或几个双塔串联使用的“串儿塔”；塔体内部结构有角状管式、筛网柱式和顺逆流式等；塔体壁可采用砖、钢板或钢筋混凝土预制板等材料。其工作原理是进入塔内的粮食自上而下缓慢地向出口移动，同时与干燥介质进行湿热交换，逐渐得到干燥。

移动床烘干机具有产量高、降水幅度大的特点，广泛用于玉米、小麦、稻谷、大豆等多种粮食的干燥，是东北地区处理大量潮粮的理想干燥设备。此类烘干机的日处理能力（日产量）可达300t、500t及800t，在粮食安全储藏方面发挥着极其重要的作用。

（1）角状管式烘干机。角状管式烘干机属于混流式，是北方干燥高水分玉米的主要设备，约占我国塔式烘干机半数以上。其主要工作部件是塔内多层交错排列的角状管。角状管的底部开放，管上部的两个斜面和水平面之间的夹角一般为53°～55°，以保证粮食的自由下落。排气角状管与废气室相通，靠热风室一端封闭；进气角状管与热风室相通，靠废气室一端封闭。角状管间的空间装满粮食，上下相邻两排角状管的间距为干燥介质穿过粮层的厚度。

角状管式烘干机的粮层薄，角状管排列相对较密，相同条件下所需风机动力小，粮食烘后水分不均匀度低，可用较高热风温度，降水幅度达10%～15%。粮食干燥时间长、缓苏时间短，易造成粮食温度过高，热能利用率相对较低，排出废气温度较高，湿度较低，单位热耗较高，影响烘后粮食品质。图7-2是双塔式角状管烘干机结构示意图。

（2）筛网柱式烘干机。筛网柱式烘干机属横流式（错流式），截面有矩形和圆形两种形式，基本原理同径向通风。

矩形截面的筛网柱式烘干机的干燥室内有左右两个对称的装粮柱体。两粮柱中间为压力通风室，室内装有可动隔板，把通风室分为上下两部分，上部为热风室，下部为冷风室，两粮柱外侧为废气室。柱体顶部有一个储粮柜（图7-3）。

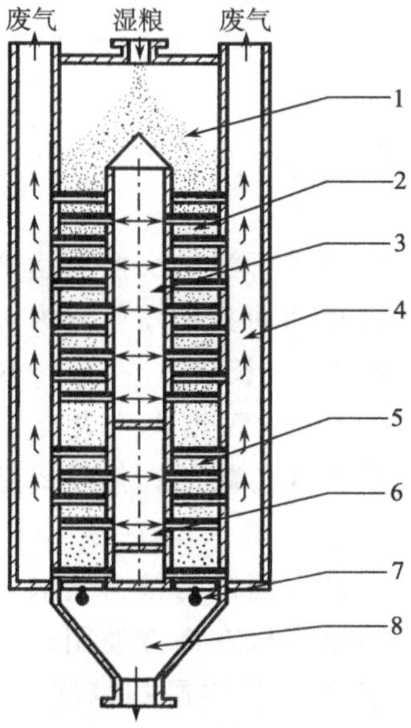

图7-2　双塔式角状管烘干机结构示意图

1. 储粮段；2. 干燥段；3. 热风室；4. 废气室；5. 冷却段；6. 冷却室；7. 排粮机；8. 集粮斗

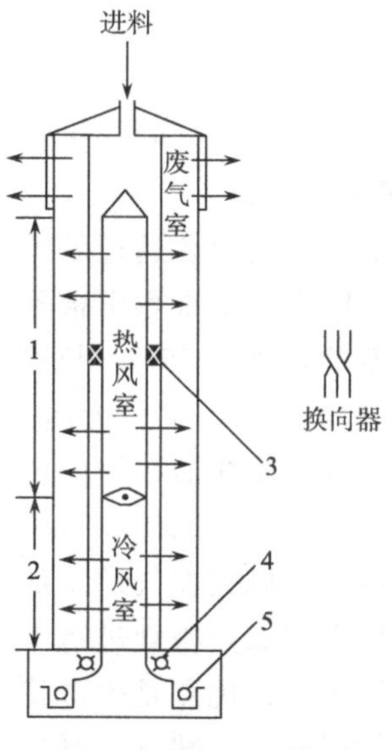

图7-3　筛网柱式烘干机结构示意图

1. 烘干段；2. 冷却段；3. 粮食换向器

4. 排粮叶轮；5. 排粮搅龙

筛网柱式烘干机的结构特点是：上窄下宽，合理分配风量；增设换向器（由 4 块坡板制成，可使通道内侧与外侧粮食流经 4 块不同方向的倾斜板时位置得以变换，如同人下转梯一样），减缓烘后水分不均匀性；采用叶轮排粮，控制烘后水分；废气回收，提高热效率。

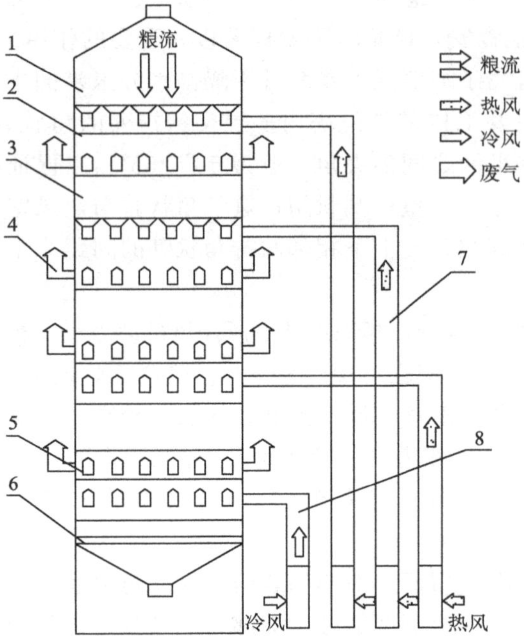

图 7-4　顺逆流烘干机示意图

1. 储粮段；2. 干燥段；3. 缓苏段；4. 废气排放；5. 冷却段；6. 排粮段；7. 热风段；8. 冷风段

其干燥特点是：结构简单，操作方便，制造成本低，粮层较薄（200～400mm），可以减少通风机能耗。

截面为同心圆筒的筛网柱式烘干机，常称为圆筒烘干机，使用也比较广泛。

（3）顺逆流烘干机。顺逆流烘干机采用顺流干燥、逆流冷却工艺，热风在粮层中分布均匀。该机粮层较其他烘干机厚，为 700～1000mm。适合干燥稻谷和豆类等对热敏感的粮食，采用多段式烘干设计，通过干燥-缓苏，能减少爆腰粒的产生。可采用温度很高的干燥介质（一般干燥介质的温度都在 204℃以上），故干燥速度较快，适合在大气温度较低的我国北方地区使用，降水幅度大，烘后的粮食品质比其他类型的烘干机都要好。

图 7-4 是顺逆流烘干机的示意图，它主要由储粮段、流粮管、三个干燥室、冷却室、冷风机、热风机和排粮机等部分组成。

顺逆流烘干机的日处理量为 100～500t，降水幅度达 10%～15%。

2）滚筒烘干机

滚筒烘干机是粮食通过卧式回转圆筒时，与干燥介质进行湿热交换而达到烘干目的的设备，我国主要用来烘干稻谷。滚筒烘干机按筒体直径和筒身长短可分为大中小三种类型，大型的直径 1.25m，长度 8～10m；中型的直径 1m，长度 5～6m；小型的直径 0.8m，长度 4～5m。按热传递方式可分为对流式、传导式、双热式三大类型，对流式是通过粮食与干燥介质在筒内的直接接触，以对流换热方式传热的；传导式是粮食与加热的筒壁直接接触，以传导方式传热的；双热式的滚筒烘干机（图 7-5）有 2/3 的筒体包在气道里，热风先在气道里加热筒壁，然后由进粮端进入筒内与粮食接触，以传导和对流的两种方式加热粮食进行干燥。目前，双热式滚筒烘干机在南方使用比较广泛。

滚筒烘干机的优点是生产稳定可靠，操作方便，粮食在筒内翻抄彻底，受烘均匀，容易保证烘干质量。缺点是制造和维修比流化床烘干机困难；烘干过程中遇到故障或停电，筒体突然停转时，要依靠人力迅速转动筒体，使筒体内粮食很快流出来，否则筒内粮食会被烘焦。

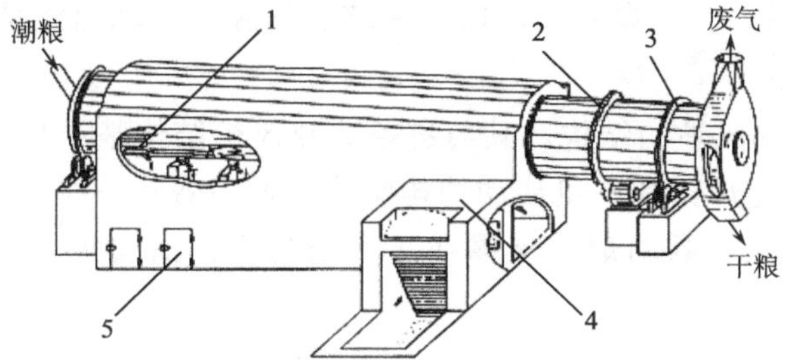

图 7-5　双热式滚筒烘干机

1. 进气口；2. 传动齿轮；3. 滚圈；4. 炉灶；5. 出灰门

3）流化床烘干机

流化床烘干机（图 7-6）是我国目前烘干机数量最多分布最广的机型之一。主要用来烘干稻谷。其特点是：结构简单，制作、维修方便，造价低廉，容易推广，由于粮层较薄，干燥均匀性较好；但粮食受烘时间基本不变（40～80s），单层孔板流程单一，烘干过程降水幅度较小（1%～1.5%）。

二、烘干机的供热设备

供热设备为烘干机提供热源，包括热风炉主体、鼓风机、引风机、换热器、附属设备和电气控制设备等。

1. 热风炉

我国粮食烘干所用炉灶主要是燃煤热风炉，燃煤热风炉分为手烧式热风炉和机烧式热风炉。机烧式热风炉根据炉排的运动形式分为链条式热风炉和往复式热风炉以及新型的振动式热风炉。稻谷产区也有燃烧砻糠的专用炉灶。

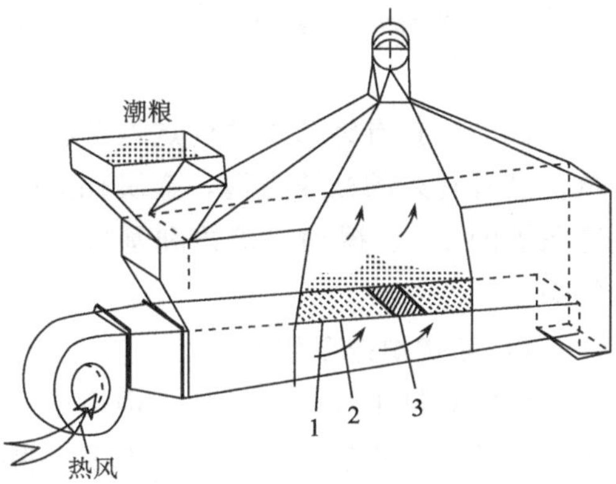

图 7-6　流化床烘干机

1. 孔板；2. 流化区；3. 沸腾区

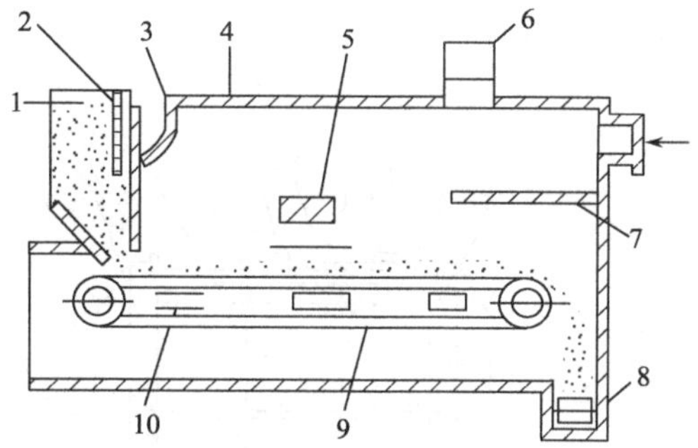

图 7-7　链条式热风炉

1. 煤斗；2. 闸板；3. 前拱；4. 炉顶；5. 中拱；6. 烟气道；7. 后拱；8. 出渣；9. 链板；10. 风道

1）链条式热风炉

链条式热风炉又称链条炉（图 7-7），是最早采用的一种层燃式机械燃烧炉，由链条炉排（包括传动机构）、上煤系统、供风系统、炉膛、自动出渣系统组成。

2）往复式热风炉

图 7-8 是往复式热风炉的结构，其与链条式热风炉结构基本相同，区别在炉排是往复推动的，由一组固定炉排和一组活动炉排组成，两者各占一半，交替安置。固定炉排支撑在风室的两侧壁上，活动炉排支撑在 4 个滚轮上。活动炉排由传动机带动作往复运动。

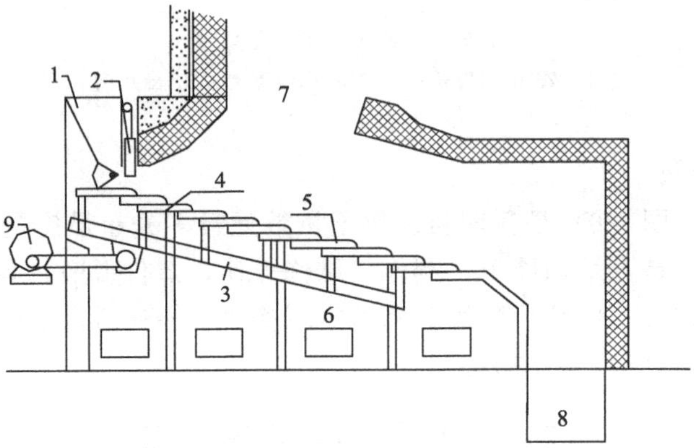

图 7-8　机械往复式热风炉

1. 上煤斗；2. 上煤斗闸板；3. 炉排推杆；4. 活动炉排片；5. 固定炉排片；6. 配风口；7. 烟气道；8. 出渣；9. 炉排减速机

3）振动式热风炉

振动式热风炉是一种新型自动燃烧炉，属层燃式分阶段燃烧。主要由上框架、弹簧板、下框架、振动器和炉排组成。上下框架平行并与向前倾斜 60°的弹簧连成一体。炉排片镶在上框架上，在炉排的前端板上装有偏心块，电动机带动偏心块一起转动，使炉排产生振动。

振动炉具有链条炉的优点但结构却简单，没有复杂的减速机构，金属耗量仅为链条炉的 1/3。振动对炉体和基础有一定影响。

4）固定炉排手烧炉

固定炉排手烧炉是一种结构简单、使用普遍的手烧式热风炉，常用于中小型粮食烘干机。

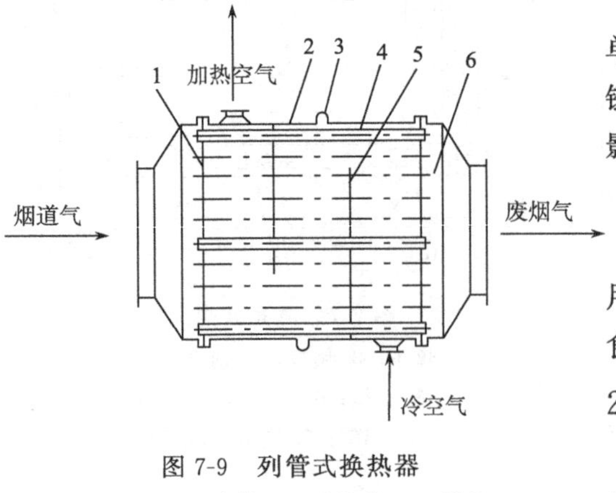

图 7-9　列管式换热器

1. 管板；2. 壳体；3. 膨胀节；4. 管束；5. 隔流板；6. 封头

2. 换热器

换热器是热风炉的核心，烟道气通过换热器进行热交换产生热空气，对粮食进行干燥，避免了粮食受烟道气的污染。

目前采用较多的是列管式换热器，列管式换热器结构核心是传热管，多根传热管组合在一起就是传热管束，把这些传热管束固定在管壳两端的管板中，组成列管式换热器（图 7-9）。

热烟道气由烟气进口传入传热管内，与冷空气进行充分换热，温度逐渐降低后，经烟气出口、烟囱排入大气之中。冷空气由空气进口进入末节换热器，并以横流方式进行换热。在隔流板作用下进行第一次折流，以横流方式经过第二节换热器；再经隔流板进行第二次折流，仍以横流方式经过首节换热器，最后冷空气温度逐渐升高经空气出口和管道进入烘干机。

三、粮食烘干系统

1. 粮食烘干系统的构成

粮食烘干系统包括粮食烘干机、热风炉、风机、提升、输送、清理、除尘、电气控制设备及烘前、烘后仓等。

2. 系统的工艺组织

粮食烘干一般按以下顺序进行：

湿粮→初清筛→磁选→斗式提升机→烘前仓→带式输送机→斗式提升机→烘干机→带式输送机→斗式提升机→自衡振动筛→斗式提升机→烘后仓。

流程中粮食可以返回烘干机，也可以直接排出（图 7-10）。

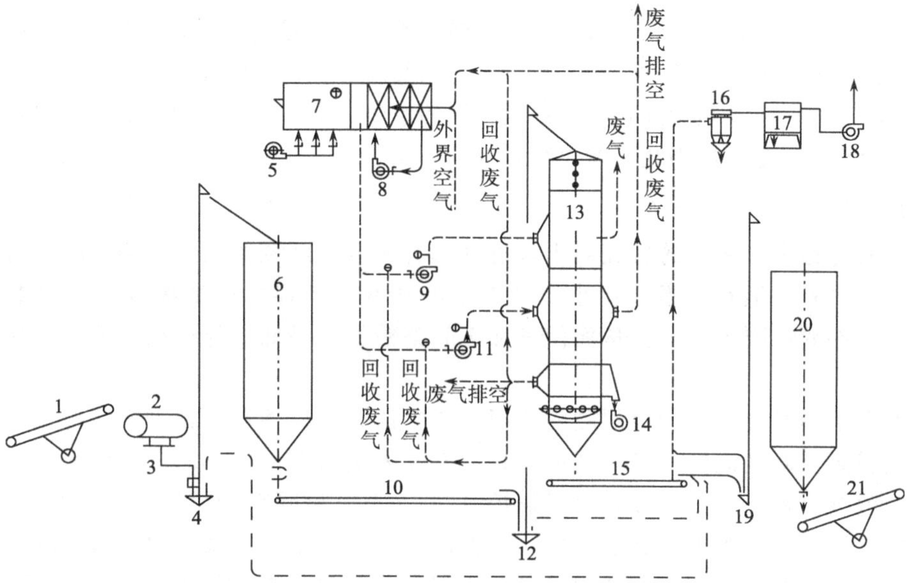

图 7-10　烘干机系统工艺流程图

1. 1＃胶带输送机；2. 初清筛；3. 磁选器；4. 1＃提升机；5. 鼓风机；6. 湿粮仓；7. 热风炉（接换热器）；8. 引风机；9. 1＃热风机；10. 2＃胶带输送机；11. 2＃热风机；12. 2＃提升机；13. 烘干机；14. 冷风机；15. 3＃胶带输送机；16. 离心除尘器；17. 脉冲布筒滤尘器；18. 除尘风机；19. 3＃提升机；20. 干粮仓；21. 4＃胶带输送机

3. 干燥介质的流动顺序

干燥介质的产生和流动顺序如图 7-11 所示。

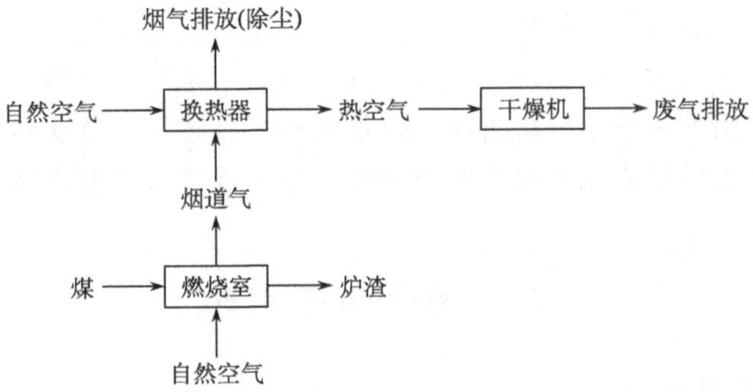

图 7-11　干燥介质的流动顺序

4. 烘后干粮除尘顺序

烘后干粮的除尘顺序为：干粮输送、清理设备吸口→离心除尘器→布筒滤尘器→风机→排放。

四、几种粮食的热力干燥条件

机械烘干降水，主要用于超过安全储存水分 3%以上的高水分粮食的干燥，由于粮食是有生命的活的有机体，在烘干过程中，受热的粮食温度超过一定的限度，粮食品质就会受损害。粮食的热力干燥条件一般是指干燥介质的温度和相对湿度、粮食受热允许温度以及干燥时间等。应根据粮食品种、成熟度、原始水分、烘后用途，以及烘干机的性能和烘干工艺过程全面考虑，以强化干燥过程，提高干燥能力，保证粮食的各项品质。

1. 稻谷的热力干燥条件

在干燥过程中，稻谷的谷壳对干燥过程起着显著的延缓作用。为稻谷的热力干燥增加了难度。另外，稻谷的脆性比小麦和玉米的脆性大，容易产生爆腰。热力干燥过程中，易使稻谷的爆腰率增加，从而使其加工时整精米率降低，降低稻谷的工艺品质和食用品质。

稻谷在干燥过程中，产生爆腰的原因，通常认为是稻谷在急剧干燥情况下，或高温稻谷突然受到低温气流的冷却，造成米粒内部和表层收缩程度不同，而使米粒胀裂产生裂纹。一般规定稻谷干燥后爆腰率增值控制在≤3%，破碎粒增值控制在≤0.3%。

为减少爆腰，在烘干稻谷过程中，应控制干燥介质温度以及一次降水幅度。稻谷干燥后，经 3～4h 缓苏，再进行通风冷却，至粮温与气温差在 5℃之内。这样，不仅能获得较好的烘干效果，还能保证烘后稻谷的品质。

2. 玉米热力干燥条件

玉米籽粒大，单位比表面积小，果皮结构紧密，不利于玉米内部水分的散发，而同批玉米在籽粒大小及成熟度上又存在差异，因而使玉米烘干降水具有一定难度。

玉米在干燥过程中品质变化的主要指标是变色与爆裂。在玉米烘干过程中，由于籽粒表层水分急剧汽化，使其内部水分不能及时向外扩散，从而积聚产生较大压力，造成玉米表皮胀裂，出现裂纹粒；玉米籽粒在高温作用下，还易发生变色，出现焦煳粒。烘后玉米加工成的玉米粉常失去黏性，降低了玉米的食用及工艺品质和商品价值。应根据玉米的不同用途掌握热风的最高温度及降水幅度。

处理高水分玉米，使用较多的是塔式烘干机。烘干过程中，根据玉米水分含量，采用较低温度的干燥介质，通过预热→干燥→缓苏→干燥→缓苏→冷却的干燥工艺，并限制一次降水幅度为5%～16%，可得到较好的烘干效果，一般规定玉米烘后裂纹率增值≤35%、破碎率增值≤0.5%，无焦煳粒。

3. 小麦热力干燥条件

小麦在干燥过程中，如果加热温度过高，面筋质量将迅速下降，品质将显著变劣，并会使其色泽变暗和失去弹性。由于蛋白质变性速度随小麦水分增高而加快，小麦含水量越高，耐热性就越差。但是，随着干燥的进行，小麦水分下降，蛋白质热变性温度又可相应提高。这就是小麦适合采取先低温、后高温的阶段性干燥条件的主要依据。

合理选择小麦热力干燥条件，应根据小麦原始水分和面筋原始品质来决定。新收获的小麦，原始含水量高，对热的作用敏感，小麦受热允许温度一般不超过50℃。应选用较低的热风温度及降水幅度，保证烘后无热损伤粒。

4. 大豆的热力干燥条件

大豆含有35%～45%的蛋白质和19%～22%的脂肪，因此，它不同于其他脂肪含量较少的豆类作物。大豆的储藏稳定性，与水分含量关系较大，为了保证长期安全储藏，一般情况下，大豆水分要降到13%以下。

大豆的种皮栅状细胞排列紧密，对其内部水分向外散发具有很大阻力。在高温干燥介质作用下，豆粒种皮因失水过快而收缩，造成内部水蒸气压力积聚，至使种皮胀裂，严重时豆粒可裂成两半，降低了大豆的耐储性，而且在高温下易使大豆蛋白质变性，降低工艺品质。

为了避免大豆胀裂，大豆干燥时应用比较缓和的干燥条件。目前，我国干燥大豆采用的干燥介质温度为60～70℃，大豆最高加热温度不超过30℃。

必须明确的是，影响粮食烘后品质的主要因素是粮食本身的温度，而不是热风温度。由于所用的烘干机结构不同，所采用的干燥工艺是不同的，因此在实际操作中所选的热风温度不同（表7-1）。生产中是通过控制粮食在烘干机内的停留时间来控制烘后粮温的。

表7-1　烘干机最高热风温度推荐值　单位:℃

粮食种类	粮食用途	热风最高温度		
		顺（逆）流	错流	混流
玉米	饲料	160	120	130/140（多段干燥）
	食品	140	80	110
	淀粉	100	70	80

续表

粮食种类	粮食用途	热风最高温度		
		顺（逆）流	错流	混流
稻谷	大米	80	54	65
小麦	面粉	130	65	80

注：1）玉米降水幅度不大于10%，稻谷、小麦降水幅度不大于5%；

2）环境温度≥－20℃；

3）若烘后粮人立筒仓或浅圆仓，为减少输送过程的破碎，表内给出的温度应降低20～30℃。

五、粮食烘干机生产管理

1. 正确安装和使用机械设备

按照机械设备的有关技术文件安装、调试和操作使用机械设备，掌握机械设备的性能特点、主要构件和基本工作原理，熟练掌握其正确的操作程序和方法。

使用机械设备要做到管好、用好、维护保养好；不能违反操作规程，操作时不要离开工作现场，不要超负荷使用设备，不要让设备带“病”工作，不要带电检修。

2. 粮食干燥系统机械设备安全操作规程的主要内容

机械设备操作前的准备和检查项目，包括全面检查、重点检查（部位）及所有安全设施与警示标志是否完好齐全。经常保持机械设备的完整、清洁、润滑的技术要求。

机械设备启动和运转时，应注意设备所有运转部分应设置防护罩，并有警示或提示标志，检查包括防止各种事故的措施，以及发生事故后的处理方法。减轻机件、皮带、链条的磨损，降低动力消耗，避免生产效率下降，以及防止损伤粮食的措施。

正在作业中的烘前、烘后仓及烘干机储粮段不允许进入；干燥作业正常进行时，严禁打开检修门；热风炉停炉后，炉膛温度必须降至50℃以下并在通风状态下、采取安全保护措施时，方可进入维修。

经常检查烘干机的排粮是否畅通，发现排粮板或叶轮堵塞，应及时清理，防止机内粮食流动不畅形成死角，粮食过度干燥而着火。

烘干机内着火时，火势未扑灭前任何人不允许进入烘干机。停止所有机械设备，切断电源；打开紧急排粮口，排出粮食及燃烧的火块；烘干机实施紧急停机，关闭所有风机总闸门；热风炉实施临时停炉，操作方法按故障停炉进行；清理烘干机内着火点的残余，分析原因并及时处理后方可开机。

不得长时间超负荷使用热风炉，以免烧坏换热器而引发烘干机着火。严格控制热风温度，防止因人员疏忽导致热风温度过高而造成的烘干机着火。烘干机必须设计和安装紧急排粮口。干燥系统应设置避雷装置，为防止干燥系统粉尘爆炸，烘干机、斗提机和除尘器上必须安装泄爆口。

停机与设备维修时，要切断电源，电气控制柜应设有警示标志，并有专人看管；系统运行时，电气系统应有专人负责管理，严格执行电气安全操作规程。进行焊接操作时，附近及下面不得有易燃物品，离焊接点较近的易燃物应作防火处理。现场应配备消防工具。

清仓、清塔时，必须有可靠的监护方法，方可进入作业。高空作业人员应配备安全带和安全帽。

3. 电气设备操作注意事项

必须由经过专门培训的电工人员进行安装和检修，严禁无电工知识的人员盲目操作。

电线、插头、保险丝和开关等均应根据要求使用，不准任意更换。

排除故障时应先切断电源，并设置明显警示标志。不得带电作业，安装和检修电气设备时应有两人在场，防止发生意外。

各种机械设备严禁超负载运行和不合理使用，运转时应经常注意电流变化。线路电压与电机的额定电压不相符合时不准启动电机。

电机温度一般不准超过70℃，测定时应先用测电笔测试确无漏电时，才可用手背接触。

4. 粮食干燥系统机械设备使用时的其他注意事项

停机前必须空载运行一定时间，待机中粮食全部排出后再关闭开关，切断电源。烘干机停机后，应留专人照料，熄灭残火，以防火灾。

移动式机械必须放置平稳，所有人员不得在机身下走动和停留，不得从机身上跨越。有升降结构的机械移动时，必须将机身降到最低高度并切断电源，严禁带电移动。注意防止机身与高压线接触，以免发生触电事故。

机械的传动部分，包括皮带、皮带轮、齿轮、链轮、链条等均需安装防护罩，不得任意拆卸。

5. 干燥中的注意事项

（1）保证粮食烘后品质。在保证生产率的前提下，提高烘后粮食的品质，可以获得较高的经济回报。在生产中，不应片面地以每班次处理量作为干燥作业的经济考核指标，为追求班次处理量的提高，盲目地提高热风温度，将影响烘后粮食品质，增加破碎（爆腰）和裂纹粒，甚至产生焦煳粒，造成烘后粮食品质下降等，直接影响粮食的销售价格，降低收益。烘后粮品质指标超标的原因及处理方法如表7-2所示。

（2）控制烘后粮食水分，避免产生过干粮。

（3）干燥过程中被加热的粮食必须经过冷却，使其温度降到不高于环境大气温度5～8℃，才能入库安全储藏。

（4）使用的附属设备尽量少。附属设备是指工艺过程中的清理、检斤、输送、除尘等设备，要尽量的少，从而减少粮食在干燥过程中的破碎率，降低建造投资和操作维修费用。

（5）动力配备合理。主要是指风机配用的电机要合理，这里不是指电机的铭牌功率，而是以干燥生产中实际需要的风量、风压来校对和选用电机。

（6）生产环境符合环保卫生要求。主要指粉尘、噪声要低于国家的有关规定标准，

表 7-2 烘后粮品质指标超标的原因及处理方法

超标项目	原因	解决办法
水分不均匀度	原粮水分差过大	将待烘干的湿粮按水分不同分堆暂存，分批进行烘干，每堆水分差不大于 3 个百分点
	排粮机构局部堵塞	停机清理
	排粮机构的排粮间隙不均匀	停机，调整排粮机构间隙，使其均匀一致
	热风温度及热风风量分配不均	改进烘干工艺和烘干机结构。使其分配均匀
玉米裂纹率增值、稻谷爆腰率增值、破碎率增值	干燥速度过快或稻谷的一次降水幅度过大	降低热风温度，或将稻谷分两次干燥
	后续输送、清理、入仓设备选择不当	选择低破碎的后续设备
色泽	干燥速度过快	降低热风温度
热损伤粒和焦煳粒	干燥速度过快	降低热风温度
	排粮机构局部堵塞或烘干机内部粮食流通不畅	停机清理

做到文明生产。

(7) 表示经济效益指标的热能、电能消耗较低。

(8) 有必要的控制和监测手段。主要是生产过程的机械化和自动化程度，如干燥介质温度及料位的自动控制，水分的在线监测。

第三节 晾晒干燥

采用晾晒降低粮食水分，是我国劳动人民几千年的传统经验。它所需器具简单，费用低廉，操作方便，有较好的降水、杀虫、灭菌效果。这种方法能促进粮食后熟、提高发芽率，不会产生焦煳粒和爆腰，有利于保持粮食品质。目前，在缺乏烘干和通风设备，但具有晒场的基层粮库常用晾晒方法干燥粮食。缺点是需要大面积的晒场，受到天气的限制，用劳动力多、劳动强度大，晾晒过程中容易混入灰土、沙粒，易受机械损伤。致使粮食晒后杂质增多，破碎粒增加。

一、晾晒干燥的原理

晾晒干燥是利用太阳光的辐射热加热潮粮，在粮食与周围空气间产生温度和水蒸气压力差，而使潮粮内部的水分子不断向粮粒表面扩散，并蒸发于干燥的空气中，达到降低粮食水分的目的。

二、晾晒方法

1. 选择晒粮场地

晒场对粮食降水速度有较大的影响。一般晒场有水泥晒场、砖砌晒场和土晒场。由于晒场建材的性能不同，水分的含量及晒场温度也不一样，晒粮效果就有差别。水泥晒场比砖砌晒场、土晒场好。沥青场地虽然降水效果好，但因其中含致癌物3，4-苯并芘会对储粮造成污染，故不宜选用。

2. 选择适宜的天气和季节

晴朗、气温高、相对湿度低、有风的天气，有利于降水。刚收获的高水分粮应及时晾晒降水。但对粮库储藏的大批粮食，一般选择春秋两季进行晾晒，秋晒一般在10～11月进行，春晒可在4～5月进行。

3. 晒粮方法

晒粮操作技术影响晒粮效果。我国劳动人民在长期生产实践中总结出“晒粮先晒场”、“薄摊勤翻”、“向阳起垄”和“顺风划沟”等晒粮方法。

粮食在出晒前，晒场应先晒热，避免上层粮食与下层粮食吸湿散湿不均，影响效果，上午10时左右出晒较为合适。

薄摊勤翻、向阳起垄、顺风划沟，目的在于增加粮食与阳光、空气的接触面积，提高降水效果。晒粮厚度要根据粮种和水分大小而定，一般宜薄不宜厚。就粮种而言，粟、油菜籽等小粒粮食，粮层厚度不宜超过5cm，中粒粮如稻、麦等不宜超过10cm，玉米、豆类等大粒粮，不宜超过15cm。若水分大，粮层相应摊薄些。勤翻有利于提高粮食降水速度，并使含水量较一致。因为日光晾晒时，表层粮食先受热，温度升高，水分蒸发，但由于湿热扩散作用，产生的水分向下层转移，导致下层水分相对增高，不翻动就不利于降低下层水分并使含水量一致。晒粮的翻扬次数应视气温高低而定，垄宽以每米5条为好。若气温在15℃以下，应以向阳划垄为主，翻扬次数不宜太多，以免粮温散失；若气温在15℃以上，以顺风划垄和翻扬为主，耥沟以一天进行4～6次为宜。

三、晾晒的注意事项

1. 适时入仓

除了小麦、豌豆等进行高温杀虫要趁热入仓外，其他粮食应在散热冷却以后归仓。

2. 控制降水幅度

粮食晾晒降水，并非降水越多越好，晒得太干，稻谷会增加爆腰粒，加工时碎米率高，成品率低。大豆裂皮或脱皮，在储藏中容易吸湿霉变，赤变色泽加深，商品价值下降。

3. 防止害虫感染

出晒的粮食如带有害虫，或晒场及其周围环境潜伏害虫，应在晒场或仓库周围喷布药剂，设防虫线，以防粮食感染害虫。

4. 某些粮种对晾晒干燥的特殊要求

（1）花生最好是带壳曝晒。按照上述操作规程，可取得良好效果。如果直接曝晒花生仁，则以在日平均气温不超过10℃，直射温度不超过25℃时为宜，厚度可达4～5cm，翻动时要用长柄竹耙，禁止人在花生仁上走动，以防破碎。如果在阳光较强、温度较高的情况下，直接曝晒花生仁，容易产生种皮变色和破裂，在储藏期间容易发生走油酸败等劣变现象。

（2）大豆最好是带荚曝晒。这样做可以防止裂皮、皱纹，保持种皮的色泽和光泽，如直接曝晒大豆种子时，豆温不宜超过 45℃。

（3）成品粮不宜直接曝晒。

思 考 题

1. 试述粮食烘干产生裂纹或爆腰的原因，如何能避免此种情况的出现？如何保证粮食的烘后品质？
2. 根据粮食中水分转移规律论述在干燥工艺中为什么设有缓苏过程？
3. 粮食干燥的方法有哪些？每种方法的特点是什么？
4. 简述几种塔式烘干机的结构和工作原理。
5. 主要粮食品种的热力干燥条件和适合采用的干燥工艺各是什么？
6. 干燥系统由哪几部分组成？
7. 对干燥机烘干过程中出现的水分不均匀情况如何调整？
8. 试述晾晒干燥的要点。

第八章　粮食的低温储藏

➢ **本章内容要点**

1. 掌握粮食低温储藏的原理和主要方法。
2. 了解蒸汽压缩式制冷的原理与主要装置。
3. 了解低温制冷库的设计、制造与运行。

第一节　低温储藏概述

低温储藏是通过控制“温度”这一储粮生态因子，使粮食处于一定的低温状态，抑制虫、霉生长，繁育，限制储粮品质的变化速度，从而达到安全储藏的目的。低温储藏具有显著的优越性，可以有效限制粮堆生物体的生命活动，减少储粮的损失，延缓粮食的陈化，保鲜效果显著。同时具有不用或少用化学药剂，避免或减少污染，保持储粮卫生的特点。另外，低温储藏还可作为处理高水分粮的一种应急措施。缺点是低温储藏投资较大，运行费用较高，如果仓房围护结构中防潮层不完善或气流组织不合理，容易造成粮食水分转移，甚至结露。因此限制了低温储藏的推广使用。

一、低温储粮原理

粮堆是一个复杂的人工生态体系，在此体系中既有生物成分，也有非生物成分。而粮食的储藏稳定性，则取决于这些生物、非生物成分与环境间的相互作用、相互影响和相互制约。进行低温储粮，必须要了解粮食以及虫、螨、霉等生物学特性。低温储粮的原理正是控制粮堆生物体所处环境的温度，限制有害生物体的生长、繁育，延缓粮食的品质陈化，达到粮食安全储藏的目的。

1. 低温与储粮害虫

储粮害虫是变温动物，生理上缺乏调节体温的机能或此机能不完善，对温度的适应性较差，其体温是随外界温度的变化而变化的。表现在昆虫的新陈代谢强度、生长速率方面，温度是仓虫生活环境中最重要的无机环境因素，它对仓虫发育速度影响比较明显。储粮害虫由于长期在比野外温度高的室内生活，多数虫种又起源于热带，耐低温能力较弱。大多数重要的储粮害虫最适生长温度为 25～35℃，极限低温为 17℃，若将温度控制为 17℃，尤其在 15℃以下，虫体开始呈现冷麻痹。此时，任何害虫都不能完成它们的生活史。当温度降到 5～10℃，昆虫出现冷昏迷，这时即使不能使其快速致死，也可使昆虫不能活动，并阻止它们取食，结果会由于饥饿衰竭而间接地使害虫死亡。5℃以下虫类便不能蔓延发展。当温度降到 0℃以下，昆虫体液开始冷冻；－4.5℃以下，昆虫体液冻结而死。另外，温度突然降低，杀虫抑虫效果较好。

2. 低温与粮食微生物

粮食在储藏期间感染的微生物大部分是霉菌，其生长和繁殖在一定程度上取决于环境温度，同时还与菌种及粮食含水量有关。因此，在一定范围内，低温能有效地防止储藏真菌的侵害。

粮堆温度从－10℃到70℃左右都有相应的微生物生长。但霉菌大多数为中温性微生物，生长的最适温度为20～40℃。如青霉生长的最适温度一般在20℃左右，曲霉生长的最适温度一般在30℃左右，只有灰绿曲霉中个别种是接近低温的微生物，最低生长温度可为－8℃。但是微生物在低温下的正常生长还依赖于环境湿度，所以在比较干燥的粮库中，粮温保持在10℃以下，微生物的生长发育缓慢，甚至停滞。一般来说，在低温库15℃以下，粮堆相对湿度为75%以下，就可抑制大多数粮食微生物的生长和繁殖。

另外，温度对一些霉菌的产毒也有影响，一般霉菌的生长适宜温度，也是它产生全部代谢产物的最适温度。例如，产黄青霉在30℃的最适温度下培养，42h内青霉素的产量比在20℃下培养时产量高；黄曲霉的产毒菌在28～32℃下培养，生长旺盛，同时毒素的产量也最高。所以，低温储粮，不但能抑制粮食微生物的生长与繁殖，同时还可以防止和避免一些产毒菌株产生毒素，保证粮食的卫生。

微生物在粮堆中的生长和繁殖在很大程度上取决于水分与温度的联合作用。通常粮食水分达到微生物活动的适宜范围时，微生物对温度的适应范围就宽些；如果粮食水分在微生物活动的适宜范围以外，则微生物对温度的适应性就差些。因此，用低温来抑制霉菌在粮堆中的发展，必须配合控制粮食的含水量，才能获得良好的效果。

3. 低温与粮食品质

粮温、仓温与粮粒本身的生命活动及代谢有着密切的关系。粮食的呼吸强度、各种成分的劣变及营养成分的损失都是随温度的升高而增加的。为了保持粮食的新鲜度、营养成分及生命力，采用低温储藏能有效地降低粮食由于呼吸作用及其他生命活动所引起的损失和品质变化。

一般来说，处于安全水分以内的粮食，只要控制粮温在15℃以下，便可抑制粮食的呼吸作用，呼吸强度明显减弱，甚至当粮食含水量达到临界水分时，在较低温度下，仍不出现呼吸强度显著增加的现象。

总之，低温储藏可以推迟粮食的品质劣变，延缓陈化，有效地保持粮食的生命力及新鲜度，达到安全储藏的目的。另外应当指出，低温储粮效果还与许多因素有关，特别是粮食本身的含水量，是影响低温储粮效果的一个重要因素。对于不同水分的粮食应采用不同的低温程度，才能达到理想的储藏效果，采取低温配合低水分则可以有效地减缓品质变化速度，明显地延长粮食的安全储藏期限，达到预期的低温储藏效果。

二、低温储藏的方法

低温储藏的关键在于获得较低的仓温和粮温，这一过程的实现依赖于一定的冷源。目前人类所能利用的冷源可分为自然冷源与人工冷源。在低温储粮中根据所利用的冷源及机械设备的不同，获得低温的方法不同，常可分为以下几类。

1. 自然低温储藏

自然低温储藏是指在储藏期间单纯地利用自然冷源，即自然条件来降低和维持粮温，并配以隔热或密闭措施。自然低温储藏按获得低温的途径不同，又可简单地分为地上自然低温储藏、地下低温储藏和水下低温储藏。由于自然低温储藏完全利用自然冷源，因此受地理位置、气候条件及季节的限制较大，其冷却效果常常不能令人满意。

自然低温储藏主要是地上自然低温，其过程一般是先将粮食降温冷却，然后密封仓库，压盖粮面，并利用粮食的不良导热性，使粮温长期处于低温状态。利用冬季干冷空气冷却粮食的方式，又可分为如下几种。

1）仓外自然冷却

仓外自然冷却是一种先冷却后入仓的方法。将粮食用人力或机械设备移至仓外地势稍高、通风条件好的场地上。一般选择干燥寒冷天气，在17时左右将粮食移出，将包装粮堆成通风垛。堆垛时要注意将垛的通风口对准当地冬季主导风的风向，以提高通风冷却效果。垛上要进行苫盖，并可根据气温的变化情况，也可白天盖夜间揭开，并要避免雨雪进入粮垛。粮食在仓外冷却时间的长短，主要取决于粮温与气温的温差。在冷却过程中要注意夜间露湿，加以苫盖。为提高冷却速度及效果，可采用与晒粮作业相类似的翻动粮面的方法，这样不但能使粮食降温，而且也可使水分偏高的粮食降低一部分水分。对于含杂较多的有虫粮，还可配以筛子筛选入库，除去害虫和杂质。

2）仓内自然冷却

仓外冷却需进行粮食的搬倒，并且要有足够的仓外场地，这一点限制了其使用。仓内自然冷却，即粮食在仓内就仓冷却，它不仅适合包装粮也适合散装粮。在冬季严寒干燥季节，将仓库门窗及仓底通风口打开，利用烟囱效应，逐层冷却粮食。粮食是热的不良导体，粮温降低较慢，特别是水分大，粮堆高的粮食冷却效果不太显著，但由于此方法较经济且不需任何机械设备，所以在我国仍然是一种较为普遍的冷却方法。

在进行仓内自然冷却时，应选择适宜的天气，以仓外低温、干燥的空气为选择原则，进行合理通风，否则不利于粮食的冷却与干燥，反而起到相反的效果，降低储粮稳定性。

3）转仓冷却

将粮食相继通过一定长度仓外输送作业线及设备，由一个仓库转入另一仓库，或仍转入原仓库，使粮食在转运输送的过程中冷却。仓内外温差越大，粮食在仓外的输送作业线越长，与冷空气接触的时间越久，则冷却效果就越好。转仓冷却的方法主要适用于散装粮，若为包装粮则冷却效果较差。在现代化的机械粮仓中，粮食输送设备完善，采用此冷却方法较方便，效果也较理想。

在进行自然低温储藏粮食时，除了使粮温降到尽可能的低温以外，还要注意做好隔热工作，这样才能获得理想的储藏效果。另外，在进行粮食自然低温储藏之前，若能对普通的房式仓的仓墙、房顶进行适当的隔热改造，提高仓房的隔热保冷性能，则低温储藏效果会更佳。

2. 机械通风低温储藏

机械通风低温储藏是指利用自然冷源——冷空气，通过机械设备——通风机，对粮堆进行强制通风使粮温下降，增加其储藏稳定性。机械通风低温储藏仍然属于利用自然冷源的范畴，同样受气候条件和季节性的限制，所以粮堆的机械通风常在秋末冬初进行，但是机械通风低温储藏由于实行了强力通风，强制冷却，所以冷却效果常好于自然低温储藏，但其保管费用也较高。

3. 机械制冷低温储藏

第一代为制冷机组低温储藏，是低温储藏中储藏效果最好的一种，但由于机械制冷低温储藏对仓房隔热性要求较高，且设备价格也较贵，所以投资较大，保管费用也偏高，目前已不采用；第二代为窗式空调准低温储藏，要求普通仓房进行隔热改造，维持库温在15～20℃；第三代为谷物冷却机准低温储藏，它具备湿度调节功能，可以使冷空气直接穿过粮堆，热交换效率比制冷机和空调机制冷效率要高，又可以多仓共用，设备利用率较高，在大型国储库得到了推广应用。

第二节　低温制冷原理与设备

一、蒸汽压缩式制冷的理论循环

1. 蒸汽压缩式制冷系数

产生制冷作用的逆卡诺循环在实际生产中受许多因素和设备的限制难以实现，制冷机不可能按逆卡诺循环工作。实际采用的蒸汽压缩式制冷的理论循环是由两个定压过程、一个绝热压缩过程和一个等焓节流过程组成。

蒸汽压缩式制冷装置主要由4个部分组成，即压缩机、冷凝器、膨胀阀、蒸发器，如图8-1A所示。首先制冷剂蒸汽被吸入压缩机，并被绝热压缩为过热蒸汽。按理想情况考虑，此压缩过程在T-S图（温熵图）上，如图8-1B所示，用等熵线1-2表示。然后过热状态下的制冷剂蒸汽进入冷凝器，被定压冷凝为饱和液体（即过程2-3-4）。制冷剂液体继而通过一个膨胀阀（或称节流阀、减压阀）经绝热节流，压力与温度均大大降低，但过程前后焓值相同。因节流是不可逆过程，所以在T-S图上常以虚线将4、5两点连接。最后，低温低压的湿蒸汽制冷剂进入蒸发器，吸收蒸发器周围的热量而蒸发成

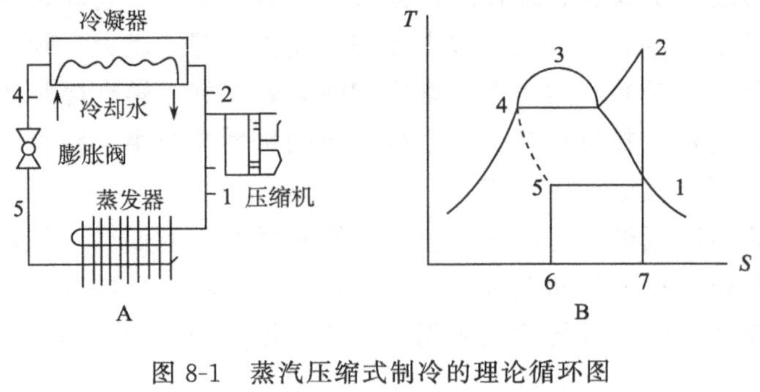

图8-1　蒸汽压缩式制冷的理论循环图

气体。蒸发过程沿定压线 5-1 进行。制冷剂湿蒸气吸热后变为饱和蒸汽，重新又被吸入压缩机，如此不断循环。

制冷剂冷凝时的压力和温度分别称作冷凝压力和冷凝温度，以 P_K 和 T_K 表示，蒸发时的压力和温度分别称作蒸发压力和蒸发温度，以 P_0 和 T_0 表示。循环制冷量 q_0 为图 8-2 中 5-6-7-1-5 所围的面积。在同样的条件下，q_0 越大，制冷系数 ε 就越高。影响 q_0 大小的因素很多，冷凝温度和蒸发温度是影响循环制冷量的两个主要因素，如图 8-2所示。

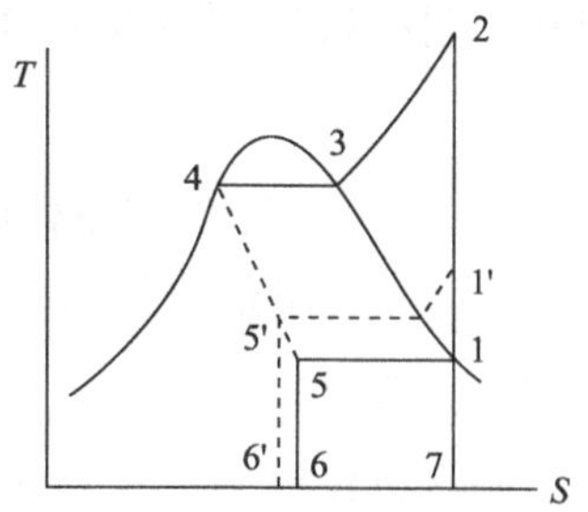

图 8-2　蒸发温度对制冷量的影响

将原制冷循环 1-2-3-4-5-1 的蒸发温度由 $T_{5\text{-}1}$ 升高到 $T_{5'\text{-}1'}$ 时，循环制冷量由原来的面积 1-5-6-7-1 增加到面积 1′-5′-6′-6-5′-1-1′，使制冷系数提高。

蒸发温度即制冷剂在蒸发器中汽化时的温度确定与所采用冷媒的种类有关。在低温粮库中主要是以空气作冷媒，则蒸发温度较冷媒温度低8～12℃，即

$$t_0 = t' - (8 \sim 12)℃$$

式中：t'——冷媒所要求温度,℃，即低温库的库温；

t_0——制冷机蒸发温度,℃。

因此在能够满足需要的条件下，应尽可能采取较高的蒸发温度，不应过度降低蒸发温度，只追求低温，而忽略了制冷系数。

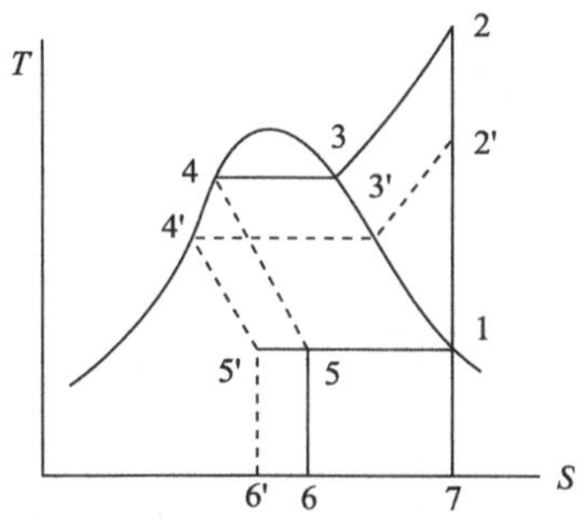

图 8-3　冷凝温度对制冷量的影响

冷凝温度的高低，同样会影响循环制冷量的大小。如图 8-3 所示，1-2-3-4-5-1 为原有蒸汽压缩式制冷循环，当冷凝温度由 T_4 降低至 T_4'时，形成了新的循环，1-2′-3′-4′-5′-1 循环制冷量由原来的面积 1-5-6-7-1 增加了 5-5′-6′-6-5，提高了制冷系数。

冷凝温度即制冷剂在冷凝器中液化温度的高低，取决于冷凝器的构造和所采用的冷却介质（水或空气），如冷却介质为水时

$$t_k = t_2 + 5℃；\qquad t_2 = t_1 + \Delta t$$

式中：t_k——冷凝温度,℃；

t_2——冷却水冷凝时的温度,℃；

t_1——冷却水进冷凝器时的温度,℃；

Δt——冷凝器中冷却水的温升,℃，它与冷凝器的结构有关，立式壳管式冷凝器；Δt=2～4℃。卧式壳管式冷凝器 Δt=4～6℃。当冷却介质为空气时，t_k= t_1+（13～15）。符号意义同前。

因此，在制冷装置中，冷却介质的温度直接影响着系统的冷凝温度及制冷系数，所以在选择冷却介质时应尽可能选择较低温度的介质，并且水要优于空气，特别在大中型制冷系统中。

2. 制冷量

每千克制冷剂经一个制冷循环所吸收的热量，称作单位质量制冷量，常以 q_0 表示。而整个制冷机组的制冷量 Q_0 可用下式计算求得：

$$Q_0 = G \cdot q_0$$

式中：G——制冷剂在单位时间内的循环量，kg/h；

q_0——单位质量制冷量，W/kg。

3. 制冷工况

制冷机组的制冷量和压缩机的轴功率是随着蒸发温度和冷凝温度而变化的，所以在说明制冷机的性能指标时，必须指明机组工作时的状况，即工况——主要指蒸发温度和冷凝温度。也就是说，同一台机组在不同的工况下（指不同的冷凝温度和蒸发温度），将会得到不同的制冷量 Q_0 和不同的制冷系数 ε_0。为了说明制冷机的性能和衡量不同机组的制冷能力，统一规定了两种工况，即“标准工况”和“空调工况”。另外，在选择电机时，为了使电机功率能满足压缩机的最大功率需要，还规定了最大功率工况，以作为功率计算和比较的标准。

如果已知标准工况下的压缩机制冷量 Q_{0A}，则实际工况下的制冷量可由下式求得：

$$Q_{0B} = K_i Q_{0A} (\text{kJ/h})$$

式中：Q_{0B}——实际工况下的制冷量；

Q_{0A}——标准工况下的制冷量；

K_i——实际工况下制冷量的换算系数，可根据实际工况下的冷凝温度和蒸发温度及制冷剂种类，在手册中查得。制冷工况，如表 8-1、表 8-2 所示。

表 8-1　标准工况

	氨	氟利昂$_{12}$	氟利昂$_{22}$
蒸发温度（t_o）/℃	−15	−15	−15
冷凝温度（t_k）/℃	+30	+30	+30
吸入温度（t_1）/℃	−10	+15	+15
过冷温度（t_u）/℃	+25	+25	+25

表 8-2　空调工况

	氨	氟利昂$_{12}$	氟利昂$_{22}$
蒸发温度（t_o）/℃	+5（0）	+5	+5
冷凝温度（t_k）/℃	+40（35）	+40	+40
吸入温度（t_1）/℃	+10（+5）	+15	+15
过冷温度（t_u）/℃	+35（30）	+25	+35

二、蒸汽压缩式制冷系统设备与制冷剂

制冷设备和制冷剂组成一个制冷系统，在使用不同制冷剂的系统中，制冷机设备的种类和形式也是不同的。在制冷及空调系统中常以氟利昂 12 为制冷剂，其制冷机是由压缩机、冷凝器、膨胀阀和蒸发器 4 个主要设备以及一些附属设备组成，全部机件均用管道连成一个封闭的循环系统。压缩机、冷凝器、膨胀阀和蒸发器这 4 个主要设备对于制冷循环起着决定性作用，缺一不可，因此它们常被称作制冷机的四大件。而制冷机中的其他设备，如油分离器、干燥器、过滤器、回热器等则是为了提高制冷系数，改善机组工作条件，提高机组工作时的经济性和可靠性而设置的。它们在制冷系统中处于次要的辅助地位，因此称它们为附属设备或辅助设备。下面将介绍制冷设备中的四大主要设备。

1. 压缩机

制冷压缩机是蒸汽压缩式制冷装置的一个重要设备。它的作用是将低压的制冷剂气体变成高压制冷剂气体。

制冷压缩机的形式很多，根据工作原理的不同，可分为两类，即容积式压缩机和离心式压缩机。

容积式制冷压缩机是靠改变工作腔的容积，周期地吸入一定数量的气体，并将其压缩。常用的容积式制冷压缩机有往复活塞式和回转式。

离心式压缩机是靠离心力的作用，连续地将气体压缩。这种压缩机的转数高，制冷能力大，一般用于大型的制冷机组中。

在低温粮库中所用到的压缩机几乎都是往复活塞式压缩机，一般简称为活塞式压缩机，常用于中、小型制冷机组中。

逆流式活塞压缩机，如图 8-4 所示。压缩机的进气阀和排气阀均设置在气缸的顶部。当活塞向下移动时，低压气体从气缸顶部的一侧或四周进入气缸；活塞向上移动时，被压缩后的气体仍从气缸顶部排出。这样，气体在气缸内的运动路线是自上而下，再向上，故称逆流式压缩机。

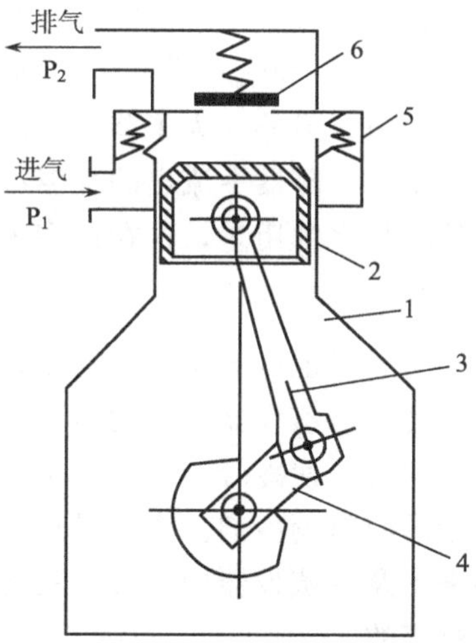

图 8-4　逆流式活塞压缩机

1. 气缸；2. 活塞；3. 连杆；4. 曲轴；5. 进气阀；6. 排气阀

逆流式活塞压缩机的活塞尺寸小，重量轻，有利于提高压缩机的转数（一般为 1000～1500r/min）。因此，压缩机的尺寸和重量可大为减小。

2. 冷凝器

冷凝器是一种热交换设备。来自压缩机的高压过热气态制冷剂，在此被冷却为饱和气，并进一步被冷凝为液态。根据冷却剂种类的不同，冷凝器可归纳为 4 类，即水冷、空冷、水-空气冷却以及靠其他制冷剂冷却或别的介质进行冷却的冷凝器，在低温粮库的制

冷机组中常用的是水冷式冷凝器。

水冷式冷凝器是用水冷却高压气态制冷剂，使之冷凝。冷却水可为井水、河水等水源。由于自然界中水的温度比较低，所以水冷式冷凝器可以得到比较低的冷凝温度，这将有利于提高制冷系统的制冷能力和运行的经济性。因此，目前这种冷凝器应用较为广泛。

常用的水冷凝器有立式壳管式冷凝器、卧式壳管式冷凝器、套管式冷凝器等。在低温粮库常用到的卧式壳管式冷凝器，如图 8-5 所示。

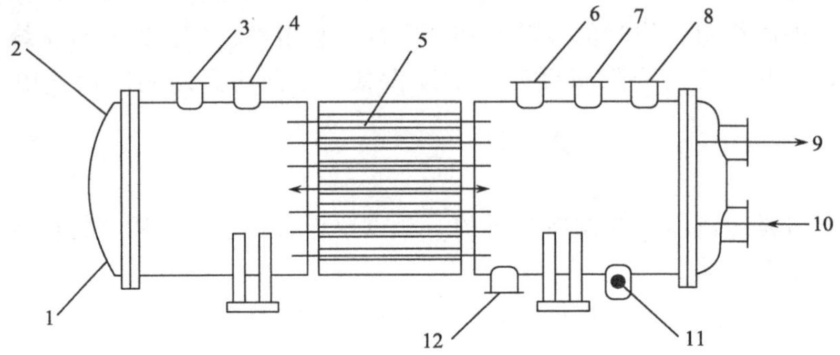

图 8-5　卧式壳管冷凝器

1. 泄水管；2. 放空气管；3. 进气管；4. 均压管；5. 无缝钢管；6. 安全阀接头；7. 压力表接头；8. 放气管；9. 冷却水出口；10. 冷却水入口；11. 放油管；12. 出液管

卧式壳管冷凝器水平方向装设的外壳是由钢板焊成的圆筒，筒体两端焊有管板，板上焊接或胀接若干根传热管。此外，筒体上还设有许多管口，高温高压的气态制冷剂由上部进入管束外部空间，冷凝后的液体由下部排出。

卧式壳管式冷凝器的优点是：热导率较高，冷却水耗用量少，操作管理方便，可同时用于 NH_3 和氟利昂系统。其缺点是：对冷却水的水质要求较高，清除污垢不便，需关机清扫。另外，为了节约冷却水的用量，可采用循环冷却水，在系统中另建一座冷却塔，使从冷凝器中流出的高温冷却水经过冷却塔后有一定的降温，再循环使用，可大大节约冷却水的用量，这在许多大中城市是非常重要的。

3. 膨胀阀

为了保证冷却系统正常工作，在系统中必须设置节流机构。其作用有两个：一是保证冷凝器与蒸发器之间的压力差，以便使蒸发器中的液态制冷剂在要求的低压下蒸发吸热，同时，使冷凝器中的气态制冷剂在给定的高压下放热、冷凝；二是供给蒸发器一定数量的液态制冷剂。供液量过少，制冷系统的制冷量降低；供液量过多，部分液态制冷剂来不及在蒸发器内蒸发，就随同气态制冷剂一起进入液压机，引起湿压缩，甚至造成冲缸事故。

常用的节流机构有手动膨胀阀、浮球式膨胀阀、热力式膨胀阀以及毛细管等。这里主要介绍常用的浮球式和热力式膨胀阀。而手动膨胀阀主要用于氨系统中，毛细管则为冰箱、空调、除湿机的节流机构。

满液式蒸发器要求液面保持一定高度，一般适合采用浮球式膨胀阀。根据液态制冷剂流动情况不同，浮球式膨胀有直通式和非直通式两种，其工作原理是相同的，都具有浮球室，并用平衡管与蒸发器相通，使两者液面高度相同。液面下降时，浮球下降，靠杠杆作用使阀门开启度增加，加大供液量；反之，浮球上升，阀门开启度减小，缩减供液量。

热力式膨胀阀主要用于非满液式蒸发器，由于热力式膨胀阀可以保证从蒸发器出来的低压气态制冷剂具有一定的过热度，所以，氟利昂制冷系统多采用之。热力式膨胀阀有内平衡式和外平衡式两种。

内平衡式热力膨胀阀是由阀芯、阀座、弹性金属膜片、弹簧、感温包和调整螺丝构成。一般感温包内充有一定量的与制冷系统相同的液态制冷剂。热力式膨胀阀靠蒸发器出口处气态制冷剂过热度的变化来改变向蒸发器的供液量，以保证制冷系统的正常运行。

4. 蒸发器

蒸发器的作用是将节流后的制冷剂湿蒸气在其中蒸发吸热，使蒸发器周围的空气温度降低，库温下降，达到制冷的目的。蒸发器的形式很多，根据供液的方式不同，蒸发器可分为满液式蒸发器、非满液式蒸发器、循环式蒸发器、淋激式蒸发器 4 种。在低温粮库中常用的直接蒸发式空气冷却器属于非满液式蒸发器。为了增加传热，多采用强迫对流的直接蒸发式空气冷却器。这种蒸发器的优点是：不用载冷剂，而直接靠液态制冷剂的蒸发来冷却空气，冷损失小，且房间降温速度快，可以减少启动运行时间；结构紧凑，机器占地面积小；管理方便，易于实现运行过程自动化。

在低温粮库中常采用直接蒸发式空气冷却器，并配以离心或轴流式风机组成所谓的冷风机。蒸发器中的分液器、毛细管是保证液态制冷剂能够均匀地分配给各路肋管的主要部件。由于来自膨胀阀的制冷剂是湿蒸气，当安装不当时，必然导致某些肋管通入较多的气态制冷剂，而通过的液态制冷剂较少，这就影响传热效果。分液器的作用就是解决这个分液不均匀的问题。毛细管的内径小，流通阻力大，制冷剂通过等长的毛细管后再进入各路肋管，就可保证各路的供液量均匀。空气调节用直接蒸发式空气冷却器，一般由 4 排、6 排或 8 排肋管组成，管材一般采取用直径为 10～16mm 的铜管，外套连续整体铝片，铝片又可为平板形或波纹形，片厚 0.2～0.3mm，片节距为 2.0～3.0mm。制冷剂通过各路肋管时，从外部流过的空气中吸收热量，逐渐变成干度较大的湿蒸汽、饱和蒸汽、过热蒸汽，最后从总管排出。

四大件在安装时应注意，只能将膨胀阀和蒸发器放在库房内，而压缩机、冷凝器应放在靠近仓库的专用机器间内，否则库温难以下降，甚至上升。在一般的低温粮库中蒸发器直接放在库内，由于蒸发器温度较低，库内空气遇到其表面后，水蒸气便以结露的形式析出，经集水盘排出达到除湿的目的，所以仓内湿度一般可控制在 65%～70%，不会出现包心生霉及螨类的大量活动，也不用专门的除湿机。

5. 制冷剂

制冷剂是在制冷装置中进行制冷循环的工作物质，人们常常把制冷剂比喻为制冷系统的血液，是制冷系统中不可缺少的。在制冷系统中，无论所有的制冷设备是多么完善，没有制冷剂是不可能达到目的的。

1）对制冷剂的一般要求

蒸发压力和冷凝压力适中。制冷剂在低温状态下的饱和压力最好能接近大气压力，甚至高于大气压力。因为如果蒸汽压力低于大气压力，空气易于渗入系统，这不仅影响蒸发器、冷凝器的传热效果，而且增加压缩机的耗功量，所以希望制冷剂是在大气压力下沸点较低的物质。

同时，常温下制冷剂的冷凝压力也不应过高。制冷系统一般均采用水或空气使制冷剂冷凝成液态，故希望常温下制冷剂的冷凝压力不要过高，一般不要超过 12～15Pa，这样可以减少制冷装置承受的压力，也可减少制冷剂向外渗漏的可能性。

制冷剂的单位制冷能力要大。制冷剂的单位容积制冷能力越大，要求产生一定制冷量时，制冷剂的体积循环量越小，这就可以减小压缩机等设备的尺寸。但是对于小型的制冷系统，压缩机尺寸过小反而引起制造上的困难。此时，制冷剂的单位容积制冷能力小些则会更合理。所以，对于这一要求应辩证来看，灵活掌握。

制冷剂的临界温度高，便于用一般冷却水或空气进行冷凝。此外，制冷循环的工作区越远离临界点，制冷循环一般越接近逆卡诺循环，节流损失小，制冷系数较高。凝固温度要适当低些，这样便可以得到较低的蒸发温度。

制冷剂在润滑油中的溶解性。在蒸汽压缩式制冷装置中，除采用离心式制冷压缩机外，制冷剂一般均与润滑油接触，结果两者相互混合或吸收形成制冷剂——润滑油溶液。根据制冷剂在润滑油中的可溶性，可分为有限溶于润滑油的制冷剂和无限溶于润滑油的制冷剂。

氨是典型的有限溶于润滑油的制冷剂，其在润滑油中的溶解度（质量百分比）一般不超过 1%。如果在这类制冷剂中加入较多的润滑油，则两者将分为两层，一层为润滑油，另一层为制冷剂（其中润滑油含量小于 1%）。

氟利昂几乎全部属于无限溶于润滑油的制冷剂，处于过冷状态时，此类制冷剂可与任何比例的润滑油组成溶液，润滑油随制冷剂一起渗透到压缩机的各个部件，为压缩机的润滑创造良好的条件，并且不会在冷凝器、蒸发器等的换热表面上形成油膜而阻碍传热。但是，制冷剂中溶有较多润滑油时，会导致制冷量减少。

制冷剂的导热系数、放热系数要高，这样可以提高热交换效率，减少蒸发器、冷凝器等热交换设备的传热面积。

制冷剂的密度、黏度要小，减小流动阻力，可以降低压缩机耗功和缩小管径。

制冷剂对金属等材料无腐蚀，在高温下不分解、不燃烧、不爆炸，对人类的生命和健康无危害；不具有毒性、窒息性和刺激性；价廉易购。

在实际中要选择十全十美的制冷剂是不可能的，目前所采用的制冷剂都或多或少存在一些缺点。在应用中只能根据用途和工作条件，保证主要要求，而不足之处可采取一定措施弥补。

2）常用制冷剂简介

（1）氨。氨属于无机化合物类的制冷剂。国际上规定用“R×××”作为制冷剂的代号。对无机类制冷剂，“R”后第一位数字为 7，后面两位是该物质分子质量的整数，那么氨的制冷剂代号便为 R_{717}。氨除了毒性大以外，是一种出色的制冷剂，从 19 世纪 70 年代至今一直被广泛应用。氨的主要优点是：单位容积制冷能力较大，蒸发压力和冷凝压力适中。当冷却水温度达 30℃时，冷凝压力仍不超过 1.5×10^6Pa（为 1.2×10^6～1.3×10^6Pa）。蒸发温度只要不低于－33.3℃，蒸发压力总是大于 1 个大气压，不会使蒸发器造成真空。氨放热系数高，泄漏易察觉，价廉易购。

氨吸水性强，但为了保证系统的制冷能力，要求氨液中含水量不得超过 0.12%。氨对黑色金属无腐蚀作用，若氨中含有水分时，对铜和铜合金有腐蚀作用。氨最大缺点是有强烈刺激作用，对人体的危害大，目前规定氨在空气中浓度不应超过 20mg/m³。再者氨易燃易爆，安全性差，空气中氨体积百分比达 16%～25%时，可引起爆炸，空气中含量达 11%～14%时即可点燃。

(2) 氟利昂。氟利昂是饱和烃类的卤族衍生物的总称，是 20 世纪 30 年代出现的一类制冷剂，它的出现解决了对制冷剂各种要求的问题。但氟利昂对大气中的臭氧层有一定的破坏作用，按照《蒙特利尔议定书》的规定，我国将在 2010 年 1 月 1 日全面禁用氟利昂类物质。氟利昂的化学分子式为 $C_mH_nF_xCl_yBr_z$，其原子数 m、n、x、y、z 之间的关系为：$2m+2=n+x+y+z$。

氟利昂的代号用“R×××B”表示。第一位数字为 $m-1$，该值为零时则省略不写；第二位数字为 $n+1$；第三位数字为 x；第四位数字为 z，如为零时，与字母“B”一起省略。例如，一氯二氟甲烷分子式为 CHF_2Cl，因为 $m-1=0$、$n+1=2$、$x=2$、$z=0$ 故其代号为 R_{22}，称作氟利昂 22。

大多数氟利昂本身无毒、无臭、不燃，与空气混合遇火也不爆炸，因此比较安全，常用于空调制冷装置。氟利昂中不含水分时，对金属无腐蚀作用。但是氟利昂的放热系数低，价格略高，极易渗漏又不易被发现，而且氟利昂的吸水性较差，为了避免发生“冰塞”现象，在氟利昂制冷系统中应装有干燥器。常用的氟利昂制冷剂有氟利昂 12、氟利昂 22 等。

氟利昂 12（CF_2C_{12}，R_{12}）是我国中小型空调用制冷和食品冷藏装置中使用较普遍的制冷剂，它在大气压下的沸点为－29.8℃，凝固点为－158℃，它的冷凝压力较低，当采用天然冷却水冷却时，冷凝压力不超过 1×10^6Pa，即使采用室外空气冷却（空冷）时，其冷凝压力也只有 12Pa 左右。因此，R_{12}一般不用于大型制冷系统。此外，氟利昂 12 易溶于润滑油，为确保压缩机的润滑，在系统中应设置油分离器，并使用黏度较高的润滑油。

氟利昂 22（CHF_2Cl，R_{22}）在大气压下的蒸发温度为－40.8℃，用水作冷却介质时冷凝压力一般不超过 1.5×10^6Pa。在常温或普通低温下，其热力学特性及单位容积制冷能力均与氨相近，且安全可靠，常用于大型食品冷藏及空调系统，但 R_{22}对绝缘材料的腐蚀性较大。

根据近几年的研究成果表明，氟利昂对大气中的臭氧层有一定的破坏作用，所以从环保的角度出发，在许多国家已经禁用氟利昂，对此国际环保组织也作出了规定。制冷剂一般装在专用的钢瓶中，钢瓶应定期进行耐压试验。装存不同制冷剂的钢瓶不能互相调换使用，也切勿将存有制冷剂的钢瓶置于阳光下曝晒和靠近高温处，以免引起爆炸。一般氨瓶漆成黄色，氟利昂瓶漆成银灰色，并在表面标有装存制冷剂的名称。

第三节　低温粮仓的隔热技术

低温粮仓无论是采取自然冷却还是人工冷却，当仓外气温较高、湿度较大时，如仓库无一定的隔热措施，粮温、仓温及粮食水分，常因受太阳辐射和大气温湿度的影响，使粮温上升，仓湿增加。因此在低温储藏过程中，为了减少和削弱外界高温和潮湿的影响，必须对普通的粮仓进行围护结构的改造，以满足低温储藏对仓房的隔热保冷要求。

一、低温仓的建筑要求

1. 隔热保冷

隔热保冷是低温库能否达到预期效果的一个关键。根据计算，机械制冷低温储藏时所需的制冷量，有30%～35%是围护结构的耗冷量。如果仓房围护结构的隔热性较差，为了维持粮温、仓温的低温及稳定性，将会延长制冷机组的运行时间及开机次数，使粮食的保管费用上升。一般粮库的隔热保冷措施是采用由多层材料组成的隔热围护结构，以减少外界向低温库的传热量。良好的隔热结构，能保持仓温、粮温的稳定，波动小，并减少制冷机或空调机的开启次数，缩短运行时间，降低运行费用，节约粮食保管费。

2. 防潮隔汽

防潮隔汽主要是防止外湿，包括雨水及水蒸气通过围护结构进入库内，引起仓内湿度增加。由于低温仓内外温差较大，必然引起仓内外水蒸气压差的增加，这就造成了对低温仓围护结构防潮层的严格要求。同时当大气中的水蒸气通过围护结构的隔热层并在其中滞留时，将会降低隔热结构的隔热性能，破坏其隔热保冷效果。因此在对普通仓房进行隔热改造的同时，还应对房顶、墙壁、地坪均进行防潮处理，增设防潮层或对原防潮层进行修补完善，且注意三面防潮层的连接，使它们连接成一体，不留缝隙。常用的防潮材料为沥青和油毡，也可选用一些新型防潮材料。一般地区对围护结构进行两油一毡处理即可，对于潮湿地区可进行三油两毡处理。

3. 结构坚固

低温库的围护结构多是由多层材料组成的，要注意各层材料间在结构上应有坚固的拉结，施工时对承重结构尤其应注意，要防止在低温库使用期间，由于仓内外温差大而产生结构变形，影响了仓库寿命甚至出现危险。

4. 经济合理

在低温储藏技术中，仓库在仓房改造、购置设备的投资较大，低温库使用中运行费也较高，因此在低温库的设计中，对所用材料、机组及工质的选择均应因地制宜，就地取材，充分考虑建库的经济性，以提高低温储藏的经济效益。

二、隔 热 材 料

通常把导热率小于0.15W/(m·K)，密度小于500kg/m^3的建筑材料称为隔热材料或保温材料。

1. 选择原则

在选择隔热材料时应考虑以下原则。

1）导热率低

这是选择隔热材料应首先考虑的。一般低温库中使用的隔热材料，其导热率应在0.024～0.14W/(m·K)，以保证其隔热性能。

2）密度小

隔热材料之所以具有较小的导热率和它的多孔性结构是分不开的。而多孔性材料其密度就小。在隔热材料的微孔中充满了空气，而空气密度低，常见温度下热导率λ=0.021～0.028W/(m·K)，密度小的材料内部孔隙多，λ值小，隔热性能好。但是需要注意的是隔热材料中的孔隙应足够的小。如果孔隙较大，甚至连成大洞，则会产生较强的对流传热，使隔热材料的隔热性大大下降，所以隔热材料的密度也可在一定程度上说明其隔热性。如膨胀珍珠岩密度为300kg/m^3时，λ为0.12W/(m·K)；而密度为90kg/m^3时，λ为0.045W/(m·K)。由此可见，良好的隔热材料多为孔隙多、密度小的轻质材料。

3）材料本身不易燃烧或自熄

隔热材料最好具有较好的耐火性、安全性，在发生火灾时，不致沿隔热材料蔓延至他处和产生有毒气体。目前常用的聚苯乙烯泡沫塑料有两种，一种是可发性聚苯乙烯泡沫塑料，另一种是可熄性聚苯乙烯泡沫塑料，后者离开火焰后，在2s内可自行熄灭，比较安全，但其价格比前者高25%左右。因此在低温粮库中使用较多的还是可发性聚苯乙烯泡沫塑料。

4）机械强度高

这主要是对预制板材的要求，板材具有一定的机械强度，可以避免在使用一定时期后出现的变形、凸起、翘曲、沉陷和剥落现象。另外，选择机械强度高的隔热材料，还可以简化施工中的支撑结构，减少“冷桥”，降低施工费用。

5）其他性能

要求隔热材料应具备一定的憎水性，不易霉烂、虫蛀、鼠食，无毒安全，价廉易购，施工方便。

以上几方面是在选择隔热材料时的一些原则，就目前所使用的隔热材料来讲，难以完全满足所有要求。所以在选择材料时要因地制宜，尽量就地取材，考虑材料的主要特性，尽可能做到经济合理。

2. 常用隔热材料简介

1）稻壳

稻壳又称砻糠，因其价格低廉，取材容易，被广泛应用于低温库的隔热结构中。特别是在外墙中应用较多，尤其在粮食部门稻壳来源极为丰富，所以是较早在低温粮库中使用的隔热材料之一。

稻壳的密度为150kg/m^3，其导热率随含水量不同而变化，为0.093～0.16W/(m·K)之间。这种材料的主要缺点是憎水性差，吸湿性强，易生虫、霉烂、鼠咬，在使用期间还易产生密实性下沉。因此在使用之前应将稻壳充分晒干，灌注时力求密实，在使用中要定期检查，发现沉陷应及时填充密实，避免结构中出现冷桥。另外，为了保证其隔热性能，使用若干年后应将稻壳进行更换或取出翻晒干燥后，再填充到结构中。

2）膨胀珍珠岩

膨胀珍珠岩是目前国内低温库、民用住宅及工业建筑中常用的散粒状隔热材料，它是以珍珠岩、黑曜岩或松脂岩为原料，经破碎、预热、焙烧（1180～1250℃）使内部所含结晶水及挥发性成分急剧汽化，体积迅速膨胀并冷却成为白色松散颗粒状的膨胀珍珠岩，膨胀后的珍珠岩的体积为原体积的7～30倍，因此其具有密度小和隔热性好的特点。膨胀珍珠岩作为隔热材料导热率小、密度小、无毒、无味、无刺激，并能避免虫蛀、霉烂、鼠咬，且不燃烧，来源丰富，价格低廉，常用于低温库外墙及仓顶的隔热。其缺点是吸水率较高，吸水量可达本身重量的2～9倍，密度越小其吸水率越高，吸水后其强度及隔热性能下降，因此在使用中应保持其干燥。我国很多地区都有丰富的珍珠岩矿，如黑龙江、吉林、辽宁、河北、内蒙古、山西及浙江等。根据珍珠岩的性能不同，一般将产品分为3类，如表8-3所示。

表8-3 膨胀珍珠岩性能

指标	单位	产品分类		
		Ⅰ	Ⅱ	Ⅲ
密度	kg/m^3	＜80	80～150	150～200
粒度		粒径＞2.5mm的不超过5%；粒径＜0.15mm的不大于8%	粒径＜0.15mm的不大于8%	粒径小于0.15mm的大于8%
导热率	W/(m·K)	＜0.052	0.052～0.064	0.064～0.076
含水率	重量百分比	＜20%	＜20%	＜2%
使用温度	℃	800	800	800

3）膨胀蛭石

膨胀蛭石是以蛭石为原料，经烘干、破碎、焙烧（900～1000℃），在短时间内体积急剧增大而膨胀（约20倍）成为由许多薄片组成的、层状结构的松散颗粒。它具有与膨胀珍珠岩一样的特征，也是一种很好的保温材料，其密度为80～120kg/m^3，导热率为0.05～0.07W/(m·K)，使用温度可高达1000～1100℃，耐碱不耐酸，吸水性较大。我国的蛭石资源也很丰富，如河南、山西、山东、湖北、辽宁、河北、陕西、四川等地都有。蛭石按其焙烧后的体积膨胀倍数分为4级：一级的膨胀倍数大于8倍；二级为6～8倍；三级为3～5倍；四级小于3倍。蛭石的吸水性与密度成反比，密度越小，吸水率越高。每当吸水率提高1%，它的导热率平均增加2%左右。

4）聚苯乙烯泡沫塑料

泡沫塑料是以各种树脂为原料，加入一定量的发泡剂、催化剂、稳定剂等辅助材料，经加热发泡膨胀而制成的一种新型隔热材料。它可分为轻质和软质两种，在围护结构中使用的泡沫塑料均属硬质泡沫塑料，且常为预制板材。目前应用较普遍的是聚苯乙烯硬质泡沫塑料，也称作可发性聚苯乙烯泡沫塑料。它又可分为自熄性和非自熄性两种。在隔热结构中以使用自熄性为宜。这种材料的优点是隔热保温性好，导热系数常在0.034W/(m·K)左右；密度小，有一定的憎水性，抗压强度高，不易腐烂变质，施工方便，不生虫、霉，防鼠咬。

在聚苯乙烯的使用中需要特别注意的是板块间的连接，施工时一定做到连接严密，不留缝隙，消灭冷桥。

聚苯乙烯泡沫塑料的冷收缩现象较明显，其重量吸水率亦较大，且使用温度最高不得超过75℃。另外，在使用和存放时应避免长期受阳光的照射，以防止老化，延长使用寿命。

5）硬质聚氨酯泡沫塑料

硬质聚氨酯泡沫塑料密度为20～50kg/m^3，导热率0.023～0.174W/(m·K)，抗压强度为14.71×10^4～19.61×10^{4}Pa。由于其气泡结构几乎全部是不相连通的，所以防水隔热性能很好。可以预制，也可以现场发泡，可以喷涂，也可灌注成型，还可以根据不同的使用要求配制不同密度、强度、耐热的泡沫体，适于快速施工。由于黏结牢固，包裹密实，内外无接缝，又能保证隔热效果，既减少了隔热层厚度，又减少了施工工序，是一种很有前途的隔热材料，只是目前价格比较高，经济性差。使用温度为70～160℃。

6）铝箔波纹纸板

在低温库建造中，为了不减少仓容可使用反射性隔热材料，如铝箔波纹纸板。这种材料是以高强度的纸与工业牛皮纸作成的3层或5层波纹形瓦楞，在其上面贴一层厚0.008～0.014mm的铝箔而形成。这种材料的隔热性能，是由于波纹纸板间的空气薄层与能反射热射线的铝箔发亮表面的共同作用形成的。若将空气包括在内，其导热率约为0.04W/(m·K)，这种材料具有重量轻、隔热、保温、防潮效果好，有一定刚度、造价低廉、构造简单、取材容易、施工方便等特点，其主要物理性能如表8-4所示。

表8-4　铝箔波纹纸板的物理性能

密度/(kg/m^3)	235
导热率/[W/(m·K)]	0.063
比热/[kJ/(kg·K)]	1.465
导温系数/(m^2/s)	1.9×10^{-7}
48h吸湿率/%	3
反光系数/%	83
太阳辐射热吸收率/%	17

由此可见，铝箔波纹板具有良好的反射热辐射性能，因而在外围护结构中常将铝箔放置在仓房的吊顶上面。这是因为在外围护结构各传热方式中，若具有空气间层，能使辐射传热方式起主导作用，再覆上铝箔，成为铝箔空气层后，就能达到优良的隔热效果。

铝箔波纹板可以固定于钢筋混凝土屋面板下或木屋架下，作为保温隔热顶棚使用。

三、隔热结构

低温库的隔热结构是保证库内外温差的基础，是限制和减少由围护结构而传入热量的关键。尤其在夏季，隔热结构的好坏，直接影响着粮食温度的波动情况及制冷设备的操作运行时间，因而隔热结构的完善与否，在很大程度上决定了储粮效果及低温储粮的费用。

目前国内外所采用的隔热结构可分为静态隔热与动态隔热。

1. 静态隔热

静态隔热是国内低温库中常用的隔热结构，是指采用由多层材料组成的围护结构来隔热保冷。

1）墙体

夹心墙是目前国内低温粮库多使用的隔热墙结构，在这种隔热墙结构中，除了隔热层，还必须设防潮层。因为在隔热层的内外侧由于温差的存在而造成了一个蒸汽分压力差值，使得大气中的水蒸气同空气一起进入隔热层，并向低温、水汽压更低的地方渗透。另外，隔热材料的孔隙不是完全封闭的，水蒸气可以逐渐通过隔热层进入库内，这样既破坏了隔热材料的隔热性能，又增加了库内湿度，所以隔热保冷结构中应设置防潮层，并且防潮层应设置在隔热层的高温侧，如图 8-6 所示。

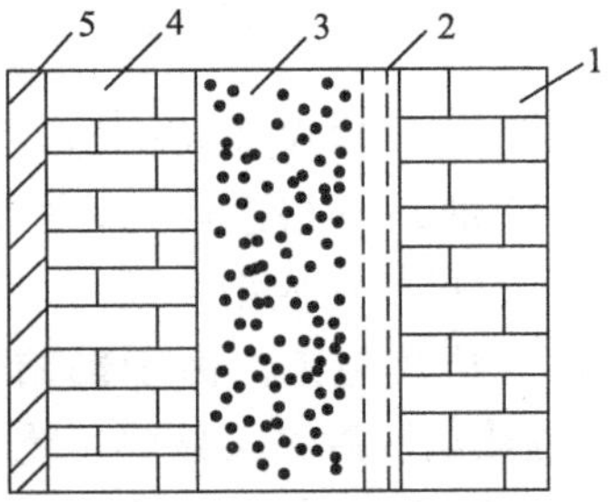

图 8-6　隔热墙结构示意图

1. 外墙；2. 防潮层；3. 隔热层；4. 内墙；5. 内修饰面

目前国内常用的防潮材料有两种：一种是沥青加油毡组成的防潮材料，如两油一毡、三油两毡等，这类防潮材料在低温粮库中，应用的较广泛，其防潮效果也不错，其缺点是施工较麻烦，易于老化，易脱焊脱胶。另一种是塑料薄膜，一般在墙体中的应用较少。

2）屋顶

低温粮库的屋顶隔热结构最常见的有两种形式：一种称直贴式，另一种称阁楼式。

（1）直贴式。在原有仓顶的基础上直接将防潮层和隔热层粘贴或连接固定上去，因通常仓库屋顶均具备防潮层，所以一般只将隔热材料固定在仓顶内表面即可，工程量较小。如果选用板型隔热材料，如聚苯乙烯泡沫塑料，则施工更方便。但原有仓库屋顶必须平滑整洁，无横梁阻挡。其结构如图 8-7 所示。

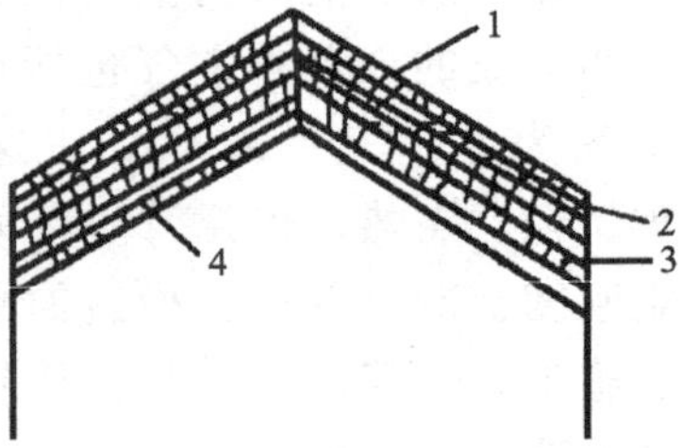

图 8-7　直贴式屋顶结构图

1. 原屋顶；2. 防潮层；3. 隔热层；4. 内修饰面

（2）阁楼式。利用阁楼层使屋顶与库房隔开，并且两者之间留有空气隔热层。这样进一步降低了由于室外温度影响和太阳辐射进入库内的热量，提高了隔热效果，是目前低温库普遍采用的一种隔热屋顶结构。且隔热效果优于直贴式，并适用于原仓顶内表面不平滑或有梁阻挡等情况。但这种结构施工量较大，并需新建一个顶棚装饰材料来建新顶棚。其结构如图 8-8 所示。

3）地坪

冷库地坪大致可分为两种：一种称作高温库地坪（指库温在 0℃以上），另一种则称作低温库地坪（指库温在 0℃以下）。通常的低温粮库库温在15℃左右，因此其地坪应属于高温库地坪，此类地坪无须设隔热层，而是以防潮为主。防潮层主要是防止水分因毛细管和气压差作用而渗透到地坪和冷库内，一般两油一毡作为防潮层即可，并且此防潮层应与墙体防潮层连接，不可留有缝隙。有时为了提高地坪的隔热性也可采用炉渣作为隔热层，炉渣厚度为 500mm（粒径为 $d=10\sim40$mm）。在北方地区的低温粮库地坪也可不必全部采用隔热层，只需沿外墙的周边填以深为 500mm、宽为 0.5m 的隔热保温带，以防止“冷桥”的作用。

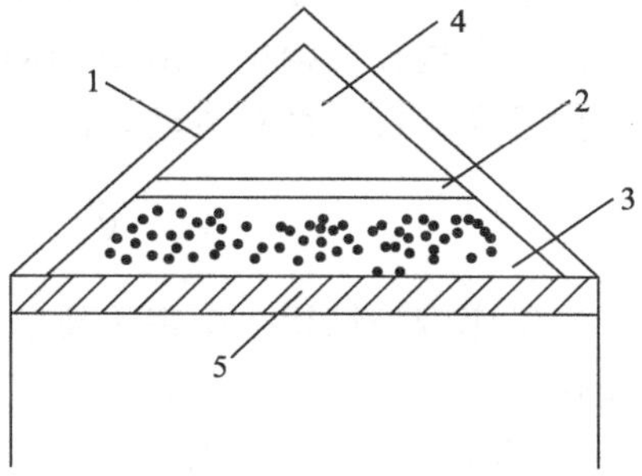

图 8-8　阁楼式屋顶结构示意图

1. 原屋顶；2. 防潮层；3. 隔热层；4. 空气层；5. 内修饰面

4）门、窗

低温库以密闭为主，多余的门、窗应封死，库内侧用适当的隔热材料堵塞，仅留一扇门供进出粮使用，此门应用双层隔热仓门。门是可以活动、启闭的隔热围护结构，要求轻巧，启闭灵活，密封性好，所以应选用强度高，质轻，耐低温，隔热性能好和不易变形的材料制作，并且隔热层应有足够的厚度，在门边缘还应装有密封条，利用其弹性，使门缝密闭。另外，当门的尺寸较大时，应在右下方开有一个小门，供平时操作、检验人员出入，而大门则应尽量少开，防止过多热从门进入库内。一般选用铝合金或白铁皮，按门的尺寸大小做好一个具有一定厚度的壳子，中间填充以隔热材料，如超细玻璃棉、聚苯乙烯泡沫塑料、硬质聚氨酯泡沫塑料、膨胀珍珠岩等。另外，为避免进出粮时过多的热量进入低温库，最好在门的上部装设气密装置。

在静态隔热结构的施工中，还应注意隔热层及防潮层的连续性及隔热层固定在围护结构上的牢固性。所谓连续性，主要指四周墙的隔热层、防潮层与仓顶、地坪的隔热层、防潮层连成一体，不留间隙，否则通过间隙会导致冷量损失及仓内温度的增加。另外还应注意隔热层应牢固地固定在围护结构上，以免使用期间产生脱落、沉陷，破坏其隔热性。

2. 动态隔热

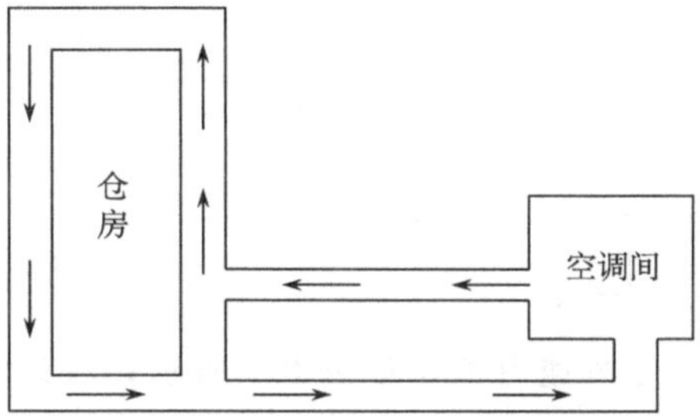

图 8-9　动态隔热结构示意图

目前国外新设计的一种粮仓中所安装的隔热结构是动态隔热。特别是一些筒仓常带有动态隔热层，以达到安全、大量、长期储藏粮食的目的。这种动态隔热结构是：使仓库四壁、仓顶、地坪完全封闭在循环空气的夹层中，而夹层中的循环空气则通过一定手段保持低温，这样便可保证库内的温度精确、稳定。其结构如图 8-9 所示。

动态隔热结构除了可保证库温的精确稳定外，可以避免粮面结露是其突出的一个优点。因为在这种结构中，从空调间送出的低温高速空气，并未直接送入仓间与粮食接触，而是在夹层中循环流动，因此不会产生粮面结露。

四、围护结构的热导率

低温库围护结构一个很重要的性能是其隔热性，只有围护结构的隔热性符合要求，才能达到预期的低温储藏效果。那么如何评价一个围护结构的隔热性呢？通常我们采用一个 K 值来进行评价。K 是表示围护结构传递热量能力的系数，称作围护结构的热导率，其单位是 $W/(m^2 \cdot K)$，其物理意义是当围护结构两侧的空气温度相差 1K 时，$1m^2$ 围护结构的表面积在 1h 内所通过的热量。

围护结构 K 值是低温库建筑的重要技术、经济指标之一，它的大小标志着围护结构隔热性能的好与差。当然，在确定 K 值时不能只从隔热性方面考虑，还应根据隔热材料的价格、制冷成本、库内外温差等因素进行综合分析，选择出一个最经济合理的 K 值，既考虑初投资，又注意运行费用。

1. K 值的计算

首先分析一下热量经围护结构时的传热情况：热量首先是由外界热流体（如热空气）传给围护结构外表面，进而以导热方式通过围护结构，最后热量由围护结构的内表面传给库内的冷流体。由此可见，热量从库外经围护结构传入库内的过程为复合传热过程，其中有导热也有对流换热，根据平壁传热公式，传过围护结构的总热量 Q（单位：W）为

$$Q = KF\Delta t$$

式中：F——传热面积，m^2；

t——库内外温差，K；

K——热导率，$W/(m^2 \cdot K)$。

热导率 K 与传热过程的热阻 R 成倒数关系，即

$$K = 1/R$$

由于围护结构的传热属于复合传热，所以总热阻 R 应为内外表面的对流换热阻 R_α 与导热热阻 $R_{\lambda i}$ 之和，即

$$R = R_{\alpha外} + R_{\alpha内} + R_{\lambda i}$$

因为 $R_{\alpha外} = 1/\alpha_{外}$；$R_{\alpha内} = 1/\alpha_{内}$；$R_{\lambda i} = \delta_i / R_i$；

所以公式为

$$K = \frac{1}{R} = \frac{1}{\dfrac{1}{\alpha_{外}} + \dfrac{1}{\alpha_{内}} + \sum_{i=1}^{n} \dfrac{\delta_i}{\lambda_i}}$$

式中：$\alpha_{外}$——围护结构外表面换热系数，其值与室外风速有关，如表 8-5 所示，一般情况下取 $\alpha_{外} = 23W/(m^2 \cdot K)$；

$\alpha_{内}$——围护结构内表面换热系数，一般取 $\alpha_{内} = 10W/(m^2 \cdot K)$；

δ_i——围护结构中第 i 层材料的厚度，m；

λ_i——围护结构第 i 层材料导热系数，W/(m·K)。

表 8-5　围护结构外表面换热系数 $\alpha_{外}$

室外平均风速/(m/s)	1.0	1.5	2.0	2.5	3.0	3.5	4.0
换热系数/[W/(m²·K)]	13.97	17.45	19.8	22.1	24.4	25.6	27.95

另外，考虑到隔热材料的受潮和施工工艺的不完善，实际上的 K 值增加 10%，即为 $K_{实}=1.1K$ 计。

2. K 值的选定与隔热层厚度

从以上 K 值的计算公式看到，只有当围护结构各层的材料和厚度确定了之后，才能计算出 K 值。在我们着手设计一个低温粮库时，当选定了围护结构各层的材料之后，如何确定其厚度呢？这就需要根据以前的经验和要求，先初选一个 K 值，然后由公式 $K=1/R$ 得

$$\delta_i=\lambda_i\left[\frac{1}{K}-\left(\frac{1}{\alpha_{外}}+\frac{1}{\alpha_{内}}+\sum_{i=1}^{n-1}\frac{\delta_i}{\lambda_i}\right)\right]$$

算出围护结构第 i 层（常为隔热层）的厚度。

据报道，日本低温库的墙壁 K 值一般限制在 0.35～0.58W/(m²·K）的范围内，准低温仓 K 值还可以适当增大些。

我国冷库围护结构的 K 值是根据库内外温差而定的，如表 8-6 所示，在低温库的设计中，可作为初算时的参考值。

表 8-6　围护结构热导率 K 值

室内外温差/℃	K 值/[W/(m²·K)]
65～50	0.23～0.29
50～25	0.29～0.35
35～30	0.35～0.41
30～25	0.41～0.46
25～20	0.46～0.52
20～15	0.52～0.58
15～10	0.58～0.70

五、低温库冷负荷计算及气流组织

1. 设计参数

(1) 夏季室外计算干球温度（t_w）。为近 10 年内每年高于某一干球温度的累计小时数为 50h 的干球温度的平均值。按简化法计算

$$t_w=0.47t_p+0.53t_{max}$$

式中：t_w——夏季室外计算干球温度,℃；

t_p——该地区 10 年内最热月平均温度的平均值,℃；

t_{max}——该地区 10 年内最热月极端最高温度,℃。

（2）夏季室外日平均温度（t_{wp}）。取近 10 年内平均温度的平均值。按简化法计算

$$t_{wp} = 0.8t_p + 0.2t_{max}$$

（3）等效温度（或称当量温度）。是由于太阳的热辐射，使室外温度 t_w 相当于增加的温度数。太阳辐射的当量温度为

$$\frac{\beta J}{\alpha_w}$$

式中：β——材料表面对太阳辐射热的吸收系数，可查有关手册。一些常见的（建筑物表面的）β 值如下：红砖墙，0.75；青灰砖墙，0.45；红褐瓦屋顶，0.7；青灰瓦面，0.52；红瓦面，0.54；石灰粉刷，0.48；水泥砂面，0.5。

J——太阳辐射强度（W/m^2）与围护结构的纬度、朝向及计算时间有关，可查有关手册。

α_w——围护结构外表面换热系数。

（4）综合温度（t_z）是室外空气温度与当量温度之和

$$t_z = t_w + \frac{\beta J}{\alpha_w}$$

（5）低温库内所要求的干球温度 t_n，相对湿度 ϕ_n 的确定。

（6）粮食入库时间，进仓时粮温 t_1，及粮食含水量。

（7）低温库的几何尺寸，截面积、容积及储粮数。

（8）粮食的比热（c）粮食的比热与粮食含水量有很大关系，当大米的含水量为 14%～16%时，其比热为 1.88～1.97kJ/(kg·K)。

2. 冷负荷计算

（1）围护结构传热而产生的冷负荷 Q_1

$$Q_1 = Q_q + Q_f + Q_d$$

式中：Q_q——由外墙传热而产生的冷负荷；

Q_f——由屋顶传热而形成的冷负荷；

Q_d——由地坪传热而形成的冷负荷。其计算式分别为

$$Q_q = KF\left(t_{wp} + \frac{J_p\beta}{\alpha_w} - t_n\right)$$

式中：K——外墙热导率；

F——传热面积；

t_{wp}——夏季室外日平均温度,℃；

J_p——太阳平均辐射强度，与墙的地理位置与朝向有关，其值可查有关手册；

β——材料外表面对太阳辐射热的吸收系数；

α_w——墙外表面换热系数；

t_n——低温库库内要求的温度。

$$Q_f = KF\left(t_{wp} + \frac{J_p\beta}{\alpha_w} - t_1\right)$$

式中：t_1——原库温。

$$Q_d = \sum_{i=1}^{4} K_{d_i} F_{d_i}(t_w - t_n) = (t_w - t_n)\sum_{i=1}^{4} K_{d_i} F_{d_i}$$

式中：K_d——分段计算热导率，其值与分段有关，如表 8-7 所示；

F_{d_i}——分段各带的面积；

i——地坪分段号，其分段标准，如图 8-10 所示。

表 8-7　地坪分段表

分段号	距墙/m	K 值/[W/(m² · K)]
1	0～2	0.46
2	2～4	0.23
3	4～6	0.12
4	6 以上	0.07

(2) 冷却粮食的冷负荷 Q_2

$$Q_2 = \frac{Gc\Delta t}{Z}$$

式中：G——低温库储粮数，kg；

c——粮食的比热，kJ/(kg · K)；

Δt——入库时粮温与冷却后粮温差值，℃；

Z——为开机后要求粮食达到低温的时间，h。

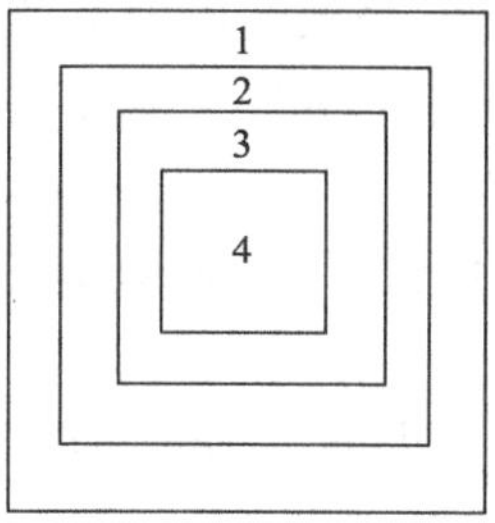

图 8-10　地坪分段示意图

(3) 粮食呼吸而产生的冷负荷 Q_3

$$Q_3 = G \times q$$

式中：G——储粮总数，t；

q——单位质量粮食的呼吸热，W/t，与粮种、含水量及储粮温度有关，在 15℃时，含水量为 15%的大米，其 q=0.37W/t。

(4) 粮库内通风换气而产生的冷负荷 Q_4

$$Q_4 = 3Vr(i_w - i_n)/m$$

式中：i_w、i_n——分别为库外、库内空气的焓值，kJ/kg，其值可由空气的 I-d 图查得；

V——粮库内空气总体积，m³；

r——空气的重度，一般取 1.2kg/m³；

m——通风机每昼夜运转的时间，h；

3——每昼夜更换新鲜空气次数，一般选三次，实际上是换气次数。

(5) 库内空气降温冷负荷 Q_5

$$Q_5 = C_{air}V(t_1 - t_n)/Z$$

式中：C_{air}——空气的体积比热，一般可取 C_{air}=1.42kJ/(m³ · K)；

V——库内空气总体积，m^3；

t_1——原库温，℃；

t_n——低温库要求的库温，℃；

Z——库温由 t_1 降至 t_n 所经历的时间，h。

（6）库内风机运行产生的冷负荷 Q_6

$$Q_6 = 1000 \times N\eta$$

式中：N——风机上配备电机功率，kW；

η——电机效率，一般取 $\eta=0.75$。

（7）操作管理产生的冷负荷 Q_7

$$Q_7 = Q_z + Q_k$$

式中：Q_z——由于库内照明而产生的冷负荷；

Q_k——由于库房开门所产生的冷负荷。其计算公式分别为

$$Q_z = q_z FC$$

式中：q_z——单位面积由照明产生的热量，W/m^2；

F——库房截面积，m^2；

C——系数，与低温库性质有关。

（当低温库为生产性库时：$q_z=7.5W/m^2$，$C=0.65$；当库低温为非生产性库时：$q_z=3W/m^2$，$C=0.35$。）

$$Q_k = q_k F$$

式中：F——低温库截面积；

q_k——库房单位面积开门产生的热量，W/m^2，其值与库房截面积 F 有关。

当 $F<50m^2$ 时，$q_k=9.3W/m^2$；$F=50\sim100m^2$ 时，$q_k=4.7W/m^2$；$F>100m^2$ 时，$q_k=3.5W/m^2$。

低温库的总冷负荷在制冷机启动与运行期间是不同的，且为了安全，往往在总冷负荷 $Q_总$ 的计算中乘一个安全系数 ε，一般取 $\varepsilon=1.1\sim1.3$。

所以，制冷机启动时的总冷负荷

$$Q_总 = \varepsilon(Q_1 + Q_2 + Q_3 + Q_5 + Q_6 + Q_7)$$

在一般储藏期间的总冷负荷

$$Q_总 = \varepsilon(Q_1 + Q_3 + Q_4 + Q_6 + Q_7)$$

将两个 $Q_总$ 中的大者换算成标准制冷量，作为选择压缩机及其他制冷设备的依据，$Q_总$ 为设计工况下的冷负荷。

3. 送风系统及气流组织

蒸发器周围的冷空气，经送风口进入库内与库内空气进行了热交换后，经排风口排出或通过风机在库内循环，这样必然会造成库内空气的流动，而不同的空气流动状态不但影响低温库的降温效果，而且还会影响到储粮的品质变化，特别是易产生粮面结露现象。合理地组织室内空气流动，使室内空气的温度、湿度、速度能更好地符合设计要求，这就是气流组织的任务。室内空气分布与很多因素有关，如送风口形式和位置、回

风口位置、送风射流参数、房间几何尺寸以及热源位置等。

1）送风口空气流动规律

空气经送风口向周围气体的外射流动称为射流。由流体力学可知，按流态不同，射流可分为层流射流和紊流射流；按射流进入空间的大小，射流可分为自由射流和受限射流；按送风温度与室温的差异，射流可分为等温射流和非等温射流。低温粮库中遇到的射流均属于紊流非等温受限射流。

所谓紊流射流，是由于低温粮库中送风速度较大而形成的。当低温库射流温度与周围空气的温度存在差异时，此时射流便称作“非等温射流”或“温差射流”。送风温度（射流温度）低于室内空气温度时为冷射流，高于室内空气温度者为热射流。非等温射流在其射程中，由于与周围空气的密度不同，所受浮力与其重力不平衡发生弯曲，热射流向上弯。

空气自送风口射出到比射流体积大得多的房间，射流可不受限制地扩大，此时的射流称为自由射流。但在低温粮库中，常遇到送风气流流动受到壁面限制的情况，这种射流称为“受限射流”或“有限空间射流”。

受限射流分为贴附和非贴附两种情况。当送风口位于房间中部时（$h=0.5H$），射流为非贴附情况，射流区橄榄形，其上下形成与射流流动方向相反的回流区，如图 8-11所示。

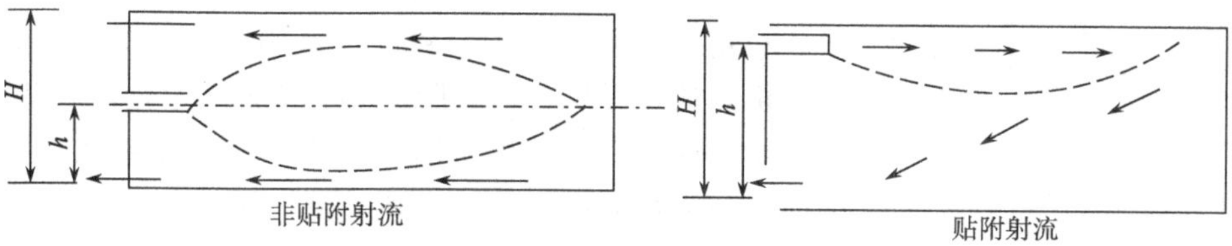

图 8-11　受限射流流动规律

当送风口位于房间上部时（$h\geqslant 0.7H$），射流贴附于顶棚，房间上部为射流区，下部为回流区。这种情况下，射流上部靠近天花板，在射程中，不能卷吸空气，因而流速大，静压小，而在射流的下部可以卷吸空气造成流速的减小，而相应静压增大，由于静压差的作用，使得射流贴附于天花板板面流动，这样的射流就称作“贴附射流”。由于贴附射流将射流区限制在房间的上部，而中部和下部则是回流区。一般情况下射流区的空气流速大，射流与室内的温差较大，而回流区的空气，流速及送风温差都较小。所以在低温粮库中，常选择贴附射流这种形式送冷风，使储粮限制在回流区，可避免粮面结露，以提高低温储粮效果并较好地保持储粮的品质。

2）气流组织

气流在库内的流动和分布可分为三部分：第一部分，从送风口进入房间的射入气流（射流）；第二部分，流向回风口的回流；第三部分是在室内旋转的涡流，气流流速小于射流，而温度和速度都较均匀，是低温粮库中储粮所处区域的主要空气流动状态。

库内空气各流区的分布及大小主要与送回风的形式有关。一般空调中的送回风形式有：上送下回、上送上回、下送方式和集中送风 4 大类。在低温粮库中，为了避免冷风直接进入储粮区，常采用上送下回的送风方式。这种送风方式由于冷风常由房间的一侧送出，所以常常又采用侧送贴附方式，而回风口可布置在送风口同侧，也可布置在对侧，如图 8-12 所示。

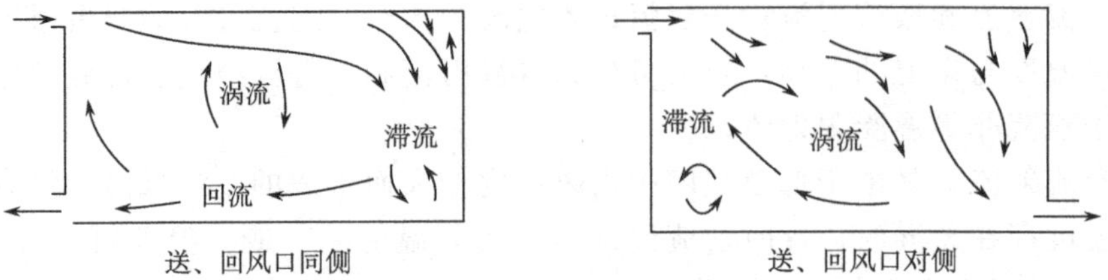

图 8-12　侧送风气流流型

当回风口与送风口同侧时，室内空气形成大回旋涡流，只在房间角上有小的滞流区，成为气流死角，是低温库中不利区域。但如果低温粮库中采用这种送回风形式，储粮可基本处于涡流与回流区，有着比较稳定均匀的温度场与速度场。如果回风口设在送风口的对侧，气流流型变化不大，只是大回旋涡流变小，送风口下端的气流为滞流区形成较大的气流死角，且空气在房间内的流程变短，冷空气的利用率下降，与库内空气的热交换不够充分，因此效果较前种形式差。

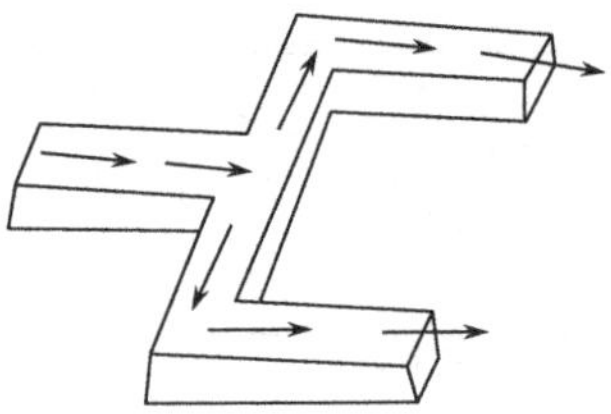

图 8-13　双导风管送风

在工程中为了加强送风贴附，避免射流中途下落，送风口应尽量贴近天花板或设置向上倾斜 15°～20°角的导流片，并要求射流在送风口对侧距离墙 0.5m 处才允许下落，顶棚表面也不应有凸出的横梁阻挡，否则应改变送风口的位置，使射流与横梁方向一致。另外，要求送风导管的长度为库房的 1/2 或稍大于 1/2。当库房宽度大于 9m 时，要采用双导风管，以保证冷空气分布的均匀性，如图 8-13 所示。

第四节　低温储藏的管理

一、制冷系统的检漏

1. 制冷系统的检漏

制冷系统在全部设备安装好后，必须进行全系统的气密性试验，这既是对前一段安装质量的检验，也是整个安装工作的一个极为重要的环节。因此，检漏工作必须十分仔细地进行，每隔半小时记录一次压力变化情况。现将几种常用检漏方法介绍如下。

1）全系统的泄漏

可由 U 形压力计上观测压力下降得知。

2）皂液法

皂液法，即用肥皂水或洗衣粉水制的皂液涂于受检设备外进行检漏。

3）静听法

检漏时，可在夜静人稀的深夜进行，以耳听系统各连接处和焊接处，如有漏气点，将会发出“嘶嘶”的声音。

4）试纸检漏法

用酚酞试纸或石蕊试纸检漏时，首先将试纸以水润湿，再以试纸接近受验处，试纸变为红色，则说明该处漏氨；反之则不漏。

5）卤素喷灯检漏法

卤素喷灯是检查氟利昂制冷系统是否存在漏洞或渗漏的普通常用工具，其结构如图 8-14所示。卤素喷灯是以乙醇为燃料的喷灯。当氟利昂气体遇火焰即会分解成 F、Cl 等元素，此时，橙红的火焰就会变色，火焰色的变化随氟利昂的渗漏量而有所不同。验漏时，将吸气软管接近各受验处，且缓缓移动，如有氟利昂气体，火焰即会变色，根据火焰色来确定系统渗漏的程度。

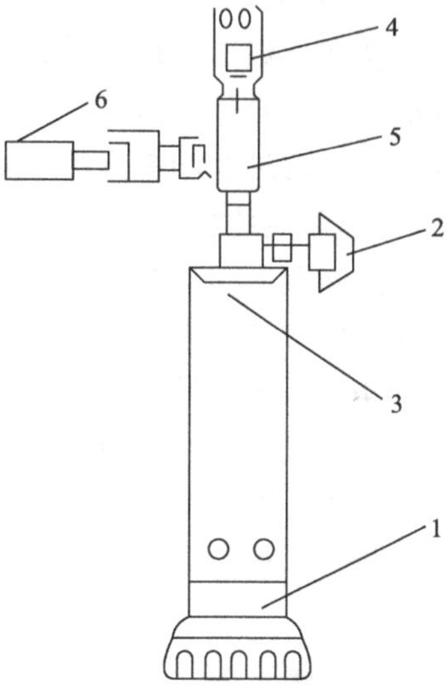

图 8-14　卤素喷灯

1. 底座；2. 手轮；3. 烧杯；4. 火焰圈；5. 吸风罩；6. 吸气软管

6）卤素检漏仪检漏法

卤素检漏仪是检查氟利昂制冷系统是否存在漏洞或渗漏的良好仪器，当遇到漏气时，仪器的指针便予以指明。

2. 制冷机、空调机启动及运行的管理

1）制冷机

启动压缩机后注意有否液击敲缸声，如有，则应反复开启和停车，直到液击声消失后再启动运行。系统中如有电磁阀，要检查其是否已打开，如手摸电磁阀线圈外壳有发热和微震动，表示已经打开。观察油压变化是否正常，曲轴箱油位是否正常。检查膨胀阀是否畅通，可用耳听阀处是否有流动声。对系统中的高低压压力表，应随时观察压力变化是否正常。

2）空调机

空调机启动之前要确保安装牢固、平稳，以免运行时引起振动而产生过大的噪声。接通电源之前，要检查电源是否符合机器的要求，特别要注意 380V（三相）与 220V 电源的不同，以免烧坏机器。空调机启动后，应听到压缩机运转的均匀振动声，如声音异常应及时查找原因，或立即切断电源。机器运行一段时间后，注意观察在达到设置的低温时，应自动关闭，高温下应自动开启，否则温度控制器失灵，机器或长期运行不止或不能重新自动启动。空调机运行期间要注意观察其制冷能力是否正常，送风温度是否正常。

二、低温储粮的管理

1. 储粮条件

1）入仓粮质

一般低温储藏均为长期存放，所以入库粮质必须正常，发热霉变、结过露、生过虫的粮食，难以获得良好的低温储藏效果。水分要均匀，在 15℃ 低温时，水分不得超过 15.5%。

2）进仓时机

根据粮食的不良导热性，低温储存的粮食，以低温季节进仓为宜。如果进仓时粮温较高，即使在仓温较低的情况下，粮温的下降也将是长期的、困难的。如果高温季节粮温很高，不但粮温下降缓慢，而且还会引起粮面结露。同时粮食进仓完毕，应及时密闭门窗。

3）粮食的堆放

粮食在低温库中堆放时，应根据库内送风系统出风口的位置，合理布置堆间走道，使其形成一个自然的风道，以提高降温效果。低水分粮可堆十列垛以上的大垛，较高水分或较高温度进仓的粮宜堆小堆或通风垛。

4）储藏期的检验

低温储藏期间应对低温储藏的粮食加强管理，定期检测温度、湿度、害虫及粮食品质劣变指标或感官指标。

另外，低温仓的仓温根据要求波动范围应控制在 2℃，仓湿应控制在 65%～75%。送风系统的循环换气次数要求不低于每小时 10 次，以保证仓内温度均匀性。

最后还应指出在低温储藏的管理过程中，还应加强费用和投资的管理，尽可能地减少经费开支，提高设备效率，加强密闭管理，降低粮食保管费用，提高低温储藏的经济效益。

2. 空调储粮

根据低温储粮工艺的需要，低温粮库必须保持一定的空气条件，这样的空气条件通常是用空气的温度、湿度和空气的流动速度来衡量。因此，将库内“三度”维持在一定范围内的调节技术称为空气调节，且常由空调机来完成这一调节任务。

1）空调储粮的特点

空调低温储粮技术中主要使用窗式空调机，其压缩机为全封闭式，冷凝器为风冷式，因而运行简单可靠，管理方便，易于安装，不需要水源及冷却塔。蒸发器为机械吹拂式，节流机构为毛细管，使用制冷剂常为氟利昂。

目前在我国窗式空调机型号、规格、种类及生产厂家很多，有的已成系列产品。用时可根据需要及所掌握的信息选购。

空调低温储藏的缺点是温度偏高，如果仓库未经过隔热改造，为普通房式仓，则温度很难达到 20℃以下，如仓房按照低温库要求进行改造，则库温维持在 15～20℃，常为 18℃左右。

2）空调器的选择与安装

空调器的选择除了厂家、品牌，主要是型号、台数的确定，其主要依据是低温库的总冷负荷量。因此，在进行准低温储粮设计时，仍然需要计算出低温库的冷负荷，然后确定机型与台数。另外，也可根据低温库的平面面积大小，由经验估计出制冷机台数，每 100～200m^2 的平面面积约需安装制冷量为 3500W 的窗式机 1 台。几种窗式空调器的主要技术参数，如表 8-8 所示。

表 8-8　窗式空调器主要技术参数

设备型号	制冷量/W	风量/(m^3/h)	压缩机型号	温控范围/℃	备注
CKT-3	3489	600	2FM4	20～30℃	380V（三相）
CKT-1	2908	500		15～30℃	220V（单相）
CKT-3A（热泵式）	3489	660	2FM4	20～30℃	380V（三相）

空调器对库温的调节，主要由人为调节的制冷档次及压力式温度调节器控制，根据库温的高低自动开启与关闭，不需人工操作。

窗式空调机应安装在离地面较高的窗口上，尽可能靠仓房顶部，以防止从空调器中吹出的冷风直接接触粮面而产生结露。在空调器外侧要做一个防雨棚，下面用角铁架支撑牢固，窗框和空调器之间的缝隙用软海绵或隔热材料塞严，以防止仓内外热空气交换，提高降温速度。

3）谷物冷却机的使用

谷物冷却机是一种可移动的制冷控湿通风机组，由制冷系统、温度湿度调控系统和送风系统组成。主要部件有通风机、空气过滤器、压缩机、冷凝器、蒸发器、膨胀阀、后加热装置、控制装置和可移动机架等。外界空气经过谷物冷却机降温处理后，得到一定温度、湿度的空气，在穿过粮堆时与粮食进行热湿交换，使仓内粮食温度降到低温状态，并能一定程度地控制仓内粮食水分，从而达到安全储粮的目的。谷物冷却机低温储粮技术一般不受自然气候条件限制，凡具备机械通风系统的仓房均可应用。谷物冷却机分为前置式和后置式两种形式。前置式谷物冷却机是指通风机设置在蒸发器之前；后置式谷物冷却机是指通风机设置在蒸发器之后。谷物冷却机按制冷量划分为大、中、小三种规格。制冷量 80kW 以上的为大型机；50～80kW 的为中型机；50kW 以下的为小型机。

谷物冷却机低温储粮技术主要用于降低粮食温度，在降温的同时可以保持和适量调整粮食水分，具有保持水分冷却通风、降低水分冷却通风和调质冷却通风三种功能。保持水分冷却通风，通过合理调控送入仓内冷却空气的温度和湿度，降低储粮温度，保持粮食水分。保持水分冷却通风用于降低粮食温度，防止粮食发热和预防虫、霉危害，保持粮食品质；处理发热粮食和高温粮食；平衡粮食的温度、湿度，防止水分转移及结露。降低水分冷却通风，将送入仓内冷却空气的相对湿度调节到低于被冷却粮食水分的平衡相对湿度，在降低粮温的同时，可使粮食水分适量降低。用于降低粮食温度和水分，实现安全储粮。调质冷却通风，调高送入仓内冷却空气的相对湿度，对水分过低的粮食，在降低粮温的同时，可使粮食水分适量增加，用于储粮出仓前调整粮食水分，改善粮食加工品质。粮仓的风网系统和粮情检测系统应符合相关要求，供电系统应符合有关电气安装规范，并能满足谷物冷却机的动力负荷要求，仓房应具备隔热、密闭、防潮性能。应配备能准确迅速检测粮食水分及风管内空气温度、湿度的检测设备。

根据使用单位年冷却通风作业量和初冷与复冷作业完成时间要求，按照仓型、储粮数量和气候条件等合理选择配置谷物冷却机机型、规格和数量。所配置谷物冷却机的风压、风量及制冷量应能满足冷却粮食的要求。谷物冷却机低温储粮作业管理包括冷却通风前的准备、设备操作与管理、冷却通风过程中的检测项目和要求、检测粮食温度与水分的间隔时间和结束冷却通风的条件、冷却通风的作业要求以及冷却通风结束后的管理。

1）冷却通风前的准备

根据仓房类型、风网布置、设备条件、粮食种类、粮堆体积、冷却作业目的等确定谷物冷却机在仓房的布置方式及使用数量。测定通风前仓内温度、湿度、粮温、粮食水分及大气温度和相对湿度。根据粮情、仓房条件和低温储粮要求，确定粮食冷却目标及通入仓内冷风的温度和湿度。冷风温度一般比目标温度低 1～3℃；冷风湿度应按粮食不同功能冷却通风的要求确定冷风相对湿度的设定及计算方法。

2）谷物冷却机参数设定与经济性计算

谷物冷却机出风口冷却空气的相对湿度控制是通过设定后加热程序实现的。对于有前温和后温设定的谷物冷却机，其出风相对湿度设定方法如下。

（1）计算出风口相对湿度：根据被冷却粮食的水分或冷却通风后要达到的粮食水分，按粮食水分与相对湿度相平衡的原理，计算出所需要的出风口冷却空气的相对湿度（$RH_{后}$）。

（2）计算前温：前温计算公式如下：

$$T_{前}=T_{后}-T_{升}$$

式中：$T_{前}$——表示前温，即通过谷物冷却机蒸发器后的冷却空气温度，℃；

$T_{后}$——表示后温，即通过后加热装置后的谷物冷却机出风口冷却空气温度，℃；

$T_{升}$——表示后加热装置加热温升值，℃。

根据冷却空气每被加热升温 1℃，相对湿度降低约 5%左右的规律，$T_{升}$ 计算公式如下：

$$T_{升}=(RH_{前}-RH_{后})/5\%$$

式中：$RH_{前}$——表示通过蒸发器后的冷却空气相对湿度，一般在 95%左右；

$RH_{后}$——表示计算出的出风口冷却空气相对湿度。

对于风机后置式谷物冷却机，$T_{升}$ 还包括风机升温因素，一般升温值在 1～3℃

（3）根据计算值和谷物冷却机的操作说明书设定前温和后温前温的微调修正。

（4）根据实测谷物冷却机出风口的冷却空气温度和相对湿度，再微调前温，使之达到预定数值。对有自动计算和设定 $T_{升}$ $RH_{后}$ 功能的设备，可省略上述两步，直接按设备操作说明书设定 $T_{升}$ 和 $RH_{后}$。

（5）冷却通风的单位能耗评估方法：$E=W(T_1-T_2)/G$

式中：E——谷物冷却机降低粮温的单位能耗，kW·h/(℃·t)；

W——冷却通风降温累计耗电量，kW·h；

T_1——冷却通风前平均粮温，℃；

T_2——冷却通风结束后 24h 的平均粮温，℃；

G——被冷却通风的粮食质量，t。

冷却通风降温单位能耗：立筒仓冷却通风：$E \leqslant 0.30$kW·h/(℃·t)，浅圆仓冷却通风：$E \leqslant 0.55$kW·h/(℃·t)，高大房式仓冷却通风：$E \leqslant 0.50$kW·h/(℃·t)，其他房式仓冷却通风：$E \leqslant 0.80$kW·h/(℃·t)。

（6）降低粮食温度的单位成本计算方法：

$$Y = (W_1 + W_2 + \cdots + W_n) \times d/G$$

式中：Y——一年吨粮食低温冷却费用，￥/t；

W_1、W_2、…、W_n——一年内第一次、第二次、…、第 n 次冷却通风耗电量，kW·h；

d——用电单价，￥/(kW·h)；

G——被冷却通风粮食的质量，t。

计算结果是一年内谷物冷却机低温通风每吨粮食的电耗费用若干元。

3）谷物冷却机的安装与布置

谷物冷却机宜平稳摆放在背阴处平整坚实的地面上，避免设备运行时产生异常振动；避免整机特别是电控柜受阳光直接照射。设备移动时应避免剧烈颠簸，车辆牵引速度不应超过 6km/h，设备电缆不允许碾压，也不宜在地面上拖拽，避免造成事故。检查设备各连接部位有无松动和损坏，制冷剂有无泄露．液位是否符合运行要求；检查进风口过滤网、冷凝器散热片是否清洁畅通等。未安装进风口过滤器的设备不允许运行；不允许在设备上清洗进风口过滤器；清理冷凝器时要避免散热翅片变形；用水冲洗设备时，要严防电器接线处及控制系统着水，以免造成电器短路；不允许攀拉摇动设备上的各条管路，特别是设备上的毛细管。检查电源电压，其范围应在（380±38）V 之内。检查谷物冷却机接入电源的相位，如果相位错误，应在连接谷物冷却机电源的开关箱内调换相位。严禁改动谷物冷却机内部的电源接线，每次连接电源都应检查相位。

谷物冷却机应按仓房风网设置与进风口连接，可采用一机一口或一机多口。用送风管连接谷物冷却机出风口与仓房进风口并确保接口及风管不漏风。如果采用硬风管连接，其质量（重量）不能由设备的出风口承载。在仓房多个进风口之间安装的连接风管应配有空气分配装置。为避免风管的冷量损失，应尽可能缩短风管长度。接风管和空气分配装置上必要时包敷保温材料。在仓房进风口的连接风管上应开设有冷空气温度、湿度检查孔。在仓内空气分配器上方应布置若干粮食水分检测的固定取样点。根据谷物冷却机通风风量和环境风向等有选择地、适量地打开仓房排气窗口，以便仓内热空气能顺畅排出。谷物冷却机配备有 U 形测压管时，U 形测压管内应注入清水到规定位置。

4）谷物冷却机设备操作与管理要求

预热谷物冷却机的制冷压缩机。根据确定参数设定谷物冷却机出风温度和湿度等参数。谷物冷却机出风温度的设置不宜低于 10℃。过低的温度设置不能使冷却速度加快，反而造成运行成本的提高。不允许向仓内送入高于粮食温度的空气，以防粮食结露引起霉变。当采用不同温度分阶段冷却通风时，不允许后阶段通风温度高于前阶段。准备工作及设备预热完成后，启动谷物冷却机进入运行状态。谷物冷却机启动后约 30min 达到稳定状态，在此期间应注意观察谷物冷却机的运行情况。设备启动后，应保持运行

15min 后方可停机。停机再启动的时间间隔不应少于 10min。由于仓内粮食温度、水分的变化不尽相同，应及时调整设备出风温度、湿度参数。当气温较低粮温较高时，冷却通风初期可能会造成仓房顶部或墙壁甚至粮堆表层结露，应继续低温通风并且加强仓房顶部的空气流通，直到结露消失。谷物冷却机运行中要对制冷剂流动情况、冷凝水排放、电源电压和设备电流、出风温度和湿度、风压和过滤网及仓房排气窗口的开启等情况进行检查，发现问题及时处理。设备报警或自动停机时，应按设备提示查清原因，排除故障，重新启动；通风作业时，当设备出现出风温度、湿度或压力异常、电机温度过高、设备振动剧烈、制冷剂泄露等故障时应立即停机检修；不允许在设备运行状态下进行维修。谷物冷却机不允许串联使用。当仓内空气的焓值低于外界空气的焓值时，房式仓可以采用以降低能耗为目的的循环风粮食冷却作业。

5）冷却通风过程中的检测项目和要求

冷却通风过程中至少每 2h 检测一次入仓冷空气的温度、湿度。如发现与设定温度的差值大于 1℃或与设定湿度的差值大于 6%，应检查谷物冷却机的自控调节情况及环境温度、湿度变化情况。对于不能及时纠正过大偏差而设备又不能自动停机的，应人为调整或停机检查原因。为了解粮堆通风均匀情况，必要时可对粮堆表观风速进行测量。应按《粮油储藏技术规范（试行）》规定定时对粮食温度、水分进行检测。在特殊部位，如粮温和水分最高和最低处、通风死角区、杂质聚集区和通风管道附近等应适当增加检测点。

检测粮食温度、水分的间隔时间和结束冷却通风的条件。保持水分冷却通风，每 6～12h 测定一次温度；在通风开始、中期和结束后检测水分，粮情变化较快时可适当增加检测次数，在分阶段冷却时，每个阶段通风结束后，应按照有关规定分层设点全面检测粮食水分；当平均粮温降到预定值，冷却界面已移出粮堆上层（距粮堆表面大约深 30cm 处的粮温不应高于预定值 3℃），粮堆高度方向温度梯度成 1℃/m 粮层厚度时，即可结束冷却通风。降低水分冷却通风，每 6～12h 测定一次温度；每 12h 分层定点检测一次水分，当储粮平均温度和水分达到预定值、粮堆高度方向温度梯度≤1℃/m 粮层厚度、粮堆高度方向水分梯度≤0.5%/m 粮层厚度时，即可结束降水冷却通风，同时按照有关规定分层设点全面检测粮食水分。调质冷却通风，调质冷却通风的增水量不应超过低温安全储粮水分的范围，并应在粮食加工前进行。每 12h 至少测定一次粮温；根据调质冷却通风要求，每隔 8h 分层定点检测一次水分。在采用分阶段控湿冷却时，每个阶段通风结束后对粮食水分进行一次分层定点检测，当储粮平均温度和水分达到预定值（不得超过低温安全储粮水分值），粮堆高度方向温度梯度≤1℃/m 粮层厚度、粮堆高度方向水分梯度≤0.5%/m 粮层厚度时，即可结束调质冷却通风。同时按照有关规定分层设点全面检测粮食水分。

6）冷却通风的作业要求

需要低温储藏的粮食，粮食入仓后应尽快完成初冷作业。安全水分粮初冷作业宜将粮温降低到 12～15℃，半安全水分粮应将粮温降低到 10～12℃。在粮温回升到 17～20℃时宜进行复冷作业。冷却通风作业应尽量在高温天气到来之前完成。高温季节确需进行冷却通风作业时，应尽量选择夜间或其他有利的气候条件进行。对发热或水分偏高粮食，或粮堆温度梯度、水分梯度较大时，应及时进行冷却通风降温或平衡温度处理。

由于条件限制不能一次性完成整仓冷却时，可采用分区段冷却通风降温作业。在低温季节，应首先利用自然低温条件进行机械通风降温。低温储粮的温度和安全水分具有相对性。冷却通风作业应本着安全、经济、有效的原则，根据当地的气候条件、仓房和粮食状况具体实施。

7）冷却通风结束后的管理

冷却通风结束后，应立即拆除风管，关闭仓房进风口、窗门、排气口，并及时做好防潮、隔热和密闭处理。粮面宜加盖塑料薄膜，有条件时宜加盖隔热材料。隔热材料应对粮食无污染，同时具有良好的阻热性、阻燃性及经济性。当设备使用完毕后，应按使用说明书要求进行维护保养、妥善保管。

思 考 题

1. 简述低温储藏原理及储藏方法。
2. 简述低温库建筑中隔热材料选择的原则，试举出 5 种常用的隔热材料。
3. 低温库围护结构的热导率 K 值的计算。
4. 热力学第一定律是如何表述的？
5. 试用图表述卡诺循环。
6. 试述蒸汽压缩式制冷的理论循环过程。
7. 简述制冷剂氨的特性。
8. 简述制冷系统常用的几种检漏方法。
9. 在一般储藏期间的总冷负荷由哪些冷负荷组成？
10. 简述谷物冷却机的工作原理。

第九章　粮食的气调储藏

➢本章内容要点

1. 熟悉气调储藏在防治害虫、粮食霉变及保持粮食品质方面的作用。

2. 掌握气调储藏的密封技术。

3. 掌握气调储藏的主要技术类型及工艺要点。

4. 理解气调储藏的管理。

5. 了解“双低”及“三低”储粮的基本原理，掌握“双低”及“三低”储粮的应用技术。

第一节　气调储藏概述

气调储藏是在密封粮堆或气密库中，采用生物降氧或人工气调的方法改变粮堆中的氮气、二氧化碳和氧气的比例，使仓库或粮堆中的气体能杀死储粮害虫，抑制霉菌繁殖，降低粮食呼吸强度及生理代谢水平，以保证粮食安全储藏的技术措施。实践证明，气调储粮是一种绿色储粮技术，它能杀死各类储粮害虫却对粮食没有任何污染并有利于粮食品质的保持。

一、防治储粮害虫

储粮环境的气体成分是影响储粮害虫生命活动的决定因素。因为害虫是需氧动物，低氧使其呼吸代谢受阻。当氧浓度含量在2%以下，储粮害虫就能致死。二氧化碳的杀虫效应表现在两个方面，一是二氧化碳能够刺激害虫的呼吸作用，促使害虫气门持续张开，增大换气量，使其体内耗氧量迅速增加，导致害虫在低氧环境中由于得不到足够的氧气而死亡；二是对储粮害虫具有毒害作用，当二氧化碳进入虫体后，能迅速与其体液中的某些物质结合，抑制过氧化氢酶和脱氢酶的活性，阻止机体对氧的利用。

气调杀虫效果的影响因素有气体成分及浓度配比、环境温湿度、虫种和虫期、处理时间等。人工气调时，低氧和高二氧化碳两种气体相配合时对杀死各种害虫具增效作用，采用两种或两种以上气体混合控制害虫，效果更为显著，如 CO_2 与溴甲烷，CO_2 与 PH_3 混合使用，都能提高 CO_2 对仓库害虫的毒性，混合气体毒杀仓储害虫的效果比单一气体好，有氧的存在比纯二氧化碳气体毒力更高；环境温度越高，达到95%杀虫率所需的暴露时间则越短，所以高温可以增加气调的效力；在比较低的湿度下处理更有效，因为害虫必须保持其体内的水分免于过分散发。在正常情况下，害虫的所有气门处于完全关闭或部分关闭状态，如果在低氧和一定二氧化碳以及相对湿度为60%以下的干燥空气中，则能促使害虫气门开启，害虫体内的水分因此逐渐丧失。

二、抑制霉菌生长和繁育

导致储粮发热霉变的霉菌绝大多数是好气性微生物，氧气浓度对霉菌的代谢活动有明显的影响。实验表明，当粮堆氧浓度下降到2%以下时，对大多数好气性霉菌具有显著的抑制作用，孢子不能萌发，特别是在安全水分范围内的低水分粮，在环境相对湿度低于70%的低湿条件下密封储藏，霉菌不会生长。但是有些霉菌对氧气要求不高，极能忍耐低氧环境，如灰绿曲霉、米根霉，能在氧浓度为0.2%条件下生长，尤其在局部湿度增大的部位耐低氧的霉菌就会出现。因此，进行缺氧防霉，应将氧气含量控制在0.2%以下，采用气调方法预防发热霉变，粮食水分应控制在17%以下。

粮食上的霉菌对低二氧化碳有较强适应能力，只有当二氧化碳浓度提高40%以上才能有明显的抑制作用，并且二氧化碳浓度越高，抑制作用越明显。主要表现为霉菌生长对环境的适应范围变窄，孢子的萌发率降低。此外，高浓度二氧化碳还可以防止霉菌产生毒素（表9-1）。用氮气控制真菌时，采用含CO_2为0.3%的工业N_2只能减少霉菌发展速度，只有在纯氮，含CO_2在0.01%时，真菌生长、繁殖才会全部被抑制。

表 9-1　防止黄曲霉毒素产生的二氧化碳、氧气、氮气配比条件

CO_2/%	O_2/%	N_2/%	温度/℃	相对湿度/%
20	20	60	15～17	86
40	20	40	15	99
40	20	40	25	86
60	20	20	25	86～92

氮气能抑制黄曲霉毒素产生，在湿小麦、花生与湿玉米中均获得证实。

三、降低粮食呼吸强度

呼吸强度是粮食主要的生理指标。在缺氧环境中，粮食的呼吸强度会显著降低，当粮食处于供氧不足或缺氧的环境条件下，并不意味着粮食呼吸完全停止，而是靠无氧呼吸来获得热能，延续其生命活动。

当粮食由需氧呼吸方式变为无氧呼吸方式时，由于粮堆环境中缺氧，粮食呼吸强度也相应降低到最低限度。无氧呼吸可降低粮食生理活动，减少干物质的损耗。与此同时，不论无氧呼吸或有氧呼吸所产生的二氧化碳都能积累在粮堆中，相对地抑制粮食的生命活动，并抑制虫、霉繁殖。因此，在实践中缺氧储藏具有预防和制止储粮发热的效果。

四、气调对粮食品质的影响

气调储藏的主要目的是控制或防止害虫、霉菌对粮食的侵害。气调储藏能否保持粮食品质，与粮食含水量大小关系密切。有研究表明，气调储藏对安全水分的粮食品质基本无影响，但对高水分粮食的影响明显，水分越大，储藏时间越长，影响越大。因为在缺氧环境中，干燥的粮食以无氧呼吸为主，整个呼吸水平极其微弱，不完全代谢产物甚微，释放的热量也少，对粮食品质和发芽力的影响较小。但是如果高水分粮食进行气调储藏，在缺氧条件下，粮食会发生强烈的无氧呼吸，产生大量的乙醇或其他中间产物及有机酸类。在长期缺氧条件下，如果乙醇、二氧化碳、水的积累达到了一种水平会对粮粒的细胞原生质产生毒害作用，使机体受到损伤或完全丧失生活力，加速储粮陈化。一般来说，粮食水分在16%～16.5%以上，往往就不宜较长时期的采用缺氧储藏方式，以免引起大量乙醇的积累，影响粮食品质。

因此，安全水分的粮食才能进行长期的气调储藏，超过安全水分的粮食只能将气调储藏作为临时保管手段或应急措施。

第二节 密封工艺

一、常用的密封材料和器具

仓房或粮堆密封程度的好坏是气调储藏成败的关键。常用的粮堆密封材料有塑料薄膜、粘合剂、塑料槽管及热合工具等。要提高粮食仓库的气密性，可采用喷涂材料对仓库整体进行喷涂。常用的喷涂材料有聚氨酯涂料、丙烯酸系列树脂、丙烯酸乳胶等，并且要配备气密门窗。

1. 塑料薄膜

塑料薄膜是粮堆密封的最主要材料，具有质量轻、防湿、阻气、耐腐蚀等优点。气调储藏常用的塑料薄膜主要有聚氯乙烯、聚乙烯、聚丙烯等单层塑料薄膜以及聚酯/聚乙烯、聚丙烯/聚乙烯等复合塑料薄膜。聚氯乙烯质地较柔软，有弹性，易热合、粘合。但由于含有增塑剂，有异味和毒性，因而不宜用来直接接触食品，也不宜用来包装成品粮。原粮因有外壳及皮层保护，可用其作覆盖密封。聚乙烯薄膜白色蜡状，半透明，具有延伸性，质地较硬，易热合但不易粘合，无毒，可以作成品粮和食品包装材料，但气密性较差。聚酯/聚乙烯是一种无色透明具有光泽的薄膜，气密性高，防潮能力强，无污染，用作密封材料能很好地保持原有的气体浓度组合，但质地脆硬，强度差，不宜制作大帐幕。塑料薄膜具有绝缘性和一定的耐磨性，其机械强度随厚度的增加而加强。塑料薄膜不耐高温，聚氯乙烯在85℃左右即软化，130℃时就可变形；聚乙烯的熔点为110～130℃；聚丙烯的为170～174℃。塑料薄膜在长期使用过程中，受光线、热、氧气和水等环境因素的影响会逐渐“老化”，其柔软性及机械强度等性能下降，在使用过程中应注意保护，并尽量避免阳光照晒，延长其使用寿命。

2. 粘合剂

使用粘合剂可以使塑料薄膜之间或薄膜与其他物体之间粘合，在气调储粮时多用于补洞和辅助将薄膜粘于墙或地坪。因此，粘合剂的制取要求成本低、材料来源广、效果好、易于制取、无污染。目前粮食储藏上应用的粘合剂主要是依据化学的粘合。现将常用粘合剂介绍如下。

1）薄膜与薄膜之间粘合

（1）聚氯乙烯胶。将干燥、洁净的聚氯乙烯薄膜碎片溶解在环己酮溶液中，呈黏稠状即可使用。比例约为 9∶1（质量比）。也可直接用环己酮试剂，但只限于用极少量进行薄膜补洞，不能用来整块薄膜粘合。

（2）过氯乙烯胶。过氯乙烯溶解在二氯乙烷溶液中（比例 1∶4），呈黏稠状即可使用。

（3）塑料胶水或万能胶水。

2）薄膜与物体之间的粘合

（1）聚乙烯醇胶。用聚乙烯醇树脂 0.5kg，兑水 1.5kg，蒸 12h 即可。

（2）羧甲基纤维素（商品名称 CMC）。又称化学糨糊，用温开水调冲成糨糊状即可。

总之，根据不同的粘合情况来选择合适的粘合剂，这样才能达到预期的效果。

3. 塑料密封槽管

塑料密封槽管是广泛用于塑料薄膜和仓房墙壁之间的密封材料，主要由硬质塑料槽和软质橡胶管组成（图 9-1）。槽管的内外壁要光滑，规格要一致。塑料密封槽内径一般为 10mm，槽壁厚 4mm，槽口宽为 6mm，槽底部为平面，底宽 14mm。它与外径 11mm 的空心软质橡胶管配套使用。塑料槽管也可用于仓库门、窗、柱与薄膜之间的密封。密封时将塑料薄膜边缘放入槽内，压入橡胶管。此密封方法简单、操作方便、效果好。

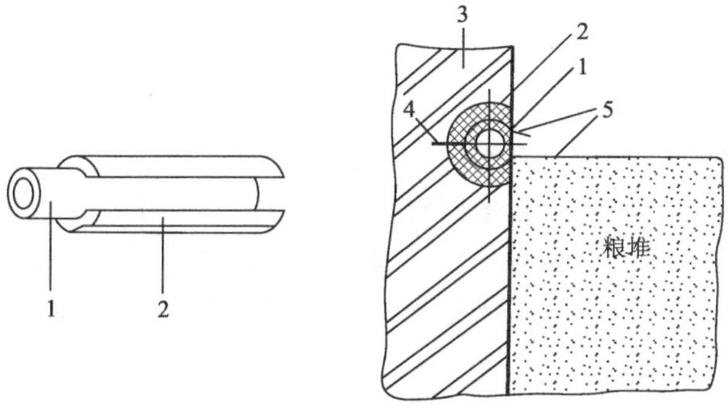

图 9-1　塑料槽管密封示意图

1. 橡胶管；2. 塑料槽；3. 仓墙；4. 螺钉；5. 薄膜

4. 塑料薄膜热合器具

塑料薄膜通常采用高温加热的方式进行粘合，这种方法操作方便。使用的工具有高频热合机，300～500W 调温电熨斗，也可以用 75～100W 的电烙铁。热合聚氯乙烯薄膜时还需玻璃纸或黄蜡绸。

由薄膜引出供检测用的袖口、喇叭口等环形筒口，需要用自制的环形电刀进行压合。

二、仓房的密封

气密性较差的粮仓，必须采用密封工艺才能达到满意的气密性。因为砖、水泥是多孔的透气材料，门窗、进（出）风口、进（卸）粮口、进人口，墙壁转角、接缝处，检测管与壁面结合处，各类管线留下的隐性孔洞，施工原因留下的孔洞部位等都是容易漏气的部位。

1. 仓顶的密封

仓房屋顶表面施工时，基层要平整、清洁、牢固，无浮灰、无疏松、无空鼓、无明水，有渗漏时先堵漏处理，阴阳角应作成圆弧角；仓房顶层面板缝处清理干净，细石混凝土浇捣密实。屋面板板缝嵌 5mm 密封胶，然后用丙酮、中性黏胶、无纺布等材料，采用“二布三涂”气密性处理。分格缝与板缝对齐，均匀顺直，并嵌密封材料。拱板仓的拱板间、拱板与山墙处的膨胀缝是气密处理时的一个难点，可用硅酮橡胶或用弹性环氧树脂胶处理。

2. 墙体的密封

建筑物墙体表面施工时，清除附着于墙体表面的砂粒，用抹布或高压清洗机清洗全部需要涂刷的墙体，保证墙体外表面无任何的浮尘及杂物；仓墙、地坪采用石灰、水泥、砂浆作基层后，再粘贴 0.14mm 聚乙烯薄膜一层，或采用石灰浆、油毛毡、粘贴砂纸，再涂刷酚醛清漆或 701 胶，能很大程度上改进仓库的气密性。

3. 墙角与地面、屋面板连接部位的密封

墙角与地面连接处、屋面板与墙体连接处用丙酮、中性黏胶、无纺布等材料，采用“二布三涂”气密性处理。

4. 门窗的密封

仓房门、窗及通风道密封可采用硅酮橡胶、聚氯乙烯带及聚氨酯泡沫加以覆盖和嵌缝，或用聚氯乙烯与丙烯酸结合起来密封仓门及管道，阻止仓房气体的泄漏。仓门口是个较难密封的地方，一般一个仓房只留一扇门作检查粮情用，可在原门内增设一个塑料薄膜框架门。在挡粮板与门之间采用塑料薄膜密封。窗户利用原设计密封槽用塑料薄膜进行密封处理。

5. 通风口的密封

对经常打开的孔洞如通风进风口需调换 5mm 以上厚度的软橡胶垫或接口处打胶。轴流风机孔处的电源线应走暗线，仓墙上的爬梯不能影响对粮面或孔洞的密封。

1）机械通风口、管道口

将钢板与机械通风口用螺栓连接，中间加密封垫，所有接缝处用密封胶嵌缝，其中留一个口作测压检测孔；机械通风口装有密封门的，保证密封门周围不漏气。

2）轴流风机口

采用临时密封措施处理，风机口四周装有密封槽，将塑料薄膜压入密封槽进行气密性处理。

6. 仓顶入粮口、进人口的密封

立筒仓仓顶入粮口、进人口用 10mm 钢板为盖，在盖的下面用 2mm 钢板焊成高、宽均为 30mm 的槽，槽内嵌有 30mm 高、宽的海绵与橡胶垫，与对接口相扣，用螺栓紧固，作为入粮口、进人口密封盖。立筒仓进人口钢板密封盖上焊有直径为100mm的管道，用阀门控制，以备通风、熏蒸时使用。另外，在盖上还焊有直径为40mm的管道作测气孔，以球阀控制。出粮口用直径为250mm的气密性阀门控制。

7. 其他部位的密封处理

注意各类电源线、测温电缆线、浓度检测管等穿线孔的密封，采用的密封胶应对各类电源线、电缆线无腐蚀性。

三、仓房的气密性测试

1. 气密性测定原理

粮仓漏气表现在来自仓内外不同的压力，当气密库充气以后，使用压力计测定内外压力达到一致所用的时间。时间越长，即压力衰减得越慢，仓房的气密性越好。为了节约测定时间，实际测定中采用测定压力衰减到一半的时间，即压力半衰期。

2. 测定方法

压力半衰期测定如图9-2所示，仓房密封后，运用通风系统或环流熏蒸系统，使用U形压力计和风机等，以正压向仓内吹风，当压力增加到600Pa左右时关闭风机停止充气，观察测压计读数，待读数降至500Pa时开始用秒表计时，压力下降到250Pa时停止计时。所记的时间即为压力半衰期。测定应进行3次。1998年后新建的储备粮库对仓房气密性的要求是：空仓测试压力半衰期所用的时间，平房仓不少于40s；浅圆仓、立筒仓不少于60s。测定时注意确保检测装置与仓房连接处（如磷化氢检测箱中的回流管）不阻塞、不漏气，各设备的连接也不能漏气。

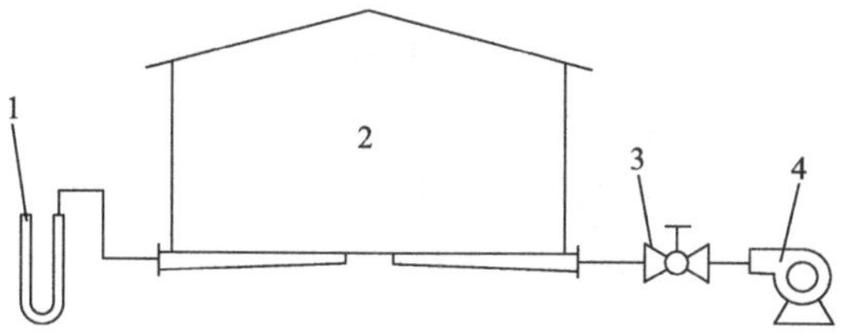

图9-2　仓房气密测试示意图

1. 压力计或压力表；2. 仓房；3. 球阀或气密阀门；4. 风机

如果对仓房加压很长时间仍达不到预期压力，说明气密性能极差，应对仓房做密封处理。

3. 其他检测泄漏的方法

（1）皂沫检测。用2%浓度的洗涤剂喷涂不密封的表面，稍加压力（200Pa），漏气处将出现气泡。

（2）烟雾试验。适用于15t的小型粮仓。

（3）音频检测。用音频放大器（如医用听诊器）检听。若有漏气可听到“吱吱”的声音。

（4）温度记录器。在200Pa的压力变化范围内检测漏洞，气体流失以周围及内部的温度及压力为变量的函数来描述。

（5）荧光粉检测。在一定压力下荧光粉粉末在泄漏处可见发光。

（6）用气体测试管测检。

以上诸方法中皂沫检测因方法简便、富有成效，在仓房及粮堆密封效果测试中广泛应用。

四、粮堆密封工艺

粮仓气密性达不到要求的，可以进行粮堆密封。粮堆的密封工艺可分为制备塑料薄膜帷幕及密封粮堆两大步骤。

1. 制备塑料薄膜帐幕

1）合理下料

在应用塑料薄膜作为密封材料时，应先根据粮堆大小、密封形式等具体情况来量剪塑料薄膜，计算大概用量，以便购买。如果用 0.14mm 的塑料薄膜做五面或六面密封，需要量为 2～4kg/10t 粮食，用 0.14mm 以上薄膜为 4～6kg/10t 粮食，用 0.14mm 薄膜采用一面密封用量为 1～2kg/10t 粮食。

2）查漏补洞

查漏补洞是预防塑料薄膜漏气的一项重要工序。

未塑化的透明粒子一般称为“鱼眼”、“砂眼”。塑料薄膜“砂眼”及微孔如查不出，补不好，就可能达不到缺氧储粮的理想效果，所以在制作帐幕前必须进行仔细查漏补洞。做到五查：热合前查、热合后查、吊在仓内查、密封后查、查粮情时查。

3）薄膜热合

所谓热合是指采用高温加热的方法粘合塑料薄膜。要求热合适度、牢固、不脱焊。

2. 密封粮堆

粮堆密封应根据仓库条件及堆垛不同，采用不同的密封形式。目前应用最多的为一面密封、五面密封和六面密封三种，现分述如下。

1）一面密封

一面密封也称为粮面密封，即用塑料薄膜密封全仓粮面，这种方法适用于仓房土建结构气密性好，墙壁和地坪防潮性能好，密封性能高的仓房，适于基本保持气压平衡的缺氧储藏。其工序如下。

（1）塑料槽管安装。在仓壁的堆粮线位置，以线为中心凿一条比槽底略宽的浅沟，在沟底每隔 20～30cm 打进一个小木楔，使木楔与沟底持平。把塑料槽放进沟内，对准每个木楔，用电钻将槽底部钻一个小孔，然后用木螺丝把槽底部固定在木楔上，安装时要求槽与墙壁呈密封连接，可采用粘合胶进行槽上下部分的嵌缝；槽内固定用的螺丝钉帽必须低于槽内面，防止与塑料薄膜和橡胶管压不实，影响密封性能。将塑料薄膜直接嵌入墙壁四周的塑料槽，压入橡胶管。进仓前要把薄膜吊挂在仓墙上，以免粮食进仓时使粮粒散落在薄膜和墙壁的空间内，引起薄膜外虫害感染。门窗、柱子上槽管的安装方法与此相同。转弯处应先将塑料槽在热水中软化后安装。

（2）柱子的密封。有柱子的仓房，柱子的密封不可疏忽大意，以免造成整个粮堆漏气。柱子密封分全包和半包两种。全包是将整个柱子用薄膜全包起来，薄膜高度以装粮高度为准，上端与下端都焊上一块方形薄膜与柱子垂直，柱子下端的方形薄膜与地面粘合好，上端用麻绳捆在柱子上方，等粮食装满后把其放下与粮面薄膜热合在一起；半包即是薄膜将柱子包上一段，一般是从粮面向下 30～50cm 为宜。上端焊好一块方形薄膜，下端用麻线捆在柱子上并用白漆密封。上端用麻线捆在柱子上，待粮食装满后放下与粮面薄膜热合在一起。

(3) 门窗密封。不开的门及窗，把预先热合好的比门（窗）稍大些的薄膜压入门（窗）四周墙壁上的塑料槽管或用粘合剂粘合在门（窗）四周墙壁上，粮食入仓时，做一圈包打围，以防粮食直接侧压于塑料薄膜造成薄膜破损。为检查粮情一般一个仓房只留一个经常开的门，可在门口包打围堆垛，将热合的薄膜两边与门两边的内墙粘合在一起，下面与地面粘合，上面与粮面薄膜的热合在一起，增设塑料薄膜框架门一个，保证严密。

(4) 仓房密封。粮食入仓时在粮堆内埋好测温、测湿及测气等粮情测控设备，入仓结束后平整粮面，留出走道，铺上两层旧麻袋。将入仓前吊挂在仓房四周墙壁上的薄膜放平，与预先热合好的粮面薄膜热合到一起。操作顺序是：先把热合成若干块的粮面薄膜放平在粮面上，由仓房的一端向另一端卷拉铺平，应由数人同时向一个方向操作。把粮面薄膜上所有热合缝热合好。如有柱子，则把柱子上端的方形薄膜放下与粮面薄膜热合。最后密封仓门。

(5) 取样口、测温、测湿、测气线头引出口的密封。粮食取样口一般作成袖口状，预先热合在薄膜需要取样的地方。取样时把口放开，迅速将样品取出后，立即封闭。测温、测湿、测虫的电线，通过预先焊在薄膜上的聚氯乙烯软管口引出，并用石蜡封好，测气口也是用聚氯乙烯软管，塞上橡皮塞子，接上一根乳胶管，测气时将乳胶管接在气体分析器的进气口处，不用时用螺旋夹子夹住即可防止漏气。

2）五面密封

此方法适用于地坪干燥而墙壁防潮性能差的仓房和堆垛的密封。

散装仓房的五面密封，首先根据仓房大小热合好两块塑料薄膜，一块是仓房四周的薄膜，一块是粮面薄膜。把热合好的四周薄膜沿墙壁四周吊挂起来，下端延长 20～40cm 用粘合剂与地面粘合好，待粮食入满后平整粮面，将四周薄膜与粮面薄膜热合或粘合在一起，并引出测温、测湿、测虫线头及测气管口。

堆垛进行五面密封，根据堆垛大小作成一个塑料薄膜罩子，将粮堆罩住，引出测温、测湿、测虫线头及测气管口，并将下端留 30～50cm 塑料薄膜与地面粘合即成。

3）六面密封

此方法适应于地坪需铺垫防潮的仓房和成品粮堆垛储藏。具体做法只比五面密封多了一个薄膜底，其余相同。将薄膜帐幕罩上堆垛，再将罩与底热合或粘合牢固即成。

第三节　气调技术

气调技术主要有两大类，即生物降氧和人工气调。各种气调技术可根据具体情况分别应用。

一、生物降氧

生物降氧是通过生物体的呼吸作用，降低密封粮堆或气密库内粮堆孔隙中的氧气浓度，并相应积累较高浓度的二氧化碳，达到低氧保管的目的。

1. 自然缺氧

在密封粮堆中，利用粮粒、微生物和昆虫等生物的呼吸作用，逐渐消耗粮堆中的氧气，增加二氧化碳含量，使粮堆自身达到缺氧的技术。

自然缺氧的特点是方法简便，除用塑料薄膜依照密封工艺密封好粮堆之外不需用其他降氧设备，只要认真掌握，便可取得良好效果。但只有降氧能力高的粮种在适当的高温下密封储藏，才可以达到“自然缺氧”的效果。东北地区粮温常年处于较低状态下，不适于进行自然缺氧储藏。各粮种的降氧能力由大到小依次为大米＞玉米＞小麦＞稻谷＞大豆，其他成品粮和陈粮降氧能力很难达到自然降氧的效果。

实验证明，虫粮应用自然缺氧是以虫治虫的有效方法。

2. 微生物降氧

利用微生物呼吸量大的特点，辅助低水分粮、陈粮及成品粮降低粮堆氧浓度的方法称为微生物降氧。

酵母菌、糖化菌以及多菌种的固体发酵的微生物降氧，效果好，方法简便，一周内可将粮堆的氧浓度降到2%以下。

选择菌种的条件是：对人畜无害、不污染粮食，应用安全；呼吸量大，降氧快；对氧的要求不十分严格；繁殖快、易于培养，方法简便；菌种和培养料均易取得。常用黑曲霉和酵母菌。

在包装粮堆帐幕的一侧，用微生物培养箱与粮堆相联通，散装粮仓可在粮面与微生物培养箱相连，在培养箱与粮堆间上下平行各设通气管。当培养料投放培养箱后，管道接口立即密封，防止漏气，在通气管道的弯曲下端，可安装接水盆，盛接微生物培养过程中放出的水。

当粮温在25～30℃时，一周内可将粮堆中的氧浓度降至1%～1.5%，脱氧完毕，可拆除培养箱架，密封好粮堆，保持缺氧状态。如果在每一次投料后5～8d，氧浓度下降尚未达到应有的低氧量，可换料连续降氧直至达到低氧为止。采用微生物脱氧与其他生物脱氧法相比，可获得降氧快的效果，如面粉自然降氧能力很差，水分12.5%的面粉采用自然缺氧经7d含氧量仍为20.7%，采用微生物降氧一周，氧含量降为1.2%。

二、人工气调

人工气调，就是应用一定的机械设备，如制氮机、钢瓶、分子筛或真空泵等，将密封粮堆氧气燃烧掉或应用变压吸附、充入或置换等方法借以改变粮堆原有的气体成分，达到高浓度的氮或二氧化碳或其他气体的气调技术。

1. 充氮气调

氮的来源可以通过空分法，取得钢瓶液化氮，也可通过丙烷、丁烷、甲烷及其他碳氢化合物燃烧来产生必要的氮。当前最先进的方法是通过焦炭分子筛或沸石分子筛的复合床，来实现氧氮分离。上述三种工艺都能生成氮气含量高达 99%～99.9%的气体。

1）液化氮气调

液化氮是通过空气分离设备以深度冷冻后将空气压缩、冷却、液化和精馏而成。液氮法气调的设备有液氮储槽、蒸发器、抽气泵等。

工艺过程：将液氮槽中液氮放出通过蒸发器使液氮汽化成气态氮，通入粮堆前先开动抽气泵，将粮堆内空气抽出，然后将汽化氮送入事先用薄膜密封好的粮堆（图 9-3）。

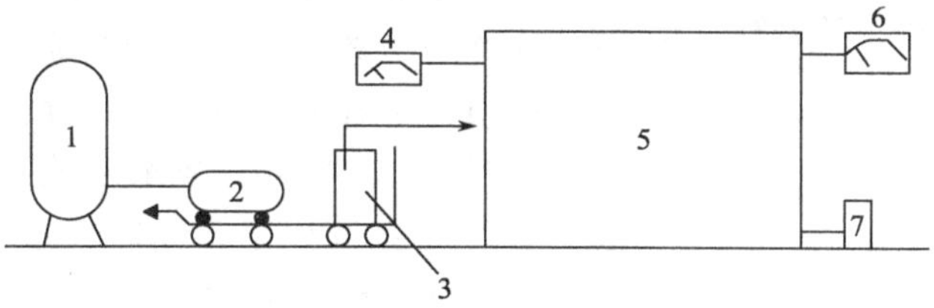

图 9-3　液氮储粮工艺流程图

1. 液氮槽；2. 移动槽；3. 蒸发器；4. 温度检测；5. 粮堆；6. 气体检测；7. 抽气泵

液氮操作方便，无污染，能较好地保持粮食品质，在常规仓库中多用于六面密封的粮堆，若直接往气密库充气会获得最佳效果。特别适用于大米等储藏，每 10t 散装大米粮堆可充入氮气 5～6L，包装粮堆用氮量要增加 40%左右，充氮浓度应达 95%以上，粮堆尚有 5%氧气，随着储藏期的延长，粮堆内生物体的呼吸消耗，氧浓度逐渐下降，二氧化碳相应增加。当粮温在 20～25℃时，充氮气后几天就可以绝氧或保持低氧。

2）制氮机气调

我国制氮机是以煤油和空气为原料，经过高温完全燃烧，制取氮气。

脱氧设备的安装。由于燃烧制氮机体积小（一般规格：0.9m×0.6m×1.3m）、质量轻（300kg），移动方便，可以在用前临时安装。先将空气压缩机与制氮机的进气口、水龙头与制氮机的进水管，制氮机的生成气出口与仓内的进气莲蓬头、每个进气支管、每个出气探管、抽气莲蓬头及其与真空泵接口，分别以软胶管相连接。

粮堆密封与进、出气探管的配置。密封按常规进行。配置探管目的是便于粮堆内外的气体交换和粮堆内气体的平衡分布。探管配置数量，165t 粮堆长 10m、宽 10m、高 2m，共插探管 13 根，即进气管 9 根，出气管 4 根。500t 粮堆长 16m、宽 12m、高 3.5m，共插探管 32 根，即进气管 20 根，出气管 12 根。进气管与出气管的交叉分布要均衡。

制氮机开机点火。点火后先将生成气放空，待化验生成气中的二氧化碳为 14%～15%，含氧量为 0.2%～0.5%时，即为合格，方可充入粮堆。

粮堆抽气与充氮。待制氮机生成气体开始充入粮堆时，开动真空泵把粮堆内的空气抽出，将粮堆内抽成负压［负压不要超过 490Pa，即 50mmH_2O（1mmH_2O＝9.806 65Pa)］，然后停开真空泵，接受充氮，待充入氮气将粮面薄膜帐幕鼓胀起来后，再次开动真空泵，抽出粮堆内的含氧较多的气体如此反复，抽气-充气-抽气-充气，直到粮堆内氧气含量平均在2%以下时，停止抽气，最后让氮气充胀薄膜帐幕即可停机。密封粮堆的各种管口，使粮堆保持缺氧状态。

3）分子筛富氮脱氧气调

分子筛指能够筛分分子的物质。它具有很大的表面积和孔面积，其均匀的分子大小的孔径，以及对极性和饱和分子强大的吸附作用力，使之可用于流体物质的选择吸附分离。

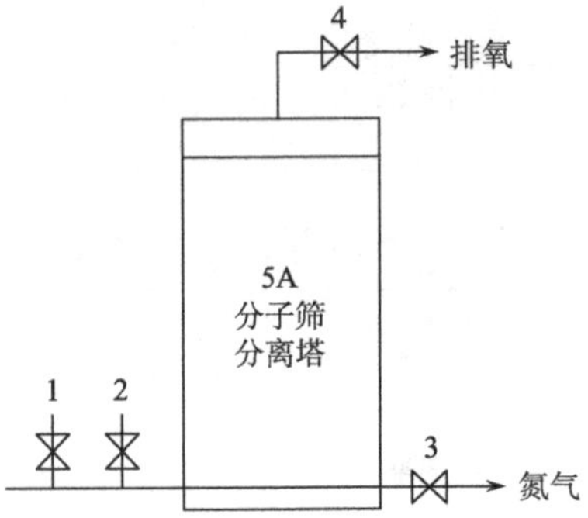

图 9-4　分子筛富氮装置示意图

1. 硅胶干燥塔；2. 4A 分子筛干燥塔；3. 真空泵；4. 放氧阀

沸石分子筛制氮装置主要由空气压缩机、干燥塔、分离塔、真空泵等部分组成，如图 9-4所示。

利用分子筛富氮脱氧的速度是相当快的，一个50t 的粮堆，只需 6h，氧浓度就下降到 5%以下，氮浓度上升到 95%以上，同时经过一系列的干燥和过滤系统，进入粮堆的富氮气体干燥纯洁，避免了粮堆的结露和污染，是机械降氧技术中较为理想的方法。但投资较大。

2. 充二氧化碳气调

向粮堆中充二氧化碳，有两种作用：一种是充二氧化碳排氧，把空气中的氧置换出来达到降氧目的；另一种是能承受相当压力的气调仓，充二氧化碳量维持在 40%～60%以上时，就不强调低氧，因高浓度的二氧化碳对有害生物具毒害作用，而粮堆在高二氧化碳低氧时，可收到抑制虫、霉和粮食生理活动的双重效果。

1）氧化碳气调仓

2003 年 9 月国家粮食局在国家储备粮库建设中启动了“CO_2 气调储粮技术扩大试点项目”，分别在中储粮绵阳库、六安库、南京库、上海库以及中谷集团九江库建设了基于“成都粮食储藏科研所”研发的“CO_2 绿色储粮技术”的新型粮仓。它由二氧化碳供气系统、自动检测系统、环流系统、压力保护装置及智能控制系统等构成（图 9-5）。

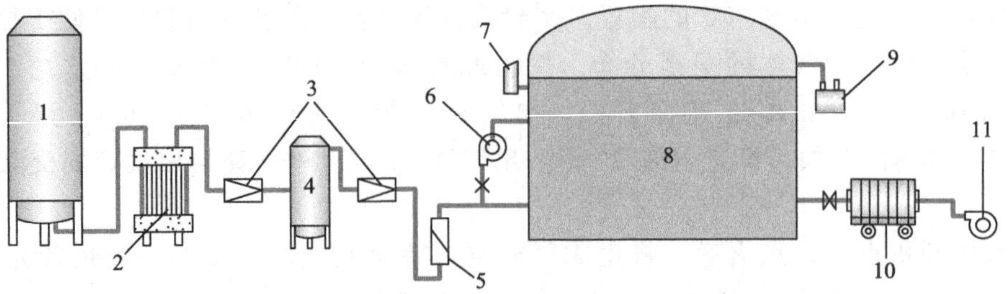

图 9-5　气调仓充二氧化碳工艺流程示意图

1. 二氧化碳储气罐；2. 蒸发器；3. 减压装置；4. 气体平衡罐；5. 流量计；6. 输气风机；7. 二氧化碳自动检测装置；8. 气调仓；9. 压力平衡装置；10. 智能检测装置；11. 风机

通过实践的应用和完善，我国于 2008 年《二氧化碳气调储粮技术规程》已颁布实施。

2）粮堆充二氧化碳方法

粮堆充二氧化碳多应用钢瓶二氧化碳压缩液体置换。粮堆密封后，将充气管路布置在粮堆下部。在密封帷幕顶面预留排气孔，充气时先将顶部布点的排气孔全部打开，直接从下部管口接上二氧化碳钢瓶，由于二氧化碳气体比重比空气重，当粮堆下部充入二氧化碳时，下层空气亦自下而上逐渐从排气孔排走，当二氧化碳浓度达 70%以上，即可停充，并密封进、排气口。亦可先抽真空再充二氧化碳，此法不必在粮堆密封帐幕顶部留孔，直接抽真空至 53.33kPa 以上，无泄露现象，即可卸下真空泵立即接上二氧化碳钢瓶，打开阀门，使气流均匀扩散，直至薄膜鼓胀，即可停充。二氧化碳气体会不断渗漏，一般在充气后的第二天和第四天分别补充。在充气的 10d 内把二氧化碳浓度保持在 35%以上，能杀死储粮害虫，保持时间越长，对安全储藏越有利。

二氧化碳用量每 10t 散装粮充入 10kg，包装粮根据粮堆孔隙度的不同酌增 40%左右。

3）充 CO_2 负压包装

主要适用于大米等粒状成品粮的小包装保鲜，安全储藏期 1 年以上。操作方法为：选取气密性好的塑料薄膜热合成能盛装 3～5kg 的成品粮的塑料袋，装粮后将袋口热合(两侧各留一小孔作充气孔和排气孔)，充入 CO_2 后将袋口全部密封。密封后的 24～32h 内袋中 CO_2 全部被粮食所吸附，形成负压，粮粒呈胶着板结状态。

3. 脱氧剂脱氧气调

脱氧剂也叫除氧剂，将脱氧剂与包袋内容物同时密封，通过脱氧剂与氧气快速化学反应除去包装或容器中的游离氧或溶存氧，使储藏物处于无氧环境中，抑制好气微生物和虫害危害，防止储藏物品质氧化劣变，达到安全储藏的目的。

脱氧剂具有制作工艺简单、成本低、脱氧速度快、脱氧能力高、无毒、无残留等优点。目前，脱氧剂在小包装食品中得到广泛应用。在粮食储藏领域，脱氧剂可应用于粮堆的大面积脱氧，也可用于除掉储油罐内空间余存的氧，确保油品不会氧化变质。

1）常用脱氧剂

目前使用的脱氧剂主要有铁系脱氧剂、硫酸盐脱氧剂等。粮食储藏中使用的主要是铁系脱氧剂。

铸铁粉：要求切削成粒度在 300μm 以下的粉末，吸附比表面在 0.5m^2/g Fe 以上。

金属卤化物：有助于电解质水膜的形成，提高反应速度，如各种金属氯化物、溴化物及碘化物均可。

充填剂：不仅能控制吸氧速度，而且能增大脱氧剂的通透性，提高脱氧效果。要求填充剂不与原料发生化学反应，主要有高岭土、SiO_2、酸性白土、活性炭、泡沸石、硅藻土、珍珠陶土、聚酰胺粉末等。

一般情况下，铸铁粉∶金属卤化物∶充填剂的比例为 1∶0.8∶0.5。

为提高铁系脱氧剂的脱氧效果，在上述三种主要成分为 80%～98%的情况下，用下列两种方法配制成混合脱氧剂。其一是辅以1%～10%的硅和1%～10%的铝配制成脱氧剂，称为金属混合脱氧剂，效果倍增，因这些金属对氧的亲和力强，易与氧反应形成稳定的氧化物。其二是将 Fe、Fe_3O_4、NaCl、$NaHCO_3$ 混合制成脱氧剂，当脱氧剂与密封粮堆内氧发生反应除去 O_2 的同时释放 CO_2，很好地抑制了好氧性微生物的生长，而且也杀死了害虫。

铁系脱氧剂的理论脱氧量为0.43g O_2/g（相当于1500ml空气中的氧）。因受其他因素影响，实际脱氧量只有理论脱氧量的60%左右，所以计算脱氧剂用量时应测定实际脱氧量，作为计算脱氧剂用量的依据。

影响脱氧速度的因素主要是粮温、粮食含水量和密封环境的相对湿度。一般情况下，粮温高、水分大的粮堆脱氧速度快，相对湿度在75%以上时脱氧效果较好。

采用脱氧剂脱氧储藏的粮堆必须严格密封，气密性要求为负压抽空到密封塑料板条不被挣开时，真空表真空度衰减一半的时间必须在5min以上。

2）施用方法

脱氧剂用量以密封粮堆中空间及孔隙体积×21%÷单位脱氧量计算，将所需用量的1/3用特制的小布袋包装（每袋约1kg）后埋入粮面下20cm处，另外2/3包装后施放于粮堆四周或风道口处，然后密封粮堆。降氧初期，由于反应剧烈，可能出现粮温、仓温迅速升高的现象，24h后趋于稳定，约一周后转入正常，氧浓度达到2%以下。若气密性好，可以实现0.2%的绝氧效果。对一些本身不易降氧的粮食、油料尤为有效。油品罐内悬挂脱氧剂的按液面上部的空间体积计算用药量，铁粉用量2.4kg/m^3。

4. 真空储藏

真空储藏又称减压储藏，主要是用真空泵抽空粮堆中的空气，使之形成负压、氧含量降至低氧或绝氧，以达到接近真空或真空的状态，从而抑制虫、霉活动，保持储藏物的品质。真空储藏在小包装保鲜方面应用广泛。

1）设备

真空储藏所需设备有真空泵、吸风机或抽气泵、热合机及真空包装机。另外还需准备密封容器及加厚薄膜。

2）操作方法

（1）粮堆真空减压储藏。采用六面密封，用塑料薄膜帐幕将粮堆套好，用钳式高频热合机将帐幕四周与底热合好，为避免薄膜抽真空减压时受伤破损，可盖铺垫物于粮面罩套下，然后用真空泵抽气减压，抽空期间可用皂沫查漏，及时修补防漏气，直至真空表示度600mmHg或60～130mmH_2O，氧浓度降至2%～4%以下，保持两周以上为好。

（2）真空包装。多用于小包装储藏。将粮食装入复合薄膜袋内，袋口只留一面，放入包装机的真空室内，当真空盖落下密封好后，包装机即刻自动抽真空并密封粮袋。达到一定真空度值时，包装机进气，自动打开真空室密封盖，即成真空包装。

真空小包装能保持粮食品质和新鲜度，防霉，避免虫蚀损耗，保持卫生，具有外形美观，便于特种需要如外销、远航、空投、馈赠等优点。

真空小包装在运输期间应注意装箱时防止碰、撞，避免包装破损漏气等，并将小包装储存于 20～25℃以下的低温条件下，才能确保安全储藏。

第四节　气调储藏的管理

气调储藏过程的管理工作是搞好气调储藏的重要保证，因我国大多采用塑料薄膜密封，永久性的气密库比较少，因此从气调操作到之后的技术及安全管理都要落实好，加强管理，方能取得良好效果。

一、气调储藏的操作管理

密封环境中气体浓度的控制是气调储藏的关键。因此，要求操作人员在进行粮堆密封及仓房密封操作上应仔细、周密，特别注意可能漏气的环节，利用各种方法恰当地把仓房整体或粮堆严格密封，在充气气调中还要注意充气口、抽气口和排气口的合理设置。粮堆和仓房进行密封处理后，要进行气密性检查，实施查漏补洞。

二、气调储藏的技术管理

粮食进入气调状态后，只有加强技术管理，才能达到抑霉杀虫和在一定程度上保持粮食原有品质的效果。技术管理要从粮堆气体成分、温度、水分等几个方面进行检测分析，以便及时采取安全有效的处理措施。

1. 加强粮情检测

通过粮情检测可了解和掌握气调储藏期间的粮情变化，判断粮情安危状况。因此需要经常地、系统地对粮情进行检测。检测项目有气体成分、温度、水分及害虫等。

1）定期测定粮堆气体成分

测定粮堆气体变化是进行技术管理，掌握粮情变化用以评定和了解脱氧设备的技术性能的一个极为重要的方面。对粮堆氧气、二氧化碳的测定，在密封后 24h 内即应进行，连续测定一周达到降氧效果后可改为每周检测一次，并详细记录作为判断是否达到气调要求的依据。适时进行查漏补洞，消除隐患。

2）温度测定

粮食温度是反映储粮安危的重要指标之一。一般每 10d 测温一次，如在高温季节，对高水分粮，每天要检查一次，以免由于密封不好，氧气回升，温度突然升高，造成粮食发热霉变。每次测量结果均应记录，以便前后对比。

3）水分检查

粮食水分高低同样是反映粮食安危的重要指标。在缺氧储藏中，粮食密封很少受到外界温度影响，粮食水分比较稳定。但是，当粮堆内外温差过大（内热外冷）时，会出现膜内结露现象，引起局部粮食水分升高，造成发热霉变。因此，在缺氧储藏中，仍需要定时检测粮食水分。由于粮堆密封，不能采用取样测水的方法，必须采用预埋式湿敏电阻，通过不同的电子线路来检查粮食水分。

测量水分的时间要和检测温度统一起来。为了方便，可将测温、测水电路组装在一个仪表中，同样，每次检查水分的数据要详细记录，以便对照，如发现局部水分增高，应增加测量次数，及时采取措施，防止结露霉变。

4）害虫检查

对于粮堆上层、向阳面、墙角、门窗、柱子周围易发生害虫的部位，要注意布点。取样动作要快。最好在粮堆易发生害虫的部分，用透明度好的塑料薄膜粘合，以便人工直接观察虫情。

2. 防止结露

在缺氧储藏中，常因粮堆内外温差较大而产生结露。粮堆结露与塑料薄膜密封时间有关。在7月份以前的气温上升季节一般产生外结露现象，对储粮影响不大；在秋末气温下降季节，气温与粮温存在较大差时，一般产生内结露，可采取粮面压盖的方法预防。

3. 塑料薄膜的老化与预防

塑料薄膜材料在储存和使用过程中物理化学性质和机械性能变坏，出现变脆而破裂，甚至发黏、变酸、龟裂、变形、出现斑点、光泽改变等变质不能使用，这种现象称为"老化"。

由于薄膜中含有很多不稳定结构，所以使用和保管时应尽量避免光、热、辐射和氧的影响，防止霉菌和酸、碱等化学试剂的污染，改进使用、保管条件，避免不必要的曝晒、烘烤。正确使用洗涤剂，施行物理保护，减少任意拉扯、扭曲、重压等机械损伤，防止龟裂、戳破、老化。

三、气调储藏的安全管理

气调储藏需要造成一个缺氧的环境，工作人员的安全防护非常必要。有资料表明，氧及二氧化碳浓度对人的安全限量分别是16%和0.5%。所以，对于整仓密封气调，进仓检查粮情或其他作业时要特别注意人身安全，先对仓内的含氧情况进行检测，可用测氧仪或马灯火焰测试，若马灯熄灭则表明仓内缺氧，人员不能进入，必须经通风换气后确认仓内不缺氧方可入仓作业。不得不进入缺氧仓房或密封粮堆内部检查粮情或施药时，应佩带氧气呼吸器，工作时若出现胸闷、气喘、脉搏加快等不适，应立即离开现场到空气新鲜地带，以防事故发生。

缺氧仓房应有明显的警戒标记和严格的管理制度，以防其他人员误入造成伤亡事故。

第五节 "双低"储粮及"三低"储粮

由于各地粮食储藏条件的限制，单一的储粮技术难以常年控制害虫和微生物的发生。但如果将气调、低温和化学防治有效组合共同或交替发挥作用，进行综合治理，就会产生理想效果。"三低"储粮是指低氧、低温、低药剂量相结合的综合防治措施；将低氧、低温、低药剂量两两结合又构成了"双低"储藏的不同模式。采用"双低"和

"三低"储粮，符合以防为主、综合治理的保粮方针和安全、经济、有效的原则。不仅能降低费用，而且能控制粮堆有害生物的生理活动。

一、"双低"储粮和"三低"储粮的理论依据

1. 磷化氢的毒理

磷化氢对害虫是一种呼吸抑制剂。磷化氢气体通过害虫气门或表皮进入虫体内，与线粒体膜上细胞色素氧化酶发生作用，与该酶内铁卟啉相结合，形成一种无催化能力的稳定化合物，在呼吸链最后一个环节上，细胞色素 c（还原型）不能在细胞色素氧化酶作用下，把氢原子交给分子氧形成水，结果虫体的生物氧化过程被阻抑，引起害虫组织中三磷酸腺苷衰竭，从而终止了害虫对氧气的利用和能量的产生，致使害虫窒息死亡。

2. 气调对磷化氢的增效作用

当 O_2 浓度为 8%～12%，CO_2 浓度为 4%～10%时，加入低剂量的磷化氢，就能够很好起到气调的增效作用，提高防治效果和缩短处理时间。这是由于在粮堆密封条件下，氧浓度下降，二氧化碳上升，害虫赖以生存的生态环境发生改变，促使虫体在生理上也发生一些变化而加速致死。在低氧环境中害虫为了满足自身对氧气的需要而加快呼吸，气门扩张收缩频率加快，不仅为毒气进入虫体内创造良好条件，而且在相对湿度较低的情况下，会使害虫体内水分通过气门过量散失而死亡。此外，低氧和高二氧化碳能使虫体代谢遭到破坏。必须注意的是低氧的起始增效浓度为 12%，过高则失去增效作用；如氧含量过低，则害虫处于昏迷状态关闭气门，阻碍磷化氢进入体内，降低杀虫效果，故低氧的氧浓度一般不应低于 8%。

从害虫对磷化氢的吸收生理看，低浓度磷化氢比高浓度更有益防治害虫。在高浓度下因虫体受麻醉作用而使呼吸率降低，从而减少了对 O_2 的吸收，使磷化氢不能穿透细胞到达致毒部位。研究证明，当磷化氢的浓度与时间的乘积（CT 积）一定时，低浓度、长时间对害虫的毒效比高浓度、短时间更好。

尽管磷化氢的浓度较小，但由于自然降氧使粮堆气体成分变化，害虫呼吸频率如快，气门扩张，在同一时间内吸气量加大，磷化氢随空气进入虫体的量也相应增加，加之处理时间较长。磷化氢在粮堆内的浓度经常保持量为 0.04mg/L，杀虫效果好。

气调的运用可以避免单一药剂应用时害虫的耐药力和抗药性，降低燃爆危险。二氧化碳增加了磷化氢毒气的在粮堆中的扩散范围和穿透深度，提高药剂在粮堆内的分布均匀性和延长滞留时间，从而提高杀虫效果并降低残留量。实践证明，二氧化碳浓度为 4%～8%较为适宜。

3. 低温的作用

当环境温度在 15℃以下时，绝大多数害虫的生长、发育和繁殖将受到抑制；处于安全水分的粮食呼吸作用也受到抑制，使粮食处于休眠状态，减少了粮食干物质的损耗，有效地延缓了粮食的陈化。同样，低温也可抑制霉菌的生长发育。

二、"三低"及"双低"的不同组合形式

粮食温度、粮堆氧浓度和药剂剂量等因素的控制，应取决于季节、粮种、粮食水

分、温度、虫口密度等不同情况来灵活组合。有的同时结合应用，也有的分开连续应用。

1. 低温→低氧→低剂量

低温季节入库的粮食如晚粳稻、东北玉米、花生、豆类，可采取低温（入库后机械通风或自然通风降温）→低氧（次年春季后4月份密封粮堆进行自然缺氧）→低药（粮温升高有虫时施药）。

低温季节入库的粮食，如果粮温在20℃左右，已发现较多害虫，亦可结合低温、低剂量的双重作用，粮堆密封至次年春季也可收到良好的防治效果。

2. 低氧→低剂量→低温

在高温季节新粮如早、中稻谷（南方）、油菜籽、小麦入库，可采取低氧（入库立即密封降氧）→低药（有害虫发生时进行低剂量熏蒸）→低温（秋凉后通风降温并于第二年气温上升之前进行隔热保冷，确保安全度夏）。

高温季节新粮（夏粮）入库不久害虫发生不多时，立即密封粮堆进行“双低”密封储藏，磷化铝剂量1～1.3g/m^3，可获得良好防治效果。如果入库粮食无虫，可以自然降氧密封气调，当O_2浓度不能降至5%以下的害虫致死浓度时，可施入低剂量的磷化铝，用药量为0.8～1g/m^3，到秋季后结合低温，粮温可降至15～20℃，并可较长时间保持低氧、低温、低剂量而长期密封。由于粮堆内气流运动在薄膜和粮堆内环流缓慢，温差不大，“三低”气调至秋冬就不必考虑粮面结露。

3. 低氧→低剂量

此“双低”组合适用于耐高温的小麦及要度夏的成品粮。

4. 低温→低剂量

此“双低”组合适用于东北尤其是黑龙江省。因秋粮入库后，粮温长期处于较低的状态，自然缺氧效果不明显。一般在第二年春暖前密封粮堆（稻壳加塑料薄膜保温密封），同时进行低剂量粮面施药，秋凉后揭苫通风。实践证明，处理后的粮堆干净、无虫，保证了粮食安全度夏。

5. 低温→低氧

日本采用此“双低”组合方式，储藏16%水分的粳稻，粮情安全稳定。

三、“双低”或“三低”储粮的操作要点

进行“双低”储藏或“三低”储藏的粮食水分，一定要在安全标准范围内，粮食入仓（囤）后，必须平整粮面。根据所设计的组合模式先后顺序，进行密封、低温及低药量操作。

1. 密封粮堆

如本章第二节所述，对粮堆或仓房进行密封。

2. 施药

施用磷化铝剂量为1～2g/m^3。施药剂量及药效与密封时间的长短，相对湿度、温

度、气体比例都有很大关系。此外与虫种、虫口密度等因素有关。

根据具体情况用药剂量有所增减。如果粮温高，虫口密度大，剂量在 1～2g/m^3；若含 O_2 量高，剂量应大些，CO_2 含量高，剂量小一些；当 O_2 浓度降为 8%～12%，CO_2 浓度上升到 4%～10%，磷化铝的合理剂量为 1g/m^3 左右；如果 O_2 浓度为 12%～15%，CO_2 浓度为 4%以下，则剂量增为 1～1.5g/m^3；O_2 浓度为 18%～20%，CO_2 浓度为 5%～6%，磷化铝用量为 1.5g/m^3。如果夏粮高温入库，立即进入气调密封，粮堆 O_2 浓度降到 5%以下，就可不再施药，只要保持密封足够长的时间，低氧本身就能达到防治害虫的目的。

磷化铝施药后密封时间不应少于 14～21d，如果密封时间在 30d 以上，可增加长期防治效果。如果夏季粮食高温入仓，立即进行密封，降氧速度快，效果好。

"双低"和"三低"施药方法不同于常规施药方法，它要求施药方法不能破坏粮堆的低氧或低温环境。

1）埋藏投药法

透气布袋长 18cm，宽 10cm，每袋装药不超过 45g，密封前将药袋埋入粮堆 30～50cm 深或中间部位，梅花形布点，按投药点数目均匀分布，点与点间距离为 1.5m。投药后进行粮面密封。

2）拉绳施药法

即在密封粮面之前，按仓房大小设置若干条牵引药袋绳（绳长为所需尺寸的 2 倍），绳长的一半留在膜外，另一半封在膜下，只将绳头留在膜外。待粮堆降氧达到要求时，用小布袋包好磷化铝片剂，系在膜外部分的绳上预定部位，牵引预留在膜外的绳的另一端，将药袋牵引到薄膜内，投药于粮面上预定施药点位置。

3）埋雷施药法

事先制好药雷（将磷化铝药剂封装于 200ml 大口药瓶中，由瓶盖处拉出一条引绳，牵拉引绳，可带动瓶盖开启），密封粮堆前，将药瓶倾斜埋入粮堆 30cm 以下，绳头留在粮面，待粮堆降氧达到要求时，牵拉绳头打开瓶盖即可。

4）环流熏蒸法

如果仓房具有环流熏蒸系统，可利用该系统进行环流熏蒸，效果更好。

3. 低温操作

低温应尽量利用各地的自然低温来进行，如利用低温季节打开门窗降低粮温，或采用机械通风降温，至气温回升时再进行密封、低氧、低剂量或熏蒸处理。

4. 注意事项

（1）如果在组合中有低氧环节，鉴于二氧化碳与磷化氢的混合使用有明显的增效效应，应尽可能先密封粮堆进行自然缺氧，使二氧化碳上升到 4%以上，再施用少量磷化铝，杀虫效果更好。

（2）"三低"储粮的自然降氧应在粮堆各部位的温度都高时进行，随后采用通风降低粮温。这样处理程序对害虫防治有较好的效果。气调处理后，尽可能地获得害虫最高死亡率，而冷却粮堆则降低了残存害虫繁殖率，因此进一步促进粮食的安全储藏。

(3) 采用“双低”或“三低”储藏。如果粮堆密封不严或施用剂量太少，施药方法不当，粮堆内某些耐药性较强的虫态往往不易被杀死而残存下来。在其世代发育的过程中，残存的害虫如继续与微量的、未达致死浓度的磷化氢气体接触后又未杀死，就会不断地提高对磷化氢的耐受力。这种特性可以遗传给后代，并经若干世代的诱导、筛选，该虫种会普遍提高对磷化氢的抵抗力，而后发展成抗性小种。为了防止害虫对磷化氢产生抗性，采用低剂量密封，尽可能在入库后害虫尚未大量发生以前及时进行，剂量要合理，施药要均匀，严格密封粮堆，使磷化氢气体均匀地分布在粮堆各个部位，一次将害虫全部歼灭。

(4) 粮堆内部磷化氢气体浓度的测定。可用磷化氢气体检测仪或比长式磷化氢气体检定管（将硝酸银或硫酸铜溶液处理过的硅胶粉装入玻璃管中制成，磷化氢能与硝酸银或硫酸铜作用，生成黑色磷化银或磷化铜），检测熏蒸环境或粮食中有无磷化氢毒气的存在。

思考题

1. 气调储藏的原理是什么？对粮食品质有何影响？
2. 气调储藏对仓房的气密性是如何要求的，如何测定仓房气密性？
3. 如何进行粮堆密封操作，如何检查粮堆的气密性？
4. 气调储藏的方法有哪些，具体应用原理是什么？
5. 气调储藏如何管理？
6. 何谓“双低”、“三低”储粮，其技术要点是什么？

第四篇　粮食储藏各论

第十章　谷类粮食的储藏

➢ **本章内容要点**

1. 掌握稻谷、大米及糙米的储藏特点和主要储藏方法。
2. 掌握小麦及面粉的储藏特点和主要储藏方法。
3. 掌握玉米储藏过程中品质变化规律和主要储藏方法。
4. 了解种子粮的储藏特性。

粮食是一类季节性生产全年消费的特殊商品，粮食收获后还是活的有机体，在到达消费者手中之前由于自身的生命活动会使其食用品质和种用品质逐渐降低。为了确保粮食的固有品质，必须采取科学合理的技术措施，以延缓其品质的下降。

第一节　稻谷和大米的储藏

我国是世界主要的稻米生产国，种植面积分布在南北方，以南方温暖地带为主，产量高，有很多品质优良的品种，在国家贮备粮中占有重要地位。

一、稻谷的储藏

1. 稻谷的储藏特性

1）稻谷的结构特征

稻谷籽粒具有完整的内外稃（稻壳），对温、湿度影响和虫、霉等危害具有一定防护作用，同时稻壳的水分又偏低，这些结构上的特点，使稻谷在储藏过程中稳定性相对较好。但是由于稻粒表面粗糙，粮堆孔隙度大，易受不良环境条件的影响，使粮温波动较大。另外，稻谷籽粒的组织较为松弛，耐热性差，陈化速度快，特别是经过夏季高温后，品质下降明显。

2）稻谷的生理特性

因为稻谷的种胚成熟较早，因而稻谷的后熟期很短，籼稻无明显的后熟期，粳稻也只有 4 周左右。大多数稻谷收获后即具有发芽能力。稻谷发芽所需水分比其他粮种要低，只要水分达到25%就可发芽。

稻谷在正常储藏条件下，其呼吸作用在收获的1～2年内较高，而后逐渐降低趋于平稳。在一定温度条件下，稻谷呼吸强度随水分含量增加而增强，如储藏温度在10～20℃，稻谷水分低于16%，呼吸微弱；当水分高于16.5%时，呼吸作用便明显增强；水分在17.5%时，呼吸作用旺盛。因此，稻谷的水分决定其储藏稳定性。当然稻谷的安全水分标准还与温度、品种等情况有关。

3）稻谷的生化特性

稻谷的耐藏性较差，特别是经过夏季高温，陈化明显，常常表现为脂肪酸值升高，发芽率下降，酶活性降低。其中籼稻稳定性好于粳稻，糯稻稳定性最差。收获一年以内的新稻谷呼吸作用较强，以后由于稻米胶体脱水变成凝胶，含水量降低，硬度增加，所以陈谷储藏稳定性较强，利于长期储藏。但是在长期储藏中，还应注意稻谷的品质劣变指标的变化，并及时掌握营养成分的变化和污染情况。特别注意稻谷的热稳定性差，在储藏中要做到适时“推陈储新”。

稻谷在储藏期间，其内部含有的营养物质会随储藏期的延长，发生各种各样的不同程度的变化。稻谷的淀粉含量在储藏期间的变化极微，在储藏三年以后有下降趋势。但淀粉在质的方面变化较明显，如结合碘的能力、黏度等方面。另外在储藏期间还原糖增加，非还原糖减少。糖的变化主要受储藏温度的影响，其次是水分。在－20～5℃的条件下，含糖量基本无变化，但在25～35℃下，则变化较为显著。

在正常的储藏条件下，稻谷的蛋白质在量上是稳定的。但是蛋白质的特性或者说在质的方面，随储藏期的延长，而发生了变化，如不同程度的水解和变性。酶是具有生理活性的蛋白质，因此储藏期间的变化与蛋白质的变化趋势基本相同。然而酶的最突出的变化，主要在于其活性随储藏时间的延长而降低。

由于稻谷中的脂肪未能直接曝露于空气中，因此稻谷中的脂肪在短期内较为稳定。另外，稻谷中也含有一定量的天然抗氧化剂。但随着储藏时间的延长，稻谷受外界条件的影响逐渐显著，脂肪酸值增加，脂肪酸败产物产生。此时稻谷失去原有新稻的气味，取而代之是酸败产物醛酮的气味，严重时使稻谷失去原有的感观特征，食用品质降低及卫生品质下降。另外，据研究，稻谷在储藏期间，其脂肪酸的组成也稍有变化。

脂肪酸值是稻谷常用的品质指标，在一般房式仓条件下储存的稻谷，第一年脂肪酸值可增加1倍，以后增长速度减慢。但不适宜的高温和高水分，均可加速脂肪酸值的增加，另外霉菌也可加速酸败作用。

在合理的储藏条件下，稻谷中的维生素变化较小，尤以B族维生素更为稳定。稻谷中的维生素主要是水溶性的B族维生素，也含有少量维生素A和维生素E。

4）稻谷的储藏特性

（1）易陈化、不耐高温。稻谷脱壳后，米粒上若出现裂纹就称爆腰粒。稻谷爆腰后，加工时碎米增加，出米率降低；加工后的稻米商品价值低，且难以储存。储藏过程中，特别是在稻谷的干燥及晾晒过程中，要注意降水速度不宜过快，以防止爆腰。

水分为22%～26%的高水分稻谷，如果进行高温快速干燥后很快吸湿，就会增加爆腰率。因此，较为潮湿的稻谷最好进行自然干燥。如果采用人工加热烘干，则应注意控制加热温度、时间、烘干速度及水分的变化，以免爆腰率升高，降低加工大米质量。

高温还可导致稻谷脂肪酸值增加，加工大米的等级也明显降低。水分含量与储藏温度越高，脂肪酸值上升越明显。高温后，稻谷的陈化还表现在酶活性降低、黏性下降、发芽率降低、盐溶性氮含量降低、酸度增高、口感和口味变差等。

稻谷即使没有发热，随着保管时间的延长，也会出现不同程度的陈化现象。这主要是因为酶活性降低所至，通常新稻谷中 α-淀粉酶及过氧化氢酶活性很高，过夏后活性明显下降。稻谷的陈化速度，对于不同种类和不同水分、温度的稻谷是不同的。通常籼稻较为稳定，粳稻次之，糯稻最容易陈化。水分、温度均低时，陈化速度慢；反之，水分、温度均高时，则陈化速度快。

(2) 结露。储藏保管中由于温度波动，湿度过大，在温度变化中使水汽达到露点，在散存粮堆表层结成水珠，俗称“出汗”，是引起局部发热霉变的重要原因，也是稻谷保管中较突出的问题。特别是夏季新入库的早、中稻，生理活性强，粮堆湿度高，秋季天气转凉时，粮面下 30cm 左右处最易结露。春暖后，由于温差使高水分的稻谷由局部可发展到大面积发热霉变。

(3) 发热霉变。稻谷收获前后都可能由于温度高、湿度大而发热生霉，需立即分堆摊凉、脱粒、热晒和烘干，避免损失。

稻米入库保管期间，水分含量是控制发热霉变的主要因素，含水量越高越易感菌发霉，若含水在 17%以上，即使在冬季也易发热。稻谷散堆发热部位一般先从水分高、湿度高、含杂质多的部位开始，逐步向其他部位扩散。发热霉变的早期现象是局部水分增高，米粒潮润，发黄，散落性降低，籽粒发软，硬度降低，出现霉味，色泽开始微显不鲜艳，继后冷白或出现灰绿色。若及早发现，即时采取措施处理，米质变化不大。继续发展则明显发热霉变，大米光泽减退，香味消失，黏性降低，酸度增加，食用品质降低。

(4) 易黄变成黄粒米。稻谷在收获期遇长时间连续阴雨，未能及时干燥，常会在堆内发热产生黄变，黄变的稻谷称为黄粒米、沤黄谷或稻箩黄。稻谷在储藏期间也会发生黄变，这主要与储藏时的温度和水分有关。实践证明，粮温是引起稻谷黄变的重要因素，水分则是另一不可忽视的原因。粮温与水分相互影响、相互作用，一起促进黄变的发展，粮温越高，水分越大，储藏时间越长，黄变就越严重。

稻谷黄变后，发芽率下降、黏度下降、酸度升高、脂肪酸值增加、碎米增加、品质明显劣变，对其食用品质和种用品质均有较大的影响。

形成黄粒米的原因：一方面是储藏条件不宜引起米粒内生物化学反应，所含的还原糖与游离氨基酸化合生成棕黄色的褐变物质，使大米变为黄褐色；另一方面是由于米粒感染了黄绿青霉、桔青霉、岛青霉等霉菌，这些霉菌还可能分泌黄曲霉毒素等毒性很强的物质，必须从加强储藏保管措施上加以杜绝。

2. 危害稻谷的主要害虫

危害稻谷的贮粮害虫至少有 20 多种，主要有玉米象、米象、大谷盗、锯谷盗、长角谷盗、拟谷盗、谷蠹、米出尾虫、麦蛾、粉斑螟蛾等，其中尤以玉米象、麦蛾危害较为严重和普遍。

稻谷中的储粮害虫防治，同样要贯彻“以防为主，综合防治”的方针，做好仓库、加工厂和其他有关场所的一切预防工作，使储粮害虫无藏身之地。入库的稻谷应达到干、饱、净和无虫，储藏期间还要注意防止感染；一旦发现或发生害虫，则应积极采取有效的治杀措施，要治早、治彻底。防治储粮害虫还应坚持“安全、经济、有效”的原则，可根据害虫发生的具体情况和所具备的条件，采取检疫防治、习性防治、卫生防治、物理防治、机械防治及化学防治等措施。各种防治方法要相互配合、相互补充，才能收到应有的防治效果，根据具体情况，因地制宜开展综合防治。

3. 稻谷的储藏技术

1）常规储藏

常规储藏是一种基本适用于各粮种的储藏方法。从粮食入库到出库，在一个储藏周期内，通过提高入库质量，加强粮情检查。根据季节变化，采用适当的管理措施和防治害虫，实现安全保管。稻谷常规储藏的主要内容包括有以下几点。

（1）控制水分。使稻米保持在安全水分以下，是安全保藏的重要条件。稻米的安全水分标准应根据品种、地区、气候、季节等条件来确定，稻米的成熟度、纯净度、病伤米粒等对安全水分都有影响。例如，晚稻安全水分可以高些，早、中稻应低些；粳稻可高些，籼稻应低些；稻粒饱满，杂质少，虫、病、伤粒少，则安全程度高。

（2）清除杂质。稻米收获后一般都会有糠灰、稗子、杂草、穗梗、碎叶以及瘪粒等杂质。这些杂质含水量高，吸湿性强，呼吸强度高，糠灰多的粮堆孔隙变小，使堆内积聚湿热不易散发，病菌容易繁殖感染。因此在入仓前应充分除杂，把含杂质量降低量到0.5%左右，就可提高保藏的稳定性，保障储藏安全。入库时要坚持做到“四分开”，即干湿分开，好坏分开，有虫无虫分开，新陈分开，提高储粮的稳定性。

（3）通风降温。稻谷入库后，应根据气候特点适时通风，缩小粮温与外温及仓温的温差，防止发热、结露。稻谷在通风降温后，再辅以春季密闭措施，便可有效防止夏季稻谷的发热。

（4）防治害虫。稻谷入库后，特别是早、中稻易感染害虫，造成较大的损失。因此，稻谷入库后应及时采取有效措施防治害虫。通常防治害虫多采用防护剂或熏蒸剂，以防止感染，杜绝害虫危害或将危害程度降低到最低限度，减少储粮损失。

（5）低温密闭。在完成通风降温、防治害虫之后，冬末春初气温回升以前粮温最低时，因地制宜采取有效的方法，压盖粮面密闭粮堆，以长期保持粮堆的低温或准低温，延缓最高粮温出现的时间及降低夏季粮温。这种方法不仅可以减少害虫和霉菌的危害，而且可保持粮食的新鲜度，没有药物的污染，保证了粮食的卫生。尤其对稻谷来说，低温是延缓陈化的最有效方法。

密闭方式可视仓库隔热性而定，若仓库隔热性良好，达到了低温库及准低温库的隔热性要求，则可采用全仓密闭。密闭时将仓房门窗全部关闭，并用塑料薄膜将门窗封严。如果仓房隔热性能不好，可采用压盖粮面密闭。必要时可采用塑料薄膜密封粮面，如气调储藏中的单面密封；亦可采用干沙或稻壳压盖粮面，以增加密闭效果。盖沙厚度一般为5～6cm，盖稻壳厚度一般为30cm，压盖时要做到平、紧、密、实，以确保效果。在储藏期间所有压盖物要经常检查，如有返潮现象，应及时更换，以免增加表层粮食水分，发生结顶。

对含水分高的晚稻，可利用冬春季进行摊凉，即可降低含水量，同时降温，春季气温回升前趁冷密闭。我国农村多采用这种简单可行的方法，保持稻米干燥低温，推迟陈化，防止病虫害。低温密封还可起到自然降氧功效，若投入低剂量的磷化铝片配合杀虫，以低氧、低药剂的气调与化学保藏相接合，储藏效果更好。

2）气调储藏

采用人工气调储藏能有效地延缓稻谷陈化，同时解决了稻谷后熟期短、呼吸强度低、难以自然降氧的难题。目前，国内外应用较为广泛的人工气调，是充二氧化碳和充氮气调，特别是充二氧化碳应用较为普遍。大量的实践证明，充 CO_2 气调对于低水分稻谷的生活力影响不大，如水分低于 13%的稻谷在高二氧化碳中储藏 4 年以上，生活力只略有降低。但如果稻谷水分偏高，则高二氧化碳对生活力的影响将是明显的。

二、大米的储藏

大米为稻谷的加工品，稻谷去壳（稃）成糙米，再碾皮去胚为大米。大米作为我国人民的主食，全国有 70%以上人口是以大米为主食的。它的食用面广、量大、常年储备任务很重。稻谷加工成大米时增加了破碎粒，并含有不同程度的糠层，米粒外露，直接与外界环境温、湿度因素发生联系，且米粒系富含营养物质的亲水胶体体系，极易受物理、化学因子影响及虫、霉侵害，所以大米储藏保鲜问题就显得非常突出。

1. 大米的储藏特性

1）易爆腰

大米不规则的龟裂称为爆腰。爆腰的大米，影响其工艺品质。米粒产生爆腰的原因与湿度有关，水分吸收或散失过快，爆腰率增加。此外，爆腰与温度有关，大米不耐高湿，不宜急剧加热、冷却，只能在常温下缓慢降温。高水分的大米不宜采用高温烘干或强烈阳光直接暴晒，只能在常温或通风条件下缓慢降水，特别是在高温急剧干燥的过程中，使米粒内部与外层的水分形成差额，米粒组织膨润不均，阻断胶体结构而造成的龟裂是最为严重的。爆腰的大米蒸煮时，变成细碎黏稠糊状体，使食用品质降低。

2）易吸湿

大米中含有断米、碎米、米糠等成分，增加了表面积，因此，它的吸湿性相对大于整粒米，平衡水平大于相应的稻谷水平。

由于大米具有强的吸湿性，在外界水蒸气压高于米粒时，极易吸湿返潮，生霉发热，并促进生理代谢加剧。当水分从低到高增加时，呼吸强度将迅速增大。经紫外线照射处理的呼吸强度相对稳定。

大米吸湿返潮、糠粉多以及生霉是造成发热的主要因素。散装大米发热多在中、上层，包装大米则多发生在上层第 2～3 包，然后向中心部位深处扩展。大米发热霉变的初期，米质变化并不明显，但已呈现香味减退、光泽消失、稍见表面毛糙、黏附糠粉，如及时处理，不影响食用。也有大米粮堆表层局部结露引起的不伴随发热的霉变现象，虽大米水分不高也会发生，需勤加检查才会发现。

3）稳定性差，易陈化

大米没有外壳保护，营养物质直接曝露于外，因此，对外界温度、湿度、氧气的影响比较敏感，吸湿性强，害虫、霉菌易于直接危害，易导致营养物质加速代谢。大米中含有较多的米糠和碎米，堵塞了米堆的空隙，内部积热不易散发。糠粉中含有较多的脂肪，易氧化分解，使大米的酸度增加。所以大米比稻谷容易受潮、发热、生霉、生虫、不耐储藏。

2. 大米陈化过程中的变化

大米在陈化过程中可以发生多方面变化，其中主要的变化有以下几个方面。

1）黏性变化

黏性主要影响米饭的食味。大米储藏期间黏性随着储藏期延长、陈化的进展逐渐降低，尤其经高温过夏后，黏度下降更为显著。影响大米黏性的因素主要是 α-淀粉酶活性的降低，大米中的蛋白质由溶胶变为凝胶，陈米细胞壁较为坚固，使其糊化困难。

2）气味的变化

大米在陈化过程中，新鲜的大米清香味很易丧失，取而代之的是陈米臭味。

3）品质变化

在大米的主要成分中，脂肪和酶的变化最为显著。虽然脂肪的含量比淀粉含量与蛋白质的含量低得多，但在储藏期间大米品质陈化的主要原因却在于脂类物质的氧化。由于大米脂肪易于水解、氧化，使游离脂肪酸增高，淀粉粒的强度增加，陈米煮的饭硬。所以，在大米储藏中，常以脂肪酸值作为灵敏指标，测定稻米中的游离脂肪酸含量，就可以了解米的储藏情况和储藏品质变化情况。脂肪酸值一般随储藏期限的增长而逐渐增加，并与大米品种、水分含量、储藏技术有很大的关系。

除脂肪外，大米中的淀粉在储藏中因淀粉酶的作用而分解，使还原糖含量增加。陈米与低温储藏米相比较，还原糖约多 50%，这种糖为大米的呼吸所消耗。

大米中维生素 B_1 的含量在储藏中也逐渐减少，陈米比新米减少一半左右。

大米的直链淀粉含量与其蒸煮品质有密切的关系，凡直链淀粉含量高的大米其蒸煮膨胀值也高，米饭干松；直链淀粉含量低者，一般出饭率低，米饭黏性强。感官综合评价指标之间的相关系数中，大米淀粉的碘蓝值变化率与食味感官鉴定结果有很高的相关性，相关系数为 0.172。

一般说来，在储藏中大米越趋陈化，其碘蓝值透光率随之变高，储藏温度不同，结果也不同，低温储藏时变化极小，而室温及 30℃下储藏时，碘蓝值显著增高。淀粉-碘蓝值试验中透光率增高，是由于可溶性直链淀粉数量的减少所致，这与陈米的品质劣变是一致的。

3. 大米的储藏技术

大米在粮食中是较难安全储藏的品种，在一些大、中城市储藏量又较大。大米主要集中于南方地区，而南方地区高温高湿给大米安全度夏带来了很大难度，也促使了这些地区储藏技术的发展。目前气调、温控储藏大米已被广泛应用，化学储藏技术已作为高水分大米发热处理的有效应急措施。20 世纪 50 年代那种对发热大米倒包摊晾、机械过筛吹风，已为目前气调、温控等综合防治技术所代替。

1）常温储藏

主要用干燥、自然低温、密闭的方法，将加工出机的大米冷却到仓温后，才堆垛保管。高水分大米可以码垛通风后进行短期保管，或通风摊凉降水后再密闭储藏。

2）低温储藏

采用低温储藏是大米保鲜的有效途径。霉菌在 20℃以下大为减少；10℃以下可完全抑制害虫繁殖，霉菌停止活动，大米呼吸及酶的活性均极微弱，可以保持大米的新鲜程度。

（1）自然低温储藏。我国冬米储藏即为自然低温储藏的很好方式。将低水分大米，在冬季加工，利用当时寒冷条件，降低粮温后再入库储藏，并同时采取相应的防潮隔热措施。使粮食长期处于低温状态，相对延长粮温回升时间，是大米安全度夏的一种有效方法。大米自然低温储藏技术在生产实践中运用很广，其具体做法为：首先，倒散通风。抓住 1～2 月气温最低时机，把包装大米，倒成散装，通风降温，降低粮温到 5℃以下。然后包围压盖。冬季倒散装前，做好“隔墙包围”。散装大米降温后，即进行压盖密闭。包围压盖的目的是保持和延续低温，是冬米保管很重要的关键一环。隔墙包围，可用麻袋或草包装稻壳堆码做围墙；用稻壳、碎麦秆作为压盖的材料，也有用异种粮压盖，如小麦、蚕豆、薯干（丝）等是防潮隔热效果较好的粮种。最后，撤压通风。当进入 9 月后，气温和仓温已逐渐下降，为消除粮堆湿热聚积和粮温继续上升现象，采取及时撤压，使粮堆周围和表面都能得到气体交换，同时深翻粮面，加强门窗夜间通风等管理，这对防止大米表层结露、生霉及降低粮温起到良好效果。

（2）机械制冷储藏。这是当前先进的低温储藏技术，在我国大城市中相继建造低温库解决大米过夏储藏问题，但尚未普遍应用，很大程度上取决于粮库专用制冷设备的发展。低温库设有完整的空气温、湿度的调控系统及冷风循环方式，能自动调温常年在 20℃以下。低温储藏大米比常温储藏变化小，易保持大米品质，有效地防止害虫和微生物的危害。

（3）空调准低温储藏。20 世纪 80 年代中后期随着空调机在我国的普及，空调储藏大米也变得较为普遍。在仓房中安装一定数量的窗式空调机，使仓温在夏季不超过 20℃或略高于 20℃，基本上达到准低温储藏的温度范围。这在一定程度上可以达到机械制冷的储藏效果，并较机械制冷储藏更具投资小、设备易于操作的特点，很受基层粮库欢迎。

3）气调储藏大米

气调储藏目前常用的有自然缺氧、充氮、充二氧化碳等几种。

（1）自然缺氧。用塑料薄膜密封米堆，可防止吸湿和虫害感染。郑州粮食学院试验，大米水分 13.6%～14.0%，采用 0.14mm 塑料薄膜密封，在 5 月上旬密封 88d 后试验堆相继达到自然缺氧，氧浓度为 0.4%～2.7%，二氧化碳上升到 9.5%以上。降氧的速度与温度关系密切，粮温在 28～29℃时下降速度最快。储藏 8 个月，有效地达到了无虫、不发热、不变质，安全过夏。

(2) 充氮。是将大米用塑料薄膜严密封闭，抽出膜内空气，接近真空状态。而后充入适量氮气，保持膜内外气压平衡，避免漏气。这种方法促进粮堆迅速绝氧，能降低粮食呼吸强度，抑制微生物繁殖，并杀死全部仓虫，基本上控制了粮堆内部产生热量的来源，从而达到大米安全度夏的效果。

(3) 充二氧化碳。生产性试验气调储藏大米，每 10t 粮充入 10kg 二氧化碳，用塑料薄膜密封储藏，有抑制虫、霉，发热，脱糠，保持米质正常过夏的效果。采用小包装“冬眠储藏”保鲜，每袋大米 3～5kg，充二氧化碳保鲜储存，常温下可安全储藏 1 年以上。大米小包装充二氧化碳后密封，经 36～48h 后，由于大米吸附了袋中的 CO_2，袋内呈真空的胶实状，利于携带、运输和销售，是大米储藏中较有前途的一种，特别是有利于市场销售和家庭用粮。

4）化学储藏大米

化学储藏使用的化学药剂主要为磷化铝。以往也曾用过氯化苦和环氧乙烷等药剂。储藏中的大米发热，采取化学储藏可达到降温效果，使大米在一定时间内处于相对的稳定状态。气调储藏的大米在绝氧前后，投入适量的磷化铝，还可达到抑制霉菌、防止异味的作用。在生产中多应用磷化氢气体储藏高水分大米，可以预防大米发热霉变。

发热大米储藏期间，每立方米施用磷化铝 3 片（每片重 3g，产生 1g 磷化氢气体），杀菌效果可达 90%～97%，大米呼吸强度减弱，粮温、粮质均趋于稳定。但当粮堆磷化氢浓度低于 0.2mg/L 时，不能抑制微生物活动，大米呼吸强度增加，会使大米发热。如需继续储藏则要补充施药，如粮堆氧浓度降到 0.2%以下，也可继续储藏。

上述大米储藏的几种方法，应互相配合，灵活应用。机械制冷储藏、抽真空、缺氧、气调（充二氧化碳及氮气）储藏，对黄曲霉、白曲霉等优势菌均有抑制作用，对霉菌防止效果是良好的。气调方法可应用于水分 14%～15%以下，温度 34℃以下的大米，偏高的粳米水分可放宽到 16℃以下均可安全度夏。从常年保管的角度出发，利用秋冬低温干燥，能较好地保持大米品质，对一些水分偏高的大米，夏季采取缺氧保管，和充氮或二氧化碳延长保管期，或以化学储藏保证过夏。这就构成了一年四季保管大米的比较完整的技术体系。

三、糙米的储藏

糙米是指除了外壳之外都保留的全谷粒，即含有皮层、糊粉层和胚芽的米。由于口感较粗，质地紧密，煮起来也比较费时；但是糙米的营养价值比精白米高。与全麦相比，糙米的蛋白质含量虽然不多，但是蛋白质质量较好，主要是米精蛋白，氨基酸的组成比较完全，人体容易消化吸收，但赖氨酸含量较少。由于含有较多的脂肪和碳水化合物，短时间内可以为人体提供大量的热量。

糙米的储藏性能介于稻谷和精米之间。虽然糙米的耐藏性高于精米，但它的储藏时间长，不仅要达到精米保鲜的各项指标，而且要保持良好的工艺品质，不裂变，不爆腰，加工精米时，碎米不超标。因此，它的保鲜难度不能低估。

1. 糙米的保鲜理论

日本的粮食储藏主要是糙米，其糙米保鲜的理论是：粮食在储藏期间，不仅要防止虫、霉、鼠的危害，而且要尽可能延缓营养成分劣变的速度，保持粮食的品质，达到新鲜的目的，使之在较长的时间内具有良好的色香味，即尽可能保持储粮的生命力。

在相同的储藏条件下，稻谷、糙米、精米三种形态中，稻谷有外壳保护，虫、霉不易侵蚀，有利保鲜。但从粮食流通，经营管理的角度考虑，储存稻谷是不经济的，因为稻谷比糙米、精米多占30%～40%的仓容和增加相应的运输装卸量及其经营管理费用；同时在城市加工稻谷，灰尘大、稻壳多，严重污染周围环境。精米虽然少占仓容，但失去了皮层的保护，碎米及残存的粉尘易于招致虫、螨、霉的危害，难以保鲜。更重要的是，精米失去了胚，完全丧失了发芽能力，日本称为“死米”。比较而言，糙米不仅少占仓容，减少工作量，同时仍保存着皮层、胚芽，具有发芽能力，还是“活米”。虽然糙米的耐藏性逊于稻谷，但只要储藏措施得当，糙米和稻谷一样，可以较长期地保持新鲜度。基于上述理论，糙米得以进入流通，城市将储存糙米，具有巨大的经济、社会效益和良好的生态效益。

2. 糙米在储藏期间的品质变化

糙米脂类物含量较大米高是因为糙米中保留了胚和糊粉层，糙米的脂类中非极性脂含量高于极性脂，其非极性脂含量比大麦、小麦、黑麦都高得多。由于其脂类物含量高，在储藏过程中脂肪水解以及在有氧的条件下脂类物会相互作用，引起水解性酸败和氧化性酸败，导致糙米品质下降，进而酸度增高，糊化物特性发生变化，糙米黏度下降并出现陈米臭。新鲜稻谷加工出的糙米总脂肪含量为2.90%～3.44%，在10℃储藏13年后，总脂肪含量为2.93%～3.19%，可见低温低湿环境下储藏的糙米，脂类物含量变化较小。

糙米储藏后，软脂酸和亚油酸含量会相对减少而油酸含量会逐渐增加，这是由于脂氧合酶的活性增大，亚油酸又是脂氧合酶作用底物，它受自动氧化及其他因素综合作用，结果亚油酸含量会相对减少而油酸含量相对增加。

在相同储藏条件和方式下，糙米的水溶性酸值要高于稻谷，常规储藏8个月后糙米水溶性酸值为67.4，而稻谷为66.0。

过氧化氢酶活性高低是表明糙米新鲜程度的敏感指标，在常温下储藏的糙米极易陈化，过氧化氢酶也会发生明显降低变化。

糙米在常温下储藏一年，米粉的开始糊化温度增加较大，最高黏度温度增高不明显，最高黏度值和黏度终点值有所下降，米饭蒸煮时的吸水率减小，膨胀率增大，米饭黏度下降，饭粒松散，出饭率增高。这说明经一年的储存，糙米的淀粉粒晶体结构已发生明显变化，糙米已开始陈化。

3. 糙米的储藏要求

糙米进城涉及流通领域各个环节，是一项系统工程，各个环节必须衔接配套，才能做到全面防虫保鲜效果。

1）要求低温干燥（日本称之调和干燥）

对收获的高水分稻谷采用38～55℃低温循环方法干燥，将水分降到14.5%～15%，使稻谷在干燥过程中不降低发芽率，减少爆腰和焦粒。

2）保持糙米的完整

稻谷加工时，必须保持糙米的完整，皮层不损伤，胚部不脱落，具有良好的发芽能力。

3）提高糙米的纯度

在加工中将青粒、白片、破碎粒、灰杂等清除干净，达到饱满、纯净的要求，以提高储藏的稳定性。

4）加强原粮和糙米的初期保养

防止害虫、螨及微生物感染。

5）低温仓的设计

不仅要保持低温，而且要恒湿，供糙米储藏在一个恒定的环境内，仓温15℃或20℃以下，仓内相对湿度70%～80%。

4. 糙米的储藏方法

1）低温储藏

低温储藏法是糙米储藏的最佳方法。低温储藏糙米，可使糙米处于休眠状态，减弱呼吸，糙米呼吸中的干物质损耗、营养成分以及食味值变化微小。采用低温法保藏糙米，温度控制在16℃～18℃以下，湿度控制在65%～76%，每年除6～9月天气较热时开空调，其他月份可将仓温控制在20℃以下，糙米储藏一年后，米质保持良好。

日本为了保持糙米的品质，特别是在越夏时，普遍采用低温储藏，并要求糙米水分控制在13%以下。日本糙米一般储藏一年左右，每年5月份糙米都存放在低温仓，位于乡村的低温仓多为钢结构平房仓，位于城市的低温仓为楼房仓。在每年6、7、8、9月的4个月中，低温仓都需制冷降温，使粮温降至20℃以下，有的在15℃以下。低温仓的隔热材料为泡沫苯乙烯，在15～20℃的低温仓储藏的糙米最长保质期为三年。如果低温仓温度经常控制在10℃以下，相对湿度在70%以下，糙米的保质期可达5年左右。

2）气调储藏

充氮储藏和充二氧化碳储藏糙米，对其品质变化都有一定的抑制作用，糙米品质比常规储藏的要好。对糙米作气调储藏，充入二氧化碳气体，储藏温度在30℃的情况下，糙米在3个月内品质保持良好，而常规储藏的糙米在30℃温度下储藏3个月，品质下降明显。

3）其他储藏法

20世纪80年代日本研究者曾试验过用油对糙米进行减压加热处理，使糙米中的蛋白质凝固稳定，实现长期储藏，效果很好。

用钴辐照处理保藏糙米，辐照剂量分别为1.0kGy、2.0kGy和3.0kGy，试验结果表明，辐照剂量大，糙米的虫、霉能完全得到抑制，但辐射剂量大，糙米品质将受到影响。

在20℃左右的温度中，只能延缓害虫害螨的有效积温时间，不能完全抑制害虫的发育繁殖，特别是害螨更能耐低温。如果在糙米中拌入惰性粉（如硅藻土）或植物性防护剂，既利于防虫保鲜，又免于化学药剂的污染。

第二节　小麦和面粉的储藏

在我国小麦的年产量仅次于稻谷，是我国主要粮种之一。新收获的小麦，经过一段时间的储藏，其种用品质、工艺品质和食用品质均会得到全面改善。小麦适宜长期储藏，是我国主要的长期储备粮种。

一、小麦的储藏

1. 小麦的分类

我国小麦产地的种类与品种极多，各地区相差较大，分类方法也有所不同，常用的分类方法主要有三种。

1）按播种期分类

可分为冬小麦与春小麦两类。我国以生产冬小麦为主，仅在东北、新疆、内蒙古等长城以外气候寒冷地区，种植春小麦。

2）按麦粒皮色分类

可为白皮、红皮及花皮小麦三类。在我国河南、河北、山东、山西、陕西及苏北、皖北等地多种植白皮麦。我国南方各省（自治区），东北、新疆北部多为红皮麦。花皮麦是指同一批小麦中混有红皮麦与白皮麦。

3）按麦粒质地分类

可为硬质小麦和软质小麦两类。麦粒横断在 1/2 以上透明者为硬质小麦，1/2 及以上不透明者称软质小麦。

2. 小麦的储藏特性

1）较长的后熟期

小麦后熟是小麦的重要生理特征之一。小麦后熟期较长。品种不同，后熟期长短也不同。通常以种子发芽率达 80%时作为完成后熟的标志。小麦大多数品种后熟期在 2 个月左右，一般红皮小麦种皮厚、透性差，后熟期长，个别品种达 80d 左右。白皮小麦种皮薄、透性强、呼吸强度高，完成生理后熟作用需要时间短。有些品种在种子成熟 4～5d 天就可发芽，这类品种如在成熟期遇雨，易造成穗上发芽。小麦的后热期与气候条件也有关系，干燥年份生长的小麦后熟期较短。后熟作用除与品种和年份有关外，收获后储藏期间后熟进行快慢与环境条件也有很大关系。收获后要进行曝晒，贮存期适当加温（40～45℃），促进其干燥，同时保持通风，则可使细胞酶的作用加强，促进子粒后熟过程。

小麦后熟是储藏物质由量变为主转到质变为主的生理活动，所以在后熟期间生理活动旺盛，呼吸强度高，使小麦储存极不稳定，要防止后熟作用转变为自热作用。为保障小麦安全度过后熟阶段，小麦脱粒后要充分干燥，含水量降到 12%以下，清理杂质及有害物，即使粮堆表温升高后，仍会自行恢复正常。入库后要勤查粮情，防止结露霉坏。小麦在完成后熟作用后，品质有所改善，储藏稳定性有所提高。

小麦在后熟过程中，含氮物质的化学成分变化最大，主要转变方向由氨基酸合成蛋白质，同时合成蛋白质聚合体，籽粒的酸度降低，酶的活性也会减弱。

除了生理后熟作用外，对于小麦往往还存在一个工艺后熟，完成工艺后熟的小麦，面筋含量增加，吸水量增大，出粉率高，面粉品质好。

2）较高的耐热性

小麦具有较强的耐热性，蛋白质和呼吸酶具有较高的抗热性，在50～55℃下的小麦的呼吸酶仍发生作用，蛋白质也不会变性。据测定，含水量在17%以上粮温不超过46℃，或者是在含水量17%以下粮温不超过54℃，其酶活性不会降低，种子也不会失去发芽能力。特别是低含水量时对较高温度影响具有较高的稳定性。磨成面粉的品质，不仅不会降低，反而有所提高，用这种面粉作成的馒头松软而膨大。在水分含量少，温度不超过50℃情况下，短期储藏其加工品质不会明显下降。小麦的耐热性为小麦高温干燥、趁热入仓储藏提供了理论依据，但温度超过55℃，面筋会变性。我国各地利用小麦这一特性，采用高温密闭储藏，既能防治虫害，又能在一定时期内保持种子生活力。但通过后熟的麦种，其抗热性降低，忌用高温处理。

3）较强的吸湿性

小麦籽粒皮层薄，组织松软，含有大量的亲水物质，极易吸湿。因此在储藏期间很容易受到外界潮湿环境的影响。使小麦含水量增加。小麦吸湿后，麦粒体积膨大，粒面粗糙，容重减轻，千粒重增大，散落性降低，淀粉、蛋白质水解加强。容易遭受微生物侵害，加速仓虫繁殖，引起发热霉变或在仓内发芽。因此认真做好防潮工作，是安全储存小麦的重要环节。

白皮小麦吸湿性大于红皮小麦，软质小麦的吸湿性大于硬质小麦。秕粒、虫蚀粒的吸湿性大于完整而饱满的籽粒。小麦胚的吸湿性较高，皮层次之，胚乳最慢。实验表明，当空气湿度增大时，麦粒含水量也增大，小的麦粒增加4.65%，大的小麦粒增加3.95%。

由于小麦的平衡水分较高并且吸湿能力较强，对小麦储藏设备需具有防水性能，在储藏期间要防止回潮。

小麦的吸湿性还可影响其呼吸强度，如白皮麦吸湿性强，带菌量大，其在储藏期的呼吸强度大［13.58～14.76mg CO_2/(100g·24h)］，而红皮麦呼吸强度相应较低［4.72～10.40mg CO_2/(100g·24h)］，由此可见，红皮麦的耐藏性明显优于白皮麦。

4）耐储性

小麦最大的特点是具有较好的耐储性。完成后熟的小麦，呼吸作用微弱，比其他谷类粮食都低。正常的小麦，水分在标准以内（小于12.5%），在常温下一般储存3～5年或低温（15℃）储藏5～8年，其食用品质无明显变化。

5）易受虫害

小麦是抗虫性差、染虫率较高的粮种。除少数豆类专食性虫种外，小麦几乎能被所有的储粮害虫侵染，其中以玉米象、麦蛾等危害最严重。小麦成熟、收获、入库正是夏季，正值害虫繁育、发生阶段，入库后气温高，若遇阴雨，就造成害虫非常适宜的发生条件。

3. 小麦储藏中粮堆异常现象

小麦在储藏期间无时无刻不受外界环境的影响，麦粒本身也不断地进行着一系列生理活动和生化变化。储藏条件适当时，各种变化具有一定规律，人为可以控制，保证在相当长的时间内稳定而安全。但事实上。由于储粮数量庞大、类型复杂、环境条件的多样变化，在长期储藏过程中，难免发生这样那样的异常观象，如发热、结顶、出汗、霉变等。

1）麦堆结顶、结露

小麦入库后，由于呼吸作用产生水分，而麦堆内的水分会发生转移，尤其在秋冬季节水分逐渐向表层转移，使上层麦粒吸水膨胀，造成结顶。严重的导致表层小麦发芽、发热或霉烂，完全失去种用价值。堆上层的锥形体越突出，结顶的危险性越严重，结顶多在表层 30cm 以内。主要原因之一是新麦入仓后，进行后熟作用。呼吸旺盛产生大量的水分，并释放大量的热，使堆内温度增高，湿度加大，这些水汽上升到温度较低的粮堆表层，被麦粒吸收，膨胀形成结顶。水分越大，越易形成结顶，所以储藏新麦时应特别注意。另一种原因是粮堆内、外产生较大的温差所致，特别是秋冬季节外界气温下降，麦堆内部湿、温度仍相当高，使麦堆的不同层次产生温差，冷空气逐渐侵入粮堆内部，湿热气流同时向上升高，就携带一部分水分与热量从粮堆内部重新上升到表层。此时遇到表层低温，相对湿度增高，达到过饱和状态时，就有一部分水凝结在表层的麦粒上而被吸收，导致结露。

结露是小麦储藏中遇到的另一种水分变化形式。是小麦在储藏过程中，由于温、湿度发生变化，水分随粮堆空气流动的转移而出现的水汽凝结现象。即外界环境温度下降，种子表层水分进行凝结。粮堆结露的预测是以测算粮堆内外露点为依据。预测出露点温度，然后采取预防措施。

2）“出汗”现象

小麦“出汗”的原因主要是刚收获小麦，后熟作用尚未完成，呼吸作用相当旺盛，继续进行着物质的转化作用，同时放出一定量的水分，由呼吸放出的水分在通风不良的情况下愈积愈多。所以“出汗”表示小麦尚处在后熟期中，进行着旺盛的生理、生化变化。

小麦“出汗”的形成，引起粮堆湿度增大，以致出现游离的液态水吸附在表面，会引起籽粒的回潮、发热，同时也为微生物活动造成有利的环境条件，严重时麦粒就可能霉变结块甚至腐烂。

预防“出汗”应在储藏刚收获的种子时，要摊凉晒干，降低水分促进后熟作用。

小麦出汗和结顶、结露很相似，但它们导致的原因却截然不同。“出汗”主要是内因，是小麦细胞内部生理、生化活动释放出大量的水分所造成；而“结露”是由于粮堆周围大气中温、湿度与小麦本身的温度及水分存在一定差距所造成，产生矛盾的主要方面是外因，即大气中温湿度的变化。在小麦储藏中，必须同时对内因和外因加以考虑，探索其变化规律与相互影响，制定出小麦长期安全储藏的措施及方法。

3）"自热"现象

小麦自热是麦粒和微生物活动过程的复杂综合现象，麦堆温度升高，散发出热量，使小麦品质降低，甚至败坏。

小麦自热是从生理作用（呼吸）开始的，由于呼吸过于旺盛的原因使小麦含水量增大，而含水量大的原因较复杂。由于呼吸作用旺盛使麦堆温度迅速升高，麦堆温度达到20～30℃，空气相对湿度达82%～85%，小麦自热作用较旺盛。自热作用温度高至65℃，细菌便死亡。这时化学氧化作用开始进行，使温度达80℃。

小麦自热一般分三个时期：第一期呼吸加强，温度达24～30℃，麦粒表层轻微发汗；第二期温度达34～38℃，麦粒表层明显发汗，出现带有轻微的麦芽味和烤面包的发酵产物气味。化学成分变化方面，除了积累可溶性糖之外，酸度大增，有乙醇产生，面筋发热变性，含量降低；第三期温度高达50℃以上，发出很浓的酒精味、酸味以及氨的气味，后又转为腐臭味，此时小麦腐烂。自热各期都不是孤立进行的，保持着紧密的联系和顺序性，一期过后，随即代之以另一期。

根据发热窝产生的部位不同，自热可分以下几类：下层自热，多发生在夏末和秋季；上层自热，多发生在春季；窝头自热是最常见的一种现象；垂直层状自热，多发生在圆筒仓型储藏库。

自热现象发生的原因很多，如麦粒潮湿、混杂，有未成熟粒、粮堆太厚等。混杂自热除杂质含水量高以外，也因为有机和无机杂质上存在大量微生物，促进粮堆呼吸发热。自热对小麦品质影响很大，自热作用初期对小麦的发芽率和烘烤品质就有极大的影响，在麦堆出现高温和气味之前，小麦已开始腐败。根据自热程度的不同，小麦的腐败可分4类：带有麦芽气味、带有霉腐气味、带有腐烂臭味、变黑了的小麦。

自热对小麦加工品质影响最大的是面筋含量减少，虽然麦粒本身及其磨成的面粉蛋白质含量大体仍能保持正常，然而烤制的面包价值却大大降低了。自热对面食品制作有不良影响，实质上是由于高温对面筋蛋白质的直接作用，高温下面筋蛋白质首先降低膨胀力，如果温度继续升高就会完全变性并失去生成面筋能力。麦粒酸度和酶的活性增大，麦粒中的有机物质也开始剧烈分解。

若发热不足以发生蛋白质热凝作用的时候，会造成面筋的结实化，减小它的水化能力，同时降低面筋含量。虽然这些并不影响面包体积，但已有发霉的气味。

麦堆温度升高至60～65℃，能引起蛋白质完全凝固，破坏面筋形成。面团品质变坏，面包体积减小。

面筋蛋白热凝固是不可逆的。自热较轻的籽粒可以和正常小麦搭配使用，搭配比例必须通过试验来确定。

小麦自热作用是一种极其有害的过程，对小麦品质带来极大的损害。为了防止小麦的自热作用，必须做到小麦充分成熟时进行收获，彻底消除杂质和虫害，含水量迅速降到12.5%～13.5%以下，还可用干燥的冷空气对麦仓进行通风。

4. 小麦储藏期间的品质变化

蛋白质是小麦营养成分和加工品质的主要标志，保持蛋白质含量和质量是小麦储藏的主要任务。在正常储藏中小麦蛋白质变化很小，而且极为缓慢。

小麦如果储藏不善，其蛋白质就会发生变性和分解。如面筋蛋白质就会丧失其吸水能力和膨胀能力，使面筋失去原有的弹性和拉力，影响小麦的食品加工和种用价值。一般蛋白质变化是因蛋白质受热而引起热变性，引起热变性的条件一般是温度、受热时间和小麦本身的水分。温度达到 55～60℃便可能发生热变性，受热时间越长变性程度越大，小麦的水分越大蛋白质越容易发生变化。

小麦储藏中涉及一系列生物化学方面变化，总的变化趋势是非还原糖和总糖减少，还原糖增加，这种变化过程就是小麦原有成分的分解过程。储藏期间 α-淀粉酶和 β-淀粉酶分解籽粒中的淀粉，转化成糊精和麦芽糖。有的研究已证实，小麦储藏初期淀粉酶活性有所增加，淀粉水解促使还原糖显著增加，但若小麦水分≥15%时，往往呼吸活动增强，结果还原糖被消耗转化成二氧化碳和水，这种情况下既损失淀粉又损失糖，干重也减少。小麦储藏中应尽量延缓这种分解。为此，根据糖在储藏过程中的变化，可判断小麦储藏的好坏。

脂类物质在小麦储藏中产生不良作用。脂肪在储藏中，由于受脂肪酶的作用而分解为脂肪酸和甘油，脂肪酸经氧化产生不稳定的过氧化物，过氧化物继续分解便形成了具有苦辣味的醛或酮类物质，这种现象即称“酸败变苦”，使小麦发生质变。用这种小麦加工成面粉或因储藏不善而变质的面粉制成的食品，吃起来黏牙并有苦辣味，可见脂肪酸值与小麦劣变有关。一般新收获的正常小麦脂肪酸值平均约为 10.9mg KOH/100g，故有人建议正常小麦的脂肪酸值为 20mg KOH/100g，超过这个数值视为不同程度的劣变。

一般原粮储藏中氧化酸败是很少见的，而在面粉中特别是全麦面粉储藏中，氧化酸败是一个严重问题。

小麦在储藏期间的另一特殊劣变现象是褐胚，这是指小麦在储藏期间，特别是含水量偏高，感染霉菌，储藏条件不善的情况下胚部变成棕色、深棕色甚至黑色，褐胚粒常被称做病麦或胚损伤麦。褐胚的发生与酶促褐变、非酶促褐变及霉菌的感染有关。小麦出现褐胚后会导致其发芽率、生活力的降低和游离脂肪酸增加，同时对小麦的工艺品质也有一定的影响，制出的面粉灰分含量高，色深、筋力差，烘烤品质下降。

5. 小麦的储藏技术

小麦的储藏原则与稻谷相同，也是“干燥、低温、密闭”。按照这一原则可确保小麦安全储藏。通常采用的方法有常规储藏、热密闭储藏、低温储藏和气调储藏等。

1）常规储藏

小麦常规储藏方法与稻谷一样，其主要技术措施也是控制水分，清除杂质，提高入库粮质。储存时做到“四分开”，加强虫害防治并做好储藏期间的密闭工作。

2）小麦热密闭储藏法

小麦具有一定的耐高温特性，具有较强的抗温变能力。在一定高温或低温范围内都不致丧失生命力，也不致使面粉品质下降，为小麦高温密闭储藏创造了条件。

具体方法是利用夏季高温曝晒小麦，晒麦时要掌握迟出早收，薄摊勤翻的原则。上午晒场晒热以后，将小麦薄摊于洒场上，使麦温达到 42℃以上，最好是 50～52℃，保温 2h。为提高杀虫效果，有的地方采取两步打堆和聚热杀虫的方法，即在下午 15：00 点左右趁气温尚高时，先把上层粮食收拢（第一步打堆），使粮温较低层粮食再经过曝晒，然后再把这部分粮食收拢（第二步打堆）。聚热杀虫是把达到杀虫温度的粮食收拢，堆成 2000～2500kg 一堆，热闷 0.5～1h，在下午 17：00 点以前趁热入仓。入仓小麦水分必须降到 12.5%以下。入仓后立即平整粮面，用晒热的席子、草帘等覆盖粮面，密闭门窗保温，要求有足够的温度及密闭时间。入仓麦温如在 46℃左右则需密闭 2～3 周，才能达到杀虫的目的。然后可以揭去覆盖物降温，但要注意防潮、防虫。也可以不去掉覆盖物，到秋后再揭。热密闭最好一次入满仓，以免麦温散失，使仓虫复苏。

在进行热入仓时，应预先做好清仓消毒工作，仓内铺垫和压盖物料也要同时晒热，沥青地坪一定要铺垫以免结露或融软，黏着麦粒。

此法须注意的问题：小麦的水分必须降到 12.5%～13.5%以下，小麦日晒时应做到粮热、仓热、工具热“三热”，防止粮堆外层由于温度低而吸湿和结露；高温密闭时间一般为10～15d，适粮温而定。粮温由 40℃往下降为正常，如粮温继续上升，应及早解除封盖物，详查粮情。

3）低温储藏

低温储藏是小麦在储藏中保持一定低温水平，达到安全储藏的目的。陈麦低温储藏可相对保持小麦品质，这是因为低温储藏能够防虫、防霉，降低粮食的呼吸消耗及其他分解作用所引起的成分损失，以保持小麦的生活力。温度越低，损失越小，也能消除害虫和微生物在麦堆内的发育。寒冷并不影响小麦的烘烤品质。有报道，含水量 11.9%的小麦在 4℃条件下储藏 16 年之久，品质变化甚微，并能制成良好的面包。

低温储藏的技术措施，主要掌握好降温和保持低温两个环节，特别是低温的保持是低温储藏的关键。降温主要通过自然通风和机械通风来降低粮温，保持低温就要对仓房进行适当改造，增强仓房的隔热性能或者建设低温仓库，这是发展低温储藏的基础。

小麦的低温储藏方法可分为 4 大类：机械制冷、机械通风、空调低温和自然低温。在我国，利用自然低温储藏潜力较大，除华南地区气候较暖外，大部分产麦区都有 5～0℃的低温期，北方地区全年平均出现 0℃左右温度的时间可达 3 个月以上，这对低温储藏小麦是一个有利条件。据河南洛阳试验，低温季节进行自然冷冻后采用密闭储藏，小麦水分为 12%，粮温中、下层在 20℃，储藏 3 年后能保证正常的品质。对于低温冷冻温度最好不低于－4℃或－6℃，这在我国东北严寒地区尤应注意。一般地区要选择隔热、密闭性能好的仓房，做好密闭压盖工作，增强防热、防潮性能；特别是进入高温季节时，要注意检查粮情，防止外界湿热空气进入仓内，造成粮食结露。

4）气调储藏

气调储藏有三种方式：二氧化碳储粮、充氮储粮、自然密闭缺氧储粮。小麦的气调储藏技术中，主要是使用自然缺氧储藏，最大的优点是保管费用低，无需其他设备，仅需较好的仓房密闭条件。近年来已在全国范围得到推广，并收到了较好的杀虫效果。

因小麦是主要的夏粮，收获时气温高，干燥及时，水分降低到 12.5%以下，这时粮温甚高。小麦具有明显的生理后熟期，在进行后熟作用时，小麦生理活动旺盛，呼吸强度大，极有利于自然降氧。据河南经验，新小麦水分在11.5%～12%，粮温在35～40℃，完成后熟作用以前入仓、密封，入库后21d内，氧浓度可降至1.8%～3.5%，有效地达到低氧防治害虫的目的。小麦降氧速率的快慢，与密封后空气渗漏的程度，小麦不同品种生理后熟期长短、粮质、水分、粮温、微生物、害虫活动等有直接关系。只要管理得当，小麦收获后趁热入仓，及时密封，粮温平均在34℃以上，均能取得较好的效果。

5）“三低”储藏

“三低”储藏是低温、低氧、低药量储藏的简称，是一种综合控制粮堆生态系统的储藏方法。通过人为创造有利于粮情稳定，而不利于虫、霉繁殖生长的小气候，以延长小麦的储藏期限。“三低”储藏可以做到粮食不发热、不生虫、不霉烂、不变质、少污染。

二、面粉的储藏

小麦经加工成面粉后，失去皮层的保护，直接与外界接触，是一种吸湿性很强的粉状物，因此面粉的储藏难度较大。

1. 面粉的储藏特性

1）易吸潮

在相同的湿度环境中，由于在制粉时麦粒中的毛细管结构遭到破坏，使面粉的平衡水分较小麦低。此外，面粉颗粒细小，其活化面积大，有很强的吸湿性，吸湿速度远比小麦快。这就决定了在高湿环境中，面粉易于返潮、结块。在较为干燥的北方地区，面粉水分均匀，储藏中因吸湿而使水分增加的现象并不严重，储藏一段时间后，常有下降趋势。但对于高温高湿的地区面粉吸湿现象严重，值得引起注意。

2）散落性与导热性差

面粉的孔隙度较大，但孔径小，颗粒间气体的流动阻力大，因而面粉的导热性差，通风困难。面粉微粒间有较大摩擦系数，散落性很小，外力的作用可使面粉塑成一定形体，以致面粉自然结块。

3）呼吸微弱

小麦磨粉过程中有些酶类被损失，因而面粉的呼吸强度比小麦小得多。

4）氧化作用

面粉在储藏中，新麦加工面粉，首先是氧化作用，面粉通过“成熟”而改善了工艺品质，表现为吃水力增大，面包体积大而蓬松，面条均匀，食味提高。氧化作用还可以使色素改变，粉色变白。

2. 面粉储藏期间的变化

面粉是完全丧失保护组织的粉状物，粉粒的总活化面大，空气易于进入，因而吸湿作用和氧化作用都很强，而且，在制粉过程中由于微生物进入面粉里面也要引起变化。因此，面粉在储藏中，不论是生化作用或化学、物理和微生物的作用，都能导致面粉的败坏。

1）酸度增加

酸度的增高是由于水溶性有机酸的积累，这是面粉在储藏过程中较显著的变化。面粉酸度变化与其水分和温度有关。另外，霉菌污染也会促使酸度的提高，但在霉变继续发展的过程中，由于蛋白质分解的碱性产物的积累，面粉的总酸度反而下降。

酸度在面粉储藏中常用来评价面粉的新鲜度，当酸度超过 8，面粉出现酸味；酸度超过 6，表示新鲜度已明显变差。在储藏期间，尤其是游离脂肪酸的积累，会在一些外界环境因素的作用下，进一步发生氧化分解，产生一些低分子醛酮，并使面粉出现异味，甚至完全丧失食用价值。

2）出现异味

面粉在储藏过程中会产生酸味、苦味、哈喇味等异味，这些都是由于面粉的品质变化所造成的。面粉变苦或变味的主要原因是储藏中面粉所含游离脂肪酸的氧化。正常小麦制成的面粉，在低温储藏条件下，经长期储藏才有变苦现象，而发过热或发过芽的小麦磨制的面粉经 3～4 个月就会发苦。哈喇味是脂肪酸败产生了大量低分子的醛酮所形成的气味。

3）压紧结块

面粉在长期储藏中，堆垛下层的面粉常因上中层压力影响，出现了压紧现象。面粉结块与水分含量有关，如面粉水分不超过 12%，一般经过倒袋，面粉还可恢复松散原状。面粉水分超过 12%，储藏在不良环境下，压紧的面粉就可能结块。面粉水分在 14%以上，储藏 3 个月以上，压紧的下层面粉就可结块，倒出面粉有块状物，经过搓松后不影响品质。

4）发热、生霉

面粉由于颗粒小，孔隙小，导热性差，同时在水分、温度和霉菌的影响下很易发热霉变。主要是水分、温度和霉菌的影响，一般水分在 12%以下、粮温在 35℃以下，可以安全储藏；水分为 12%～13%，温度在 30℃以下，变化较小；此外，新加工的面粉未经散热和运输途中受高温影响，未经散热的面粉即堆大垛，都能因热量积聚而发热。

5）害虫对面粉的影响

面粉是直接制作面食的成品粮，感染了害虫，不仅是数量上的损失，而且害虫的分泌物和排泄物影响卫生。虫卵和螨类在面粉中难以清除，影响面粉的品质。受拟谷盗严重影响的面粉，可使面包带有异味，杂拟谷盗严重影响面粉的黏度；锯谷盗和黄粉虫感染的面粉，制成面包带有一种化学酚的气味。害虫对面粉品质的影响十分严重。

6）粉色变白

由于面粉中的色素（胡萝卜素等）氧化而褪色面粉出机后，经短期储藏，粉色会逐渐变白。空气进入面粉越多，变白速度越快。

3. 面粉储藏技术

1）常规储藏

面粉是直接食用的成品粮，存放面粉的仓库必须清洁干燥、无虫。根据面粉水分多少，采取不同的储藏方法。水分在 13%以下，可用实垛储藏；水分为 13%～15%的，采用通风垛储存。码垛时均应保持面袋内面粉松软，袋口朝内，避免浮面吸湿、生霉和害虫潜伏。实垛堆高12～20包，尽量排列紧密，减少垛间空隙，限制气体交换和吸湿。高水分面粉及新出机的面粉均宜码成“井”字形或“半非”字形的通风垛，每月应搬捣、搓揉面袋，防止发热、结块。在夜间相对湿度较小时进行通风。水分小的面粉在入春后采取密闭、保持低温，能够有效延长储藏期。

面粉的储藏期限取决于水分、温度。储藏期还与加工季节有关，秋凉后加工的面粉，水分在13%左右，可以储藏到次年4月；冬季加工的可储藏到次年5月；夏季加工的新麦粉，一般只能储藏1个月。

长期保管的面粉要适时翻桩倒垛，调换上下位置，防止下层结块。倒垛时应注意原来在外层的仍放在外层，以免将外层吸湿多的面袋堆入中心，引起发热。大量保管面粉时，新、陈面粉应分开堆，便于“推陈储新”。面粉生虫较难清除，即使重新回机过筛，虫卵和螨类仍难除净；熏蒸杀虫效果虽好，但虫尸留在粉内，影响食用品质。因此，对面粉更应严格做好防虫工作。主要办法是彻底做好原粮、面粉厂、面袋及仓房器材的清洁消毒工作，以防感染，也可用磷化氢进行熏蒸杀虫。据试验，在一般剂量范围内，熏后经7d散气，磷化氢可以消失，面粉可以出库供应。

2）密闭储藏

根据面粉吸湿性与导热性不良的特性，可采用低温入库，密闭保管的办法，以延长面粉的安全储藏期。一般是将水分为13%左右的面粉，利用自然低温，在3月上旬以前入仓密闭。密闭方法可根据不同情况，采用仓库密闭，也可采用塑料薄膜密闭，既可解决防潮、防霉，又能防止空气进入面粉引起氧化变质，同时也减少害虫感染的机会。但新出机的面粉不能进行密闭储藏，特别是不能进行缺氧储藏，必须经过一段时间的降温和完成“成熟”过程，然后再缺氧或密闭，对保持面粉的品质会有较好的效果。

3）低温、准低温储藏

低温储藏是防止面粉生虫、霉变、品质劣变陈化的最有效途径，经低温储藏后的面粉，能保持良好的品质和口味，效果明显优于其他储藏方法。准低温储藏一般是通过空调机来实现的，投资较少，安装、运行管理方便，是近年来面粉储藏的一个发展方向。

第三节　玉米的储藏

玉米又名苞谷、苞米，是我国主要的粮食作物之一。它适应能力较强，在我国栽培面积广，产量高，用途大。籽粒经过初步加工可制成玉米面和米碴，供食用。工业上可制淀粉和提炼出珍贵的玉米胚芽油。

玉米籽粒很大，胚部占的比例也大，种用、食用都不耐藏。玉米的胚是谷类粮食中最大的且含有丰富的脂肪和蛋白质，在储藏期间易吸湿生霉、遭受虫害，储藏稳定性很差。

玉米的种类按皮色分，有白玉米、黄玉米、杂色玉米，当黄、白玉米或其他颜色玉米的混杂超过5%时，统称为杂色玉米；按粒性分，有粳性玉米和糯性玉米两类；按粒形和粒质分，有马齿、硬质、蜡质、粉质、甜质、爆裂等品种，其中的马齿、硬质、蜡质等品种最多，其次是粉质品种。

一、玉米的储藏特性

1. 水分含量高，成熟度不均匀

在我国玉米主产区在北方，收获时天气已冷，果穗外面有苞叶，在植株上得不到充分的日晒干燥，因此新收获的玉米含水量较大。一般新收获的玉米水分往往在20%～35%，在秋收日照好、雨水少的情况下，玉米含水量也在17%～22%。

玉米生长期长，授粉时间也较长，同一果穗的顶部与基部授粉时间相差可达7～10d，因而果穗基部成熟籽粒多，而顶部未成熟的籽粒多，因此同一果穗上籽粒的成熟度很不均匀。未成熟的籽粒未经充分干燥，脱粒时容易受损伤，这些籽粒极易遭受害虫与霉菌侵害，甚至受黄曲霉侵害而被污染带毒不能食用，造成很大损失。

2. 胚部大，生理活性强

玉米的胚占籽粒的比重是相当大的，比其他任何栽培作物的籽粒部大得多。其中储藏极丰富的营养物质，特别是含有发芽时所需的储备物质，以及在籽粒发芽的前期充分利用的一些养料，故吸湿性强，呼吸旺盛。含水量14%～15%的玉米籽粒在25℃条件下储藏，呼吸强度为28mg O_2/(kg · 24h)，相同条件下，小麦籽粒的呼吸强度为0.64mg O_2/(kg · 24h)。

3. 胚的吸湿性

由于胚中含有较多的亲水基，比胚乳更容易吸湿。在籽粒含水量较高的情况下，胚的水分含量比胚乳高。因此吸水性强，呼吸量比其他谷类种子大得多，在储藏期间稳定性差，容易引起种子堆发热，导致发热霉变。

4. 易酸败、易遭虫霉危害

胚中的脂肪含量占整个籽粒中脂肪含量的77%～89%。在储藏期间胚部极易遭受虫、霉侵害，酸败也首先从胚部开始。储藏期间，脂肪酸值随水分增高而增大，在玉米脂肪酸值和总酸度增加的同时，发芽率相应大幅度降低。

玉米胚部营养丰富，成为微生物繁殖和发育的良好基地，而玉米籽粒霉变恰恰是从胚部开始的。

二、玉米在储藏期间的品质变化

在低温储藏条件下，玉米储藏品质较为稳定。在高温储藏条件下，玉米各储藏品质指标均有较大的变化，尤其是玉米的脂肪酸值和降落值随储藏时间的延长变化较为明显，且与储藏时间呈正相关，而发芽率和黏度则随储藏时间的延长变化较为缓慢，且与储藏时间呈负相关。

玉米水分含量较高，一般在15%以上，因而淀粉酶活性强，在储藏过程中会导致籽粒中淀粉水解，从而使还原糖显著增加。淀粉水解的同时也不断进行着呼吸作用，最终促使玉米粒内的淀粉和糖损失。在储藏过程中，若玉米发热，则水解酶活性增强；若玉米受到霉菌污染，则脂肪和淀粉分解过程加剧，水溶性氮含量会随着非水溶性氮的含量减少而增加。霉菌感染越厉害，水溶性氮的增加幅度越大。

玉米的后熟期较短，一般为10～20d，多者达1个月。在后熟期间，主要的变化是籽粒内的物质转化，新收获的玉米在1个月内，单糖、双糖减少，淀粉含量增加。

不同的干燥条件对玉米品质产生不同的影响。烘干的玉米在某些化学成分上发生变化，如脂肪酸和可溶性糖增加，淀粉和蛋白质减少，食用品质降低。因此烘干的玉米不如晒干的玉米耐储。

三、玉米的储藏技术

玉米的储藏以降水为主，可采取粒藏、穗藏、低温压盖储藏等方法。

1. 玉米降水方法

由于降低玉米水分对安全储藏关系十分密切，常用的降水方法有田间扒皮晒穗、通风棚降水、脱粒晾晒烘干降水。

2. 粒藏

粒藏即已脱粒玉米的储藏，又称籽粒储藏。根据玉米的储藏特性，适合低温、干燥储藏。其方法有两种，一种是干燥密闭，一种是低温冷冻密闭。南方地区收获后的玉米有条件进行充分干燥，在降低到安全水分之后过筛入仓密闭储藏。北方地区玉米收获后受到气温限制，高水分玉米降到安全水分是很有困难的，除有条件进行烘干降水外，基本上可采用低温冷冻入仓密闭储藏。其做法是利用冬季寒冷干燥的天气，摊凉降温，粮温可降到－10℃以下，然后过筛清霜、清杂，趁低温晴天入仓密闭储藏。

3. 穗藏

玉米不脱粒，果穗储藏是一种比较成熟的经验，很早就为我国农民广泛采用。玉米属晚秋作物，收获后不易在短期内晒干，未充分干燥的果穗脱粒时，籽粒破损率高、湿度大、带菌量多，对储藏条件要求严格，难安全储藏。新收获的玉米，果穗储藏比籽粒储藏优点多，一是穗轴内的营养物质可继续输送到籽粒内，促使籽粒充分后熟和饱满；二是籽粒继续嵌在穗轴上，籽粒胚部埋藏在果穗穗轴内，对虫霉侵害有一定的保护作用；三是储藏期间，由于穗轴孔隙度大，通风条件好，又值低温季节，因此，尽管高水分玉米果穗呼吸强度仍然很大，也仍能保持热能代谢平衡，堆温变化较小。同时还缓解了玉米收获期劳动力紧张的问题。但果穗储藏占用仓容量大，增加运输量，因此，尚不适合国家粮库储藏。

4. 低温压盖储藏

1）通风降温

一般在11月至次年1月，分三次通风降温，使粮食达到9℃左右，防止能耗过高。保证温度基本均衡。

2）压盖

一般选择在每年的2月下旬至3月上旬。首先将盖仓布平铺在平整好的粮面上，每块连接处相互缝合。将泡沫板平铺在盖仓布上，板与板之间用宽胶带密封。将含敌敌畏的毛毯，平铺到泡沫板上，每块连接处互压 60cm 缝合。再将塑料薄膜覆盖到毛毯上，连接处用胶带密封，薄膜与墙体之间用压槽嵌压的方式连接。铺设走道板时做到“平、紧、严、密、实”，横竖一条线，整洁美观，以上各层铺设在同一个位置，预留活动检查口。

3）密闭处理

包括通风口的密闭、门窗的密闭和轴流风机口的密闭。密闭后每周一早 9：00 点前检测粮温，每月通过检查口查害虫及水分变化。

第四节　其他粮食的储藏

一、高粱的储藏

1. 高粱的储藏特性

高粱主要产于东北地区，其次是华北。东北地区收获高粱期间，由于气温降低常常受到早霜的危害，因而新粮的水分大，未熟粒多，新收获的高粱水分一般在 16%～25%。高粱富含鞣质，鞣质味涩不为鸟类和害虫喜食，并具有防腐能力，因而增加了高粱的耐储性。

高粱储藏期间遇到不适宜的条件，容易发热霉变，而且发热的速度较快，在开始变化时，粮面首先湿润（出汗），颜色变得鲜艳，以后堆内逐渐结块发湿，散落性降低。一般经过 4～5d，即可发生白色菌丝。如再经 2～3d，粮温即迅速上升。胚部出现绿色菌落，结块明显，如不及时处理，整个变化 15d 左右，粮温可上升到 50～60℃，严重霉变，丧失食用品质。因此，高粱在保管期中，不要装的过满，一般以堆高 1.1m 为宜，可以利用冬季“扒沟打井”翻扒粮面进行通风，降低粮温和减少水分。

2. 高粱储藏期间的品质变化

在合理的储藏条件下，高粱中的淀粉较稳定，脂肪、蛋白质变化不明显，有利于高粱品质的保持。如在高温高湿条件下，则容易导致高粱结露、发热与霉变，引起淀粉、脂肪和蛋白质的变化。微生物和淀粉酶使淀粉分解，降低出酒率；脂肪分解所产生的游离脂肪酸和甘油使白酒产生邪味，减少出酒量；蛋白质分解使游离氨基氮增加。上述高粱品质的改变均会对白酒的品质产生影响。

3. 高粱储藏技术

1）干燥除杂

新收获的高粱，具有水分大、杂质多的特点，在征购中要做到分水分、分等级入仓，对于不符合安全储藏的高粱必须适时晾晒，使水分降到安全标准以内，如温度为 5～10℃，相对安全水分应在 17%～18%以下。

在进行自然干燥时，场地要向阳通风，根据不同的温度，将籽粒铺成 5～8cm 一层，含水量越高，铺得越薄。每隔 1～2h 翻动一次。在晴朗、炎热、有风的天气条件下，经常翻动籽粒（每天 4～8 次），在 1～2d 内就会干燥。此法既方便又经济。籽粒收割后，在室外温度不高而且温度相当均匀的条件下加热并晒干，能保持籽粒正常的颜色、光泽和香味。

在天气不好的条件下所收获的高粱籽粒，含水量很高，不能用自然干燥法干燥，就要用干燥机进行干燥。采用干燥机干燥籽粒时，如高粱水分过高（20%），为了使籽粒不致因干燥而受到损失，最好采用逐步干燥的方法，使籽粒通过干燥机 2 或 3 次，热气温度由 55℃提高到 70℃。籽粒温度在第一次加热时不得超过 35℃，第二次加热不得超过 40℃，第三次不得超过 45℃。

2）低温密闭

高粱的特性是适于低温储藏，因此，应充分利用寒冬季节降温后密闭保管。经过干燥除杂、寒冬降温的高粱，一般可以安全度夏。

3）防止结露

烘干高粱或夏粮入仓时，由于粮温高、仓温低，极易造成结露，导致高粱发热霉变。应在仓壁设置防潮隔气层，设法减小外温与粮温的温差，消除结露的条件。有条件时，建立通风仓、机械制冷储藏。同时注意合理堆放，密切注意粮情检查等。

二、豆类的储藏

豆类指豌豆、蚕豆、绿豆、小豆等食用豆类。大豆因脂肪含量高，主要用于制油，通常将其归入油料。

1. 储藏特点

1）容易生虫

食用豆类在储藏期间极易被蚕豆象、豌豆象、绿豆象等豆类害虫浸染，被害率高达50%～70%。

2）易变色

保管中，豆类常因氧化受潮而变色。如蚕豆皮色变劣，从合点周围及近脐部隆起处，开始呈淡褐色，然后逐渐扩大，颜色加深，由红褐变成黑褐色。其原因是由于豆粒内含有酚类物质和多酚氧化酶，而酚类物质在外界因素影响下，经多酚氧化酶催化氧化成醌而成褐色。

2. 储藏措施

豆类储藏应从防治害虫和防止变色两方面入手，根据各种豆象的习性，与农业部门配合，做好从田间到入库后的综合防治。储藏期可采用措施如下。

1）套囤密闭储藏

此法尤其适用于储藏大量豌豆、蚕豆。具体做法是：先在地面上铺一层干燥无虫的隔热材料（麦麸或稻壳），再铺一层苇席，然后用席子围成两层直径不等的囤，内囤与外囤之间的空隙为 15～30cm。在两层囤间隙填满干燥、无虫的麦麸或稻壳。将充分晒干的豌豆等（水分在 14%以下）趁热装入内囤，最后在囤顶压盖 15～30m 厚的麦麸或稻壳，并用苇席盖顶。这样豆温可达到 50℃，杀虫效果良好。但密闭时间不能超过 1 个月，否则将大大降低发芽率。

2）“双低”储藏

蚕豆和豌豆呼吸强度大，有很好的自然降氧能力，采用塑料薄膜密封，结合投放少量（3g/5t）磷化铝，可保持257d无虫。

3）防止变色

豆类变色与光线、温度、水分、虫害有关，光强、温度高、水分大，则变色多、发展快、程度重。因此，尽可能避免豆类受上述因素影响，及时彻底歼灭豆象危害，保持低温干燥密闭储藏，可有效地防止或延缓变色。从散装粮堆情况来看，上层表面先变色，在粮堆60m以下逐步减轻，用干沙或洁净的稻壳压盖粮面、散装储存，或用塑料薄膜六面封缺氧黑暗储藏，都有良好的效果。如是包装储存时，应防止阳光照射，以保证安全。

三、大麦的储藏

1．大麦的储藏特性

大麦种子收获后，一般不能立即发芽，即使有些麦粒能发芽，但发芽率不高，常在80%以下，这一段时期即是后熟期。由于该阶段旺盛的呼吸作用和低分子缩合作用过程都放出一定量的水分，所以，新入库的种子在储藏前期常会出现种子水分逐渐增多的现象。水分增多以后，其中一部分蒸发成水汽，充满种子堆的间隙，一旦达到饱和状态，水汽就凝结成微小水滴，附在种子颗粒表面，形成所谓“出汗”现象。如果不及时采取干燥、通风处理，就会引起回潮发热。同时，也会使害虫和微生物形成有利的生长发育条件，造成“虫粮”和霉变，这是大麦种子储藏过程中要特别注意的问题。

此外，在南方冬大麦区，大麦收获时正是气温逐渐升高，空气湿度较大的季节，特别适宜于仓贮害虫的生长、繁殖、危害，使种子容易受到害虫的感染。所以，防治大麦仓虫也是储藏过程中不可忽视的重要问题。

2．大麦的储藏技术

1）严格控制籽粒含水量

大麦具有休眠期，酿造啤酒的大麦一般要贮存6～8周后才能用于制麦。在储藏过程中，大麦籽粒内部不断进行着新陈代谢，而水分是大麦籽粒新陈代谢的介质和生化变化的重要参与者。研究表明，东3号大麦籽粒的含水率在16%左右时，储藏10d，发芽率由90%下降至80.5%；而在接近安全含水率13.5%左右的相同储藏条件下，发芽率仅下降1%～4.5%。因此具有安全含水量的大麦籽粒利于储藏，在储藏期间不易受病虫的侵害和温度等因素引起的劣变，并保持良好的生活力和发芽率。降低大麦籽粒含水率，可以预防结露，在储藏期间结露，往往导致发热、霉变。例如，大麦种温在30℃左右、含水率在16%左右时，它的结露温度大约在26℃；同样温度，如籽粒的含水率在13%以下时，它的结露温度大约在21℃。因此，大麦收后要及时进行清选、晾晒或烘干等措施，防止雨淋，尽快将籽粒含水量降至12%以下。

2）加强管理，适时通风

新收获、未完成后熟作用的大麦籽粒，由于其后熟作用期间呼吸旺盛，散发大量的水汽和热量，应选择空气温湿度均低于仓库温湿度的晴天进行通风。籽粒收获后遇雨不能及时干燥的，不宜用塑料薄膜等就地进行密闭防雨。而要迅速进室晾翻或用草席等透气的物品进行就地遮盖。使用熏蒸剂杀虫以后，要按规定及时散失毒气。需要较长期储藏的啤酒大麦，为延长保存期，可以选择冬季的寒冷天气进行通风冷冻，到翌年开春前后进行覆盖密闭，防止吸湿和粮温上升。

3）仓虫防治

大麦籽粒在储藏中可以遭受许多害虫的危害。其中以玉米象、麦蛾、谷蠹和螨类等的危害最广，应采取综合防治措施。

搞好籽粒的清洁卫生。要经常保持仓库内外环境的清洁，达到出仓清、进仓清，麻袋和器材清洁无虫、无鼠。

应用物理机械防治。应用湿度、冷冻、精选、压盖等办法，达到杀灭和分离仓库害虫的目的。一般进仓前要充分曝晒，使籽粒温度达到46℃以上，不超过52℃，此时趁热迅速将籽粒入库堆贮，并覆盖2～3层麻袋密封保温，将温度保持在44～46℃，经7～10d后掀掉覆盖物，进行通风散热直至与仓温相同为止，然后密闭储藏。此方法简便，不受籽粒数量限制，无药物污染，并有很好的杀虫效果及促进后熟作用。但应注意籽粒含水量要严格控制在12%以下，通过后熟作用的籽粒耐热性降低，不宜采用热进仓储藏。

使用化学药物防虫。使用磷化铝和敌敌畏等化学药剂进行熏蒸或毒杀，磷化铝用药量一般掌握在每立方米（500kg左右大麦籽粒）4～6g/m^3 粉剂或6～9g/m^3 片剂（2～3片）。使用磷化铝熏蒸时必须注意不能进行二次熏蒸；施药时含水率宜在安全水分标准以下。

4）常温条件下大麦籽粒安全储藏期限

在籽粒储藏过程中，劣变是不可避免的。在劣变的初期，籽粒发芽率或生活力下降，籽粒的生产性能降低。随着籽粒劣变程度的加剧，籽粒在细胞学及生理生化方面的变化积累到一定的程度，遗传学及形态发育方面也会发生一些不良的变化，导致籽粒某些优良性状丧失。研究表明，在长江流域的常温条件下，大麦种子可以安全储藏两年半；生产用种的安全储藏期不到一年半，品种间存在一定的差异；当年收获的啤麦原料可安全储藏到11月份。因此，欲延长大麦种质、生产用种及啤麦原料的储藏期限，须改善储藏条件。当然种子安全储藏的年限还与种子储藏初期的储藏品质有关，须选用成熟度高、水分低、初始发芽率高的籽粒进行储藏。

四、小米的储藏

1. 小米的储藏特性

小米失去了保护层，籽粒较小，粮堆孔隙度小，杂质多，内外气体不易交换。小米一般含糠较多，糠内含有较多的脂肪，高温条件下易变质、变味。当温度和水分偏高时，会发热霉变。发热初期粮面湿润，4～5d后米色显著变浅，失去光泽，并产生脱糠现象，米堆内米粒开始结块，个别米粒开始生霉，粮温上升加快。再经3～5d米色即发生霉变，变为褐色，有浓霉味。

2. 小米的储藏方法

小米的安全水分应控制在12%以下。小米不耐高温，应采用低温密闭法。也可存放在阴凉、干燥、通风较好的地方。小米水分过大时，不能曝晒，只可以仓内阴干。小米储藏时应过筛出风，去除糠杂。储藏后若发现吸湿脱糠、发热时，要及时出风过筛，除糠降温，否则容易造成霉变。小米易遭蛾类幼虫等危害。发生虫害后可将上部生虫部分排出单独处理，或使用磷化铝进行熏杀虫。农民或城镇居民家中少量的小米，在容器内放一袋新花椒或其他土农药，即可防治蛾类虫害。

五、荞麦的储藏

荞麦是一种适于在冷凉气候下生长的短季蓼科（Polygonaceae）作物，在植物分类学上主要有苦荞［*F. tataricum*（Linn）Gaench］和甜荞［*F. esculentum* Moench］两个栽培品种，主要种植于中国、日本、加拿大、美国、俄罗斯、法国、波兰和斯洛文尼亚等国家。荞麦籽粒实际上是一种果实——瘦果，去壳后的果实为种子。

1. 荞麦储藏过程中品质的变化

甜荞中叶绿素含量平均为13.03mg/kg，苦荞为4.2mg/kg，它是荞麦米呈现绿色的主要物质。目前，评估荞麦质量的指标主要是粒径、含杂、米的颜色和气味等，其中颜色与气味的变化与荞麦中叶绿色素和脂肪的含量有直接的关系。

1）色泽

刚收获的荞麦籽粒颜色为棕黄色，相应种子颜色为淡绿色，具有愉快的、荞麦独有的香味。但在储藏过程中它会逐渐变成红褐色，并且这种色泽的变化通常伴随有酸败味的产生。日本市场上淡绿色荞麦种子的价格也较高。

储藏时间、温度、水分含量和包装条件对苦荞麦色度的变化均有影响，其中储藏温度和水分含量对苦荞麦色度的变化影响较大，而储藏时间和包装形式对色度变化的影响较小。

（1）储藏时间对苦荞麦色泽的影响。随着储存期的延长，可以肉眼观察到苦荞麦米颜色由淡绿色逐渐转向红褐色变化。研究表明，随着储藏时间的延长，色泽评分值逐渐减小，80d时最小的感官评分值为1.5。低温和低水分条件下，不同包装储藏的苦荞麦随着储藏时间的延长色泽变化不明显，只有个别的杂色粒出现，评分值从7.5分降低到了6.9分。

（2）水分含量对苦荞麦色泽的影响。储藏温度为40℃，水分含量为16%的苦荞麦储存40d后颜色变化最大，此时米粒颜色变暗，有50%的米粒已由淡绿色转变成褐红色，评分值减小了2.6分；而水分含量为12%的苦荞麦储存40d后颜色变暗，有若干杂色粒出现，评分值减小了1.2分。所以随着荞麦水分含量的增加，苦荞麦色泽变化加快。

（3）储藏温度对色泽影响。水分含量为16%、40℃下储藏80d的苦荞麦，其颜色呈橘红色，气味也明显劣变。评分值从7.5分减小到1.5分。而10℃储藏80d的荞麦只有部分籽粒色泽变暗，呈红褐色，评分值从 7.5 分减小到 6.9 分。由此表明在包装、水分含量相同的条件下，随着温度增加，苦荞麦色泽变化加快。

(4) 包装条件对苦荞麦色泽的影响。真空包装比常规包装条件下的荞麦色泽评分值略小一些，在同样的水分含量和温度下色度并没有明显的差别。

荞麦呈现绿色的主要物质是叶绿素，荞麦颜色随着储藏时间、温度、水分等发生变化，主要是由于荞麦粒组织受热、衰败、遇酸碱等条件时蛋白质发生变性，释放出叶绿素。游离态的叶绿素很不稳定，可以发生很多化学反应，而其中大多数反应都会破坏它的绿色。但叶绿素损失的机制还不大清楚，并且叶绿素的损失与储藏过程中的褐变关系如何及具体途径尚待研究。

因此，收获后的苦荞麦籽粒应干燥至其水分含量小于 12%，低温（10℃）条件下储藏，以利于荞麦色泽的保持。

2）风味

谷物中脂类物质只占很小的比例，但在种子或粉气味变质方面却起了主要作用。荞麦中脂肪的酶促或非酶氧化产生的饱和醛和非饱和醛等次级代谢物质是其风味变质的主要原因。

荞麦籽粒中的脂肪酸主要有软脂酸、硬脂酸、油酸、亚油酸、亚麻酸、花生酸、二十二（碳）烷酸和二十四（烷）酸。不同荞麦品种间油酸和亚油酸含量的显著差别表明，亚油酸为高度不饱和酸，比油酸更易被氧化，所以高亚油酸含量的荞麦品种更难保存。

储藏较长的荞麦样品中游离脂肪酸含量升高，而甘油三酯含量降低，可能是脂肪酶在起作用。

2. 荞麦储藏技术

1）选育品种

不同品种的荞麦其脂肪酸组成也不同，且生长环境也影响其组成，油酸与亚油酸含量呈负相关。选育低亚油酸含量的品种，来提高其储藏稳定性是完全可能的。

2）储藏条件

高温和高湿环境下叶绿素损失很快，而在低湿、低温度环境下则不明显，利于粒色的保存。然而水分活底低于单层湿度含量时，脂肪会快速氧化，导致风味的酸败。所以荞麦应储藏于相对湿度 17%～19%条件下为好，也有利于提高脱壳率和整粒率。另外，磨制的荞麦粉立即冷冻起来可以防止挥发性成分的损失。

3）酶的灭活

荞麦在储藏过程中产生的脂肪酸多为不饱和脂肪酸，如亚油酸、亚麻酸，它们是脂肪氧化酶作用的最佳底物，这是样品中饱和醛、不饱和醛形成以及含量增加的主要原因。因此可通过控制脂肪酶和脂肪氧化酶的活性来防止脂肪酸败。也可通过采用 γ 射线辐照来降低脂肪氧化酶的活性。

4）包埋处理

为了防止荞麦粒褪色，可用极性溶剂（如乙醇）对其籽粒进行处理，制粉前以山梨醇包埋。

5）真空包装

真空度保持在 80kPa 以上时，其游离脂肪酸浓度下降为同期常规储藏的 42%左右。在荞麦米的色泽保持方面，避光条件下，真空包装能很好地保持荞麦米原有色泽，但在光照条件下，它的护绿效果却很不明显，只略好于常规储藏。

六、种子粮的储藏

保管种子粮除了和保管一般食用粮一样，要求防止发热霉变、虫蛀、鼠害之外，还要求做到以下几点。

（1）保持种子的发芽力。这是保管种子粮的首要要求，发芽力高，种子利用率就高，不仅节约了种子用量，更重要的是保证全苗、壮苗，为丰产打下基础。

（2）保持种子的纯度与净度。纯度是指本品种粒数占全粒数的百分比。净度是指本品种健康完整粒数占总数的百分比。种子的纯度和净度越高，种子质量就越高，秧苗生长和成熟期一致，异种粮和杂草少，粮食产量高、质量好。

保管种子粮的方法如下。

（1）选种除杂。为了保证种子的纯度和净度，在粮食收获时应认真选种，可以进行穗选或块选，大块种子田要做好除稗防病工作。收割后要进行单独脱粒、单独晾晒、单独存放，并应晒干扬净，彻底去杂除稗。

（2）控制水分与粮温。种子粮的安全水分标准比一般食用粮应低 1%左右，若水分较大，容易发热生霉，冬季还易冻伤。据试验，种子水分在 17%以上时，就不宜在低于−5℃的温度下冷冻，否则会影响种子的发芽力。干燥种子温度过高，易使蛋白质受热变性，降低种子的发芽力。因此，种子不宜摊在油布或沥青地面上曝晒，以防烫伤种子。烘干种子时应控制好温度。

（3）合理存放。种子粮应存放在条件较好的仓库中。入库前，应对仓库、器材认真进行消毒，然后按种子的品种、等级分开存放，不能使用塑料袋储存种子。种子包装堆垛高度要比一般食用粮低，散装种子堆高一般不应超过 2m。

（4）适时通风密闭。种子粮一般应以通风保管为主。在低温干燥的情况下进行适当的密闭，对种子发芽力影响不大，同时可以延缓外界温、湿度对粮堆的影响，也能在一定程度上防止感染害虫。但是不宜长期密闭，特别是高水分种子粮在高温季节更不能密闭，否则会因严重的缺氧呼吸而破坏种子的发芽力。水分越高，温度越高，经密闭保管后种子的发芽力受害越大。

（5）注意用陈储新。由于种子会随着时间的延长逐渐陈化和衰老，即使在保管条件较好的情况下，种子粮也不宜储存太久，应注意用陈储新，定期轮换。

（6）加强检查。对种子粮的检查，要比一般食用粮更严更细，特别是新收获的种子粮，生命活动旺盛，更应加强检查。检查内容除水分、温度、虫害及霉变等项目外，还应定期检查种子的发芽力。播种前应对种子进行全面检查，发芽力低的需增加播种量或别处调换种子，以免耽误农时，影响产量。

思　考　题

1. 稻谷的储藏特性及主要的储藏技术有哪些？
2. 试述大米和糙米的储藏特性及储藏技术的差别。
3. 小麦的储藏特性及主要的储藏技术有哪些？
4. 面粉储藏的特点及其在后熟期间的变化有哪些？
5. 玉米的主要储藏方法是什么？

第十一章　植物油料与油脂的储藏

➢ **本章内容要点**

1. 掌握植物油料储藏与谷物粮食储藏之间的差别。
2. 掌握植物油料储藏特性及主要油料作物的储藏方法。
3. 了解植物油脂的劣变及油脂劣变的主要影响因素。
4. 熟悉植物油脂储藏的主要方法。

第一节　植物油料与油脂的储藏特性

植物油料是植物性制油原料的统称，是指可以加工提取油脂的原料。应该说任何一种植物籽实都含有或多或少的脂肪，但从经济价值上看，并非一切植物都可作为油料。在实际生产中，一般只把含有丰富脂肪，含量常为40%～50%，至少也有20%左右，并且有实际工业生产价值的植物的某些器官称为油料。油料包含不同科属的植物果实或种子，依用途不同可分为食用油料和工业用油料。此处只讨论食用油料。

植物性食用油是人类不可缺少的营养物质，其食用用途极为广泛。植物油料中含有大量的脂肪，且主要是不饱和脂肪酸所构成的甘油酯，在储藏期间易于酸败变质，稳定性差，较难保管。

油料与粮食的储藏特性相比，即有共同性质，也有其不同于一般粮食的一些特性。

（1）油籽中含有丰富油脂很易氧化分解。油料籽粒中含有很多油脂和多种酶，在条件适宜时（温度水分较高）脂肪就会分解，降低原有品质。一般水分按非油部分比例超过15%，温度在30～40℃，酶的活性就加强。特别是水分如果超过标准，脂肪就能迅速分解。

（2）非脂肪部分水分含量比淀粉种子高。油料籽粒中脂肪部分属于疏水胶体，非脂肪部分才是亲水胶体含有水分。假定油料含水量为15%，同时油脂含量为35%，则油籽中非脂肪部分的水分含量即达23%，这样大的水分当然会迅速发生热霉变。

各种油料呼吸作用的临界水分与温度不同，大体上温度在25℃以下，水分不超过占非油脂部分的15%时，其呼吸强度就趋于稳定。

（3）易于变色变味和丧失发芽率。油料种子发热时，种仁易于变色，降低发芽率，油的酸度上升，有机物质分解，产生臭气并且变苦。

如果储藏不善，油料严重劣变，将给油脂生产带来不良后果，所以油料储藏是油脂生产中的重要环节。

一、油料的储藏特性

归纳起来，油料的储藏特性主要包括以下几点。

1. 有一定耐藏性

油料在正常状态下有完整的皮层保护，并且几乎所有油料都含有维生素 E 等天然抗氧化剂，有一定的防止油料中脂肪氧化的作用，因此耐藏性较好。

2. 易变质

所有油料都有大量的脂肪，一般油料的脂肪含量为 20%～50%。植物油料所含的脂肪主要由不饱和脂肪酸组成。因此，在条件适合时极易出现酸价升高的通性，而且也容易变质。油料品质劣变，大都是氧化变质，也可能是种子本身及微生物的脂肪酶作用下引起水解产生游离脂肪酸，而导致的水解变质，这在含水量与温度较高的情况下尤为突出。因霉菌分解脂肪的能力极强，因而在油料中脂肪水解比蛋白质、碳水化合物的水解速率快得多。脂肪酶在水分超过 15%，温度在 40～50℃时活性加强。水解变质的油料，不仅酸价增加，而且发生苦味，出油率低，油质差，碘价降低，干燥性差。

3. 易发热霉变

油料籽粒一般呈圆形或椭圆形，籽粒表面光滑，堆成垛以后，料堆孔隙度比粮堆孔隙度更小（花生果和葵花籽除外），散落性更大，自动分级更严重，对仓房的侧压力也更大，堆内积热和积湿不易散发，容易引起料堆持久发热，从而导致霉变。因此，从确保储藏安全和仓房安全两方面考虑，油料的堆装不宜过高，特别是散装油料更要特别注意。另外，油料中脂肪的氧化能放出更多热量，也是油料容易发热的原因之一。

4. 籽粒内水分相对集中，稳定性差

脂肪是一种疏水物质，因此油料中的水分都集中在脂肪以外的蛋白质亲水胶体部分，水分相同的情况下，油料较谷类自由水要高，即可被虫、霉利用的水分相对多些，因此油料储藏的安全水分比谷类粮食安全水分要低得多。当油料水分为 15%时，脂肪含量以 35%计，则油料亲水部分水分已达 23%，储藏稳定性大大下降。

油料的安全水分与油料中脂肪含量有关，含油量越高，其安全水分的数值就越低。油料的安全水分必须以非脂肪的亲水胶体部分含水量作计算基础。通常以 15%作为基准水分，再乘以油料中非脂肪部分所占的百分比，即可推算出各种油料安全水分的理论值，如表 11-1 所示。

表 11-1　几种油料安全水分的理论值

油料种类	脂肪含量/%	安全水分/%
大豆	18	12.3（82×15%＝12.3%）
油菜籽	40	9（60×15%＝9%）
花生仁	45	8.3（55×15%＝8.3%）
芝麻	50	7.5（50×15%＝7.5%）

油料的安全水分一般指 25～28℃能安全过夏的水分，因此油料的安全水分与储藏温度有关，如表 11-2 所示。

表 11-2 油料安全储藏的温度与水分的关系

温度/℃	0～5	10	20	25	35
水分/%	18	17	14	12	8～9

一般油料安全水分可按以下的公式进行推算：

油料安全水分（临界水分）＝油料中非脂肪部分×15%

5. 不耐高温，易“走油”

油料中脂肪的导热性不良，热容量大，堆内升温后降温速度很慢。高温会促使脂肪氧化分解，破坏油料中脂肪和蛋白质共存的乳化状态，从而导致油料出现浸油（俗称“走油”）现象并降低出油率。

6. 籽粒易于破损

油料中的脂肪（油）是以液滴状态分布于细胞中，脂肪的比重小，占有较大的容积，因而使整个油料的结构比较柔软。因此，油料在收获、运输、储藏过程中容易发生机械损伤，以致不完善粒增高，从而使其耐储性能降低，这也是油料不耐储藏的重要原因之一。

7. 吸湿性强，籽粒易于软化

油料不仅富含脂肪，蛋白质的含量也很高。蛋白质是一种亲水胶体物质，对水的亲和能力和持水能力比糖类物质强。因此，油料的吸湿性比禾谷类粮食大，在相同的温度条件下，油料更容易吸收空气中的水蒸气，增加水分含量。同时油料的散湿性也强，水分含量相同的粮食和油料，油料水分散发的速度和数量均大于在相同温、湿度条件下的粮食。油料吸湿后，籽粒变软，机械强度低，耐压性降低，在翻扒和搬捣时容易破损。所以，油料保管一般都以密闭低堆为主，以防止干燥的油料吸湿返潮和籽粒受潮后挤压变形，影响油料的安全储藏和商品价值。

由于油料具有上述特点，故其储藏要求应比一般粮食更高、更严，除要防止发热、生霉外，还要保证油料不酸败、不变苦、不浸油。通常仓房要有较好的隔热、防潮和密封性能，仓房容量不宜过大，仓外墙壁要粉白或刷白，以减少日光辐射热量的吸收，有利于实现低温储藏；要勤加检查，坚持定期检测油料温度、水分与质量变化情况，以便及时发现问题，妥善处理。

二、植物油脂的储藏特性

油脂容易氧化变质，储藏不善时极易酸败。食用酸败的油脂，不但没有营养价值反而具有毒性。研究和了解食用植物油脂的分类、变质过程、机制和毒性，对正确保管油脂是非常必要的。

1. 食用油脂的分类

1）按加工精度分

（1）毛油。采用压榨法或浸出法从油料中提取出的颜色较深、水杂较多的初制油脂为毛油，一般不宜供作食用，如毛糠油、毛豆油等。

（2）精炼油。初制毛油经过脱胶、脱酸、脱色、脱臭和脱蜡后所得的颜色浅而且水杂少的精制油脂为精炼油，可以供作食用，有的还是很好的食用油，如精糠油、精豆油和精炼菜油等。

2）按干燥性分

（1）干性油。碘价在130以上，在空气和阳光下会很快凝固，结成硬膜，适于制作油漆、涂料、油墨、绘画颜料等，如亚麻油、大麻油、苏子油以及向日葵油等均属于干性油。

（2）半干性油。碘价为100～130，在空气和阳光下结膜缓慢，适于食用和一般工业用，如菜油、棉籽油、芝麻油、大豆油等。

（3）不干性油。碘价在100以下，在空气和阳光下极难结膜或不结膜，适用做机械润滑油、上等肥皂和纺织用油、化妆品等，如蓖麻油、茶籽油、花生油、橄榄油等。

油脂的分类方法还有很多，如按油脂的形态、按油脂的来源分类等。此外，在油脂行业中还形成了一种根据油脂中所含的主要脂肪酸种类进行分类的方法，应用也较为普遍。

2. 油脂的劣变

油脂中含有丰富的脂肪酸，因此极容易酸败。这是由于油的成分发生了变化，使油脂颜色变深，透明度变小，沉淀物增多，最后酸败，产生酸的和苦的滋味及气味，俗称哈喇味。产生酸败变苦的原因，主要是受氧化作用及微生物作用所致。所谓氧化作用，就是含有不饱和脂肪酸的脂肪，在空气中氧气作用下，首先在“双键”处形成过氧化物，过氧化物再继续分解，生成醛类或酮类物质，由于醛酮具有挥发性苦辣气味，所以脂肪也带有这种气味。而微生物作用，则是因为油脂感染微生物，在一定水分与温度的条件下，微生物分解脂肪而产生脂肪酸，脂肪酸进一步氧化分解就变成酮，由酮引起难闻的苦辣气味。

1）水解酸败

脂肪在水、酶等影响下很易水解产生一些游离脂肪酸，使油品及油料中的酸性增大。脂肪的水解酸败是脂肪酸与甘油的酯化反应逆反应，反应的结果是使粮食、油料或油脂中游离脂肪酸增加，由于游离脂肪酸会在一定的条件下，进一步发生氧化酸败，因此严重影响了粮食及油脂的储藏稳定性。

一般在粮食和油料籽粒中均含有一定数量的脂肪水解酶，但在安全储藏状态下，一般其量较少，活性也低，不至于产生明显的脂肪水解作用。如果在高温高湿环境中，特别是感染霉菌之后，由于大多数霉菌均有大量的脂肪酶，所以会导致水解反应的大量进行。

表示油脂中游离脂肪酸的数值，称为酸价（酸值）。它是用中和一克油脂样品中全部游离脂肪酸所需的 KOH 毫克表示的（mg KOH/1g 油）。

国家标准中规定常见食用油的酸价一般不得超过 4.0，否则必须进行处理后，才可出售、调拨，因此油脂储藏期间最常检验的劣变指标就是酸价，油脂的储藏工作也均是围绕防止酸价增高而进行的。

2）氧化酸败

油脂的氧化劣变主要是在空气存在条件下，油脂氧化造成的。油脂氧化主要有以下三条途径。

（1）自动氧化。自动氧化是自由基反应，或称游离基反应，其反应历程包括引发、传播与终止。

引发：X·为游离基，其产生的原因至今尚不十分清楚，可能与金属离子、光氧化有关。

$$RH + X\cdot \rightarrow R\cdot + XH$$

传播：不断产生游离基 R·。

$$R\cdot + O_2 \rightarrow ROO\cdot$$

$$ROO\cdot + RH \rightarrow ROOH + R\cdot$$

终止：游离基间相互反应，生成稳定化合物。

$$R\cdot + R\cdot \rightarrow RR$$

$$ROO\cdot + R\cdot \rightarrow ROOR$$

$$ROO\cdot + ROO\cdot \rightarrow ROOR + O_2$$

油脂的不饱和双键不管所处环境条件如何，有无光照，低温与高温，即使是 0℃或零下均会被空气氧化，所以自动氧化是油脂储藏中最主要、最普遍的酸败类型。

（2）光氧化。有色物质为光敏物质，这些物质可以从光中吸收能量变为激发态，并可将空气中的 O_2 由基态转变为激发态，而后者可以引发如自动氧化一样的游离基反应。

$$\text{基态光敏物质} \xrightarrow{\text{光}} \text{激发态光敏物质}$$

$$\text{激发态光敏物} + \text{基态 } O_2 \longrightarrow \text{基态光敏物} + \text{激发态 } O_2$$

$$\text{激发态 } O_2 + RH \longrightarrow ROOH$$

光氧化的速度千倍于游离基反应，应引起重视。

ROOH 极易分解，特别是在有金属离子存在下分解更快。

$$ROOH + M^{n+} \xrightarrow{\text{光}} RO\cdot + OH^- + M^{(n+1)+}$$

$$ROOH + M^{(n+1)+} \longrightarrow M^{n+} + ROO\cdot + H^+$$

M 为金属离子，n 为金属离子的价数，生成的 RO· 及 ROO· 都可引发游离基反应。

（3）酶促氧化。有酶参与的氧化反应称为酶促氧化。相关的氧化酶有两种，一种是脂肪氧化酶，另一种为脂肪氢过氧化酶，后者主要是催化分解氧化反应所生成的氢过氧化物 ROOH。

脂肪氧化酶主要存在于植物体内，氧化作用很强，无论是否有氧均可催化氧化反应。有氧时，氧化历程为游离基型氧化，其机制与自动氧化相似，在缺氧条件下反应十分复杂。

3. 变质油脂的毒性

酸败变质的油脂除具有令人不快的气味和滋味外，还不易被人体吸收。当分解产物有毒时，还会使油脂或富油食品带毒，应予以重视。

1）人体吸收率下降

由于变质油脂中含有许多聚合物，分子比较大，黏度增加，乳化困难，阻碍了解脂酶的活性以及胰液与胆汁的作用，因此变质油脂是不容易被人体消化吸收的。热变质油脂的吸收率比自动氧化变质油脂更差。

2）毒性

为了研究酸败变质油的毒性，许多学者做了大量的动物试验。例如，在鸡饲料中加入了5%的自动氧化变质油脂，喂养正在产蛋的母鸡，发现鸡的产蛋率逐渐下降，消化率也同时降低，至第9周，即完全停止产蛋。从第10周开始改喂普通饲料，母鸡又逐渐开始产蛋，但产蛋率较低，并且再也不能恢复到原有水平。这是由于自动氧化变质油脂损害了鸡的卵巢。喂养自动氧化变质油脂6周后孵化率降为零。

自动氧化变质油脂喂养家禽家畜时，引起的中毒症状主要有：消化器官中毒，因而引起下痢；破坏了肝脏中的代谢酵素，使肝细胞受到损害，进而萎缩变性；红血球受到过氧化物和二次氧化生成物的作用，变得非常脆弱；肺部产生水肿，并可观察到显著溶血；代谢系统产生障碍并受到破坏，如胰解脂酶受到抑制和破坏。

由此可见，油脂的氧化酸败不仅使油脂的外观发生变化，降低其储藏稳定性，还会使油脂带毒，影响人类健康。近年来的研究表明，长期摄入变质油脂会诱发癌症。

三、影响油脂安全储藏的因素

油脂能否安全储藏，与环境条件密切相关。环境条件适宜，油脂可以较长期地安全储藏；环境条件不适宜，油脂就容易氧化分解、酸败变质，不能安全储藏。

1. 温度

一切油脂在高温时均易发生酸败现象，这是因为高温能加快化学反应速度，增强脂肪酶活性，促进微生物生长繁育，并分泌蛋白酶、解脂酶，使油脂中不饱和脂肪酸加速氧化分解、酸败变质。温度越高，高温时间越长，油脂酸败变质就越快（在60～100℃时，一般每升高10℃，油脂酸败速度约可提高1倍），而降低温度则能中止或延缓油脂的酸败过程，提高储藏稳定性，确保安全储藏。

温度不仅影响自动氧化的速度，而且影响反应的机制。在较低温度下，氢过氧化物变化途径占优势，在此过程中不饱和程度无变化，而在较高温度条件下，形成过氧化物的变化占优势，很大一部分双键变成饱和键。

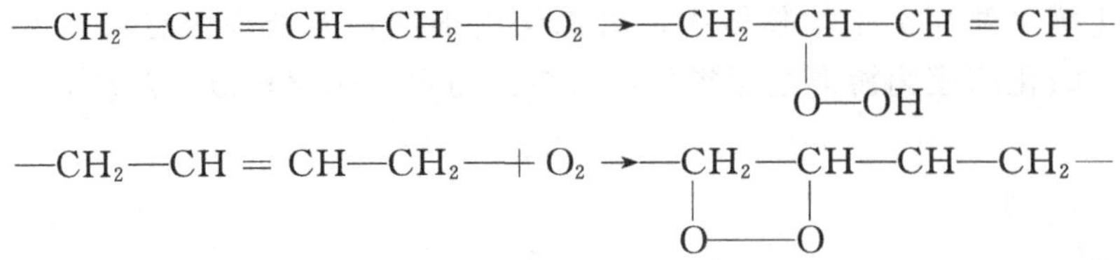

郑州粮院曾以过滤毛油与水化油作试样，分别存放在 0℃、15～25℃（室温）、30℃和 45℃恒温箱中做比较，并测定了储期内过氧化值等理化数值的变化。测定结果显示，毛油与水化油在不同温度下氧化的速度增比情况是不同的。参考一些国内外的报道，因油品的种类与质量的不同以及在不同温度范围内试验，氧化反应速率增长的温度系数是不一致的。平均计算还是温度每上升 10℃，氧化反应速度约增加 1 倍。试验足以说明温度对油脂储存时的氧化作用影响之大。

有试验表明，桶装油脂在库外棚中存放，过氧化值高于库内存放。低温能降低氧化的速度，故低温条件是油脂安全储存较重要的因素之一。

2. 水分

油脂是疏水物质，含水量很少。但由于原料水分偏大，设备不完善或操作技术不良等原因，往往会使生产的油脂含水量过多。此外，油脂在运输和储藏过程中，被雨水侵入，也会使油脂水分增高。油脂中水的存在历来被认为是有碍安全储存的，它会引起和促进亲水物质（如磷脂）的腐败变质，增强酶的活性，有利微生物繁殖，导致水解酸败，增加油脂过氧化物的生成。特别是未经初步净制的原始毛油，水分对油脂质量的影响更严重。一般认为，油脂含水量超过 0.2%，水解作用就会加强，游离脂肪酸也会增多。油品水解后，若由此而产生的游离脂肪酸含量超过了规定的标准，则食用油就不适于食用，工业用油的使用范围亦大大地受到了限制。由此可见，油脂中的水分含量是油脂安全储藏的重要条件，也是引起油脂酸败变质的重要因素。

水分对油脂变化的影响有它的两面性。若有适当的水分，其对脂质能形成单分子的水膜吸附，可起到一定的保护作用。但在非脂类物质的参与下，水对油脂氧化的影响，取决于它在整个环境中的比例，当含水量极低时，水分子与碳氢化合物分子链结合十分牢固，因而对油脂的氧化过程不具有任何影响，含水量达一定程度后才能促进油脂的氧化。因此可以推论，含有少量的水分对限制亲水物质的腐败有利。所以，只要油品本身含其他杂质少，特别是亲水性杂质少，很少的水分并无造成严重影响的问题。

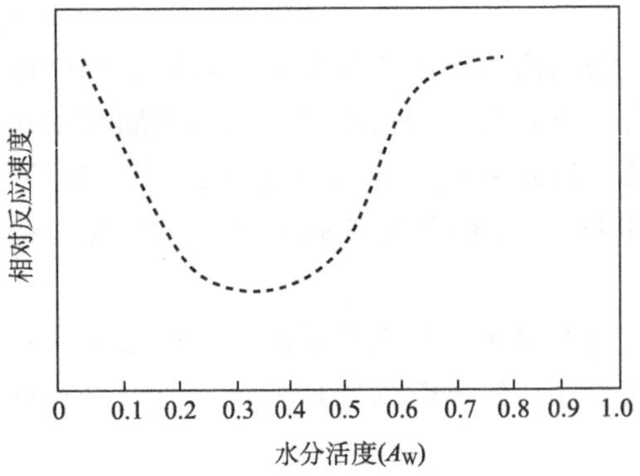

图 11-1　水分活度与脂肪氧化速度的关系

水分活度（A_W）对脂肪氧化作用的影响是很复杂的，体系中水分含量特别高或特别低时，酸败的发展都很快（图 11-1）。但当水分含量低至单分子层吸附的水平时脂肪的稳定性却较高。单分子层的保护效应机制是：与金属催化剂作用，降低了催化能力，阻止氧向脂相输送，通过氢键作用稳定了过氧化物。

国外曾报道过，红花籽油中含水量与油脂氧化变质的关系有这样的结果：当含水量从 10mg/kg 到 266mg/kg 时，含水量每增加 1 个 mg/kg，过氧化值增加 0.15%；含水量从 266mg/kg 到 1518mg/kg 时，含水量每增加 1 个 mg/kg，过氧化值增加 0.003%。可见，过低的含水量，并不一定有利于储存。当然，过高含水量会促进亲水物质的变败，增强水解酸败，使游离酸增多，有利微生物的繁殖，对储存不利。

为了避免油品在储藏期中水分增高，一切油品均应装在油池或油桶中。油桶宜放在仓库内。如无仓库而必须放在露天者，则油桶必须斜角竖放，桶下有垫板或垫石，以防油桶腐蚀，桶上盖油布，以防雨水漏入。

3. 空气中的氧

自动氧化和聚合过程是油脂与氧气发生反应的过程。空气中的氧是引起油脂氧化酸败的主要因素之一，尤其是自动氧化，一般均与氧接触有关。油脂与空气的氧发生氧化作用，产生氧化物，接着产生酮类、醛类、低分子脂肪酸及多种物质，成为酸败油脂。

自动氧化和聚合过程的氧气吸收量是逐渐增加的。一般情况下，氧气的浓度越大，氧化速度就越快。在储存容器中，氧气的分压越大，氧化进行得越迅速。如果在油内通入空气，氧化更趋激烈。即使在油的表面有流动的空气，也能加速氧化。

据研究，自动氧化速度随大气中氧分压的增加而增加，但氧分压达到某一范围后，自动氧化速度便不再增加。如图 11-2 所示，为亚麻酸乙酯的氧化速度与氧分压的关系。另据报道，脂肪氧化速度的倒数与氧分压倒数之间呈线性关系。

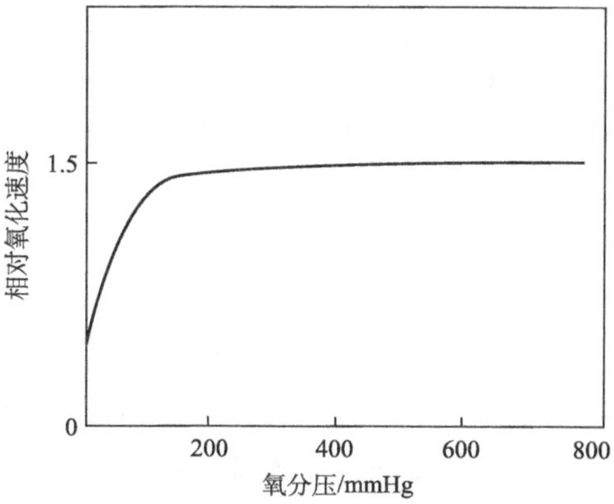

图 11-2 氧分压对亚麻酸乙酯氧化速度的影响

为了避免油脂酸败，一切油品必须存放于洁净的油池或油桶中，如条件不够，没有油池，则可储藏在洁净的干木桶或竹篓中。但无论油桶或油篓，均应将桶盖或篓盖盖紧，准备长期贮存的最好能将盖子密封，以杜绝空气与油品接触。油池的盖子也应关闭，除非有良好的防雨设备，在雨天一般均以不开油池为宜。

在油脂的储藏中，为了减少空气中氧对油脂氧化酸败的影响，提高油品质量阻止氧化，可采用真空、真空充 N_2 或 CO_2 等惰性气体的方法，或采用密闭容器或透气性低的包装材料储存。

4. 光

日光中的紫外线具有较高的能量，能活化氧及光敏物质，并促进油脂的氧化酸败，空气在日光的紫外线作用下，常能形成少量的臭氧，与油脂中的不饱和脂肪酸作用时就形成臭氧化物，臭氧化物在水分的影响下，就能进一步分解为醛和酸，使油脂酸败变苦。另外，在日光照射下，油脂中的天然抗氧化剂维生素 E 会遭到破坏，抗氧化作用减弱，油脂的氧化酸败速度也会增加。另外油脂在 550nm 附近的黄色可见光谱具有最大吸收。因此，在 550nm 附近的可见光对油脂氧化影响很大。表 11-3 列出了光的波长与油脂氧化的关系。如表 11-3 所示，各种光对油脂氧化的促进顺序为：青色→白色→黄色→绿色→暗色。为减缓油脂氧化，必须遮断 550nm 以下波长的光。

表 11-3　玉米油和棉籽油被光照射后过氧化值的变化

光的波长/Å	过氧化值/(mmol/kg)			
	玉米油		棉籽油	
	样品Ⅰ	样品Ⅱ	样品Ⅰ	样品Ⅱ
3600～4200	20.9	20.2	17.6	17.3
4200～5200	8.7	8.5	12.4	12.5
4500～5900	4.5	4.9	8.1	7.9
5800～6800	1.1	1.4	3.1	3.4
6800～7900	1.0	1.2	2.1	1.8

另外，高能射线如 α 射线、β 射线、γ 射线，辐照食品能显著提高氧化酸败的敏感性，这可能是由于射线能诱导游离基产生的缘故。

为了安全储藏，油脂应避免日光直射。大型油厂或油脂仓库，可将油品储藏在油池中，并将池盖关闭。小型的农村油坊油脂仓库可利用清洁的油桶、木桶或竹簸、瓦缸等盛装，并将盖子盖好。有些油脂仓库甚至油厂常用日光曝晒油品，以促使油脚下沉，这种做法应当避免。

5. 金属

油脂中存在的微量金属，特别是变价金属是油脂的助氧化剂，也是油脂自动氧化的强力催化剂。首先金属离子的存在可大大缩短自动氧化的诱导期，加快了反应的历程。其次微量的金属离子还可以使抗氧化剂氧化成醌型化合物，并对油脂起氧化作用。金属离子的主要作用是提高氢过氧化物的分解速度，从而增加了游离基产生速度，其作用模式如下：

$$ROOH + M^{n+} \longrightarrow RO\cdot + OH^- + M^{(n+1)+}$$

$$M^{(n+1)+} + ROOH \longrightarrow ROO\cdot + H^+ + M^{n+}$$

金属离子中以 Cu^{2+}、Fe^{3+}、Mn^{2+} 等离子对油脂的氧化作用影响较大，所需浓度仅为微量，在食品中，甚至精炼油脂中，其含量也常超过催化所需的临界量。据国外资料报道，影响脂类劣变的浓度 Cu^{2+} 为 0.01mg/kg，Fe^{3+} 为 0.1mg/kg。油脂中存在 Fe^{3+} (0.8mg/kg)、Cu^{2+} (0.05mg/kg) 等微量金属元素，将使油脂的保存期减半。

金属离子的主要作用是提高氢过氧化物的分解速度，从而提高了游离基产生的速度。作用模式如下：

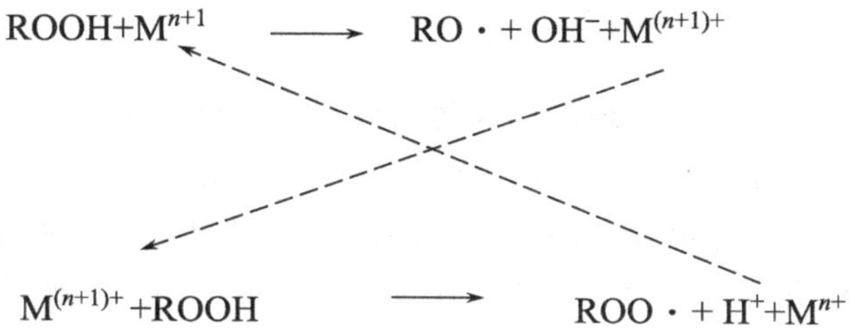

一般的金属盛器，特别是铜器能促使油脂酸败，因此油品不可用铜制的盛器储藏。铁制的盛器对油品的影响不太大。木桶贮油损耗较大，而且盛器使用年限太短，容积小，所以一般均只用于短期储藏。

6. 杂质

在油脂中常含有各种杂质，尤其是未精炼的毛油中，杂质含量较高，如磷脂、蛋白质、蜡、饼末、种皮等。这些杂质都是亲水物质，吸水性强，可促进微生物的生长繁殖，加速油脂的水解或酸败，对油脂的安全储藏十分不利。为安全储藏，必须对提取的油脂进行一定时期的沉淀，然后将沉淀物与油品分离。有条件的中型或大型工厂或仓库可用过滤法滤去其杂质，如此则既能节省时间，效果亦远较沉淀法为好。长期储藏的油脂，各种杂质的含量不允许超过 0.2%；否则，必须采取措施除去，使其含量降至 0.2%以下，才能保持油脂的安全储藏。

此外，国外对菜油中叶绿素含量对油脂的作用已引起重视。叶绿素是一种光敏物质，对于光氧化反应起了催化作用。加拿大研究者认为，菜籽叶绿素含量应低于 12mg/kg，瑞典限制菜籽油叶绿素为 30mg/kg，以此为控制菜油的质量。其他油脂中若存在叶绿素，也应给予应有的关注。

7. 脂肪酸的组成

食用植物油是由多种脂肪酸酯化的混合甘油酯，脂肪酸的种类不同，油脂的储藏稳定性有明显的差异。一般来说，饱和脂肪酸较为稳定，而不饱和烯酸稳定性较差，在烯酸分子结构中具有顺式结构的分子易于氧化酸败，特别是具有共轭双键的顺式分子稳定性最差。高等植物中的不饱和脂肪酸几乎都是顺式的，所以稳定性差。

第二节　主要植物油料的储藏

一、大　　豆

大豆起源于我国，已有数千年栽培史，是现有栽培作物中蛋白质含量较高的一种，含有 40%左右的蛋白质，18%～20%的脂肪，并含有较多磷脂（约 2%），是一种含油量较低的油料。

我国盛产大豆，早在 20 世纪 30 年代就居世界生产和出口首位，目前仅次于美国。据统计，我国每年大豆的产量约占全世界总产量的 85%以上。我国大豆的主要产区在东北、黄河下游和淮河流域，南方各省和长江流域产量较少。其中以黑龙江大豆产量和质量居全国之冠，是我国最主要的商品大豆和出口大豆的基地。

1. 大豆的分类和分布

大豆籽粒是无胚乳种子，由种皮和胚两部分组成，带荚时整个豆荚是果实。大豆种子呈椭圆形、扁圆形、球形和长椭圆形。胚中两片肥厚的子叶富含蛋白质和脂肪，因而不仅可以作成豆制品，而且可以制油。大豆的品种十分复杂，约有1500多种，单以我国东北地区的大豆来说，便有200多种，其分类方法也不一致。通常大豆是按照下面的方法来分类的。

(1) 按粒形可分为球形、椭圆形和扁圆形三种。

球形：长、宽、厚之比为1∶1∶1。

椭圆形：宽、厚之比近于1而长大于1。

扁圆形：长、宽之比近于1而厚小于1。

(2) 按大小可分为大粒、中粒和小粒三种。

大粒：百粒重在20g以上者。

中粒：百粒重在10～19.9g者。

小粒：百粒重在9.9g以下者。

我国大豆百粒重多在15～21g。

(3) 按粒色可分为黄豆、青豆和黑豆等，其中主要的是黄豆。

2. 大豆的储藏特性

大豆含有丰富的蛋白质和脂肪，储藏稳定性较差，在储藏期间常出现吸湿生霉、浸油赤变、不耐高温、发芽力丧失等现象。

1) 忌高温高湿

大豆的种皮较薄，孔隙度较大，并含有大量的蛋白质等亲水胶体（30%～50%），所以吸湿性很强，加之大豆种皮和子叶之间有较大的空隙，种皮透性好，因而吸湿能力与解吸能力均很强。在相对湿度较高的环境中（90%以上），其吸湿性比玉米、小麦都强；而在相对湿度较低（70%以下）时，其吸湿性则小于玉米和小麦。大豆储藏在高温环境下要特别注意做好防潮工作，水分超过14%～15%时，豆粒往往变软。大豆过夏的安全水分，因温度高低而异，在30℃时一般为12.5%，在15℃时可增至14%，在8℃时则可增至17%。大豆吸湿后，体积膨胀，同时呼吸强度增高，生理活性增加，导致豆堆温度升高，并会进一步发生霉变。

储藏温度对大豆品质的变化速率影响较大，试验证明，在20℃恒温条件下，大豆各项品质随储藏时间延长而缓慢变化；而35℃恒温条件下，则大豆各项品质随储藏时间的延长会发生骤变，储藏4个月，发芽率就会完全丧失。大豆是不耐高温的，需要在低温下储藏，才能保持它的品质。生产实践表明，大豆在全年实堆储藏过程中温度以16～17℃为好，最高不宜超过24～28℃。如果水分低（5%～9%）大豆质量则好，30℃也无碍，水分稍大（12%以上）在28℃时就会发热。

2) 易变色变味

长期储藏的大豆，经过夏季，虽然大豆堆没有发生发热与生霉现象，但大豆子叶的颜色却会变成火黄，以致透红（赤变），这些颜色的深浅和受热高低有很大关系，温度越高赤变的程度越重，变化最严重的还会发生浸油脱皮的现象。

通常大豆水分超过13%，温度高于25℃时，储存一段时间后，豆粒就会发软，两片子叶靠脐部的颜色变红，随后子叶红色逐渐加深并扩大，称为“赤变”。严重者有明显浸油脱皮现象，子叶呈蜡状透明，称为“浸油”。大豆浸油赤变的一般过程是：开始时种皮光泽减退，种皮与子叶呈斑点状粘连，有透视感；进而子叶内面出现红色斑点，逐步扩大，呈明显的蜡状透明，赤褐色，种皮也由原来的淡黄色逐步变为深黄、红黄以至红褐色，一般情况下，大豆水分超过13%，无论采用何种储藏方法，当豆温超过25℃时即能发生赤变。豆粒赤变的数量及程度，随保持高温时间的延长而增加。

这种现象的出现原因是在高温高湿作用下，大豆中的蛋白质会凝固变性，破坏脂肪与蛋白质共存的乳化状态，使脂肪渗出呈游离状态，从而导致大豆浸油，同时脂肪中的色素逐渐沉积，致使子叶变红，发生赤变。“浸油”有时也称“走油”。大豆变色浸油后，发芽率和出油率大大降低，工艺品质和食用价值也明显变劣，豆油色泽加深，脂肪酸值增加，制成的豆腐或豆浆产量减少，颜色发红，发苦、发酸，作成的豆腐干质地粗糙易断。

3）发芽力易丧失

一般水分的大豆，当散装堆屯内部的大豆当温度升到25℃时，就不易保持发芽力。保持发芽力时间的长短与水分大小、温度高低以及大豆籽粒的色泽都有密切关系。一般说来，水分低、温度低，保持发芽率的时间较长；水分越高，发芽率丧失越快，如表11-4所示。此外，籽粒的种皮色泽越深保持发芽力越久，这种现象在其他豆类也有，这是因为深色种子种皮较为紧密，呼吸作用一般较弱的缘故。

表11-4 水分对大豆发芽率的影响

温度/℃	储藏方式	储存时间	水分/%	发芽率/%	原始发芽率/%
25	密封容器内	3个月	9.4	78	85
25			10.5	67	
25			12.6	41	
25			14.6	4	
25			15.5	1	
25			16.6	0	

另有试验表明，当大豆水分在14%左右，储藏温度在25℃以上时，储存3.5个月，发芽率几乎完全丧失。

4）抗虫性好

大豆籽粒表面光滑，散落性较大，种皮组织较硬，且含有较多的纤维素和蜡质，因而能增强对虫害的抵抗能力。通常除印度谷蛾、地中海螟蛾与粉斑螟蛾容易造成危害外，一般储粮害虫很少侵害。

3. 大豆的变质

大豆吸湿生霉的早期症状是，豆粒发软，种皮灰暗、泛白，不清洁，有泥灰粘连，出现轻微异味。继而豆粒膨胀，发软程度加重，指捏有柔软感或变形，脐部周围轻微红润，接着整个脐部泛红，通称“红眼”，并伴随子叶浸油，赤变。此时破碎粒出现绿色菌落，完整粒先出现白色斑点，继而出现绿霉，霉味严重，品质急剧恶化，出油率大幅度下降。榨油后豆饼呈现褐色，豆油色泽也加重。大豆脐部红圈加重，又有霉菌繁殖时，很快就会霉烂，特别是经过雨淋、潮湿的大豆，出现红圈后霉变更大。

常见的大豆生霉现象，多发生在吸湿之后，以粮堆下部或上层最为多见，下部主要来自吸湿，上层主要来自结露，深度一般不超过 30cm。

在储藏过程中，大豆赤变的速度比霉变慢。根据哈尔滨香坊仓库的观察，水分 13.4%的大豆在温度 25℃下保持 3d，红眼豆为 0.7%，保持 10d 红眼豆出现 2.8%，保持 20d 红眼豆出现 21.8%。由此可知，当大豆开始赤变时，从速处理，可以减少赤变率。

大豆浸油赤变与吸湿生霉两者的关系是：浸油赤变可以不伴随吸湿生霉单独出现，而吸湿生霉的大豆往往都会出现浸油赤变。

4. 大豆的储藏技术

大豆的耐藏性虽然较差，但组织管理妥善亦能长期储藏。储藏大豆主要的原则是保持大豆堆的低温干燥，要彻底实现这一要求，必须从田间与场头开始。由于大豆越成熟耐藏性就越强，因此大豆收获必须适时，一般要求大豆黄叶落时收割。

1）常规储藏

大豆储藏以常规储藏为主，但在管理期间必须注意干燥除杂，及时通风散热，在压盖防潮及防止虫害感染等方面，加强检查，发现问题及时处理。

（1）干燥降水。含水量是影响大豆储藏品质及安全储藏期限的直接因素，如表11-5所示。

表 11-5　大豆水分与安全储藏期限

大豆水分/%	16	15	14	13	12	12 以下
储藏期/月	4	5	6	7	过夏	长期

种用的大豆水分应控制在 12%以下。通常认为大豆水分在 12.5%以下为安全，12.5%～13.5%为半安全，13.5%以上为不安全。即使短期储存的大豆，水分也不应超过 13.5%，否则，脂肪酸值就会迅速增加，豆粒很快变软，并引起发热变质。因此，凡接收入库的大豆，水分超过 12.5%时，就应迅速降水干燥。

通常大豆的降水可通过日晒、机械烘干和机械通风来完成。

干燥大豆的方法，最好在收获时进行整株曝晒一次降低水分至安全标准。大豆籽粒虽然可以日晒，但日晒大豆容易使豆粒破裂，且豆温高时，入仓有伤发芽力。带荚干燥既可达到一次干燥的要求，并且因荚壳保护豆粒，避免染尘碰伤和晒干后保持色泽光亮、种皮完整，不致产生破裂与皱皮的现象，并有利于保护大豆的颜色、光泽、发芽率和品质，延缓和减轻“走油”、酸败与赤变。一般脱粒大豆日晒时间不宜过长，温度不要超过 44～46℃，以免影响大豆的品质。

机械烘干具有降水快、能清除杂质和不受气候影响等优点，但操作不善易发生焦斑和裂皮，增加破碎粒，而且会使大豆光泽减退，脂肪酸值增加。在烘干大豆时应根据水分高低采用适宜的温度（通常烘干机出口的豆温应低于 40℃）和受热时间，以保持大豆的质量。

采用日光曝晒和烘干降水的大豆，都应经过充分冷却降温后才可入仓储藏，以免堆内积聚热量引起大豆发热变质。

整仓通风干燥具有降水效果好，操作方法简单，节约能源，节省劳力与费用，有利于保持大豆原始品质等优点，是一种经济有效、操作简便的降水方法。采用这种方法处理大豆，可以在半个月左右使大豆水分由 15%～16%下降至 13%左右，确保安全储藏。

（2）清除杂质。清除杂质也是安全储藏大豆的一项重要措施。大豆入库前除了做好田间收获与场头防治外，堆囤必须清洁，合乎长期储藏的要求。因为大豆中杂质多，特别是破碎粒多时，容易感染害虫，吸湿转潮，引起大豆发热、霉变、生芽、浸油赤变和酸败变质。因此，在脱粒整晒时要尽量减少破碎粒，晒干后要及时把杂质清除干净，以保持大豆纯净、完整，增加耐储性。

（3）通风散热。新收获的大豆，在场头整晒一次干燥时，粒与粒间、种子外围组分与内部结构间水分尚不能达到充分的均匀。入库后由于后熟作用，生理活动比较旺盛，堆内湿热容易积聚，同时正值季节交换，气温逐渐下降，故极易出现表层结露和局部转潮现象，往往引起大豆发热霉变。这时应切实加强通风管理工作，在晴天开启仓房门窗，翻扒粮面或进行机械通风，及时散发堆内湿热，防止粮堆结露、返潮、霉变。大豆入库后如不及时出风防潮，就可能生虫发热变质。即使不发热也要降低发芽力。如果在入库后 3～4 周进行倒仓通风并结合过筛一次，清除豆堆中的杂质与碎粒，则更能提高大豆的储藏稳定性，确保安全储藏。

（4）压盖防潮。大豆吸湿性强，散湿性也强，在相对湿度高的条件下储藏，极易吸湿转潮，在相对湿度低的条件下储藏，也容易散湿降水。因此，储藏期间应切实做好防潮去湿工作。首先，应做好铺垫隔湿和覆盖防潮，通常多采用数层芦席、草席或塑料薄膜进行铺垫隔湿和覆盖密闭防潮，使大豆保持干燥。其次，在春季相对湿度高，豆堆表层容易吸湿返潮时，应及时将密封豆堆的覆盖物抢晴天晒干，待冷后再覆盖在豆堆上，以吸收表层大豆的水分，保持干燥。

（5）防治虫害。大豆在储藏期间，一般不易生虫，如果发现虫害，主要遭受印度谷蛾、地中海螟蛾和粉斑螟蛾等蛾类害虫的危害，通常可采用压盖防治和利用长效杀虫块防治，也有采用曝晒、风筛等物理机械方法来防治，严重时以氯化苦进行熏蒸，但不能用二氯化乙烯。

压盖防治是将豆堆扒平，在堆垛面上紧压一层席子，席子与席子以及席子与仓壁之间用牛皮纸严格密封，然后在席子上压盖 5cm 厚的干河沙或 10cm 厚的糠灰，即可防止蛾类交配、产卵、繁殖、危害。

长效杀虫块有效成分为 DDVP（$C_4H_7Cl_2O_4P$，俗称敌敌畏），对蛾类害虫杀伤力强，药效持久，长期使用能杜绝蛾类交配、产卵，控制害虫繁殖，达到灭虫的目的。

（6）加强检查。大豆在储藏期间，应加强检查，严格控制温、湿度变化，大豆霉变常发生 4 月和七八月间，这是一般大豆的两个季节性关口，一定要引起注意。对高水分大豆，即使在冬天也会发生问题，检查时要注意大豆堆中结露、出汗等现象。

2）低温密闭

长期储藏的大豆，应在冬季把大豆转仓或出仓冷冻，待豆温降低后，再入仓压盖，低温密闭储藏。因为大豆忌高温高湿，不利用严冬转仓，豆堆温度上升幅度就较大，同时大豆种皮较薄，豆堆表上层吸收空气温度也较快，到了高温季节，就可能产生变质现象。

低温密闭储藏对防止大豆浸油赤变，保持大豆原始品质甚为有效。试验证明，安全水分的大豆，在 20℃条件下，能安全储藏 2 年或 2 年以上；在 25℃条件下，能安全储藏 18 个月左右；在 30℃条件下，只能安全储藏 8～10 个月；在 35℃条件下，则只能储藏 4～8 个月。

在冬季将干燥的、低温大豆装入隔热保冷低温仓内密闭储藏，使豆温长年保持在 15℃以下，可以有效地防止大豆浸油赤变，保持其原始品质。如在冬季冷冻入库的低温大豆堆上覆盖隔热材料，对减缓豆堆上层反潮与升温都有一定的作用，能相应的保持大豆低温干燥。一般覆盖隔热材料的豆堆比未覆盖的豆堆，上层水分低 1.5%，豆温低 2～4℃，过夏后豆粒品质正常，没有发生红眼、浸油和赤变的现象。

3）高水分大豆的储藏

高水分大豆，在春季梅雨季节，可以装包堆成通风垛，采用去湿机吸湿降水。试验证明，在五六月份将大豆堆成宽 2m、高 3m 的长条非字形通风垛，垛间及靠墙处留有 0.5～1m 的走道，走道上设置一定数量的去湿机，将仓内相对湿度控制在 56%～70%，使大豆水分逐步下降，经过 30～40d 大豆水分即可由 17.4%下降至 14%。待气温上升后，选择气温较高、相对湿度较低的天气，敞开门窗进行自然通风，通风一段时间，水分可由 14%降至 13.5%以下，确保大豆安全储藏。采用这种方法储藏大豆，不仅比人工翻晒降水储藏节约费用，而且不受气候条件限制，晴天雨天都可进行，解决了高水分大豆在多雨的春季不能及时翻晒难以安全保管的问题，是一种储藏高水分大豆的有效措施。

二、油　菜　籽

油菜为十字花科的作物，主要产区是长江流域各省市，以四川省的产量最大。油菜的种子称为油菜籽（又称菜籽），平均含油量 35%～42%，是一种重要的油料。油菜籽呈球形，粒很小，由种皮和胚两部分组成。种皮色泽有淡黄、深黄、金黄、淡红、褐、紫黑、黑色等多种。

根据植物特征，一般将油菜籽分为以下三种类型。

白菜型：南方的矮油菜或甜油菜及北方的小油菜均属此类。生长期短，含油量高。成熟后种皮有网纹结构，多为棕红色、褐色或黑色。

芥菜型：亦称高油菜、苦油菜、辣油菜等。成熟后种皮表面网纹粗，多为黄色、棕红色。芥菜型种子含油率约30%，因有辛辣味，油的食味较差。

甘蓝型：是近代从国外引进的新品种，生长期长，角果长，籽粒大，产量高，含油率达40%～45%。种皮光滑，成熟后的种皮多为黑褐色。其芥子苷含量比白菜型低。

1. 油菜籽的储藏特性

1）吸湿性强

油菜籽籽粒细小，皮薄肉嫩，蛋白质含量较高，吸湿性强，在85%相对湿度中，水分可升高到10%以上。收获期又值梅雨季节，所以新收获的菜籽更易吸湿增加水分。如不能及时干燥，油菜籽容易霉变。霉变初期，种皮出现白色霉点，擦去霉点后皮色正常者，不影响出油率；种皮变白，子叶仍保持淡黄色者，也不明显影响出油率；种皮变白，子叶变红有酸味者，出油率下降；如已结块，有酒味者，严重影响出油率；种皮破烂，子叶呈白粉状者，则不出油。

2）极易发热发虫

油菜籽吸湿返潮后，极易生芽。油菜籽的胚成熟较早，氧化酶的活性高，呼吸强度大，无明显的后熟期，在植株上就有发芽能力，故油菜籽吸湿返潮后即能发芽。吸湿后的油菜籽，也很容易发热霉变。水分13%以上的油菜籽，往往无任何早期迹象，一夜之间温度即能升高10℃以上，籽粒全部生霉变质。油菜籽发热温度之高也是罕见的，其最高温度可达到70～80℃。这是由于油菜籽籽粒细小，孔隙度小，含油量高，热容量大，堆内湿热不易散发，而且发芽霉变所产生的热量迅速积累在堆内的缘故。

油菜籽发热、霉变、生芽后，品质显著下降，出油率大幅度降低，油的质量也明显变劣，酸价增高，严重的不能食用。因此，油菜籽除留作种子以外，一般不作长期保管，大都在入库后尽快制油。

在相同的条件下，油菜籽较其他粮种呼吸作用旺盛，因此易生虫、螨。

3）酸败快

菜籽的呼吸作用需氧性强，在相同条件下比其他粮食快，相应脂肪分解速度的增加，产生的游离脂肪酸的数量增多。油菜籽储藏4个月酸价从1.4增加至2.38，含油量则由41.55%降至40.85%。

2. 储藏期间的变化

1）水分的变化

菜籽堆中水分再分配的现象较其他粮油种子快，不论原始水分高的仓囤（12.5%）或水分较低的仓囤（8.5%），其上中下的水分差距，经过高温季节后通常能趋于平衡，一般均为9%左右，湿差不超过0.5%左右。

2）酸价与含油量的变化

菜籽在储藏中酸价与含油量很易变化，酸价随储藏时间的延长而增加，含油量则相反。酸价增加也因水分、温度和堆囤层次的不同而有所区别。一般水分越大，酸价增加越快。在同样条件下，8.5%水分的菜籽，酸价变化在1.35左右；而12.5%水分的菜籽酸价就增至2.1。在同一粮堆堆放越高，酸价增加越大，而中下层酸价又比上层酸价增加快（上层由 1.24 增至 1.28，而下层就由 1.41 增至 2.04）。

3）发芽力的变化

散装堆放的菜籽如果通风不良，发芽力很易丧失。水分低通风又良好时，则能保全发芽力。有实验表明，用包装堆放 8.5%水分的菜籽，不论堆放 6 包、8 包或 12 包高，因包装通风良好，储藏一年发芽力仍在 95%左右，其中一个储藏近两年陈菜籽堆发芽力仍为 61%。

4）发热情况

菜籽水分越高越容易发热。菜籽发热过程较一般粮食长。例如，10%～11%水分的菜籽，进入高温季节（7 月中旬左右）就有发热象征，超过仓温 3～5℃，胚部色泽减退，气味不佳；至 8 月上旬粮温可达 36～37℃，有浓厚霉味；8 月下旬达到 42℃，如果不及时处理，发热可延至 11 月霉烂。发热的层点随过程的改变而变化。例如，在 7 月开始发热是中上层某一点，8 月中旬变为全部上层、中层，9 月下旬蔓延至下层内全堆发热。

3. 油菜籽储藏技术

菜籽收获的时期与方法要尽量符合生产和储藏的要求。菜籽收获以荚果有 70%～80%呈现黄色时最好，过早收菜籽果荚未黄，不但产量低（1%），并且因水分高脱粒不易而造成储藏上的困难；收获过迟则荚果爆裂，粒籽会受到损失。

1）常规储藏

常规储藏是油菜籽在正常情况下的常用储藏方法。新收获的菜籽，应根据含水量及当时当地的气候情况，分别采取不同的措施予以处理，以保证油菜籽的安全储藏。在菜籽的常规储藏中应注意干燥降水、分批堆垛和分级储藏等环节。

（1）干燥降水。干燥降水是油菜籽安全储藏的关键措施。菜籽收获时正是夏季，最宜日晒，温度高亦无碍，但必须掌握菜籽日晒的特性，不能冷铺，不能热进仓，以防造成上下层菜籽散湿不均匀，形成较明显的水分梯度影响降水效果及入库后的储藏稳定性。若菜籽堆内温度过高，入库后菜籽容易变质，虽然表面无变化，但捏碎籽粒无油成干物质，籽仁发暗绿色，并显著降低出油率，亦能产生煮干烧现象，脂肪分解，影响出油率。各地经验证明，油菜籽的水分必须控制在 9%以内，才能安全度夏。水分超过 10%，在高温季节就开始结块，12%以上能霉变成饼。因此，对高水分油菜籽应抓紧时间干燥降水。

降水的方法以日晒为主，烘干为辅。油菜籽虽然比较耐高温，但烘干温度不宜太高，要根据各种烘干机的性能适当控制出口料温，否则温度过高，甚至将籽粒烘焦，影响出油率。因此，采用机械烘干降水时，应严格控制加热的温度（一般热风温度不宜超过 80～85℃），以免影响油菜籽的质量，降低出油率。对水分在 13%以上的油菜籽，可以烘干三次，第一次降水 6%～8%，第二次降水 4%～6%，第三次降 3%～4%，这样烘干能获得良好的降水效果，并保持油菜籽质量。

菜籽晒干在入库前还要彻底清除夹杂，同时日晒或脱粒时都须切实防止根部及其他尘芥夹杂物感染菜籽。做到一干二净再入库。

（2）分批堆垛。轮流入仓是降低入库油菜籽堆垛温度的有效措施。其具体作法是，将当天收购（或接收）的油菜籽分别装入数座仓房或数个堆垛，一次堆积的高度不宜超过0.5～1m，隔2～3d后再继续装入油菜籽增加堆积高度，直到堆成垛为止。这样轮流入仓，由于每天入仓油菜籽的堆积低、散热快，有利于减少堆内湿热的积聚，因而堆垛的温度比一次入仓更低。试验证明，分批堆垛储藏的油菜籽，其堆垛温度比一次入仓的低4～5℃，而且上、中、下三层温度较为均匀，是在没有机械通风条件下降低油菜籽堆垛原始温度的有效方法，如能在入仓后再及时翻动堆面通风散热，可以迅速将堆垛温度降至与气温持平，缩短油菜籽受高温影响的时间，故有利于安全储藏并能较好地保持质量。

（3）分级储藏。新入库的油菜籽，可根据水分高低划分等级，分别进行处理。水分在9%以下的油菜籽，适于较长期的保管，一般在7月底以前不致发热霉变，可以陆续进厂加工，如为散装储存，堆高以1.8～2.5m为宜；包装可码12包高。水分为10%～12%的菜籽，不能立即进厂加工，应加强检查只作短期储存1～2个月，应抓住时机降水干燥，将水分降至9%以下，再进厂加工。水分在12%以上的油菜籽属于危险油料，随时可发生发热、霉变、生芽，应尽快出晒或烘干，或采取应急措施进行处理，如留作种子用的，则应选择水分在8%以下的油菜籽包装堆放，堆高不超过6包，以利于品质保持。

（4）压盖防潮。是防止菜籽在储藏期吸湿的存放方法，常用麻袋进行压盖防潮，其过程一般为在春季多雨季节，用干燥无虫的麻袋覆盖在菜籽堆表面，遇晴天及时将覆盖的麻袋取出晒干，待冷凉后再覆盖在菜籽堆上。如此反复盖袋、晒袋，即可防止油菜籽吸收外界水分，保证上层油菜籽不吸湿返潮。经验证明，采用盖袋防潮的方法保管油菜籽，其水分比未盖袋防潮的低0.6%～1%，确保油菜籽安全储藏。

2）高水分油菜籽的应急储存

油菜籽每年大都在5月底6月初收获，由于时间紧，数量大，又正值梅雨季节，因此有时不得不在雨中抢收。抢收的油菜籽，水分大都在20%以上，如果不能立即干燥降水，必须采取应急措施处理。

储藏高水分油菜籽，唯一有效的措施就是密闭，常用的密闭法有两种，一种称作磷化铝化学密闭，另一种是自然缺氧密闭。实践证明，采用两种密闭方法处理高水分油菜籽，虽然对品质略有降低，但可以保持油菜籽在2～3周内不发热、不生芽、不霉烂，从而能赢得时间，等待时机，出仓曝晒。因此，这种方法是连续阴雨时的一种临时性的紧急抢救措施。

化学储藏法就是用塑料薄膜严格密封油菜籽堆，并在堆内施放适量的磷化铝（施药9～12g/m^3），一方面利用微生物与油菜籽本身的呼吸作用消耗堆内的氧气，产生大量二氧化碳，最终达到缺氧状态；另一方面利用磷化铝释放的磷化氢杀灭霉菌或抑制其繁育，以制止油菜籽发热、发芽和霉变，使已发热的油菜籽能迅速降低温度，已生芽的则会快速萎缩，停止生长，从而使油菜籽在2～3周内基本保持稳定状态。采用化学储藏法后，磷化氢气体93%以上被油菜籽吸收，其余的则被麻袋吸收，故油菜籽堆内的塑料薄膜内空间的磷化氢气体会迅速消失。磷化氢被油菜籽吸收之后，能使油菜籽的含磷量增加，但却不以磷化氢的形式存在，所以加工的油脂中并无残毒，经过碱炼、脱磷处理，这些磷化物可以除去，因而不会影响油脂的食用价值。

自然缺氧储藏法是用塑料薄膜或大水缸、水泥池等容器严格密封油菜籽堆，利用微生物与油菜籽本身的呼吸作用消耗堆内的氧气，产生大量二氧化碳，最终达到缺氧状态，以抑制油菜籽及微生物的生命活动，制止油菜籽发热、生芽和霉变。采用自然缺氧储藏水分20%的油菜籽，保管时间一般不宜超过15d；储藏水分25%的，一般不宜超过10d；储藏水分30%的则不宜超过7d。

两种应急措施都有一定的效果，从品质指标的变化来看，化学密闭要优于自然密闭，这可能是磷化氢具有杀菌作用的原因。但应急处理的菜籽含油量是减少的。因此，应急措施只能是应急短期储存，并非长久之计，应抓紧时间，尽快干燥降水，转入常规储藏，才能确保安全。

另外，在油菜籽密闭储藏中还要注意：油菜籽密闭储藏能否持续有效，关键在于密闭程度。因此，在密闭以前要仔细检查容器和塑料薄膜，如有裂缝和破洞，容器可用报纸糊封，薄膜可用粘合剂或橡皮膏补好。在密封过程中，要勤检查，发现新的漏洞要及时修补，用于密封的报纸要经常保持湿润，防止干裂漏气。

油菜籽密封后，塑料薄膜和容器内很快会缺氧，并充满二氧化碳，对人有窒息致死的危险。因此，在密闭过程中和启封时，严禁工作人员进入薄膜内检查，并应在薄膜全部开启，充分通风之后才能搬运油菜籽，以确保安全。在密闭过程中，油菜籽水分并未降低，霉菌和油菜籽的生命活动只是暂时被抑制，一旦启封供氧，霉菌和油菜籽呼吸量会随之加大。

总之，油菜籽的储藏主要以干燥常规储藏为主，最好经干燥、除杂后再入库。对于水分在9%以下的安全油菜籽在储藏期内应注意防潮、生虫、发热、酸败，加强检查，发现问题及时处理，以免发生霉烂事故。对无条件干燥的高水分菜籽，必须及时处理，采取应急密闭措施，做短暂储存，等待时机，干燥降水，才能确保安全储藏。

三、花　　生

花生果又名落花生、长生果、地果等。带壳的为果实，脱壳的为种子，即花生或花生米。花生果的含仁率一般为67%～72%，花生仁的含油量一般为40%～50%，不仅可以榨油，是一种重要的油料，而且也是食品工业的重要原料。花生果有果壳保护，储藏稳定性较好；花生仁皮薄肉嫩，储藏稳定性较差，在储藏期间容易发霉、浸油、变质。但花生果储藏需要较大仓容（约比花生仁多占仓容2倍以上），故国家粮库都以储存花生仁为主。

1. 花生的储藏特性

花生不仅是一种含油量很高的油料，而且比谷类籽粒生命活动强，在储藏过程中，不论花生果或花生米，都容易受外界温度、湿度、光和氧的影响。如果储藏不当极易造成发热、霉变、脱油、酸败、脂肪含量降低等一系列的品质变化。

1）吸湿性强，不易干燥

花生果在收获时水分大，一般达到30%～50%，粒大壳薄而疏松，吸湿性强。收获或出入仓囤时壳易于破碎，致含有很多夹杂，引起粉螨繁殖为害。

花生米水分大，易受冻，受冻的花生米色泽发暗，发软，并且有酸败的气味（俗称哈喇）。冻害不仅在收获后水分大的花生果中容易发生，而且在未出土的花生果中也能受害。据资料介绍，在温度为1.5～2℃收获的花生果，其营养体受损，而在－3℃时从土中挖出的荚果种子都已丧失发芽能力。

花生果粒大，壳厚，外壳质地粗糙疏松，易破碎，土杂多，孔隙度大，容易吸湿。刚收获的花生果含水量可达30%～50%。因花生中含有大量油脂，热容量较高，所以不易晒干，有时要晒5～6个晴天，水分才能符合入库要求。花生仁既有很高的含油量，又有丰富的亲水胶体蛋白质（含量约30%），而且失去了外壳保护，故更易吸湿。

2）易生虫霉变

花生收获后含泥杂较多，壳易破碎，在储藏过程中，储藏条件不良（受高温高湿的影响），就会造成发热、生虫、霉变。脱壳后的花生仁，更易吸湿受潮，受潮后色泽就会发暗，籽粒发软，并易生虫、生霉。生霉时首先由破碎粒开始，然后影响好粒。虫害一般以印度谷蛾最严重。

花生原始水分很大，一般达40%左右，收获又正值晚秋，如收获过迟或收后未及时干燥，均会发生霉烂。花生果水分超过10%，花生仁水分超过8%，进入高温季节极易生霉。生霉部位首先从花生仁尖端（胚根、胚茎、胚芽部位）或两片子叶的内侧面以及破碎粒、未熟粒、冻伤粒开始，而后逐渐扩大影响好的籽粒。花生仁发热霉变的早期现象是，籽粒发软，光泽变暗，一般在堆垛表面以下15～30cm首先出现。花生仁霉变的临界水分和温度，如表11-6所示。花生水分在10%以上，就有可能被黄曲霉菌感染而产生黄曲霉毒素。花生及其制品是被黄曲霉毒素污染最严重的粮油品种之一。

表11-6 花生仁霉变的临界水分和温度

临界水分/%	6	7	8	9	10
临界温度/℃	32	28	24	20	16

3）易受冻影响发芽率

花生原始水分大，收获时正值晚秋，气温较低，如收获过迟容易遭受冻害（－3℃荚果可能受冻）。新收获的潮湿花生遇到霜冻，也易受冻。受冻后的花生质量显著下降，耐藏性差，发芽率降低，含油量下降，酸价增加。因此，花生的适时收获和及时干燥对日后储藏稳定性影响很大，应引起重视。

4）耐热性差

花生仁种皮薄，含油多（40%～50%），不宜进行高温曝晒。花生仁受高温作用后，即发生走油、变色、起皱等现象，破碎粒增加，产油品质降低。如水分较大时，可以进行低温（26℃以下）或间接曝晒。

5）易浸油酸败

脂肪是花生籽粒中的主要成分，在储藏过程中较不稳定，容易劣变，其劣变速度又因水分、温度的高低而异。水分含量8%，温度20℃时，变化基本稳定，温度增至

25℃时，脂肪酸值就有较明显的增加，虫蚀粒、冻害粒和破损粒脂肪酸比完好粒有显著的增高，增高到一定程度，就会发生酸败，并出现浸油，也称“走油”。浸油是花生品质变化的外观现象，开始浸油时，种皮失去原有的色泽，逐渐变为深褐色，子叶由乳白色慢慢变成透明蜡质状，食味变哈，严重的发生腥臭味。花生浸油的临界水分与温度视储藏情况而定，通常花生仁水分为8%，温度达到25℃时；或花生果水分为10%，温度达到30℃时即开始浸油。水分越高，温度越高，浸油就越严重。干燥的花生，经过夏季脂肪酸值就显著增高，这种现象多发生在7～9月温度在30℃以上的季节。浸油哈变的程度，花生仁比花生果严重，堆垛外围比堆垛内部严重。浸油哈变的花生出油率降低，食味变劣，严重的食后对人类身体健康会有不良影响。

6）种皮易变色，不耐压

过夏的花生仁即使没有浸油哈变，其种皮由于色素受光、氧气和高温等影响，也会发生变化，由原来新鲜的浅红色，变为深红色，乃至暗紫红色，种皮变色的花生仁容易脱皮。花生仁种皮变色也是品质降低的一种现象，一旦出现这种现象，应立即采取措施改善储藏条件，妥善保管。

花生不耐压，无论储藏花生果或花生仁，堆高均以不超过2m为宜。

花生米怕日晒，对大气湿度影响特别敏感。花生米种皮薄，含油多，日晒时温度稍高就能返油变色起皮，影响榨油质量。如果连续几天阴雨，花生米色泽就会发暗，身骨发软，其中破碎粒所发生的黏液与完整籽粒粘连，能使完整花生米霉变。

2. 花生储藏期间的变化

1）温度、水分的变化

基本上与其他粮食温度水分变化相似，随气温、湿度变化而变化，变化的幅度花生果大于花生米，通风囤大于密闭囤。

2）脂肪酸的变化

在一般水分（8%左右）的情况下，当花生米温度未超过20℃时，酸值变化不显著；但当温度超过20℃后，酸值却显著增高并且以后花生米温度虽然下降到20℃以下，但酸值仍继续增高。

花生米在入库初期，脂肪酸逐渐降低，是因为仍处于后熟作用中的合成阶段。6月份以后，由于花生米温度已高，分解作用增加，脂肪酸增加。10月以后的气温降低，生理活性趋于稳定，已积累的脂肪酸亦处于比较稳定的状态。

3）发热与生霉

花生米发热、生霉取决于原始水分含量的高低，在一般储藏条件下（囤存、散装仓库、包装堆存等），水分在8%左右不会发热、生霉。据山东莒南县粮食局实验，水分9.2%的花生米当温度上升至36～41℃时，表层0.4m左右就生霉，花生米变黑。又据秦皇岛市试验，因囤顶苫席较薄，在7月份花生米水分由8.49%上升至10%而生霉。

3. 花生的储藏技术

花生果和花生仁均可储藏，储藏稳定性以花生果较好，但多占仓容2倍以上，而储藏花生仁，在保证成熟适度的前提下，尽可能做到适时早收，以免受冻，影响花生品质及储藏稳定性。

1）花生果的储藏

（1）适时收获。花生产地分布广，品种类型繁多，应根据地区气候和品种成熟特点，适时收获。以早花生为例，江南地区多在8月中旬至9月上旬收获，华北地区应在9月上中旬收获，要做到成熟一片，收获一片。对于种用花生，在保证成熟适度的前提下，尽可能做到适时早收，以免受冻，影响花生品质及储藏稳定性。

（2）及时干燥。花生收获后及时进行干燥，是迅速降低水分，防止花生受冻的有效方法，而且利于养分的转移积累，促进后熟，保持品质，确保安全储藏，同时也可避免发生机械损伤、变色裂果、降低出油率等不良现象。花生摘后再晾晒5～6d，堆积1～2d，使其内部的水分进一步向外扩散，就可以达到安全水分的要求。此外，采用烘干机干燥花生，效果也很好。这对霜期早临或收获时多雨地区，进行商品花生果的干燥很有价值。花生干燥后，要及时清除破碎粒、杂质和泥沙，以利安全储藏。

（3）控制水分。花生果在仓内或露天散存均可，只要水分控制在9%～10%以内，就能较长期储存。在冬季水分较大但不超过15%的花生果可以露天小囤储存，经过冬季通风降水后，到第二年春暖前再转入仓内保管。水分超过15%的花生果，温度过低时，会遭受冻害，必须抓紧处理，降低水分后才能保管。花生果仓内散装密闭，水分9%以下，粮温不超过28℃者，一般可作较长期保管。花生果的安全水分标准也可根据季节灵活掌握，一般在冬季为12%，春秋季为11%，夏季为10%。

（4）适时通风降温。花生入库后应及时通风，排除堆内积热，以后还应根据气温变化情况，抓住低温有利时机间歇性地反复通风，使料温随气温变化逐步降至10℃以下，至翌年气温上升前再及时密闭仓房，覆盖垛面，隔热保冷，以实现低温干燥密闭储藏。

（5）气调储藏。经试验表明，除氧剂密封缺氧储藏，一周后氧含量降至0.1%，经170d储存，不仅能防止花生果吸湿转潮，而且能降低其脂肪的水解速度，延缓游离脂肪酸的产生，阻止脂肪氧化酸败，保持较好的生活力和新鲜度。除氧剂密封缺氧储藏，操作简单，使用方便，费用低廉，容易推广，能确保花生果安全储藏，是一种很好的储藏花生果的方法。

（6）防虫防鼠。花生果和花生仁都会遭受储粮害虫。危害花生的害虫主要有印度谷蛾、赤拟谷盗、锯谷盗和玉米象等，其中以印度谷蛾危害最严重，常发生在堆垛的表层。由于印度谷蛾有吐丝结网的特性，有时在堆垛表面会出现“封顶”现象。因此，在春暖后害虫繁殖季节，要及时采取悬挂长效敌虫块或磷化铝熏蒸等有效的防治措施进行处理，防止害虫危害。花生特别容易招致老鼠侵害，在储藏期间要注意做好防鼠工作，避免老鼠危害。

2）花生仁储藏

根据花生储藏特性以及各种变化分析，干燥、低温和密闭是储藏花生仁的基本关键。

（1）控制安全水分。花生仁安全水分标准，一般在冬季为11%，春秋季为10%，夏季为9%。若长期储藏，水分应控制在8%以内，水分在9%以内为基本安全，水分在10%以上，冬季虽加强通风，也只能做短期储藏。

花生仁失去了外壳的保护，不宜采用烈日曝晒，如必须进行日晒降水，日光直射温度不宜超过 25℃，否则会出现脱皮浸油现象，并影响出油率。在日照温度过高时，可采用隔阳晾晒法进行曝晒，用席片隔离阳光进行曝晒。减低花生米水分的最好方法是田间风干和脱粒前场头曝晒。这样干燥不仅降低水分快，对皮色、破碎、出油率的影响亦小。收获时边收、边风干可节约人力、物力，又可防止收后脱粒不及因水分大而霉发热、霉烂。场头曝晒则因果壳有保护作用，使花生米少受机械损伤和日光直射，因而不易产生破裂、变色和营养物质的劣变。此外，还可在冬季进行仓内通风干燥，仓内摊晾干燥或露天包装通风干燥，这些方法均可起到降水效果。

（2）低温密闭。低温密闭储藏不仅可以提高储藏稳定性，还可起到防虫作用，是安全储藏花生仁的重要技术措施。长期保管的花生仁，经过冬季通风干燥，水分降至 8% 以下，在春暖前，应及时进行密闭储藏。水分安全、长期储藏的花生仁，在储藏过程中，最高温度不宜超过 25℃，过此界限，脂肪酸值就显著增高，易引起败坏。花生米发生酸败的温度，多在 20℃以上，因而花生储藏的温度，最好在 20℃以下，能在冬季低温入库，并且在气温 5℃以下密闭则最有利。

密闭储藏可以防止虫害感染，隔绝外界空气的影响，即能保持低温，又能防止脂肪氧化，增进花生仁储藏的稳定性。但长期密闭，对种用花生的发芽率有一定的影响。密闭的方式可因地制宜，如仓内套囤覆盖密闭，散堆覆盖密闭均可。

（3）气调储藏。花生仁也可采用气调储藏，如抽真空充氮保管。真空度抽至 55 000Pa（真空度过高花生仁易变形出油），充以适量氮气，会很快缺氧，从而能抑制花生仁的呼吸强度与霉菌活动，消灭害虫，防止吸潮。从 3 月储藏到 9 月，浸油现象不明显，酸价只有微量增加，基本上保持了原有色泽和品质。

广东省的经验证明，花生果进行密闭自然缺氧储藏，在 5%～7.2%的低氧条件下，不仅可以保持果色，有效地防治害虫，还有利于保持发芽率。储藏 7 个月后发芽率仍保持 93%～97%，而对照组（常规储藏）的发芽率只有 80%。

四、葵　花　籽

1. 储藏特性

葵花籽的储藏特点：①含油量高，油脂中的不饱和脂肪酸所占比例大，如果水分大温度高，极易氧化酸败；②含杂多，葵花籽脱粒中，茎秆、花盘花萼等极易混入堆中不易清除干净，这些有机杂质堵塞粮堆孔隙，易吸湿返潮，导致粮堆水分增加，甚至发热霉变。因此，葵花籽必须晒干、整净，方能入库。其安全水分视含油量的多少而异。含油量较低的食用品种水分不宜超过 10%～12%，含油量多的油用品种不宜超过 7%，杂质含量均不宜超过 2%。

新入库的向日葵籽水分较大（一般为 12%～19%），粒大皮厚坚实，粮堆压力小，空隙大，吸潮和散温性强。

2. 储藏方法

向日葵籽水分不超过 11.5%，温度不超过 28℃，可以长期储藏。如果水分超过

12%，就会使温度迅速上升而引起发热霉变。有研究表明，3 月中旬水分为 12.8%的向日葵籽，到 5 月上旬，温度达 20℃即发热生霉；而 3 月储藏水分为 11.5%的向日葵籽，过筛混杂入库储藏至 9 月末，温度最高到 28℃，质量未发生变化。向日葵籽水分超过 12%必须通过晾晒降水后才可长期储藏。

向日葵籽适合仓内散装堆放或屯装储藏，粮面要盖上席子防止吸潮长毛。注意检查，如果堆内温度剧烈上升，要迅速采取各种通风散温措施。

为使堆垛内积热及时散发，葵花籽入库后应合理掌握堆垛高度。一般麻袋堆放，冬季不应超过 6 包高，其他季节不超过 1.5m。含油量极高的还应酌情降低堆高。

低温干燥，密闭储藏，有利于保持葵花籽的品质。因此，在储藏期间，应特别注意掌握通风密闭的时机，在高温季节要经常检查，以便发现问题，及时处理。

五、棉籽储藏

棉籽有坚硬外壳，对籽仁有保荚作用，壳外有短绒，壳与仁间具有空气层，具有良好的密闭作用。有些地区采用露天不苫盖芦席来储藏棉籽，就是利用这一特性。

棉籽因成熟期不同，耐藏性也要极大区别，霜前采下的籽粒质坚仁饱，水分低，毛绒长较易储藏。霜后采下的籽粒壳软仁瘪，一般水分较大，不适于长期储藏。

根据棉籽储藏特性以及我国各地储藏棉籽的经验，不论储藏毛籽或光籽，都可以采取露天不苫盖器材的方法。这种方法既利于收购加工调拨，又可以节约大量器材装具。露天不苫盖储藏棉籽，虽棉籽具有外壳短绒等良好条件，但堆放棉籽的场地必须具备宽畅、平坦、通风、高燥、排水良好等要求，做好垫底工作。棉籽水分必须在 12%以下，堆放还须选择气温较低时进行，以防积热。堆垛方法有以下三种。

1）边踩边打一次踩成法

先将选好的棉籽摊在垛位上，逐层将垛的四周踏实抓紧。踩实宽度约 0.5m 以上（中间略踏），从下向上逐渐收缩，垛至 4m 高时进行收顶成椭圆形。有些地方还用草帘折成双层贴挂于垛的底部四周，以防雨水渗入垛底。

2）切削堆垛法

棉籽上堆时，离堆底四周 0.5m 摊上棉籽，两边踏实 1.5m，两头踏实 2m，垛至 3m 左右，再齐垛底四周，削除大于垛底的棉籽，用来收顶封背。

3）麻袋筑围堆垛法

以旧麻袋装棉籽，沿垛底围成长方形，将棉籽倒入逐层装实，堆好垛后将麻袋移开，再用工具拍打光实。

采用以上方式储藏的棉籽，由于受雨变松、鸟雀取食、红铃虫为害等原因，可能使垛面不平整，储藏时必须加强检查，垛面随松随踏实，使外温不易侵入而保持棉籽品质完整。

储藏多次加工脱绒棉籽的方法与储藏带绒棉籽的方法基本一致，只有在堆垛四周与顶部加填一层带绒棉籽，即先将带绒棉籽于垛的四周铺成宽约 1m、厚 0.3m 的一层，当中放脱绒棉籽，并稍高于边部，再摊平踏实垛面，在踏实时要注意脱绒与不脱绒棉籽交接处。填好一层，再以同样方法加高一层，至需要的高度为止。顶面再加盖 0.8m 厚的带绒棉籽而封顶。

六、芝　　麻

芝麻与菜籽一样，籽粒细小，皮薄柔嫩，极易吸收水分。芝麻又是一种含杂量较大的油料，其中细小尘土占含杂量的80%左右，因而造成粮堆装高度在2m，粮温在33℃以下，可以安全度夏，含油量不下降。芝麻储藏中必须控制低温，为了防止气温、湿度的影响，储藏方式宜采用密闭储藏。据相关试验研究表明，芝麻水分在6.2%时可经过高温季节，粮温在29～33℃时食油量与出油率均减少。同时在常温下密闭储藏的芝麻，其含油量、出油率总是高于通风储藏的芝麻。

种用芝麻为了保全其发芽率，不宜采用密闭储藏，应储藏在干燥和通风良好的仓房中，分仓、分库储藏，也可以采取包装储藏，高度以6包为宜。

不论种用还是一般用途的芝麻，在储藏过程中必须加强检查，在春暖气温上升以前要彻底普查一次，根据水分变化情况，采取倒垛或过筛、过风清杂等方法，使水分降至安全标准以下，方可长期储藏。

第三节　植物油脂的储藏

一、植物油脂储藏技术

为使油脂安全储藏，最大限度地保持其原始品质，除应改善储藏条件，控制外界不良因素的影响，经常检验油脂的质量，掌握其变化外，还应采用适宜的、有效的、先进的储藏方法，以消除或减弱理化及生物因素对油脂的不良影响。

1. 常规储藏（钝化法）

常规储藏是当前基层油库普遍采用的、十分重要的储藏油脂的方法。这种方法是人为地控制日光、空气、水分、杂质以及大气温湿度对油脂的影响，建立并坚持执行有效的、可行的管理制度，加强油脂质量检查并进行必要的处理，防止油脂可能发生的氧化酸败现象，以确保安全储藏。

一般常规的储油方法即机械地防止油脂外部因素影响的方法，通常包括密闭储藏与低温储藏，在密闭储藏中，主要做到油品中的水、杂、酸价入库时要严格控制在国家标准以内，储藏以密闭为主，装油时尽量装满，桶罐内尽可能少留空隙并要避免不必要开桶开罐，使油脂与空气少接触，这样可以延缓油脂的氧化酸败。密闭储藏还要做到合理堆放，加强管理，防止酸价升高及漏油现象的发生。

温度对油脂的氧化速率有重要的影响，在0～25℃条件下储藏时，温度上升会明显促进油脂氧化。温度每上升10℃氧化速度几乎就提高1倍。因此，在低温环境下储藏油脂可以抑制油脂氧化，确保安全储藏。通常油脂在冬季几乎不会酸败，而在夏季则极易发生，故进入高温季节后应采用有效措施隔热保冷，使油脂处于低温状态，能确保油脂安全储藏。将储油仓房的仓温控制在15℃以下，进行低温储藏，能够有效地长期安全储藏油脂。实践证明，低温储藏是安全储藏油脂的有效措施，全国各地可因地制宜创造条件推广应用。由于创造低温条件的设施费用比较昂贵，通常除在地下库以及与成品粮混合储存在地上低温库外，目前还很少应用低温储藏的技术来储藏油脂。

储存的容器主要有两大类：一类是大储油罐，容量可由 10～20t 到 1000～2000t，设置有进油的油泵，化油的蒸汽管以及有密闭性能的罐盖，并且罐身金属有一定的耐压强度；另一类是油桶（铁），有用 1.22mm 铁皮制成单料桶和用 1.5mm 制成的双料桶，容器容量为 200L。

储藏油品，必须除去油品中的水、杂质及一切可以引起酸败的物质。无水、无杂、低酸价的油品是安全储藏最基本、最必要的条件。

2. 气调储藏

油脂劣变的主要原因是氧化酸败，所以，只要控制油脂氧化，则可阻止劣变的进程。油脂氧化的速度与氧的浓度成正比，设法限制或切断氧的供给，就可从根本上解决问题。气调法储存油脂就是依据控制空气（氧）氧化油脂的原理，采用惰性气体（CO_2、N_2）置换储油罐（桶）空间内的氧，从而断绝或减少油脂氧化所需的氧量，增强油脂储藏的稳定性。气调储油是近年来研究应用于实际生产的一项技术，欧美的油脂管理与储藏已应用充氮的方法。

油脂的氧化程度与溶于油脂中的氧量及分压有关，还与密闭容器空间的氧量、空气所占容积的百分率和空气（氧）的分压相关。由此推论，按通常情况，如果是封闭的容器存放油脂，只要控制容器内的留存空间，降低空间和油脂中氧的分压，即可控制油脂氧化的程度。

1）脱氧剂脱氧储藏

我国目前多采用无机系脱氧剂，常用的为特制铁粉脱氧剂，它是一种无毒、无臭的无机物，在水和金属卤化物的催化下，容易被空气中游离氧所氧化而消耗氧，防止被保护物氧化。

除氧剂脱氧储藏，要求油罐（桶）密封性良好，并具有较好的机械强度，否则就难以保持缺氧状态或容易使油罐（桶）变形、损坏。因此，采用除氧剂脱氧储藏时，为保护油罐安全，应增设调压装置，使其与油罐成一密闭的储油系统，当气温升高时，罐内气体自动进入调压装置；当气温降低时，调压装置内的气体又自动进入罐内，以此平衡罐内外压力差，保证油罐的安全。

脱氧剂的用量可根据脱氧剂的脱氧能力及罐桶内的空间计算而定。

2）充气法

将一种不活泼的气体（惰性气体）充入油罐和油桶，排除其中的空气使之缺氧，以抑制油脂氧化，确保油脂安全储藏的方法称为充惰性气体储藏法。常用的惰性气体有氮气和二氧化碳，充气法因油脂装具不同分为油桶充气法和油罐充气法。

(1) 油桶充气法。将完好能够密封的容量为 180kg 的标准油桶，在大盖焊接一阀门，在小盖上焊接一抽气橡皮管，装油后向桶内充入氮气或二氧化碳，使桶内空气全部排出，然后即用橡皮塞密封。

(2) 油罐充气法。在储油罐上装设压力安全阀、真空控制盘（真空安全阀）和氮气压力调节器，然后用钢管将液氮瓶（或氮气发生器）与储油罐连接好，形成一个密封系统，并向油罐内充入适量氮气。将经过静置沉淀处理的精炼植物油直接装入已充氮气保护的储油罐中，通过氮气压力调节器控制充氮量。当油罐装满，压力达到最大值时，可将氮气排放到大气中去；当油脂从油罐中泵出时，罐内压力下降，氮气压力调节器自动开启，氮气又不断补充入油罐。

充氮储油实验证明，采用充氮法储藏的油脂，过氧化值增长速度慢，只有常规储藏（对照罐）油脂的1/4，甚至更少一些，具有明显的阻止氧化、抑制微生物活动、保持油脂品质的效果。但在夏天高温季节，充氮储藏油脂的安全可靠性还不够稳定，这时仍应设法降低温度，实现低温储藏，才更有利于确保油脂安全度夏。采用充惰性气体储藏法时，要特别注意安全，即要在油罐上装压力安全阀与真空安全阀，以免油罐炸裂，又要建立严格的安全操作规章制度，以免管理人员进入油罐引起生命危险。在清洗油罐时，要严格遵守操作规程，彻底将油罐中惰性气体排出后才可进入罐内操作，以免发生意外事故。每座储油罐上都要悬挂警告牌，以利安全。

二、几种食用植物油脂的储藏特点

1. 豆油

豆油是大豆经过溶剂浸出或热榨（冷榨）制成，是良好的食用油，属半干性油，曝露在空气中能在表面形成薄膜。由于产区不同，其碘价有很大的差异。我国东北大豆所制的豆油碘价在130以上，已达到干性油的标准。豆油除食用外，在工业上用途亦很广泛，如制造油漆、肥皂等。

豆油的主要脂肪酸是油酸和亚油酸，油酸含量为25%～36%，亚油酸含量为52%～65%，并富含维生素E，同时豆油的消化率高达98%，所以豆油是一种营养价值很高的食用油。

豆油除含有脂肪外，在加工过程中还带进一些非油物质，在未精炼的毛油中含有1%～3%的磷脂，0.7%～0.8%的甾醇类，以及少量蛋白质等物质，易引起酸败，所以豆油如未经水化精炼除去杂质，是不宜长期储藏的。另外，精制豆油在长期储存中，油色会由浅逐渐变深，原因可能与油脂的自动氧化反应有关。因此，豆油颜色变深时，便不宜再作长期储存。

2. 菜籽油

菜籽油也称菜油，是从油菜籽中提取的油脂，属半干性油。菜籽油中的脂肪酸有50%左右的芥酸，并含有一些硫代葡萄糖和种皮中的色素，因此油色较深。芥酸对人体健康有害，它是一种不易消化、不易吸收、营养较差的脂肪酸，所以近年来国内外不少专家培育出低芥酸（2%以下）的新油菜品种。

毛菜油呈深黄、略带绿色，色泽较暗，具有令人不快的气味和辣味，特别是热榨的菜油，色泽更浓，并具有一定的芥辣味。毛菜油含磷脂较多，含磷脂在1.5%以上，储藏稳定性较差，其颜色和气味都将随储存期的延长而变差。精炼后的菜油澄清透明，颜色浅黄，无异味，适宜食用，还可作人造奶油和色拉油。无论机榨油、土榨油，入库前都必须过滤或沉淀，将水分杂质除去，方可长期储藏，并应储藏在阴凉的仓库内或密封的油池内，不宜在阳光下曝晒。菜籽油凝固点是4℃，在冬季储藏最好使仓温不低于10℃，以免凝固后再融化时发生氧化变质增大酸价。

3. 花生油

花生油是从花生仁中提取的油脂，属不干性油。花生油中的主要脂肪酸是油酸和亚油酸，油酸为50%～70%，亚油酸为13%～26%，含十八碳以上的饱和脂肪酸，较其他植物油多，所以夏季为透明液体，冬季则呈稠厚不透明状，一般在15℃时，浓度就易加大，到−3℃时呈乳浊状，如温度再低就会凝固。凝固后经融化，易发生氧化，增大酸价。

花生油的颜色一般呈浅黄色，具有浓郁的香味，广泛应用于食品、罐头及人造奶油的制造，是一种营养及口味俱佳的食用油脂，花生油在储藏中，酸价较稳定，冬季储藏应注意防冻。

4. 葵花籽油

葵花籽油是从向日葵种子中提取出的油脂，也属半干性油，既是一种重要的食用油也是工业生产上的原料。其主要脂肪酸为亚油酸和油酸，亚油酸含量为54%～70%，油酸含量约为39%，这种油易被人体吸收消化，有利于人体发育和生理机能调节，能降低人体内胆固醇的含量，对减少胆固醇在血管内沉积，防止动脉硬化、高血压、冠心病有一定功效，是一种很好的食用油脂。

葵花籽油的油色根据加工精度的不同而稍有不同，毛葵花籽油呈浅琥珀色，含有少量磷脂和胶状物质，一般不宜食用，也不宜长期储存。精炼葵花籽油呈淡黄色，澄清透明，具有一种特殊的香味，是毛葵花籽油精炼而成。葵花籽油是最宜生食的植物油，可制作人造奶油、乳酪等。在工业上，葵花籽油可制造油漆、润滑油、药物、肥皂、合成橡胶以及提取甘油，还可以用于制革和纺织工业。

葵花籽油中富含不饱和脂肪酸，还含有微量的含氧酸，储藏期间易氧化分解酸败变质，储藏稳定性差，是一种较难保管的油脂，一般不宜长期储藏。

5. 米糠油及玉米胚油

米糠和玉米胚芽是粮食加工的副产品，含有较多的成分，米糠含油率为12%～15%，玉米胚芽含油率为30%～50%，都很容易发生酸败，应尽快榨油，不易久放。

毛糠油呈深棕色，颜色深暗，浓度大而浑浊，含有糠蜡1%～2%，磷脂0.5%左右，甾醇0.7%左右，不能食用，也不宜储藏。精糠油呈淡黄色，是毛糠油经脱蜡、脱酸、脱色和脱臭后精制而成，含有80%以上的以油酸和亚油酸为主体的不饱和脂肪酸，易被人体消化吸收，具有降低人体血清胆固醇，防止动脉硬化和血栓形成的功能，营养价值较高，是一种很好的食用油脂。

毛玉米油呈深黄褐色，颜色深暗，含磷脂1%～2%，甾醇1%左右，还含有游离脂肪酸、色素、蛋白质、糖类和树脂黏液物等，不宜食用，也不宜储存（脱除磷脂后才可保管）。精玉米油呈橙黄色，清晰透明，具有玉米香味，是由毛玉米油精制而成，磷脂、甾醇等物基本除去，已无异味，这种油清淡爽口，易被人体吸收消化，对减少胆固醇在血管内沉积，防止动脉硬化和血栓形成，具一定功效。玉米油中含有多种维生素、胡萝卜素及丰富的磷脂，故营养价值较高，是一种很好的食用油脂。

6. 芝麻油

芝麻油是从芝麻中提取的油脂，属半干性油，主要脂肪酸为油酸和亚油酸，油酸含量37%～51%，亚油酸含量37%～49%。芝麻油的颜色因原料及加工工艺和制取方法的不同而不同，用压榨法和浸出法制取的芝麻油称为大麻油，呈淡黄色，香味较淡。用水代法制取的芝麻油称为小磨麻油（又称香油），呈黄褐色，具有令人喜爱的特殊香味，是我国人民膳食中常用的凉拌油脂。芝麻种子的外皮含有较多的蜡质，制油时会融入油中，因此芝麻在较低温度下会有白色沉淀析出，影响油脂的外观。

芝麻油中不饱和脂肪酸的含量虽然较高，但由于不含次亚油酸，还含有维生素E、芝麻酚和芝麻素等物质，具有一定的抗氧化作用，故比一般油脂的储藏稳定性好，较易保管。

7. 棉籽油

棉籽油是从棉籽中提取出的油脂，属半干性油。棉油由于加工精制程度不同，分为毛棉油和精炼棉油（又名卫生油）两种。棉籽油中的主要脂肪酸是油酸和亚油酸，油酸含量30%～35%，亚油酸含量40%～45%。

棉籽油的颜色与加工精度有关，毛棉油呈红褐色，色泽深暗，且具有令人不快的气味和滋味，其中含有游离棉酚及其衍生物，不宜食用，精炼棉油呈金黄色，是毛棉油经过滤、水化、碱炼后精制而成的，无异味，无毒性，可以食用。

棉油中含有棉籽硬脂蜡酸酯（溶点26～52℃），它和棉油的凝固点不同，在气温下降时（低于10～15℃时）棉籽硬脂蜡酸酯在棉油中先行凝固，使棉油产生浑浊现象，冬季的低温更能使棉油凝成半固体状态。这种变化对棉油品质没有什么影响，气温转暖或稍稍加温，棉油即会恢复原有的液体状态。毛棉油储藏稳定性较差，特别是棉籽收获时遇到阴雨天，棉籽水分高加工后的棉籽油质量差，脂肪易水解，酸价高，不易保管。

思 考 题

1. 植物油料储藏与一般谷物粮食储存的差别是什么？
2. 植物油料储藏的特点是什么？
3. 谈谈几种主要油料作物的储藏方法。
4. 影响植物油脂安全储藏的因素有哪些？
5. 几种主要油脂产品储藏的特点是什么？

参考文献

柏九菊．2005. 玉米储藏实用技术及储藏品质分析．粮食加工，(4)：61～62

曹国强．1997. 浅谈玉米的储藏．粮食科技与经济，增刊 1：9～10

陈莉，徐明霞，卢俊春．2004. 小麦种子储藏技术．上海农业科技，(5)：89～90

陈业坚，舒庆尧，张增勤等．2001. 稻谷储藏时间对稻米品质影响的研究．作物研究，(4)：9～11

丁召团，王华，王若兰等．2004. 中央储备粮油储藏技术与管理．北京：化学工业出版社

范自营．2004. 陈化小麦影响因素研究．粮食与油脂，(6)：27～28

高淑英．2004. 从小麦品质分析看低温储粮作用．粮食加工．(4)：42～43

高影，杨新，刘汾智等．1995. 大米气调储藏启封后品质变化原因及控制方法的研究．粮食储藏，24：16～19

高瑀珑，鞠兴荣，姚明兰等．2008. 稻米储藏期间陈化机制研究．食品科学，29 (4)：470～473

顾雀玲，沈觉康．1997. 大麦种子和啤酒大麦的储藏特点及安全储藏技术．大麦科学，(2)：43～44

国家粮食局行政管理司．2001. 储粮新技术教程．北京：中国商业出版社

国家粮食人事司．2007. 粮油保管员．2 版．北京：中国轻工业出版社

贺梅，张文忠，宋冬明等．2007～2008. 不同储藏温度及储藏时间对稻米品质的影响．沈阳农业大学学报，38 (4)：472～477

侯彩云，王启辉，黄训文等．2008. 陈化稻米数字图像检测方法的研究．中国粮油学报，23 (4)：194～196

胡晋．2001. 种子储藏加工．北京：中国农业大学出版社

胡志超，胡良龙，高刚华等．2007. 我国粮食仓储技术的概况与发展．农机化研究，(4)：171～173

华祝田，李辉．2004. 高大平房仓低温储粮技术应用．粮食储藏，32 (4)：32～36

黄国平．2005. 粮食种子萌发过程中营养特性的变化．中国食物与营养，(12)：25～27

江燮云．2007. 关于强化粮食仓储技术管理的探讨．粮油仓储科技通讯，(1)：54～56

蒋华伟，史磊．2007. 粮堆内发热局部温度场变化数学模型研究．河南工业大学学报，28 (4)：11～14

李里特．2002. 粮油储藏加工工艺学．北京：中国农业出版社：156～168

李林轩．2007. 安全储藏玉米技术探讨．粮食加工，32 (3)：69～70

李琼，汪喜波，杨德勇．2008. CFD 方法在仓储粮堆温度场研究中的应用探索．粮食储藏，37 (3)：21～24

李森，吴宪莉，陈彦海等．2005. 加强对粮堆温度和湿度的检测控制推行绿色生态储粮．粮食加工，(5)：52～54

刘登望，刘海军，曾贤杰等．2000. 两系杂交糯高粱种子储藏技术研究．湖南农业科学，(5)：42～43

刘浪，李勇．2005. 水稻种子休眠研究进展．安徽农业科学，33 (7)：1271～1272

芦燕敏，姚郑，刘新春等．2002. 粮食烘干机操作规程 LS/T1205-2002［S］．北京：中国标准出版社

陆晖，陶诚，林家永等．2007. 我国粮油储藏标准体系的发展状况与研究．粮食储藏，36 (2)：30～33

路茜玉．1998. 粮食储藏学．北京：中国财政经济出版社

马立周．2007. 大麦储藏过程对发芽和麦芽质量的影响．啤酒科技，(4)：62～66

马涛，毛闯，赵锟．2007. 大米水分与食味品质和储藏关系的研究．粮食与饲料工业，(5)：3～4

孟德军，董方亮，周刚等．2008. 玉米低温压盖储藏试验．粮油食品科技，16 (3)：24～25

孟繁静．2000. 植物生理学．深圳：华中科技（原理工）大学出版社：116

沈阳农学院，吉林农学院，东北农学院．1963. 农产品储藏与加工．哈尔滨：东北农学院出版社：25～28

沈宗海．1998. 粮油储藏．北京：中国财政经济出版社

时南平．2003. 浅析以粮堆生态系统为基础的综合防治策略．油仓储科技通讯，(5)：43～44

时阳，朱兴旺，姬鹏先等．2004. 冷库设计与管理．北京：中国农业科学技术出版社

四川眉山东坡区国家粮食储备库．2001. 粮食温度与粮食陈化速度的试验研究．粮油仓储科技通讯，(2)：13～14

孙海峰，王丽霞，王玉文等．2008. 小米陈化过程中脂肪氧合酶与黄色素变化特征的研究．中国粮油学报，23，

(6)：93～97
孙辉，姜薇莉，田晓红等．2005. 小麦粉储藏品质变化规律研究．中国粮油学报，20（3)：77～82
唐安军，龙春林，刀志灵．2004. 种子休眠机理研究概述．云南植物研究，26（3)：241～251
唐为民．2003. 国外的粮食储备及无公害储粮技术．西部粮油科技，3：44～47
唐为民，呼玉山．2004. 稻米陈化对品质的影响及陈化机理．中国食物与营养，(4)：7～10
唐为民，张旭晶，李文敏等．2001. 糙米的储藏技术及品质变化．粮食与饲料工业，(1)：10～13
陶诚，唐柏飞，吴子丹等．2008. 粮食储藏技术规范 LS/T1211-2008 [S]．北京：中国标准出版社
万安平，金丽，宋秀英．1999. 新收获小麦在储藏过程中品质变亿规律的研究．粮食储藏，28：31～37
汪海峰，许德存．2006. 高温高湿储藏条件下小麦若干品质性状变化规律的研究．粮食储藏，35：36～42，45
王成俊．1985. 作物种子储藏．成都：四川科学技术出版社：210～308
王成芝．1997. 谷物干燥原理与谷物干燥机设计．哈尔滨：哈尔滨出版社
王春玲．2005. 农作物种子储藏技术．兰州：甘肃科学技术出版社：3～15，45～78，180～188
王德培，白卫东．2001. 粮油产品加工与储藏新技术．广州：华南理工大学出版社：48～50
王德学．2002. 粮油储藏．北京：中国财经出版社
王海霞，毕文峰．2007. 低温储粮技术探讨．粮食流通技术，(2)：34～35
王火根．2004. 浅谈谷物冷却机在储粮中的作用．粮食储藏，32（2)：29～31
王金龙，李雪芹．1999. 室温下大麦种子储藏方法的研究．大麦科学，(3)：4～6
王若兰．2005. 粮食储运安全与技术管理．北京：化学工业出版社
王若兰，白旭光，卞科等．2004. 粮食仓房隔热性能对低温储粮效果的影响．粮食储藏，32（4)：41～44
王若兰，宋卫军，晋雷鸣等．2008. 储藏过程中苦荞麦色度变化的研究．食品科技，(8)：228～232
王若兰，宋卫军，乔占民．2008. 储藏过程中苦荞麦色度控制研究．粮食科技与经济，(3)：33～35
王艳云．2006. 呼吸作用和粮食的储藏．河北农业科技，(9)：32～33
王忠孝．1995. 山东玉米．北京：中国农业出版社：584～587
王子彪，朱立，王培．2007. 谷物冷却机与低温贮粮技术实验研究．沈阳建筑大学学报，23（3)：465～468
温秀英．2004. 玉米综合储藏技术探讨．粮油仓储科技通讯，(1)：24～25
吴宾，冯炜．2006. 中国古代粮食仓储制度与粮食安全研究．陕西农业科学，(4)：123～125
吴存荣，张玉荣，刘婷等．2004. 玉米储藏过程中品质指标变化研究．郑州粮食工程学院学报，25（2)：50～52
吴磊，高群玉，石英．2008. 大米储藏保鲜技术研究新进展．粮油食品科技，16（6)：4～7
夏吉庆，郑先哲，刘成海．2008. 储藏方式对稻米黏度和脂肪酸含量的影响．农业工程学报，24（11)：260～263
辛长平．2004. 制冷设备运行管理与维修．北京：电子工业出版社
邢勇．2003. 国家储备粮库项目谷物冷却机应用情况综述．粮油食品科技，11（5)：21～23
徐宝才，李丹，丁霄霖．2001. 荞麦储藏过程中的品质变化．食品科技，(3)：53～56
徐永安，苏营轩，胡晶明等．2005. 低温储粮综合技术试验研究报告．粮油仓储科技通讯，(6)：14～15
徐兆飞，张惠叶，张定一．2000. 小麦品质及其改良．北京：气象出版社：170～192
许如根，吕超，杨荣伟等．2004. 大麦种子储藏期间的生理变化及其安全储藏年限．麦类作物学报，24（2)：61～64
杨国峰，赵思孟，杨进等．2002. 储粮机械通风技术规程 LS/T1202-2002 [S]．北京：中国标准出版社
杨先芬．1998. 农产品储藏与加工．北京：中国农业出版社：1～2，11
杨晓清，杜文亮，赵丽芹等．2003. 真空袋装储藏对荞麦品质影响的试验研究．内蒙古农业大学学报，24（1)：56～59
叶霞，李学刚，张毅．2004. 稻谷陈化过程中维生素 B_1 和 B_2 变化的动力学研究．粮食储藏，32：45～46
余荣珍，李耕，任红涛．2005. 小麦陈化过程中淀粉酶活力变化的研究．食品科技，(9)：43～45
展海军，李建伟，金华丽等．2002. 小麦储藏期间品质变化的研究．郑州工程学院学报，23（2)：41～43
张本军，余军林，金翠．2004. 浅谈玉米在储藏过程中脂肪酸值的变化．粮油仓储科技通讯，(4)：43～44
张丽，董树亭，刘存辉等．2007. 玉米籽粒容重与产量和品质的相关分析．中国农业科学，40（2)：405～411

张明进，徐公民，王学文等．2001. 农副产品储藏和深加工技术．郑州：河南科学技术出版社：1～9

张野．1996. 酿酒高粱储藏的探讨．辽宁食品与发酵，(1)：51～53

张玉荣，王君利，周显青等．2008. 杂质类型及含量对小麦容重的影响．河南工业大学学报，29 (2)：7～11

张玉荣，温纪平，周显青．2003. 不同储藏温度下玉米品质变化研究．粮食储藏，32：7～9

张玉荣，周显青，张勇．2007. 储存玉米陈化数学模型的建立和机理探讨．河南工业大学学报（自然科学版），28 (6)：4～8

赵红．2008. 刍议粮油储藏中的生态学应用．粮食加工，33 (3)：84～85

赵思孟．1991. 粮食干燥技术．郑州：河南科学技术出版社

郑先哲．2004. 稻米储藏过程中品质指标变化规律的研究．农机化研究，(3)：127～128

中央储备粮油储藏技术与管理．2004. 中国储备粮管理总公司．北京：化学工业出版社

周丹，孙传清，屠乃美．2004. 谷类种子休眠性的研究进展．湖南农业大学学报（自然科学版），30 (6)：588～592

周凤英，翟爱华，孙淑华等．2001. 粮油检验与储藏（下册）．哈尔滨：黑龙江科学技术出版社

周福生，黄大椿，严平贵等．2004. 低温储粮新冷源的开发和应用技术研究报告．粮食科技与经济，(2)：32～36

周全申，张来林，侯业茂．2002. 中国区域气候对仓储粮堆温差的影响．郑州工程学院学报，23 (9)：36～39

周文，周鑫．2008. 小麦良种安全储藏应注意的问题．新疆农业科技，(6)：30

周显青，张玉荣，张勇．2008. 储藏玉米陈化机理及挥发物与品质变化的关系．中国粮油学报，23 (7)：242～246

朱家明．2001. 机械通风准低温储粮技术应用及管理．粮油仓储科技通讯，(3)：20～21

纂息窦，种馨，沈觉康．1996. 大麦种子的储藏特点及技术．农业科技通讯，(7)：29

Hellevang K J. 1998. Temporary Storage of Grain. Fargo：NDSU

Ibrahim D. 2003. Refrigeration Systems and Applications. Chichester，West Sussex

Proctor D L. 1994. Grain Storage Techniques. Rome：FAO